Grégoire Nicolis/Ilya Prigogine

Die Erforschung des Komplexen

Die Beherrschung des Komplexen

Herausgegeben von Ilya Prigogine und Grégoire Nicolis

Band 1:

Grégoire Nicolis/Ilya Prigogine

Die Erforschung des Komplexen

Auf dem Weg zu einem neuen Verständnis der Naturwissenschaften

Grégoire Nicolis/
Ilya Prigogine

Die Erforschung des Komplexen

Auf dem Weg zu einem neuen Verständnis der Naturwissenschaften

Deutsche Ausgabe bearbeitet von
Eckhard Rebhan

Mit 110 Abbildungen

Piper
München Zürich

Übersetzung aus dem englischen Manuskript von
Eckhard Rebhan (Einleitung, Kap. 1, 2, 3, 5)
und von Rainer Feistel und Eckhard Rebhan (Kap. 4, 6
und Anhänge)

ISBN 3-492-03075-0

Umschlag: Federico Luci
Gesetzt auf der Times-Antiqua
Gesamtherstellung: Mühlberger, Augsburg
Printed in Germany

Inhalt

Vorwort

Wissenschaft in einer Übergangsphase

I

Was immer unser beruflicher Hintergrund sein möge, mehr oder weniger haben wir heute alle das Gefühl, uns in einem Zeitalter des Übergangs zu befinden. Wir müssen neue Ressourcen aufspüren und erkunden; und wir müssen zu einer weniger destruktiven Koexistenz mit der Natur gelangen. Solche wichtigen Ziele erfordern gravierende Veränderungen qualitativer Art, und diese müssen sich innerhalb einer Frist abspielen, die in keiner Weise mit den immensen Zeitspannen verglichen werden kann, die für die biologische oder geologische Evolution zur Verfügung gestanden haben. Es handelt sich um die Größenordnung von Jahrzehnten, und die Auswirkungen werden innerhalb der jetzt lebenden und der nächsten Generation spürbar.

Wir können nicht vorhersehen, wie unsere Welt nach dieser Übergangsphase aussehen wird. Es ist jedoch klar, daß Wissenschaft in zunehmendem Maße wichtig sein wird für unser Bemühen, den durch das Begreifen und Umgestalten unserer gesamten Umwelt an uns herangetragenen Herausforderungen zu begegnen. Es ist bezeichend, daß zu diesem entscheidenden Zeitpunkt die Wissenschaft selbst durch eine Erneuerungsphase geht.

Die zwei großen Umwälzungen der Physik zu Beginn dieses Jahrhunderts waren Quantenmechanik und Relativitätstheorie. Beide begannen als Korrekturen zur klassischen Mechanik und wurden erforderlich, nachdem die Bedeutung der universellen Konstanten c (Lichtgeschwindigkeit) und h (Plancksches Wirkungsquantum) entdeckt war. Beide haben heute eine unerwartete »zeitliche« Veränderung erfahren: In ihren interessantesten Aspekten hat es die Quantenmechanik mit der Beschreibung instabiler Teilchen und deren gegenseitigen Umwandlungen zu tun. Ähnlich ist es mit der Relativitätstheorie: Sie begann ursprünglich als eine geometrische Theorie, wird heute aber hauptsächlich mit der thermischen Entwicklung des Universums in Verbindung gebracht.

Elementarteilchenphysik und Kosmologie entsprechen extremen Bedingungen – sie gehören zur Hochenergie-Physik. Aber auch in den Dimensionen des Alltags findet eine radikale Veränderung der Physik statt. Wäre ein Physiker noch vor wenigen Jahren danach gefragt worden, was man weiß und was man nicht weiß, er hätte geantwortet, daß die wahren Probleme in den Grenzen unseres Universums versteckt liegen, auf dem Niveau der Elementarteilchen zum einen und dem der Kosmologie zum anderen. Im Gegensatz dazu hätte er versichert, daß die Grundgesetze, die unsere makroskopischen Umwelt beherrschen, bekannt seien. Heute wird diese optimistische Sicht der Dinge von einer wachsenden Minderheit in Frage gestellt. Wir sehen heute, daß selbst auf unserem makroskopischem Niveau einige der grundlegenden Fragen weitgehend unverstanden sind.

Die 300 Jahre Wissenschaft, die auf die Newtonsche Synthese folgten, sind in ihrem historischen Ablauf in der Tat ein dramatisches Stück Geschichte. Verschiedentlich gab es Zeitpunkte, zu denen das Programm der klassischen Wissenschaft seiner Vollendung ganz nahe schien: Ein Fundament, das auf deterministischen und reversiblen Naturgesetzen aufbaute, erschien in Reichweite. Doch jedesmal ging auch etwas schief. Man mußte das Schema erweitern, und das Fundament konnte nicht gegossen werden.

Heute finden wir Evolution, Diversifikation und Instabilitäten, wohin wir auch schauen. Wir wissen seit langem, daß wir in einer pluralistischen Welt leben, in der sowohl deterministische als auch stochastische Phänomene vorkommen, reversible Phänomene ebenso wie irreversible. Wir beobachten deterministische Vorgänge wie das Schwingen eines reibungsfreien Pendels oder den Lauf des Mondes um die Erde; mehr noch, wir wissen, daß das reibungsfreie Pendel auch reversibel ist, denn Zukunft und Vergangenheit spielen in den Gleichungen, die seine Bewegung beschreiben, dieselbe Rolle. Andere Prozesse sind jedoch irreversibel, z. B. Diffusion oder chemische Reaktionen. Hier gibt es eine ausgezeichnete Zeitrichtung: Ein ursprünglich inhomogenes System strebt mit zunehmender Zeit gegen einen homogenen Zustand. Dazu kommt, daß wir die Existenz stochastischer Prozesse ganz zwangsläufig zulassen müssen, wenn wir das Paradox vermeiden wollen, die Vielfalt aller Naturphänomene einem Programm zuschreiben zu müssen, das schon zum Zeitpunkt des Big Bang ausgedruckt war.

Was sich seit Beginn dieses Jahrhunderts geändert hat, ist die relative Bewertung dieser vier Typen von Phänomenen – reversibel und irreversibel, deterministisch und stochastisch.

Zu Beginn dieses Jahrhunderts waren die Physiker in Fortsetzung klassischer Forschungstraditionen fast einhellig der Meinung, die fundamentalen Gesetze des Universums seien deterministisch und reversibel. Vorgänge, die nicht in dieses Schema paßten, wurden als künstliche Ausnahmen betrachtet, die nur wegen ihrer Komplexität nicht voll verstanden wurden. Dabei wurde die Komplexität selbst unserer Ignoranz zugeschrieben oder der Unfähigkeit, alle Variablen des Problems unter Kontrolle zu bekommen. Jetzt, gegen Ende des Jahrhunderts, wird die Zahl derer immer größer, die glauben, daß viele fundamentale Prozesse, welche die Natur gestalten, irreversibel und stochastisch sind; daß die deterministischen und reversiblen Gesetze, welche die elementaren Wechselwirkungen beschreiben, womöglich nicht die ganze Wahrheit enthalten. Dies führt zu einem neuen Bild von der Materie: Sie ist nicht mehr passiv wie im mechanischen Weltbild, sondern mit spontaner Aktivität ausgestattet. Dieser Wechsel ist so grundlegend, daß wir wirklich glauben, von einem neuen Dialog des Menschen mit der Natur sprechen zu können.

Es ist interessant, der Frage nachzugehen, wie ein solcher Wechsel in so relativ kurzer Zeit stattfinden konnte. Die Antwort hierauf ist in den Auswirkungen ganz unerwarteter Ergebnisse zu finden, die in völlig verschiedenen Teilgebieten der Physik und Chemie erzielt wurden: in der Elementarteilchenphysik, der Kosmologie oder beim Studium der Selbstorganisation von Systemen, die sich weit entfernt vom thermodynamischen Gleichgewicht befinden.

Wer hätte vor 50 Jahren geglaubt, daß die meisten und vielleicht sogar alle Elementarteilchen instabil sind? Oder daß wir von der Entwicklung des Universums als einem Ganzen sprechen können? Oder, um eine anthropomorphe Redewendung zu benutzen, daß Moleküle miteinander »sprechen« können, wie dies in chemischen Uhren beobachtet wird?

All diese unerwarteten Entdeckungen hatten auch drastische Auswirkungen auf unsere Sicht der Beziehung zwischen »harten« und »weichen« Wissenschaften. Nach klassischer Betrachtungsweise gab es eine scharfe Grenze zwischen einfachen Systemen, wie sie in der Physik oder Chemie studiert werden, und komplexen Systemen, wie sie in der Biologie oder den Humanwissenschaften untersucht werden. In der Tat könnte man sich keinen größeren Kontrast vorstellen als den, der zwischen den einfachen Modellen der klassischen Dynamik, dem einfachen Verhalten eines Gases oder einer Flüssigkeit und den komplexen Vorgängen besteht, die wir bei der Entwicklung von Leben oder in der Geschichte der menschlichen Gesellschaft beobachten.

Gerade weil dieser Unterschied immer mehr zusammenschrumpft, können wir jetzt die Übertragung vorhandener Kenntnisse auf Situationen ins Auge fassen, für welche die Konzepte der klassischen Physik nicht geeignet waren.

In der klassischen Physik steht der Beobachter außerhalb des beobachteten Systems. Er ist derjenige, der die Entscheidungen trifft, während das System deterministischen Gesetzen unterworfen ist. Mit anderen Worten, wir haben einen, der »frei« ist, einen »decider«, und wir haben die – individuellen oder organisierten – Mitglieder des Systems, die sich nach einem Generalstabsplan richten müssen.

Heute entfernen wir uns immer mehr von einer solchen Unterteilung. Um ein bekanntes Bild von Niels Bohr zu benutzen: Wir wissen, daß wir zugleich Schauspieler und Zuschauer sind, nicht nur in den Humanwissenschaften, sondern auch in der Physik. Statt eine Welt zu konstruieren, in der die Gegenwart die Zukunft bedingt, gehen wir über zu einer Welt mit offener Zukunft, in der die Zeit eine konstruktive Rolle spielt.

II

Wir haben hervorgehoben, daß unsere physikalische Welt nicht mehr durch die stabilen und periodischen Bewegungen der Planeten symbolisiert wird. Es ist eine Welt der Instabilitäten und Fluktuationen, und es sind diese, die letztlich für die erstaunliche Vielfalt und den Reichtum an Formen und Strukturen verantwortlich sind, die wir in der Natur um uns herum sehen. Es ist klar, daß neue Konzepte und Methoden zur Beschreibung dieser Situation erforderlich werden, wo Evolution und Pluralismus die Schlüsselwörter sind. Der Zweck dieses Buches ist eine kurze Einführung in die Methoden, die in den letzten Jahrzehnten zur Erforschung des *Komplexen* entwickelt wurden, sei es auf der Ebene von Molekülen, von biologischen Systemen oder sogar von sozialen Systemen. Zwei Disziplinen, die unsere Sicht des Komplexen in ganz dramatischer Weise verändert haben, seien besonders hervorgehoben. Die erste ist die Physik von Nichtgleichgewichtszuständen. Das unerwartetste Ergebnis ist hier die Entdeckung fundamentaler neuer Eigenschaften von Materie, die sich weit entfernt von Gleichgewichtsbedingungen befindet. Die zweite Disziplin ist die moderne Theorie dynamischer Systeme. Hier ist die beherrschende Rolle von Instabilitäten die zentrale Entdeckung. Kurz gesagt: Kleine Veränderungen der Anfangsbedingungen können zu großen Verstärkungseffekten führen.

Die in diesen Zusammenhängen entwickelten neuen Methoden führen zu einem besseren Verständnis der Umwelt, in der wir leben. Wir finden in ihr sowohl unerwartete Regelmäßigkeiten als auch genauso unerwartete großräumige Fluktuationen. Die Existenz von Materie ist verknüpft mit einer überwältigenden Dominanz von Teilchen über Antiteilchen, die Existenz von Leben mit einer Dominanz chiraler Biomoleküle über deren Antipoden. Was könnte der Selektionsmechanismus gewesen sein, der solche großräumigen Regelmäßigkeiten verursacht hat? Umgekehrt hätten wir Einheitlichkeit und Stabilität unserer klimatischen Bedingungen erwarten können. Im Gegensatz zu solchen Erwartungen war das Klima jedoch ganz heftigen Schwankungen unterworfen, in Zeiträumen, die ziemlich kurz sind im Vergleich mit den charakteristischen Zeiten, welche die Entwicklung der Sonne bestimmen. Wie ist das möglich? Allmählich bekommen wir Methoden in die Hand, mit denen diese Fragen angegangen werden können.

Im ersten Kapitel dieses Buches werden ausgewählte Beispiele komplexer Phänomene vorgestellt, die im Rahmen physikalisch-chemischer und biologischer Systeme auftreten sowie in unserer makroskopischen Umwelt. Diese Beschreibung führt zu einer Reihe von Konzepten wie Nichtgleichgewicht, Stabilität, Bifurkation, Symmetriebrechung und Ordnung großer Reichweite – Konzepte, die uns bei den verschiedensten Phänomenen immer wieder begegnen. In Kapitel 2 werden diese Konzepte aufgegriffen und mehr ins einzelne gehend analysiert. Sie werden zu Basiselementen eines, wie wir glauben, neuen wissenschaftlichen Vokabulars, des *Vokabulars des Komplexen*.

Im Anschluß an die zwei ersten Kapitel, die mehr beschreibender Art sind, wenden wir uns in Kapitel 3 dem Problem der Komplexität vom Standpunkt der modernen Theorie dynamischer Systeme zu. Wir diskutieren einige Mechanismen, auf Grund deren nichtlineare Systeme, die vom Gleichgewicht »weggetrieben« sind, Instabilitäten erzeugen können, die ihrerseits zu Bifurkationen und Symmetriebrechung führen. In unserer Analyse wird ganz besonders die Entstehung einer *chaotischen Dynamik* hervorgehoben. Hierbei handelt es sich um die natürliche Tendenz einer Vielzahl von Systemen, sich auf Zustände hin zu entwickeln, die sowohl deterministisches als auch unvorhersagbares Verhalten aufweisen.

In Kapitel 4 verlassen wir das Niveau der rein phänomenologischen Betrachtungsweise von Kapitel 1 bis 3 und unternehmen die ersten Schritte in Richtung auf eine mehr mikroskopische Beschreibung komplexer Phänomene. Wir präsentieren die Grundelemente einer wahrscheinlichkeitstheoretischen Analyse nichtlinearer Nichtgleichgewichts-Systeme und konstruieren ein mikroskopisches Modell für Bifurkation und Evolution. Wir diskutieren außerdem einige Möglichkeiten, wie der Informationsbegriff in die Beschreibung dynamischer Systeme integriert werden kann.

In der klassischen Betrachtungsweise gab es einen krassen Unterschied zwischen Zufall und Notwendigkeit, zwischen stochastischem und deterministischem Verhalten. Die Untersuchungen in Kapitel 3 und 4 zeigen, daß die Situation viel raffinierter ist. Es gibt die verschiedensten Formen von Zufallsverhalten, und einigen von ihnen begegnen wir in Verbindung mit dem chaotischen Verhalten der Lösungen einfacher deterministischer Gleichungen. In Kapitel 5 wenden wir uns der Frage nach dem Ursprung von Zufallsverhalten und Irreversibilität zu. Eng verknüpft hiermit ist das Problem, Entropie zu verstehen und was hinter dem Begriff Zeit steckt. Wir glauben, daß wir allmählich die Botschaft entschlüsseln können, die der berühmte Zweite Hauptsatz der Thermodynamik in sich birgt. Wir leben in einer Welt instabiler Prozesse, und dies erlaubt es uns, eine Entropiefunktion zu definieren. Überdies leben wir in einer Welt, in der die Symmetrie zwischen Vergangenheit und Zukunft gebrochen ist; einer Welt, in der irreversible Prozesse zu zukünftigem Gleichgewicht führen. Diese universelle Vorherrschaft der Zeitsymmetriebrechung gehört zum Kern des Zweiten Hauptsatzes.

Zu Beginn dieser Einleitung gaben wir der Überzeugung Ausdruck, daß Wissenschaft ganz zwangsläufig eine immer wichtigere Rolle in unserem Bemühen spielen wird, unsere gesamte Umwelt zu verstehen. Eines der wesentlichen Ziele, auf welche die in diesem Buch zur Behandlung komplexer Systeme entwickelten analytischen Methoden gerichtet sind, ist daher die Fähigkeit, interdisziplinäre Schranken aufzubrechen und bei der Betrachtung mancher seit langem bestehender Probleme neue Wege erproben zu können. Im abschließenden Kapitel 6 zeigen wir, wie dieser Kenntnistransfer von einem Gebiet in ein anderes angegangen werden kann. Große Teile dieses Kapitels sind Problemen gewidmet, die jenseits der Grenzen liegen, in denen sich die traditionelle Physik bewegt, Problemen wie Klimaveränderungen, soziale Insekten und menschliche Populationen. Ganz offensichtlich hat jedes dieser Probleme seine eigenen Besonderheiten, und die Möglichkeit zu blinden Verallgemeinerungen sollte in keiner Weise erwartet werden. Trotzdem kommt sehr klar dabei heraus, welch wichtige Rolle Nichtlinearitäten und Fluktuationen spielen. Dies ist ein deutlicher Hinweis darauf, daß bei der Entwicklung von Modellen für solche Systeme die neuen Perspektiven, die das Studium komplexer Phänomene in nichtlinearen dynamischen Systemen zur Wissenschaft beigetragen hat, von großem Nutzen sein sollten.

Die Anhänge I bis IV stellen schließlich einen mehr ins Quantitative gehenden Überblick über einige der im Haupttext benutzten technischen Methoden dar.

Die Diskussionen mit zahlreichen Kollegen und Mitarbeitern haben uns bei der Fertigstellung des Manuskripts eine große Hilfe bedeutet. Ganz besonders danken wir E. Rebhan für das kritische Lesen des Originalmanuskripts, für zahlreiche Verbesserungsvorschläge und für die Koordination der Übersetzung ins Deutsche. Es ist uns auch ein Vergnügen, Anregungen und Unterstützung, die uns von C. Baesens, F. Baras, J. L. Deneubourg, Y. Elskens, R. Feistel, H. Frisch, R. Mazo, M. Malek-Mansour, C. Nicolis, J. S.

Nicolis, A. Puhl, G. Rao und S. Rao zuteil geworden sind, mit Dankbarkeit anzuerkennen.

Schließlich nehmen wir gerne die Gelegenheit wahr, uns bei Frau P. Pape, Frau A. Kimmons, Frau S. Wellens und Herrn M. Adam zu bedanken, die die schwere Aufgabe hatten, zwei aufeinanderfolgende Versionen des Manuskripts zu tippen, und Herrn P. Kinet für seine effiziente technische Unterstützung Dank zu sagen.

Die Forschung der Autoren auf dem Gebiet irreversibler Phänomene und der nichtlinearen Dynamik wird unterstützt vom Internationalen Solvay Institut für Physik und Chemie, dem belgischen Erziehungsministerium, der R. A. Welch Foundation (Houston, Texas) und dem U. S. Department of Energy.

Brüssel, im Sommer 1986

Grégoire Nicolis
Ilya Prigogine

Kapitel 1

Komplexität in der Natur

Gibt es einen Unterschied, und wenn, was ist der Unterschied zwischen dem Schwingen eines Pendels und dem Schlagen des Herzens oder zwischen einem Eiskristall und einer Schneeflocke? Ist die Welt der Physik und der Chemie ihrem Wesen nach einfach und vorhersagbar derart, daß alle beobachteten Tatsachen auf einige wenige fundamentale Wechselwirkungen zurückgeführt werden können, und ist auf der anderen Seite Komplexität ausschließlich auf die Biologie beschränkt? Diese und ähnliche Fragen werden wir in diesem einführenden Kapitel immer wieder stellen. Die Untersuchung experimenteller Daten wird uns zu der Schlußfolgerung führen, daß der Unterschied zwischen physikalisch-chemischen und biologischen Phänomenen, zwischen »einfachem« und »komplexem« Verhalten nicht so kraß ist, wie man es sich intuitiv vorstellen würde. Diese Erkenntnis wird uns umgekehrt eine *pluralistische Betrachtungsweise* der physikalischen Welt nahelegen, nach der ein System bei Variation der auferlegten Bedingungen jeweils mehrere dem Wesen nach verschiedene Verhaltensweisen an den Tag legen kann. Die Sicht einer in dieser Weise offenen Welt bildet den Kernpunkt dessen, was die Autoren dem Leser dieses Buches nahebringen wollen.

1.1 Was ist Komplexität?

Komplexität oder Kompliziertheit sind Begriffe aus unserer Alltagssprache. Wir haben sie seit Kindesbeinen in den verschiedensten Zusammenhängen benutzt, obwohl wir dabei instinktiv immer das Gefühl hatten, daß Komplexität in irgendeiner Weise auf die verschiedenen Manifestationen des Lebens bezogen ist. So erscheinen die in traditionellen Lehrbüchern der Physik behandelten Phänomene wie der freie Fall eines Körpers unter dem Einfluß der Schwerkraft oder die Bewegung eines Pendels für die meisten von uns als fundamental »einfach«. Im Gegensatz dazu würde jeder von uns sofort zustimmen, daß unser ökonomisches System, unsere Sprache, das Gehirn von Säugetieren oder auch nur die bescheidenste Bakterie »komplexe Systeme« darstellen.

Was aber können wir über einen Kubikzentimeter eines Gases oder einer Flüssigkeit, z. B. Wasser, aussagen? Wie in den vorangegangenen Beispielen haben wir Systeme mit einer riesigen Zahl wechselwirkender Elemente (den Molekülen) vor uns. Es ist schwer, sich die Größe dieser Zahl wirklich vorzustellen. Aus den Anfangsgründen der physikalischen Chemie wissen wir, daß jedes Mol eines Gases bei einem Druck von 760 mm Quecksilbersäule und einer Temperatur von 0° C 6.025×10^{23} Moleküle enthält (Avogadrosche Zahl). Dies ergibt eine Zahl von 10^{19} oder 10 Milliarden mal 1 Milliarde Molekülen, die in einem Kubikzentimeter angehäuft sind, in allen möglichen Richtungen durcheinanderfliegen und pausenlos gegeneinander stoßen (Fig. 1.1 a).

Genügt das, um dieses System als »komplex« zu qualifizieren? Trotz der obengenannten eindrucksvollen Zahlen sagt uns unsere Intuition, daß die Antwort auf diese Frage negativ sein sollte, da jegliche koordinierte Aktivität, Form oder Dynamik fehlen. Tatsächlich würden wir eher dazu neigen, ein solches System als Prototyp für ungeordnetes, erratisches Verhalten anzusehen. Dies wird von Physikern häufig als *molekulares Chaos* bezeichnet – die Bewegung der Moleküle erfolgt dabei inkohärent, da diese über Entfernungen von mehr als ein paar Ångström (1 Ångström = 1 Å ist ein Hundertmillionstel eines Zentimeters) nichts mehr voneinander spüren. Diese Tatsache muß wiederum einer grundlegenden Eigenschaft der intermolekularen Wechselwirkungskräfte in diesem und vielen anderen in der Natur anzutreffenden Systemen zugeschrieben werden, nämlich deren *kurzer Reichweite*.

Nehmen wir einmal an, daß dieser Kubikzentimeter Wasser den Bedingungen eines Wintersturms ausgesetzt wird. Man erhält eine prachtvolle Schneeflocke (Fig. 1.1 b) mit ihrer charakteristischen Dendrit-Form. Jetzt, bei der Betrachtung dieses unnachahmlichen Kunstwerks der Natur, sind wir wohl eher bereit, von Komplexität zu sprechen. Wir sehen, daß dasselbe System unter ganz verschiedenen Aspekten erscheinen kann, die in uns einmal den Eindruck der »Einfachheit« und ein andermal den Eindruck des »Komplizierten« hervorrufen.

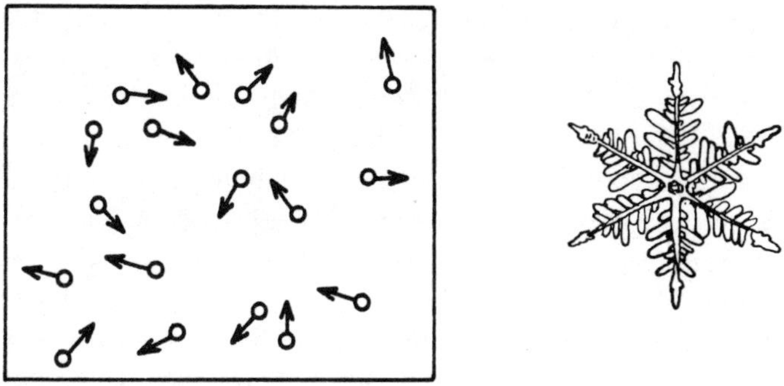

(a) (b)

Fig. 1.1: (a) Schematische Darstellung der thermischen Bewegung von Molekülen in einem Fluid. Die Pfeile geben Richtung und Größe der individuellen, statistisch verteilten Geschwindigkeiten an;
(b) Ein Schneekristall mit der charakteristischen Dendrit-Form.

Dieses Beispiel erteilt uns eine eindrucksvolle Lektion: Es ist realistischer, zumindest weniger zweideutig, von *komplexem Verhalten* zu sprechen statt von komplexen Systemen. Das Studium dieser Art von Verhalten wird uns hoffentlich einige gemeinsame Charakteristika verschiedener Klassen von Systemen finden lassen und uns zu einem adäquaten Verständnis des Komplexen führen. Diese Aufgabe zu bewältigen ist das wesentliche Ziel dieses Buches.

1.2 Selbstorganisation in physikalisch-chemischen Systemen: Geburt des Komplexen

Wissenschaft ist vor allem ein experimentelles Unterfangen. Schauen wir uns daher einmal um, damit wir eine Vorstellung davon bekommen, wie allgemein und wie wichtig komplexe Phänomene sind.

Wir haben schon darauf hingewiesen, daß die von der Biologie auf jeden von uns ausgeübte Faszination dafür verantwortlich ist, daß in unserer Vorstellung Komplexität etwas diffus mit Leben gleichgesetzt wird. Erstaunlicherweise ist es gerade diese fest verankerte Vorstellung, die in unserem Bemühen um das Verstehen des Komplexen als erste zusammenbrechen wird. Wir sind in der Tat seit den sechziger Jahren Zeugen einer Revolution in den mathematischen und physikalischen Wissenschaften, die uns zu einer *völlig neuen Einstellung bei der Beschreibung der Natur* zwingt. Entwicklungen, die seit langer Zeit parallel zueinander in der thermodynamischen Theorie irreversibler Phänomene, in der Theorie dynamischer Systeme und in der klassischen Mechanik vonstatten gingen, konvergierten schließlich und zeigten in zwingender Weise, daß die Kluft zwischen »einfach« und »komplex«, zwischen »Ordnung« und »Unordnung« viel kleiner ist als man vorher dachte. Man weiß heute, daß selbst einfache Beispiele mechanischer Systeme aus dem Unterrichtsstoff der höheren Schule komplexes Verhalten aufweisen können. Ein Pendel, das von einer periodisch einwirkenden Kraft angetrieben wird – die Schaukel – weist an der Grenze zwischen Pendeln und Rotieren eine reiche Vielfalt von Bewegungsmöglichkeiten auf, unter denen zufällige, turbulenzartige Entfernungen von der Gleichgewichtslage mit einbegriffen sind. Ganz gewöhnliche Systeme wie eine Flüssigkeitsschicht oder eine Mischung chemischer Reagenzien können unter gegebenen Umständen *Selbstorganisationsphänomene* makroskopischer Dimensionen in der Form räumlicher Strukturen oder zeitlicher Rhythmen hervorbringen. Kurz gesagt, komplexes Verhalten ist nicht mehr allein auf die Biologie beschränkt. Es ist dabei, in die physikalische Wissenschaft einzudringen und erscheint ganz tief verwurzelt in den Gesetzen der Natur.

Als eine Folge dieser Entdeckungen ist das Interesse an der makroskopischen Physik, der Physik in unseren eigenen Dimensionen, sehr stark im Zunehmen begriffen. In den nächsten Abschnitten dieses Kapitels beschreiben wir einige besonders repräsentative Phänomene, auf die wir im weiteren Verlauf des Buches ständig zurückkommen werden.

1.3 Thermische Konvektion, ein Prototyp für Selbstorganisationsphänomene in der Physik

Wir befassen uns als erstes mit den makroskopischen Bewegungen eines Fluids (einer Flüssigkeit oder eines Gases) unter dem Einfluß von Temperaturinhomogenitäten – mit der sogenannten *thermischen Konvektion*.

Das Studium dieser Konvektionsbewegungen ist weit mehr als

nur von akademischem Interesse, selbst wenn man über die uns interessierenden Besonderheiten hinausgeht. Ohne auch nur die zahlreichen technischen Anwendungen mit einzuberechnen, bemerken wir, daß thermische Konvektion die Grundlage für viele wichtige und spektakuläre Phänomene auf unserem Planeten bildet. Ein Beispiel liefert die Zirkulation der Atmosphäre und der Ozeane (die zu einem Teil die kurz- und mittelfristigen Wetterveränderungen bestimmt) sowie die Kontinentalverschiebung (d. h. die Bewegung der Kontinentalplatten, die durch weiträumige Strömungen im Erdmantel verursacht wird). Etwas weiter von uns entfernt bildet Konvektion die Grundlage für den Transport von Wärme und Masse innerhalb der Sonne, was in beträchtlichem Maße ihre Aktivität beeinflußt. Im Labor können wir den Mechanismus der Wärmekonvektion an einem Aufbau von bescheideneren Dimensionen studieren. Das folgende einfache Experiment, das zum ersten Mal von Bénard durchgeführt wurde, führt zur Beobachtung einer Reihe ganz erstaunlicher Phänomene.

Man stelle sich eine Schicht einer Flüssigkeit (sagen wir Wasser) vor, die von zwei horizontal verlaufenden parallelen Platten begrenzt wird. Die Horizontalausdehnung dieser Schicht sei viel größer als ihre vertikale Dicke d. Sich selbst überlassen geht die Flüssigkeit sehr schnell in einen homogenen Zustand über, in dem statistisch gesehen alle ihre Teile identisch sind. Ein sehr kleiner Beobachter würde z. B. durch ausschließliche Beobachtung seiner Umgebung nicht feststellen können, ob er sich in dem kleinen Volumen V_A oder V_B befindet (Fig. 1.2). Alle Volumina, die man in-

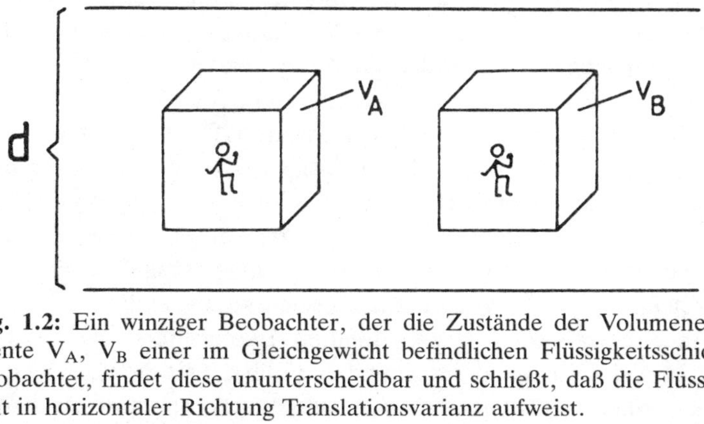

Fig. 1.2: Ein winziger Beobachter, der die Zustände der Volumenelemente V_A, V_B einer im Gleichgewicht befindlichen Flüssigkeitsschicht beobachtet, findet diese ununterscheidbar und schließt, daß die Flüssigkeit in horizontaler Richtung Translationsvarianz aufweist.

nerhalb der Flüssigkeit irgendwo abgrenzen würde, wären in dieser Weise ununterscheidbar; es würde ausreichen, den Zustand der Flüssigkeit in einem von diesen zu kennen, um auch den in allen anderen zu kennen, ganz unabhängig von ihrer Form oder Größe. Mit anderen Worten: Für unseren kleinen Beobachter macht es keinen Unterschied, an welcher Stelle der Flüssigkeit er sich befindet. Es gibt für ihn von innen her keinen Weg, der ihm die Wahrnehmung von Raum ermöglichen würde.

Die Homogenität unseres Systems bezieht sich selbstverständlich auf seine sämtlichen Eigenschaften, insbesondere auf seine Temperatur. Diese ist überall dieselbe und gleicht der Temperatur der begrenzenden Platten bzw. der »Außenwelt«.

All dies ist charakteristisch für einen besonderen Systemzustand, den Zustand, in welchem keine makroskopischen Bewegungen stattfinden und in dem keine Temperaturunterschiede zur Außenwelt bestehen. Bezeichnen wir die Temperaturen der oberen und der unteren Platte mit T_1 bzw. T_2, so können wir diese Eigenschaft unseres Systems auch etwas quantitativer durch die Gleichgewichtsbedingung

$$\Delta T_{Gl} = T_2 - T_1 = 0 \qquad (1.1)$$

ausdrücken.

Man stelle sich jetzt vor, daß jemand kurz seinen Finger auf eine der Platten drückt. An der Druckstelle wird die Temperatur der Platte momentan verändert (z. B. von 20 °C auf 36,5 °C, die Temperatur des menschlichen Körpers, erhöht). Ein Vorgang wie dieser, der zufällig stattfindet und einige Eigenschaften des Systems lokal (und im allgemeinen schwach) verändert, heißt *Störung*. Für unser Gleichgewichtssystem hat diese Temperaturstörung keine weitere Bedeutung, da seine Temperatur sehr schnell wieder homogen wird und auf den Ausgangswert (20 °C in unserem Beispiel) zurücksinkt. Mit anderen Worten: Die Störung stirbt aus, und im System bleibt keine Spur davon zurück. Wenn sich ein System in einem Zustand befindet, der so geartet ist, daß alle einwirkenden Störungen mehr oder weniger schnell aussterben, bezeichnen wir diesen Zustand als *asymptotisch stabil*.

Vom Standpunkt unseres kleinen Beobachters aus gesehen macht nicht nur die Homogenität der Flüssigkeit die Entwicklung einer inneren Raumkonzeption unmöglich, sondern zusätzlich macht auch die Stabilität des Gleichgewichtszustandes alle Zeitpunkte miteinander gleichwertig: Es ist für ihn daher auch unmöglich, von innen her ein Konzept der Zeit zu entwickeln. Man kann kaum vom »Verhalten« eines Systems sprechen, wenn es sich in einer derart *einfachen* Situation befindet. So wollen wir diese auch verlassen und uns anderen Situationen zuwenden.

Wir können die Flüssigkeitsschicht z. B. auch von unten erwärmen. Dabei wird unserem System Energie in der Form von Wärme zugeführt. Da die Temperatur T_2 der unteren Platte höher sein wird als T_1, ist die Gleichgewichtsbedingung Gl. (1.1) verletzt ($\Delta T > 0$). Mit anderen Worten, indem wir dem System eine *externe Zwangsbedingung* auferlegen, erlauben wir ihm nicht, den Gleichgewichtszustand zu erreichen. Man beachte dabei, daß in diesem Beispiel die Zwangsbedingung einen Energiestrom hervorruft und umgekehrt.

Wir nehmen zunächst an, daß der Zwang nur schwach ist (ΔT klein). Unser System wird dann wieder einen einfachen und eindeutigen Zustand einnehmen; der einzige Prozeß, der in diesem stattfindet, ist Wärmetransport von der unteren zur oberen Platte; von dieser wird Wärme an die Außenwelt abgegeben, damit T_1 konstant bleibt. Der einzige Unterschied gegenüber dem Gleichgewichtszustand besteht darin, daß die Temperatur und mit dieser die Dichte und der Druck nicht mehr einheitlich sind. Sie variieren praktisch linear zwischen warmen (unten) und kalten Regionen (oben). Dieses Phänomen bezeichnet man als *Wärmeleitung*. Der neue Zustand, den das System in Reaktion auf die einwirkende Zwangsbedingung eingenommen hat, wird wieder stabil sein, und das Systemverhalten wird schließlich wieder so »einfach« wie im Gleichgewicht.

Wird das System durch Erhöhung von ΔT immer weiter vom Gleichgewicht weggetrieben, so beobachten wir, wie die Materie bei einem *kritischen* Wert ΔT_k plötzlich makroskopische Bewegungen auszuführen beginnt. Dabei handelt es sich keineswegs um Zufallsbewegungen: Die Flüssigkeit strukturiert sich in einer regelmäßigen Anordnung kleiner Zellen (Fig. 1.3 a), die unter dem Namen Bénard-Zellen bekannt sind. Wir befinden uns jetzt in dem Regime thermischer Konvektion, das zu Beginn dieses Abschnitts beschrieben wurde.

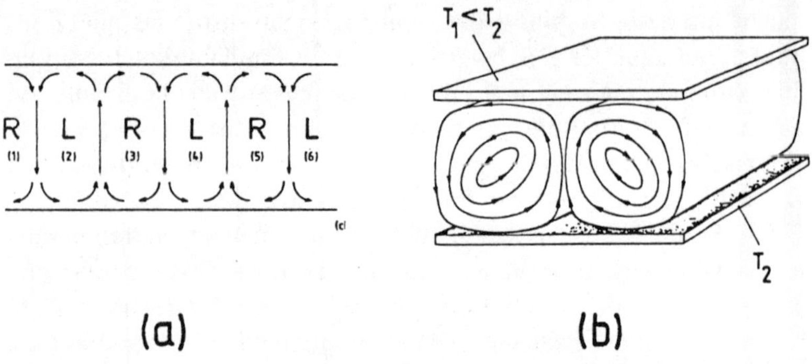

Fig. 1.3: Zwei verschiedene Ansichten von Konvektionszellen (Bénard-Zellen). Man beachte den unterschiedlichen Rotationssinn benachbarter Zellen.

Fig. 1.4 stellt in groben Zügen eine qualitative Erklärung dieses Phänomens dar. Infolge thermischer Expansion wird die Schicht inhomogen, die Flüssigkeitselemente in der Nähe der unteren Platte bekommen eine niedrigere Dichte als die im oberen Teil der Schicht. Dies bedeutet, daß ein Dichtegradient entsteht, welcher der Schwerkraft entgegengerichtet ist. Es ist leicht einzusehen, daß diese Konfiguration instabil werden kann: Man betrachte dazu nur ein kleines Flüssigkeitselement in der Nähe der unteren Platte und stelle sich vor, daß es durch eine Störung leicht nach oben verschoben wird. Da es sich jetzt in einer kälteren und daher dichteren Umgebung befindet, erfährt es eine nach oben gerichtete Archimedische Auftriebskraft, welche die Aufwärtsbewegung noch weiter verstärkt. Wird umgekehrt ein Flüssigkeitströpfchen aus der Umgebung der oberen Platte nach unten verschoben, so dringt es in eine Umgebung niedrigerer Dichte ein, und die Archimedische Kraft verstärkt diesmal die Abwärtsbewegung. Wir sehen also, daß sich in der Flüssigkeit im Prinzip auf- und absteigende Strömungen entwickeln können, so, wie dies im Experiment auch tatsächlich beoachtet wird. Der Grund, warum diese Strömungen nicht sofort auftreten, sobald ΔT nur ein bißchen von Null verschieden ist – unsere obige Erklärung würde das nahelegen – besteht darin, daß den genannten destabilisierenden Effekten stabilisierende Effekte entgegenwirken. Stabilisierend wirkt einerseits die Viskosität der Flüssigkeit, die eine der Bewegung entgegengerichtete innere Reibungskraft hervorruft, und andererseits die Wärmeleitung, die

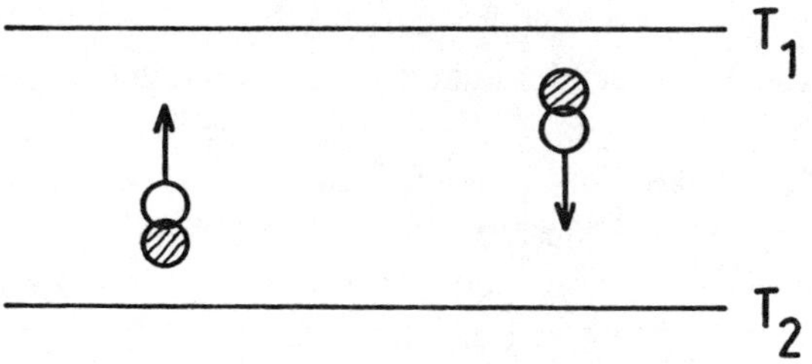

Fig. 1.4: Qualitative Erklärung des Ursprungs der thermischen Konvektion.

Temperaturunterschiede zwischen dem verschobenen Tröpfchen und seiner Umgebung auszugleichen sucht. Dies erklärt die Existenz eines kritischen Schwellenwerts ΔT_k, wie er im Experiment beobachtet wird. In Fig. 1.3 b zeigen wir noch die *Komplexität* der Bewegungen: An einer Stelle geht die Flüssigkeit nach oben, bewegt sich längs der Platte 1, sinkt dann nach unten, bewegt sich jetzt längs der Platte 2, um anschließend wieder nach oben zu steigen etc. Die Zellen sind in horizontaler Richtung verteilt und weisen in sukzessiver Reihenfolge linksdrehende (L) und rechtsdrehende (R) Rotationen auf.

Der Leser wird sagen, daß dies im Vergleich zur Kompliziertheit auch nur der allereinfachsten Bakterie doch einen recht bescheidenen Grad an Komplexität darstellt. Doch wenden wir uns nochmals unserem kleinen Beobachter zu!

Auf dem jetzt erreichten Niveau hat sich sein Universum gänzlich verändert. Zum Beispiel kann er jetzt feststellen, wo er sich befindet, indem er sich an dem Rotationssinn der Zelle orientiert, in der er sich gerade befindet. Darüber hinaus kann er sich eine recht wirkungsvolle Raumvorstellung verschaffen, indem er bei seiner Wanderung die Zahl der Zellen abzählt, durch die er gegangen ist. Wir bezeichnen diese Entwicklung des Raumbegriffs in einem System, wo das bis dahin nicht möglich war, als *Symmetriebrechung*. In gewisser Weise bringt uns dieser Begriff der Symmetriebrechung von einer statischen, geometrischen Sehensweise des Raums zu einer »Aristotelischen« Sicht, in welcher der Raum durch die in dem System ablaufenden Vorgänge strukturiert wird.

Als vielleicht bemerkenswerteste Eigenschaft dieses plötzlichen Übergangs von einfachem zu komplexem Verhalten sollte die *Ordnung* und *Kohärenz* des Systems hervorgehoben werden. Solange

ΔT unterhalb des kritischen Wertes ΔT_k liegt, macht die horizontale Homogenität der Flüssigkeit ihre verschiedenen Teile voneinander völlig unabhängig. Es bleibt ohne jede Bedeutung (Fig. 1.2), ob man die beiden Volumina V_A und V_B auswechselt. In einem Volumenelement V_C, das zwischen V_A und V_B plaziert ist, könnte man keine Veränderung beobachtbarer Eigenschaften als Folge der Tatsache feststellen, daß sich das Volumen V_A jetzt rechts befindet und nicht mehr links. Im Gegensatz dazu geht oberhalb des Schwellenwerts ΔT_k alles so vonstatten, als würde jedes Volumenelement das Verhalten seiner Nachbarn genau »beobachten« und mit »einkalkulieren«, um seine eigene Rolle richtig spielen und an dem allgemeinen Verhaltensmuster teilnehmen zu können. Dies legt die Existenz von *Korrelationen* nahe, d. h. die Existenz statistisch reproduzierbarer Beziehungen, die zwischen räumlich entfernten Teilen des Systems bestehen. Wir kommen hier zu dieser wichtigen Schlußfolgerung aufgrund rein phänomenologischer Beobachtungen. In den Kapiteln 2 und 4 wird dieses Problem nochmals im Ganzen aufgegriffen und dann im Detail analysiert. Trotzdem wollen wir schon in diesem frühen Stadium unserer Untersuchungen die große Reichweite dieser Korrelationen ganz klar der kurzen Reichweite intermolekularer Kräfte gegenüberstellen. Die charakteristische Länge einer Bénard-Zelle befindet sich unter üblichen Laborbedingungen im Millimeterbereich (10^{-1} cm), während die mittlere Reichweite der intermolekularen Kräfte im Ångströmbereich gelegen ist (10^{-8} cm). Um es noch etwas anders zu verdeutlichen, eine einzige Bénard-Zelle enthält in etwa $(10^7)^3 \sim 10^{21}$ Moleküle. Daß diese riesige Zahl von Teilchen trotz der von jedem einzelnen ausgeführten thermischen Bewegung kohärentes Verhalten entwickeln kann, ist eine der prinzipiellen Eigenschaften, welche die Entstehung komplexer Verhaltensweisen charakterisiert.

Man beachte, daß wir auf den letzten Seiten laufend ein Vokabular benutzt haben, das Begriffe wie Kohärenz, Komplexität und Ordnung umfaßt, Begriffe also, die seit langem ein integraler Bestandteil der Biologie sind, sich aber bis vor kurzem außerhalb der Hauptströmung der Physik befanden. Die Möglichkeit, mit Hilfe dieser fundamentalen Konzepte sowohl das Verhalten von Lebewesen als auch das ganz gewöhnlicher physikalischer Systeme beschreiben zu können, bedeutet einen ganz enormen Fortschritt. Die Wissenschaft hätte ihn noch vor wenigen Jahren nicht vorhersagen können.

Aber die Bénard-Zellen haben für uns noch weitere Überraschungen auf Lager. Einerseits ist das Experiment völlig reproduzierbar, unter gleichen experimentellen Bedingungen sieht man das Konvektionsmuster stets beim selben Schwellenwert ΔT_k auftauchen. Andererseits ist die Materie aber in Zellen strukturiert, die nach Fig. 1.3 abwechselnd links- oder rechtsherum rotieren. Sobald sich einmal ein bestimmter Rotationssinn eingestellt hat, bleibt dieser unverändert bestehen. Dennoch können knapp über der kritischen Schwelle ΔT_k stets zwei qualitativ verschiedene Situationen auftreten, ganz unabhängig davon, wie raffiniert das Experiment auch gesteuert werden möge.* In Fig. 1.3 a ist Zelle 1 rechsherum orientiert (Zelle 2 daher linksherum, Zelle 3 rechtsherum etc.), aber es hätte auch gerade umgekehrt sein können, Zelle 2 wäre dann rechtsherum orientiert und die übrigen entsprechend andersherum. Sobald ΔT nur ein bißchen den Wert ΔT_k überschreitet, wissen wir genau, daß die Zellenstruktur auftaucht: Dieses Phänomen unterliegt also einem strengen Determinismus. Im Gegensatz dazu ist der Rotationssinn der Zellen weder vorhersagbar noch kontrollierbar: Nur der Zufall in Gestalt einer bestimmten Anfangsstörung entscheidet darüber, ob eine gegebene Zelle rechts- oder linksherum rotiert. Wir stoßen hier auf ein bemerkenswertes Zusammenwirken von Zufall und Determinismus, das uns erneut an eine ähnliche, seit Darwins Zeiten wohlvertraute Dualität in der Biologie erinnert (Mutation – natürliche Selektion). In der Physik war eine derartige Dualität bisher auf die quantenmechanische Beschreibung von Phänomenen in mikroskopischen Dimensionen beschränkt. Fig. 1.5 zeigt ein schematisches Bild der angetroffenen Situation.

Wir sehen, daß sich das System in weiter Ferne vom Gleichgewicht, also dann, wenn der ausgeübte Zwang hinreichend groß ist, seiner Umgebung auf verschiedene Weisen anpassen kann; oder, um es weniger anthropomorph auszudrücken, zu *denselben Para-*

---

* Eigentlich müßte man sogar von *unendlich vielen* Möglichkeiten sprechen, da die Struktur in einem sehr großen System ein beliebiges Stück weit horizontal verschoben werden kann (Brechung einer *kontinuierlichen Symmetriegruppe*). Am deutlichsten äußert sich diese Multiplizität jedoch im Rotationssinn der Zelle; daher werden wir in diesem Abschnitt weiterhin nur diesen als Kriterium benutzen.

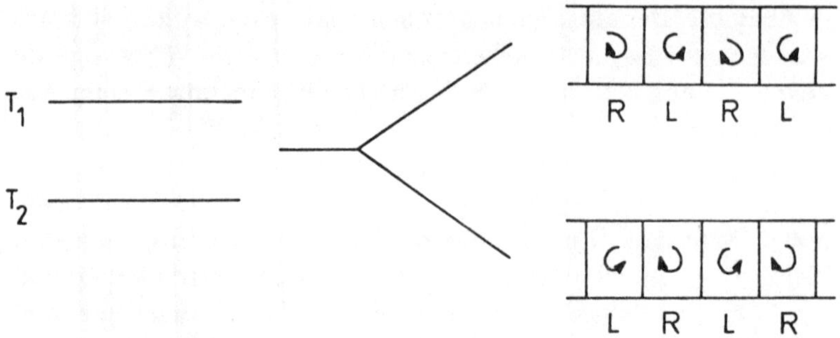

Fig. 1.5: Multiplizität der Lösungen jenseits der Einsatzschwelle für die thermische Konvektionsinstabilität. Je nach den Umständen kann eine vorgegebene Stelle im Raum zu einer Zelle mit rechts- oder linksherum orientiertem Rotationssinn gehören.

meterwerten existieren *mehrere Lösungen*. Der Zufall allein entscheidet darüber, welche dieser Lösungen realisiert wird. Die Tatsache, daß von vielen Möglichkeiten nur eine ausgewählt und beibehalten wird, verleiht dem System eine *historische Dimension*, eine Art von »Erinnerung« an ein vergangenes Ereignis, das einmal zu einem kritischen Zeitpunkt stattgefunden hat und sich nun auf die weitere Entwicklung des Systems auswirkt.

Was passiert nun, wenn der thermische Zwang ganz weit über den ersten Schwellenwert der Strukturierung hinauswächst? Über einen gewissen Wertebereich hinweg bleiben die Bénard-Zellen global weiter bestehen, nur daß einige ihrer charakteristischen Eigenschaften modifiziert werden. Und dann, jenseits einer weiteren kritischen Schwelle $\Delta T'_k$, werden wir plötzlich zu Zeugen einer weiteren markanten Äußerung von Zufälligkeit: Die Zellenstruktur wird verwaschen, und wir kommen in ein Gebiet, das durch erratisches Zeitverhalten der Systemvariablen charakterisiert ist. Das sind die Vorboten dessen, was Ingenieure und Hydrodynamiker seit etwa einem Jahrhundert mit *Turbulenz* bezeichnen. Allgemeiner erscheint es heute so, daß Turbulenz den Teilaspekt einer allgemeinen Tendenz verschiedener Klassen von Systemen bildet, sich unter bestimmten Bedingungen *chaotisch* zu verhalten. Wir werden diesen Punkt in Kapitel 3 weiter verfolgen.

Zusammenfassend haben wir gesehen, daß die Nichtgleichgewichtsbedingungen es dem System möglich gemacht haben, den in Fig. 1.1 a gezeigten Zustand thermischer Unordnung zu vermeiden und einen Teil der ihm von der Umgebung zugeführten Energie in geordnetes Verhalten eines neuen Typs umzusetzen, indem es eine *dissipative Struktur* bildet: Dabei handelt es sich um ein Regime, das durch Symmetriebrechung, vielfältige Auswahlmöglichkeiten und durch Korrelationen makroskopischer Reichweite charakterisiert ist. Wir können daher sagen, daß wir buchstäblich die Geburt von Komplexität erlebt haben. Zugegeben, der erreichte Grad an Komplexität ist bescheiden; nichtsdestoweniger weist er Eigenschaften auf, die bisher üblicherweie nur biologischen Systemen zugeschrieben wurden. Wichtiger als das: Komplexität ist weit davon entfernt, etwa die Gesetze der Physik in Frage zu stellen, vielmehr erscheint sie unter geeigneten Bedingungen als eine unvermeidliche Konsequenz derselben.

1.4 Selbstorganisationsphänomene in der Chemie

Wir haben die Bénard-Zellen traditionsgemäß zur Physik gerechnet, und zwar hauptsächlich deshalb, weil sich die chemische Zusammensetzung der Substanzen in der Schicht während aller Vorgänge nicht verändert. Wir werden uns jetzt mit chemischen Reaktionen beschäftigen, also mit Prozessen, bei denen auch Identitätsveränderungen der Moleküle des Systems vorkommen. Vorgänge dieser Art sind von ziemlich allgemeiner Bedeutung. Die chemische Industrie basiert zu einem großen Teil auf der heterogenen Katalyse; dabei werden einige Vorgänge, die für die Synthese der Reaktionsprodukte erforderlich sind, durch die Gegenwart einer mit dem ganzen Medium reagierenden Oberfläche beschleunigt. Z. B. wird die Oxydation von Ammoniak üblicherweise in Gegenwart eines Platinkatalysators durchgeführt, während bei der Zerlegung von N_2O eine katalytische Oberfläche aus Kupferoxyd benutzt wird. Verbrennungsprozesse wie z. B. die Verbrennung von Kohlenwasserstoffen, auf der das Funktionieren von Wärmekraftmaschinen beruht, bilden eine andere Klasse wichtiger chemischer Umwandlungsprozesse. Weiterhin hängen einige Erscheinungsformen biologischer Ordnung von chemischen Reaktionen ab, bei denen Enzyme als Katalysatoren beteiligt sind.

Bei einer typischen chemischen Reaktion kann sich z. B. ein Molekül der Sorte A (sagen wir eine an der Katalysatoroberfläche adsorbierte OH-Gruppe) mit einem Molekül der Sorte B (sagen wir molekularem Wasserstoff H_2) verbinden, um je ein Molekül der Sorte C und D (in unserem Beispiel H_2O bzw. atomaren Wasserstoff H) zu bilden. Dieser Vorgang wird durch

$$A + B \xrightarrow{k} C + D \qquad (1.2\,a)$$

symbolisiert, wo k die Reaktionsgeschwindigkeits-Konstante ist (sie hängt im allgemeinen von der Temperatur und vom Druck ab). Die *Reaktanten* A und B auf der linken Seite verbinden sich miteinander und verschwinden im Laufe der Zeit, während die *Reaktionsprodukte* C und D auf der rechten Seite erst im Verlauf der Reaktion gebildet werden und zum Vorschein kommen. Trotzdem beobachtet man in einem isolierten System, daß die Reaktanten A und B selbst nach sehr langer Zeit nie völlig verschwinden. Genauer gilt, daß die Mengen der koexistierenden Bestandteile A, B, C und D durch einen festen Wert des Verhältnisses (Konzentration von A × Konzentration von B) / (Konzentration von C × Konzentration von D) charakterisiert werden, wenn man nur hinreichend lange wartet. Sobald sich dieser feste Wert eingestellt hat, spricht man von *chemischem Gleichgewicht* und bezeichnet den Zahlenwert des Verhältnisses als *Gleichgewichtskonstante*. Dieser Zustand bildet das Analogon zu dem homogenen Zustand der Ruhe beim Bénard-Problem. Es ist selbstverständlich, daß dabei physikalische Parameter wie Druck, Temperatur usw. zeitlich konstant bleiben müssen.

Wie kann man dieses Ergebnis mit (1.2 a) in Einklang bringen, wonach A und B eigentlich verschwinden müßten? Das Experiment zeigt, daß auch der umgekehrte Prozeß

$$C + D \xrightarrow{k'} A + B \qquad (1.2\,b)$$

vorkommt. Im chemischen Gleichgewicht finden beide Reaktionen mit genau derselben Geschwindigkeit statt. Dieses fundamentale Naturgesetz, das wir im weiteren mit dem Namen *»detailliertes Gleichgewicht«* bezeichnen werden, ist für die meisten Eigenschaften dieses Materiezustands verantwortlich. Wir stellen eine reversible Reaktion formelmäßig durch

$$A + B \underset{k'}{\overset{k}{\rightleftharpoons}} C + D \qquad (1.2\,c)$$

dar.

Beim Bénard-Problem konnten wir uns vom Gleichgewicht dadurch entfernen, daß wir durch das System Energie hindurchfließen ließen. Dieser Situation kommen wir hier ganz offensichtlich am nächsten, wenn wir durch das chemische System eine Strömung von Masse stattfinden lassen, die aus der Umgebung kommt bzw. in diese zurückführt. Ein derartiges System werden wir im weiteren Verlauf als *offenes System* bezeichnen. Man kann z.B. die Substanzen C und D aus dem Reaktionsgefäß herausleiten, sobald ihre Konzentration einen vorgeschriebenen Wert übersteigt; oder aber, man führt dem System eine mit den Substanzen A und B angereicherte Strömung zu, die durch das Reaktionsgefäß hindurchgeht und diesem schließlich entzogen wird, um ihm womöglich in einem Recycling-Prozeß erneut zugeführt zu werden. Fig. 1.6 zeigt, wie ein offenes System in Labormaßstäben arbeitet.

Indem man den Zustrom bzw. das Abfließen der Substanzen mengenmäßig in geeigneter Weise kombiniert, kann man Bedingungen schaffen, unter denen das System einen Zustand mit zeit-

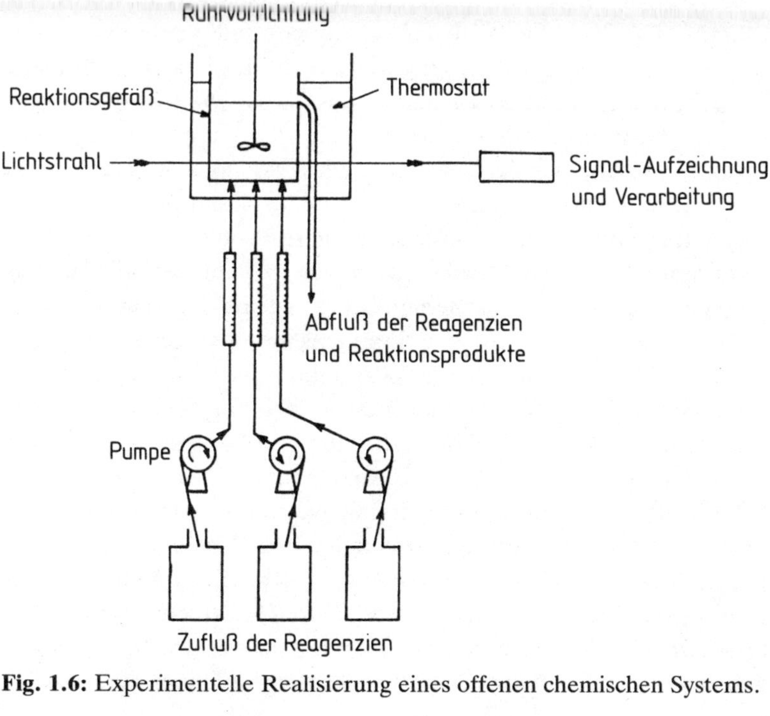

Fig. 1.6: Experimentelle Realisierung eines offenen chemischen Systems.

lich konstanten Konzentrationen der Substanzen A, B, C, D einnimmt. Dabei ist das Konzentrationsverhältnis jetzt nicht mehr durch die Gleichgewichtskonstante gegeben. Mathematisch drückt sich die zeitliche Konstanz im Verschwinden der Änderungsgeschwindigkeiten aller Konzentrationen aus. Um dies formelmäßig anzugeben, führen wir die Zeitableitungen der Konzentrationen ein und schreiben

$$\frac{dC_A}{dt} = \frac{dC_B}{dt} = \cdots = 0. \qquad (1.3)$$

Den hierdurch beschriebenen Zustand bezeichnen wir als *stationären Nichtgleichgewichts-Zustand.*

Können wir erwarten, daß sich ein offenes System in der Nachbarschaft eines solchen Nichtgleichgewichts-Zustandes ähnlich verhält wie beim Bénard-Problem? Vor allem gibt es in einem solchen System kein detailliertes Gleichgewicht mehr. Nehmen wir nun einmal an, daß ein bestimmter Prozeß, sagen wir z. B. die Hinreaktion, gegenüber der Rückreaktion vorübergehend das Übergewicht bekommt. Im detaillierten Gleichgewicht würde das System danach trachten, den Ausgangszustand wieder herzustellen. Weit entfernt vom Gleichgewicht trifft dies jedoch nicht mehr zu. Wenn jetzt gewisse Elemente des chemischen Mechanismus das System in die Lage setzen würden, dieses Übergewicht einer Reaktionsrichtung beizubehalten und sogar noch weiter zu verstärken, hätte man vielmehr eine instabile Situation vor sich, so ähnlich, wie dies in Fig. 1.4 für das Bénard-Problem dargestellt ist. Man weiß, daß solche Mechanismen in der Chemie existieren, und ihre eindrucksvollste Erscheinungsform ist die sogenannte *Autokatalyse*. So kann z. B. das Vorhandensein eines gewissen Reaktionsproduktes seine eigene Produktionsgeschwindigkeit beschleunigen. Tatsächlich findet dieses scheinbar exotische Phänomen routinemäßig in jedem Verbrennungsprozeß statt, und zwar dank der Anwesenheit freier Radikale, jener extrem reaktionsfreudigen Substanzen mit einem ungepaarten Elektron, die durch die Reaktion mit anderen Molekülen zur Erzeugung weiterer freier Radikale und damit zu einem Selbstbeschleunigungsprozeß führen. Weiterhin ist auch die *Selbstreproduktion*, eine der charakteristischsten Eigenschaften des Lebens, im wesentlichen das Ergebnis eines autokatalytischen Kreisprozesses. Dabei wird das genetische Material dank der Intervention spezieller Proteine dupliziert, die ihrerseits vermittels der in dem genetischen Material enthaltenen Instruktionen synthetisiert werden.

Lange Zeit dachten die Chemiker, daß jede chemische Umwandlung letztlich zu einem homogenen zeitunabhängigen Systemzustand ähnlich dem Gleichgewicht führen müsse. Jede Abweichung von dieser Regel könne nur die Folge von etwas Künstlichem sein, nur eine amüsante Kuriosität, die von der Wechselwirkung mit einem Phänomen herrühre, das nicht in den Bereich der Chemie gehört.

Wir werden jetzt eine chemische Reaktion beschreiben, die als Belousov-Zhabotinsky-Reaktion (im Folgenden mit BZ abgekürzt) bekannt ist und die unter gewissen Nichtgleichgewichtsbedingungen ein ganzes Spektrum faszinierender und unerwarteter Verhaltensweisen darbietet.

An den Reaktanten der BZ-Reaktion gibt es keine großartigen Besonderheiten. Eine typische Präparation benutzt Cer-Sulfat $Ce_2(SO_4)_3$, Malonsäure $CH_2(COOH)_2$ und Kaliumbromat $KBrO_3$, aufgelöst in Schwefelsäure. Die Entwicklung des Systems kann mit dem bloßen Auge verfolgt werden, wenn man zum Anfärben eine Substanz wie z. B. Ferroin zusetzt, welches bei Überschuß von Fe^{2+} (oder Ce^{3+})-Ionen eine Rot- und bei Überschuß von Fe^{3+} (oder Ce^{4+})-Ionen eine Blaufärbung ergibt. Ausgeklügeltere Beobachtungsmethoden benutzen besondere Elektroden oder die spektroskopische Messung der durch eine der Substanzen verursachten optischen Absorption.

Wir verschaffen uns im folgenden einen Überblick über die Verhaltensmuster, die dieses System unter verschiedenen experimentellen Bedingungen an den Tag legt, alle bei normalen Temperaturen.

A. BZ-Reaktion in einem gut durchgerührten System: chemische Uhren und Chaos

Wir nehmen zunächst an, daß die Reaktion unter den in Fig. 1.6 gezeigten Bedingungen stattfindet. Durch das Rühren wird ein effizienter Materieumsatz gewährleistet, und daher bleibt das System zu jedem Zeitpunkt räumlich praktisch homogen. Der gezeigte experimentelle Aufbau ermöglicht es auch, den Abstand, den das System vom Gleichgewicht einhält, auf einfache Weise zu regulieren: Hierzu genügt es, die *Verweilzeiten* der einzelnen Substanzen im Reaktionsgefäß zu variieren, indem man mit verschiedener Geschwindigkeit durch dieses hindurchpumpt. Große Verweilzeiten aller Reaktanten bedeuten im wesentlichen, daß ein abgeschlossenes System realisiert wird; in diesem Fall erwarten wir, daß sich ein gleichgewichtsähnliches Verhalten mit detailliertem Gleichgewicht zwischen den Reaktanten einstellt. Verkleinern wir die Verweilzeiten, so verhindern wir den vollen Ausgleich der Hin- und der Rückreaktionen; unter diesen Umständen erwartet man, daß das System Nichtgleichgewichtsverhalten an den Tag legen kann. Genau das ist es auch, was im Experiment passiert. Bei sehr großen Verweilzeiten stellt sich ein homogener stationärer Zustand ein, in welchem die Konzentrationen der Chemikalien zeitunabhängig sind. Dies ist der typische Zustand, an den der Laborchemiker gewöhnt ist, und er besitzt alle qualitativen Eigenschaften des chemischen Gleichgewichts. Er bildet das Analogon des Wärmeleitungszustands, der sich im Bénardschen System einstellt, wenn quer zu den Platten eine kleine Temperaturdifferenz angelegt wird.

Wenn wir jetzt die Verweilzeiten verkleinern, begegnen wir einem völlig anderen Verhaltensmuster. Ganz plötzlich wird das System von einer Blaufärbung durchdrungen (wenn Ferroin benutzt wird), die einen Überschuß von F^{3+} (oder Ce^{4+}) Ionen anzeigt. Ein paar Minuten (oder je nach den Umständen sogar nur einen Bruchteil einer Minute) später wird die Blaufärbung von einer Rotfärbung abgelöst, die den Überschuß von Fe^{2+} – (oder Ce^{3+} –) Ionen indiziert. Und das geht immer so weiter, blau, rot, blau, rot, etc., in rhythmischer Weise mit völlig regelmäßiger Periode und Amplitude, beide nur von den experimentellen Parametern abhängig und daher charakteristisch für das System. Dieses Oszillieren, das mittels einer intern erregten Dynamik die Zeit mißt, bildet eine *chemische Uhr.* Fig. 1.7 zeigt ein typisches Uhrenverhalten, wie es gerade beschrieben wurde.

An dieser Stelle wird der aufmerksame Leser eine ganz natürliche Frage stellen: Wieso diese Überraschung über rhythmisches Verhalten? Sehen wir nicht alle immer wieder derartige Phänomene, wenn wir z. B. ein Pendel betrachten? In der Tat beginnt jeder Mechanikkurs mit dem idealen reibungsfreien Pendel und

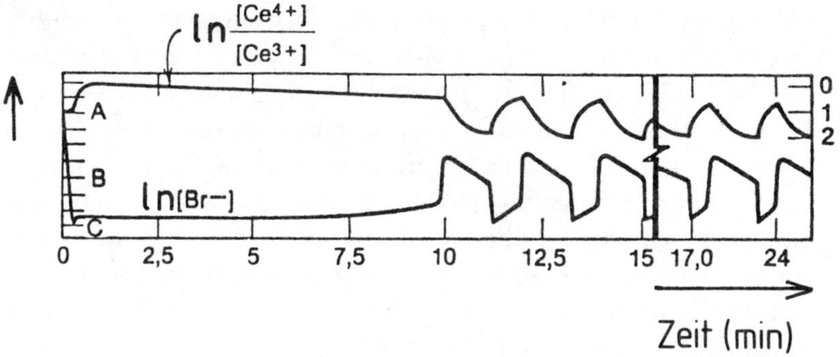

Fig. 1.7: Potentiometrische Aufzeichnung von log B_r^- und $\ln Ce^{4+}/Ce^{3+}$ in Abhängigkeit von der Zeit bei der Belousov-Zhabotinsky-Reaktion. Anfangskonzentrationen: $CH_2(COOH)_2$ = 0.032 M, $KBr0_3$ = 0.063 M, $Ce(NH_4)_2(NO_3)_5$ = 0.01 M, H_2SO_4 = 0.8 M und KBr = 1.5 × 10^{-5} M.

seinem Schwingungsverhalten als einem Prototyp für so fundamentale Prinzipien wie das zweite Newtonsche Gesetz und die Erhaltung von Energie oder Drehimpuls!

Fig. 1.8 umreißt die Erklärung für die markanten Unterschiede, die zwischen diesen zwei Arten von Schwingungsvorgängen bestehen. Die obere Hälfte zeigt ein reibungsfreies Pendel, das mit einem maximalen Öffnungswinkel θ_1 (der Amplitude der periodi-

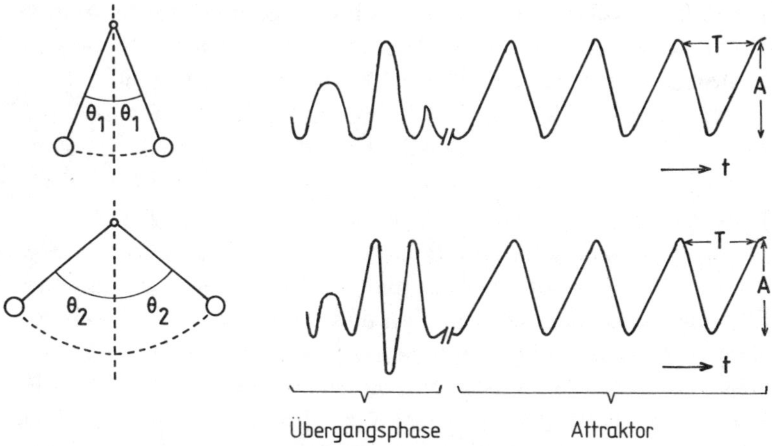

Fig. 1.8: Illustration des Unterschiedes zwischen gleichmäßigen Schwingungen in konservativen Systemen wie dem Pendel (links) und in dissipativen Systemen wie dem BZ-System (rechts).

schen Funktion $\theta(t)$, die den momentanen Öffnungswinkel angibt) und einer Periode T_1 um die Vertikale schwingt. Sie zeigt außerdem die zeitlichen Konzentrationsschwankungen einer an der BZ-Reaktion beteiligten Chemikalie zusammen mit der charakteristischen Amplitude A und der Schwingungsperiode T.

Wir stören jetzt für einen Moment diese Situation, indem wir das Pendel zu einem höheren Öffnungswinkel θ_2 gegenüber der Vertikalrichtung auslenken ($\theta_2 > \theta_1$), bzw. indem wir in der BZ-Reaktion eine kleine Konzentrations- oder Temperaturstörung einwirken lassen (also z. B. zusätzlich ein paar Millimol Kaliumbromat einströmen lassen oder für ein paar Sekunden das Reaktionsgefäß berühren). Die untere Hälfte von Fig. 1.8 beschreibt die Reaktion der Systeme auf diese Störungen. Das Pendel führt wieder eine Schwingung aus; deren Amplitude ist jetzt aber θ_2 anstelle von θ_1, und die Schwingungsperiode wird ein bißchen größer. Mit anderen Worten, dieses System bewahrt die Erinnerung an die Störung für alle Zukunft. Im Gegensatz dazu nimmt die BZ-Reaktion nach einer Übergangsphase wieder genau denselben Schwingungszustand (gleiche Amplitude und Periode) auf wie vorher. Dies ist die Eigenschaft der *asymptotischen Stabilität*, auf die wir schon im vorigen Abschnitt verwiesen haben. Sie steht in direktem Zusammenhang mit einer allgegenwärtigen Eigenschaft der meisten in der Natur beobachteten Phänomene, nämlich *Irreversibilität*, und ist ganz wesentlich für die Reproduzierbarkeit von Ereignissen verantwortlich. Andererseits fehlt diese Eigenschaft Systemen wie dem Pendel, weil deren Dynamik gegenüber Zeitumkehr invariant ist. Solche Systeme sind daher den auf sie einwirkenden Störungen völlig ausgeliefert und müssen, da diese Störungen ja im wesentlichen unvorhersagbar sind, früher oder später ganz zwangsläufig erratisches Verhalten an den Tag legen.

Ein systematischeres Studium der Unterschiede zwischen *dissipativen Systemen* mit irreversiblem Verhalten wie der Bénard-Strömung oder der BZ-Reaktion und *konservativen Systemen* wie dem Pendel, deren Dynamik gegen Zeitumkehr invariant ist, verschieben wir auf Kapitel 3. Wir beschließen diesen Einschub mit einer letzten Anmerkung. Ein wohlvertrauter Oszillator, den wir seit unserem Embryonalstadium mit uns herumtragen, ist unser Herz. Es schlägt mehr oder weniger regelmäßig (mit etwa 70 bis 80 Schlägen pro Minute bei einer Durchschnittsperson), aber es kann auch außer Takt geraten. Eine besonders dramatische Form von Disregulation ist das Herzflimmern, die Unfähigkeit, einen das ganze Herz umfassenden Schwingungsvorgang auszuführen. Unabhängig davon, was der letzte Grund für den Tod eines Individuums sein mag, wird immer auch eine gewisse Form von Herzflimmern beteiligt sein. Wir können uns jetzt leicht vorstellen, daß das Herzflimmern schon lange vor unserer Geburt aufgetreten wäre, wenn unser Herz wie ein Pendel funktionieren würde. Daß der Herzschlag – und darüber hinausgehend auch jedes andere reproduzierbare rhythmische Phänomen in der Natur, angefangen von den zirkadianischen Rhythmen und dem Zellteilungszyklus bis hin zu den Luminositätsschwankungen variabler Sterne, der Zepheiden – zum selben Gebiet gehören sollen wie die Oszillationen bei der BZ-Reaktion, dies zeigt die immense Bedeutung von Irreversibilität und von dissipativen Systemen.

Doch kommen wir jetzt auf unsere chemische Uhr zurück. Unter Benutzung des schon in Abschnitt 1.3 eingeführten Vokabulars könnte man sagen, daß das System im Geltungsbereich für den einheitlichen stationären Zustand (der auch asymptotisch stabil ist!) die Zeit einfach ignoriert. Sobald es sich aber im Bereich periodischer Schwingungszustände befindet, »entdeckt« es ganz plötzlich die Zeit in der Phase der periodischen Bewegung und in der Tatsache, daß die Maxima der verschiedenen Konzentrationen nach einem vorgeschriebenen Schema zeitlich aufeinander folgen. Wir können dies als *zeitliche Symmetriebrechung* bezeichnen.

Von einem noch grundsätzlicheren Standpunkt aus gesehen bedeutet die Inganghaltung eines gleichmäßigen Oszillationsverhaltens, welches das ganze System umfaßt, daß dessen Bestandteile in Form einer konzertierten Aktion zusammenwirken, indem sie untereinander ganz genaue Phasenbeziehungen einhalten; andernfalls würde das Oszillationsverhalten nämlich durch destruktive Interferenz zerstört. Mit anderen Worten erwarten wir wieder, wie beim Bénard-Problem, das Auftreten von *Korrelationen großer Reichweite*, die durch die Nichtgleichgewichtseinschränkungen hervorgerufen werden. In Kapitel 2 und 4 werden wir den Einsatz und die charakteristischen Eigenschaften solcher Korrelationen mit einiger Ausführlichkeit behandeln.

Wir haben die Liste der in der BZ-Reaktion versteckten Überraschungen aber noch nicht völlig ausgeschöpft! Detaillierte experimentelle Untersuchungen, die in einer Arbeit von Pacault und Vidal (1981) zusammengefaßt sind, haben für den Fall, daß die Verweilzeiten der Chemikalien zwischen denen zweier spezieller Oszillationsbereiche liegen, ein ganz kompliziertes nichtperiodisches Verhalten zutage gefördert. Das Auftreten dieser *chemischen Turbulenz* illustriert erneut die Tendenz vieler natürlicher Systeme, sich unter bestimmten Bedingungen in chaotischer Weise zu entwickeln. Es macht die folgende sehr wichtige Eigenschaft chemischer Systeme deutlich: In der Kontinuumsmechanik und in den meisten anderen Beispielen aus der Physik ist komplexes Verhalten stets mit räumlichen Inhomogenitäten verknüpft. In der Chemie kann jedoch sogar ein räumlich homogenes System noch ein komplexes Zeitverhalten aufweisen. Der Grund hierfür wurde eigentlich schon am Anfang dieses Abschnitts genannt: Chemische Systeme sind mit Mechanismen wie der Autokatalyse ausgestattet, die auf die besondere Molekularstruktur und Reaktivität bestimmter Konstituenten zurückzuführen sind und ihnen die Entwicklung auf neue Zustände hin ermöglichen, indem sie die Wirkung kleiner Störungen entweder verstärken oder unterdrücken.

B. BZ-Reaktion in einem uneinheitlichen System – Räumliche Strukturen

Wir wollen jetzt annehmen, daß die Reaktion ohne Rühren stattfindet, so daß die Ausbildung räumlicher Inhomogenitäten möglich wird. Man beobachtet in diesem Fall ganz regelmäßige raumzeitliche Strukturen in der Form fortschreitender Wellenfronten. Deren zwangsläufig statische Wiedergabe (Fig. 1.9) kann leider nur eine blasse Vorstellung davon vermitteln, welches Ausmaß an Schönheit es dabei zu sehen gibt und welche Aktivitäten sich abspielen. Die in der Abbildung gezeigten Wellen werden in einer dünnen Reaktionsschicht erzeugt. Sie treten in zwei verschiedenen Formen auf: kreisförmige Fronten (a), die in etwa Zylindersymmetrie um eine zur Schicht senkrechte Achse aufweisen und üblicherweise als *Zielscheiben-Strukturen* bezeichnet werden; und spiralförmige Fronten (b), die im Raum mit oder gegen den Uhrzeigersinn rotieren. Unter ganz besonderen Umständen kann man auch die in Teil (c) der Abbildung gezeigten mehrarmigen Spiralen

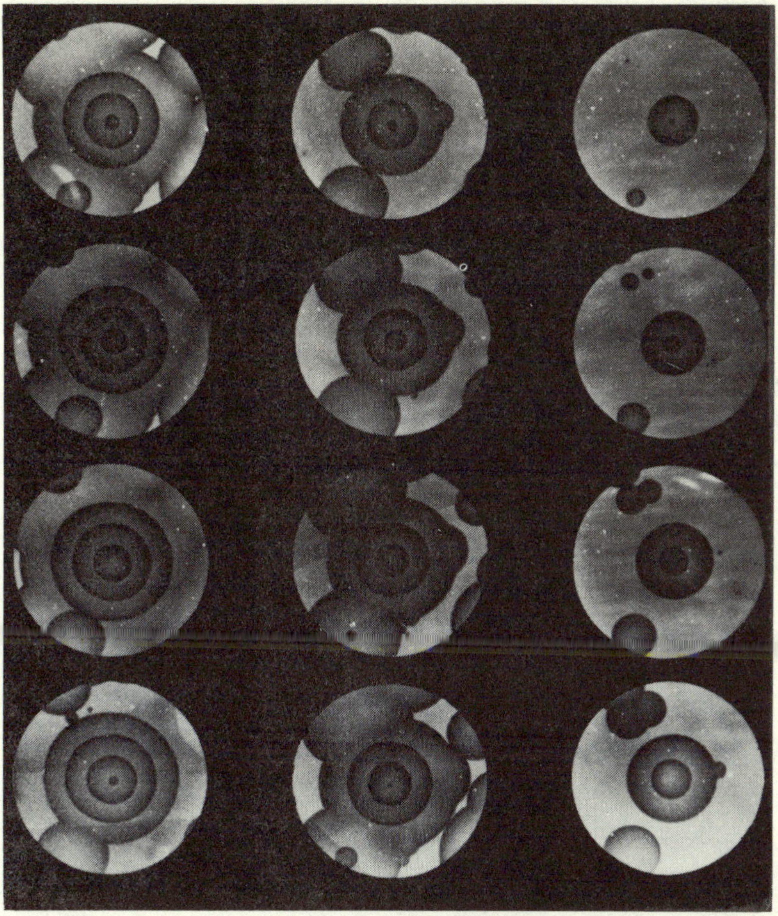

a

b

Fig. 1.9: Wellenausbreitung in einer zweidimensionalen Schicht des BZ-Systems:
a) Zielscheiben-Strukturen,
b) Spiralwellen;
c) mehrarmige Spiralen (S. 40).
(Die Fotografien sind einer Arbeit von A. Winfree, A. Zhabotinsky und V. Krinsky entnommen.)

c

bekommen. In jedem Fall wandern die Wellenfronten über makroskopische Raumdistanzen hinweg, mit vorgegebener Geschwindigkeit und ohne verzerrt zu werden, sozusagen als Botschaft, die von der im Zentrum der ganzen Struktur stattfindenden Chemie nach außen gesandt wird. Erneut werden wir zu Zeugen bei der Geburt von Komplexität.

Wie beim Bénard-Problem können wir die Formation von Wellenfronten mit einer räumlichen Symmetriebrechung in Verbindung bringen. Die von den Zielscheiben-Strukturen in Fig. 1.9a hervorgerufene Symmetriebrechung ist ziemlich ähnlich der im Bénard-System: Im wesentlichen verliert das System seine Invarianz gegenüber Verschiebungen in einer bestimmten Raumrichtung. Die mit der Ausbildung von Spiralen (Fig. 1.9b, c) verbundene Symmetriebrechung ist andererseits hiervon ziemlich verschieden: Sie ist eng verknüpft mit dem Begriff der *Chiralität* oder Rotation. Diese Art von Asymmetrie der Materie hat schon immer eine ganz besondere Faszination ausgeübt. Louis Pasteur, der Begründer der modernen Biochemie, hat wiederholt seiner Verblüffung über die Asymmetrie von Biomolekülen Ausdruck gegeben. Diese Asymmetrie gibt sich dadurch zu erkennen, daß sie die Polarisationsebene von Licht in eine Vorzugsrichtung dreht. Pasteur sah in dieser Eigenschaft einen der grundlegenden Aspekte des Lebens. Weiterhin hat das Gewahrwerden der morphologischen Asymmetrie ausgewachsener Organismen im menschlichen Denken zu den Begriffen »rechts« und »links« geführt, ein Punkt, der seit den Zeiten von Platon immer wieder die Aufmerksamkeit von Philosophen und Schriftstellern auf sich gezogen hat. Es ist erstaunlich, wenn man sieht, wie diese tiefgehenden Begriffe auf ganz natürliche Weise bei der inneren Dynamik eines bescheidenen, gewöhnlich aussehenden physikalisch-chemischen Systems zum Vorschein kommen!

Das oben beschriebene Verhalten ist keine Exklusiveigenschaft des BZ-Systems. Man trifft es noch bei einer Reihe weiterer Reaktionen an, die bei homogener Phase stattfinden und bei denen genauso einfache Chemikalien beteiligt sind. (Diese sind z.T. in Tabelle I.1 aufgeführt.) Für all diese Fälle ist es charakteristisch, daß der Parameterbereich, in dem Oszillationen beobachtet werden, ziemlich nahe bei dem Bereich liegt, in welchem als ein weiteres interessantes Phänomen sogenannte *Bistabilität* auftritt. Genauer bedeutet dies, daß unter exakt gleichen Randbedingungen zwei (oder manchmal auch mehr als zwei) gleichzeitig stabile stationäre Zustände koexistieren. Welchen von diesen sich das System aussucht, hängt von den experimentellen Umständen ab. Illustriert wird dies durch Fig. 1.10, in der wir den Wert einer herausgegriffenen Variablen (z. B. der Konzentration einer Chemikalie)

Tabelle 1.1 Chemische Oszillatoren in einem kontinuierlich durchrührten Reaktionstank (CSTR).

Hauptsorte	zusätzliche Sorten	
I^-	$I0_3^-$, $Mn04^-$ or $Cr_20_7^-$	
I^-	Malonsäure	
$I0^{3-}$	H_3As0_3	
$I0^{3-}$	$Fe(CN)_6^{4-}$, $S0_3^{2-}$, oder $CH_20.S0_2$	Ascorbinsäure
I_2	$Fe(CN)_6^{4-}$, $S0_3^{2-}$	
$I0^{3-}$	I^-	Malonsäure
$I0^{3-}$	I^-	H_3As0_3
I^-	$Br0_3^-$	
$Br0_3^-$	$S0_3^{2-}$, $Fe(CN)_6^{4-}$, oder Sn^{2+}	H_3As0_3
I^-	I_2	$S_20_3^{2-}$

Chemische Oszillatoren bei der Oberflächenkatalyse

Hauptsorte	zusätzliche Sorten (Katalysatoren)
$C0 + 0_2$	Pt, Pd, Cu0, Ir.
$H_2 + 0_2$	Pt, Pd, Ni.
$NH_3 + 0_2$	Pt
$C_2H_4 + 0_2$	Pt
$C_3H_6 + 0_2$	Pt
$C_6H_{12} + 0_2$	NaY(Zeolit)
N_20 (Zerfallsreaktion)	Cu0

gegen einen charakteristischen Kontrollparameter (z. B. die Verweilzeit) aufgetragen haben. Angenommen, das Experiment wird bei einem Wert $\lambda = \lambda'$ dieses Parameters durchgeführt, für den nur ein stabiler Zustand (Zweig a) zur Verfügung steht. Wenn wir jetzt λ allmählich zunehmen lassen, kommen wir in das Gebiet multipler Zustände ($\lambda_1 < \lambda < \lambda_2$). Das System bleibt jedoch auf dem Zweig (a), bis λ den Wert λ_2 überschreitet. In diesem Moment springt es auf den Zweig (b) über und verbleibt anschließend auf diesem. Wird λ nun in umgekehrter Richtung variiert, so, daß es z. B. von λ'' ausgehend bis zum Wert λ' abnimmt, so bleibt das System auf dem Zweig (b), bis λ den Wert λ_1 annimmt. Mit anderen Worten: Das System weist je nach seiner Vorgeschichte verschiedene Verhaltensweisen auf. Wir bezeichnen diese Erscheinung als *Hysterese*.

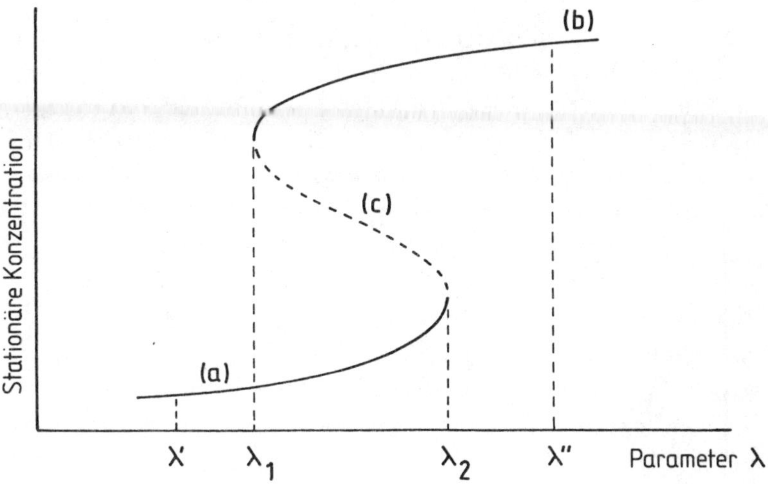

Fig. 1.10: Beispiele für Bistabilität und Hysterese.

In allen bisher bekannten Fällen stellt es sich heraus, daß ein und derselbe chemische Mechanismus für Bistabilität, Schwingungen und für Wellen verantwortlich sein kann. Wie schon erwähnt ist dabei im allgemeinen mindestens ein autokatalytischer Schritt beteiligt. Im BZ-System bewirkt dieser, daß aus einem Molekül bromiger Säure ($HBrO_2$), die in der Reaktion als Zwischenprodukt auftritt, gemäß der Reaktionsgleichung

$$HBrO_2 + BrO_3^- + 3H^+ + 2Ce^{3+} \rightarrow 2HBrO_2 + 2Ce^{4+} + H_2O \quad (1.4)$$

zwei solcher Moleküle gebildet werden.

Direkte Autokatalyse ist jedoch nicht der einzige Mechanismus, der in der Chemie zu komplexem Verhalten führen kann. Zum Beispiel setzen bei der schon zu Beginn dieses Abschnitts erwähnten heterogenen Katalyse einige der chemischen Vorgänge üblicherweise Energie frei (weshalb sie exotherme Reaktionen genannt werden). Hierdurch wird das Medium erhitzt. Nun ist die Reaktionsgeschwindigkeit einer chemischen Reaktion wie schon erwähnt temperaturabhängig. Genauer gesagt ist sie eine ansteigende Funktion der Temperatur, die in guter Näherung durch das Gesetz von Arrhenius beschrieben wird:

$$k(T) = k_0 \, e^{-E_0/(k_B T)}. \quad (1.5)$$

Hierin wird E_0 als Aktivierungsenergie bezeichnet, und k_B ist eine universelle Konstante, die sogenannte Boltzmann-Konstante. Qualitativ kann die angegebene Temperaturabhängigkeit wie folgt verstanden werden (vgl. Fig. 1.11). Bei einer chemischen Umwandlung werden chemische Bindungen aufgebrochen, d. h. es

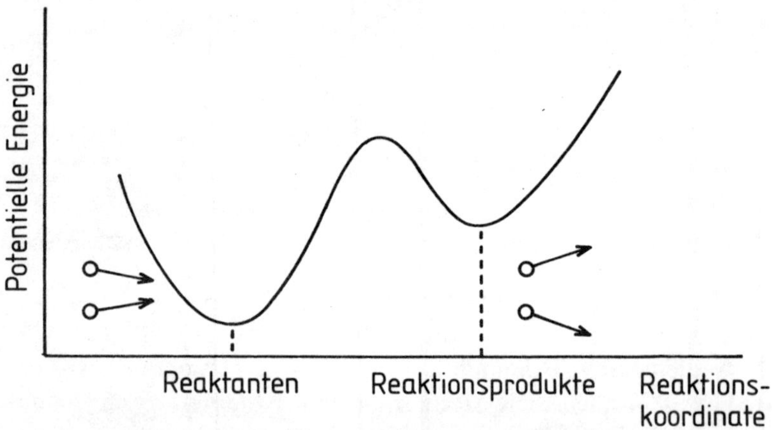

Fig. 1.11: Schematische Darstellung einer chemischen Reaktion als Molekülbewegung in einem Potential mit zwei Mulden: Die zwei Minima entsprechen stabilen Konfigurationen der an der Reaktion beteiligten Moleküle, welche als »Reaktanten« bzw. als »Reaktionsprodukte« identifiziert werden.

muß eine der Bindungsenergie entsprechende »Energiebarriere« überwunden werden. Dieser Energiebetrag wird von den stoßenden Molekülen aus der kinetischen Energie ihrer Translationsbewegung aufgebracht. Wird das Medium nun erhitzt, so nimmt die mittlere kinetische Energie der Moleküle zu, und daher besitzt jetzt eine größere Zahl stoßender Moleküle eine zur Überwindung der Energiebarriere ausreichende kinetische Energie. Mit anderen Worten: Die Reaktion wird in Übereinstimmung mit Gl. (1.5) beschleunigt.

Nehmen wir nun an, daß wir es mit einer exothermen Reaktion zu tun haben. Wird ein solcher Prozeß beschleunigt, so wird mehr Wärme freigesetzt, die Temperatur des Mediums steigt weiter an, und die Reaktion wird noch schneller vorangetrieben. Wir haben es also mit einem potentiell destabilisierenden Element zu tun, welches imstande ist, den Übergang zu neuen Verhaltensweisen zu induzieren. Und tatsächlich werden auch in vielen katalytischen Reaktionen von industriellem Interesse Verhaltensmuster beobachtet, die dem bei der BZ-Reaktion beobachteten Verhalten ganz ähnlich sind. Diese beeinflussen den lokalen Zustand des Katalysators ganz erheblich und spielen daher eine sehr wichtige Rolle im Reaktionsverlauf sowie für die Ausbeute und Effizienz der chemischen Anlage.

1.5 Weitere Beispiele komplexen Verhaltens in Alltagsdimensionen

Bis jetzt sind wir drei grundlegenden Formen der Selbstorganisation von Materie begegnet, die komplexes Verhalten hervorrufen: Bistabilität und Hysterese, (periodischen und nichtperiodischen) Oszillationen sowie räumlichen Strukturen. Wir haben das Auftreten dieser Phänomene in zwei »Fallstudien« beobachtet. Im einen Fall traten dabei unter thermischen Zwangsbedingungen Materieströmungen auf, beim anderen fanden in offenen Systemen katalytische chemische Reaktionen statt.

Es stellt sich heraus, daß man diese drei Organisationsformen bei einer riesigen Zahl weiterer makroskopischer Probleme antrifft, die unter ganz verschiedenartigen Umständen auftreten. Ohne Vollständigkeit anzustreben, geben wir im folgenden eine

Reihe charakteristischer Beispiele an und legen in jedem Fall den Schwerpunkt auf die wesentlichen Ursachen, welche die Übergänge hervorrufen.

A. Oberflächenspannungsinduzierte Phänomene. Materialwissenschaften

Herrschen zwischen gleichen Phasen der Materie (fest oder flüssig), zwischen verschiedenartigen Phasen oder zwischen biologischen Membranen und Flüssigkeiten bzw. Gasen Nichtgleichgewichtsbedingungen, so findet unter vielerlei Umständen ein Austausch von Energie und Materie statt. Charakteristisch ist an derartigen Vorgängen das Auftreten von *Trennflächen*. So, wie der Druck als Proportionalitäts-Koeffizient zwischen der bei einer Volumenänderung eines Körpers geleisteten Arbeit und der Volumenänderung selbst definiert wird, ist die *Oberflächenspannung* ein Proportionalitäts-Koeffizient zwischen der für die Flächenänderung eines Oberflächenelements benötigten Arbeit und der Flächenänderung. In der Regel hängt die Oberflächenspannung von der Krümmung, der Temperatur und der materiellen Zusammensetzung ab. Sie bildet deshalb einen Kopplungsmechanismus zwischen diesen Größen und den mechanischen Eigenschaften des Materials.

Eine mögliche Auswirkung dieser Kopplung besteht in einer spontanen Oberflächenverformung, die zu regelmäßigen räumlichen Mustern auf der Oberfläche, zu Strömungen in angrenzenden (und vorher strömungsfreien) Flüssigkeiten und zur Tropfenbildung führen kann. Phänomene dieser Art sind wichtig in Gebieten wie der Pharmakologie, der Lebensmittelindustrie oder bei der Ölgewinnung.

Einer weiteren, sehr eindrucksvollen Auswirkung begegnet man beim Wachstum eines reinen Festkörpers oder einer Legierung aus der Schmelze, wenn das Wandern der Trennfläche durch eine extern gesteuerte Gefriergrenze induziert wird, die sich in Richtung auf die Schmelze zu bewegt. Dieser Prozeß besitzt nicht nur industrielle Bedeutung, man findet ihn auch am Werke, wenn sich Schnee aus Wassertröpfchen bildet. In all diesen Fällen wird eine Vielfalt räumlicher Strukturen wie z. B. Lamellen oder Dendriten beobachtet. Dabei übersteigen die charakteristischen Dimensionen alle kristallographischen Längen um mehrere Größenordnungen.

Fig. 1.12: Oben: Skarn aus San Leone, Sardinien. Die 1–2 mm dicken hellen Streifen bestehen aus Granat (Andradit). Die 5–8 mm dicken dunklen Streifen bestehen aus Magnetit und Quarz. Das weiße Rechteck ist 1 cm lang. (Mit freundlicher Genehmigung von B. Guy.) Unten: Diorit aus Epoo, Finnland. Die konzentrischen Schalen sind abwechselnd mit Biotit (dunkel) und Plagioklas (hell) angereichert. Die Kugel hat einen Radius von 10 cm. (Mit freundlicher Genehmigung von E. Merino.)

Mit diesen beiden Themenkreisen verwandt ist auch die vielversprechende neuerliche Anwendung von Ideen der Nichtgleichgewichtsphysik auf die Geologie. In zahlreichen geologischen Ablagerungen werden spektakuläre regelmäßige Mineralisierungsstrukturen mit ganz unterschiedlichen räumlichen Abmessungen beobachtet (vgl. Fig. 1.12): metamorphe Schichten (mm bis m), Granite (cm), Achate (mm bis cm) etc. Die traditionelle Interpretation führt diese Strukturen auf »sequentielle« Phänomene zurück, in denen jahreszeitliche oder klimatische Schwankungen ihre Spuren hinterlassen. Viel befriedigender erscheint jedoch die Erklärung, daß man sie Übergängen mit Symmetriebrechung zuschreiben muß, die durch Nichtgleichgewichtsbedingungen induziert wurden. Falls sich diese Deutung als richtig erweist, wird dies einen tiefgreifenden Einfluß auf die Deutung zahlreicher geologischer Ablagerungen haben.

Außer diesen Beispielen führen wir noch die Probleme der Bildung und Ausbreitung von Defekten und Bruchstellen an. Auf die eine oder andere Weise sind auch hierbei Übergänge beteiligt, die durch die Anwesenheit von Trennflächen vermittelt werden.

B. Kooperative elektromagnetische Phänomene. Elektrische Schaltkreise, Laser und optische Bistabilität

Die Elektrotechnik und die Computerwissenschaft machen ausgiebigen Gebrauch von kooperativen Phänomenen, die in Systemen mit »aktiven« Elementen wie z. B. Gunn-Dioden, an eine Triode gekoppelten resonanten Stromkreisen oder Halbleitern zu Tage treten. Auch die Wirkungsweise aller heutigen Computer beruht nicht zuletzt auf der Benutzung von Schaltkreisen mit bistabilen Elementen, die je nach dem Wert gewisser Parameter zwischen zwei verschiedenen Zuständen hin- und herspringen können.

Seit den sechziger Jahren geht in der Optik eine regelrechte Revolution vonstatten. Dabei hatte die Optik bis dahin den Ruf, eines der klassischsten und etabliertesten Teilgebiete der Physik zu sein. Die Erzeugung kohärenter Lichtstrahlen durch den Laser regte eindrucksvolle experimentelle und theoretische Entwicklungen an, bei denen herauskam, daß auch dieses Phänomen als ein unter Nichtgleichgewichtsbedingungen ablaufender Selbstorganisationsprozeß angesehen werden kann. Weiterhin stellt das Phänomen der optischen Bistabilität, d. h. der Verfügbarkeit von zwei stabilen Operationsmoden eines Hohlraumresonators, an die moderne Technologie die faszinierende Herausforderung, Computer zu entwickeln, die auf bistabilen elektro-optischen Kreisen basieren. Wegen der kürzeren Schaltzeiten und des geringeren Energieverbrauchs hätten diese gegenüber elektronischen Schaltkreisen große Vorzüge.

Wir wollen kurz den Mechanismus erläutern, der im Falle der optischen Bistabilität für kooperatives Verhalten und Übergänge verantwortlich ist.

Wir nehmen dazu an, daß ein kohärentes elektrisches Feld E_e mit genau definierter Frequenz in einen Hohlraum eingestrahlt wird (Fig. 1.13 a). Solche Felder kann man ganz einfach mit Hilfe moderner Laser erzeugen. Der Hohlraum ist so angepaßt, daß er sich in Resonanznähe zu dem einfallenden Feld befindet. Offensichtlich ist bei leerem Hohlraum die Intensität des durchgehenden Feldes I_d proportional zur einfallenden Intensität I_e (Fig. 1.13 b). Ganz unerwartete Effekte treten jedoch auf, wenn der Hohlraum mit einem absorptionsfähigen Medium gefüllt wird, welches ebenfalls in Resonanznähe zu dem einfallenden Strahl liegt. Als erstes ist zu bemerken, daß die Materie-Licht-Wechselwirkung ihrem Wesen nach nichtlinear ist. Z. B. hängt die Geschwindigkeit, mit der sich die elektrische Polarisation des Mediums verändert, sowohl von der Lichtintensität als auch von der Anzahl der Atome ab, die sich im angeregten Zustand befinden. Was noch wichtiger ist: Durch die in Fig. 1.13 a gezeigte Anordnung von Spiegeln wird ein Teil des Lichts in das Medium zurückreflektiert, der andernfalls in den Außenraum entweichen würde. Dies entspricht einer der chemischen Autokatalyse sehr ähnlichen positiven Rückkopplung. Unter gewissen Bedingungen wird diese Rückkopplung durch das in Fig. 1.13 c gezeigte Verhalten wiedergegeben: Ein Stück der Transmissionskurve entwickelt einen »differentiellen Zugewinn«, d. h., die Steigung der gegen I_e aufgetragenen Kurve I_d wird größer als eins. Das System wirkt dann als *optischer Transistor*, da eine kleine Intensitätsmodulation im Einfallsstrahl am Ausgang verstärkt wird. Unter anderen Bedingungen beobachtet man, daß die stationäre Transmissionskurve S-förmig wird (Fig. 1.13 d). In diesem Fall findet man einen Wertebereich der Einfalls-

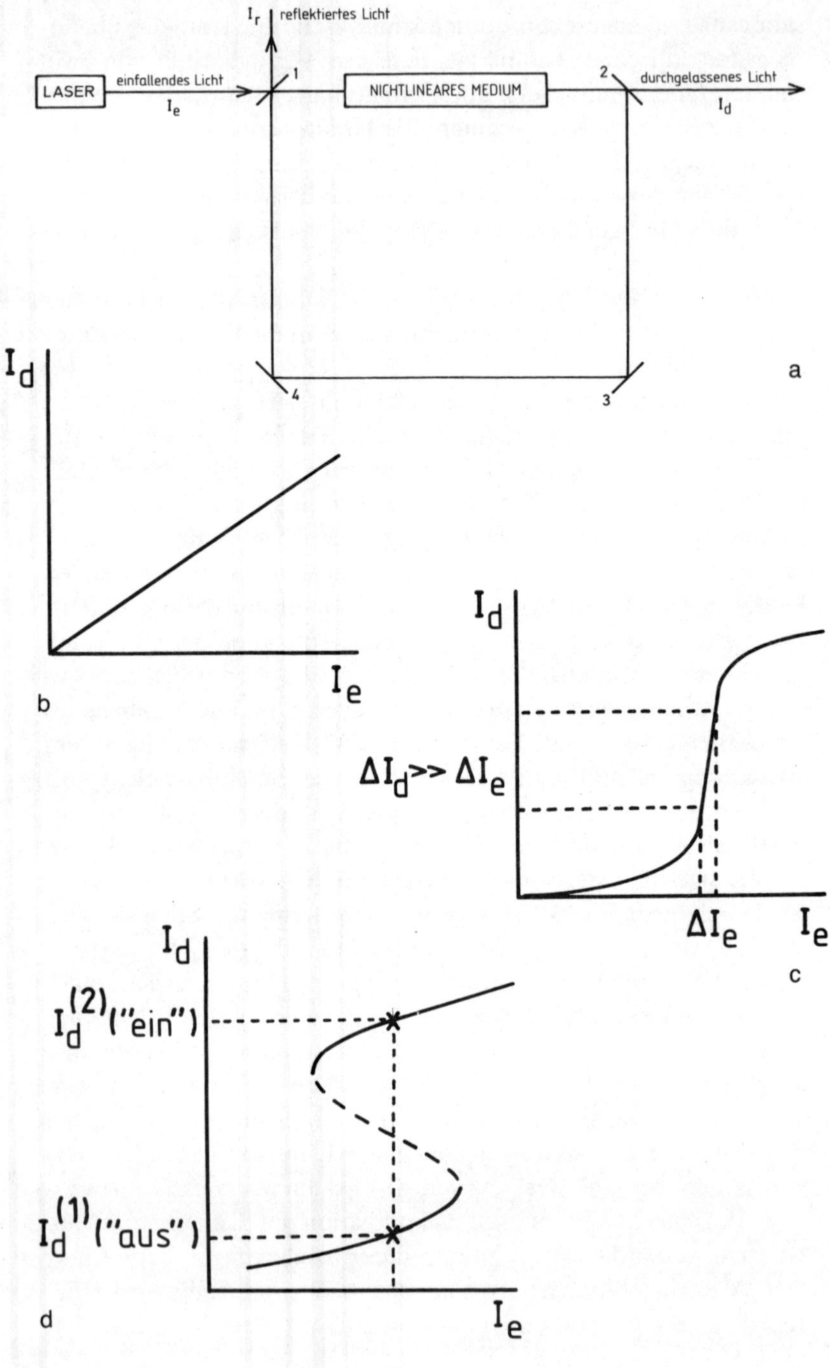

reflektiertes Licht
I_r
LASER
einfallendes Licht
I_e
NICHTLINEARES MEDIUM
durchgelassenes Licht
I_d
1
2
3
4
a
I_d
I_e
b
I_d
$\Delta I_d >> \Delta I_e$
ΔI_e
I_e
c
I_d
$I_d^{(2)}$ ("ein")
$I_d^{(1)}$ ("aus")
I_e
d

intensität, für den das System bistabil wird. Die beiden Transmissionszustände können mit den logischen Zuständen »0« und »1« in Beziehung gebracht werden. Dies deutet auf die Möglichkeit hin, eine derartige Anordnung als Basiselement für ein *optisches Gedächtnis* zu benutzen.

1.6 Nochmals biologische Systeme

Wir können unsere Übersicht über komplexe Verhaltensweisen nicht fortsetzen, ohne biologische Systeme wenigstens ein bißchen systematischer zu diskutieren und über die kurzen, mehr intuitiven Bemerkungen vom Anfang dieses Kapitels hinauszugehen.

Lebewesen sind zweifellos die kompliziertesten und organisiertesten Objekte, die man in der Natur antreffen kann, sowohl was ihre Gestalt als auch was ihre Funktionsweise angeht. Wie wir schon betont haben, spielen sie die Rolle von Prototypen, die den Naturwissenschaften die Motivation und Inspiration zum Verstehen von Komplexität liefern. Sie bilden buchstäblich historische Strukturen, da sie die Erinnerung an Formen und Funktionsweisen aufbewahren können, die in weiter Vergangenheit, während der langen Periode der biologischen Evolution, erworben worden sind. Außerdem ist die Funktionsweise von Lebewesen mit Sicherheit auf Bedingungen abgestellt, die weit entfernt vom Gleichgewicht sind. Ein Organismus erfährt insgesamt einen dauernden Zustrom von Energie (z. B. die von Pflanzen für die Photosynthese benutzte Strahlungsenergie der Sonne) und Materie (in Form von Nah-

◀ **Fig. 1.13:** (a): Schematische Darstellung einer experimentellen Anordnung mit optischer Bistabilität. (b): Von einem leeren Hohlraum durchgelassene Intensität als Funktion der einfallenden Intensität. (c), (d): Ein mit einem optisch aktiven Medium gefüllter Hohlraum kann als optischer Transistor oder als optischer Schalter funktionieren.

rungsmitteln), den er in ganz verschiedene Abfallprodukte umwandelt und an seine Umwelt weitergibt. Auf dem Niveau der Zellen werden auch starke Inhomogenitäten beobachtet. In den Zellen des Nervensystems, den Neuronen, ist zum Beispiel die Konzentration von Kaliumionen K^+ höher als in ihrer Umgebung, während für Natriumionen Na^+ das Gegenteil zutrifft. Solche Unausgeglichenheiten, die zu hochgradigen Nichtgleichgewichtszuständen führen, bilden den Ausgangspunkt für so lebenswichtige Vorgänge wie die Reizleitung in Nerven. Sie werden durch aktive Transportvorgänge und durch bioenergetische Reaktionen wie Glykolyse oder Atmung in Gang gehalten.

Nachdem wir nunmehr davon überzeugt sind, daß gewöhnliche physikalisch-chemische Systeme komplexes Verhalten mit vielen üblicherweise dem Leben zugeschriebenen Eigenschaften aufweisen können, dürfen wir zu Recht die folgende Frage stellen: Ist es möglich, einige der oben aufgeführten Eigenschaften biologischer Systeme auf Übergänge zurückzuführen, die durch Nichtgleichgewichts-Einschränkungen und geeignete Destabilisierungsmechanismen induziert werden, ähnlich wie sie uns bei der chemischen Autokatalyse begegnet sind? Dies ist wahrscheinlich eine der grundlegendsten Fragen, die man in der Wissenschaft überhaupt stellen kann. Niemand kann den Anspruch erheben, hierauf eine erschöpfende Antwort zu wissen. Man kann aber Beispiele angeben, bei denen der Zusammenhang zwischen physikalisch-chemischer Selbstorganisation und biologischer Ordnung besonders ins Auge fällt. Das spezielle Problem, auf das wir hier unsere Aufmerksamkeit richten wollen, ist die Steuerung der embryonalen Entwicklung.

Die embryonale Entwicklung ist eine Aufeinanderfolge von Vorgängen, die von einer Einzelzelle über das befruchtete Ei bis zu einem fertigen Organismus führt. Die Natur bietet uns eine unbegrenzte Auswahl verschiedenster Illustrationen dieses Prozesses. Sicherlich einer der einfachsten Fälle ist der einer Bakterie, deren Entwicklung auf eine Folge von Zellteilungen beschränkt ist. Am anderen Ende des Spektrums finden wir höhere Organismen wie Säugetiere, deren Entwicklung zu einem vielzelligen Körper führt, in dem die Zellen spezialisierte Zellgewebe und Organe mit 10^{12} oder mehr Zellen bilden.

Ein detailliertes Verständnis davon, wie solche Prozesse stattfinden und insbesondere, wie sie mit jener phantastischen Präzision koordiniert werden, die jeder Zelle die genaue Erfüllung ihrer Rolle zur rechten Zeit am rechten Ort ermöglicht, ist zum gegenwärtigen Zeitpunkt nicht möglich. Wir ziehen es daher vor, ein lebendes System zu diskutieren, dessen Entwicklung durch einen »mittleren« Grad an Komplexität charkterisiert wird, wie z. B. die Amöben der Gattung *Dictyostelium discoideum*. Hier beschränkt sich die Entwicklung im wesentlichen auf ein Übergangsphänomen, welches dem in der BZ-Reaktion sehr ähnlich ist und welches den Übergang von der einzelligen zur mehrzelligen Lebensform markiert.

Fig. 1.14 beschreibt den Lebenszyklus dieser Gattung. Bei (a) befinden sich die Amöben im einzelligen Stadium. Sie bewegen sich in dem sie umgebenden Medium, ernähren sich z. B. von Bakterien und pflanzen sich durch Zellteilung fort. Grob gesehen bilden sie ein homogenes System, und zwar insofern, als ihre Dichte

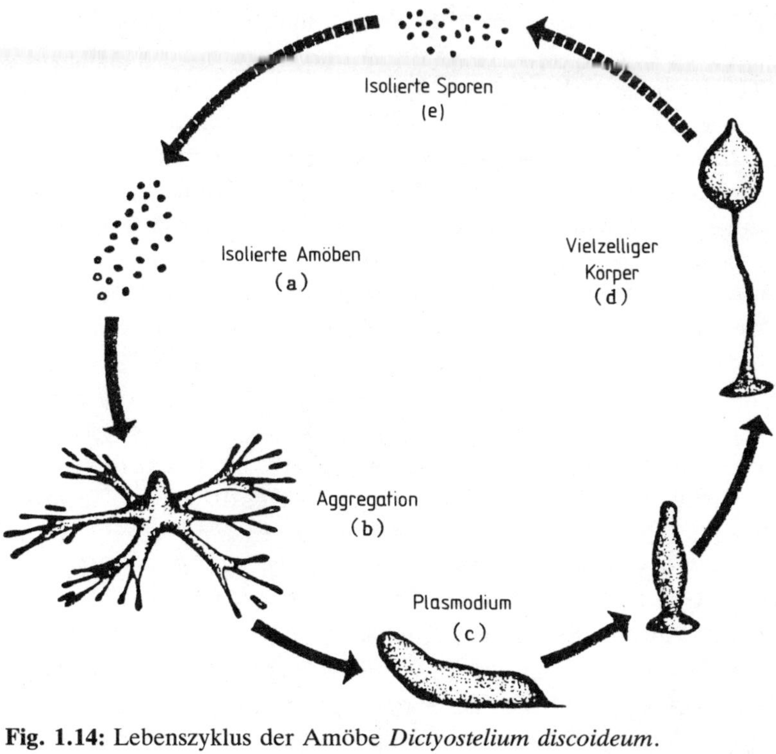

Fig. 1.14: Lebenszyklus der Amöbe *Dictyostelium discoideum*.

(Zahl der Zellen pro Quadratzentimeter) im wesentlichen konstant ist. Angenommen, unsere Amöben werden jetzt einer Hungersnot ausgesetzt (im Labor kann man das willkürlich hervorrufen, in der Natur passiert es infolge ungünstiger Umweltbedingungen). Dies ist das Analogon zur Einführung einer Zwangsbedingung in einem physikalischen oder chemischen Experiment. Man beobachtet dann, daß die einzelnen Zellen nicht absterben. Vielmehr reagieren sie auf die einwirkende Einschränkung, indem sie sich um ein Anziehungszentrum herum ansammeln (Fig. 1.14 b). Die anfängliche Homogenität wird hierdurch zerstört, und der Raum bekommt Struktur. Der dabei entstehende vielzellige Körper kann sich bewegen, wahrscheinlich, um sich hinsichtlich der Temperatur und der Feuchtigkeit günstigere Lebensbedingungen auszusuchen (Fig. 1.14 c). Nach dieser Wanderschaft differenziert er sich und entwickelt zwei verschiedene Sorten von Zellen, von denen die einen den Stiel bilden und die anderen einen sogenannten Sporenkörper, in welchem wiederum Sporen entstehen (Fig. 1.14 d). Schließlich werden die Sporen in das umgebende Medium ausgesät (Fig. 1.14 e). Wenn die Bedingungen dafür günstig sind, entwickeln sich diese zu Amöben, und der Lebenszyklus beginnt von vorne.

Wir wollen die Phase der Zellenaggregation jetzt etwas gründlicher untersuchen. Während dieses Vorgangs beobachtet man die folgenden Phänomene. Nach dem Einsetzen der Nahrungsmittelverknappung beginnen zunächst einige der Zellen damit, eine unter dem Namen zyklisches Adenosin Monophosphat (cAMP) bekannte Substanz zu synthetisieren und als Signale an die Umgebung abzugeben. Synthese und Emission erfolgen wie bei der chemischen Uhr im BZ-System periodisch, wobei die Periode unter gegebenen experimentellen Bedingungen wohldefiniert ist. Das von den »Pionier«-Zellen emittierte cAMP diffundiert in dem extrazellulären Medium und erreicht so die Oberfläche der Nachbarzellen. Das löst zweierlei Ereignisse aus. Erstens setzen sich die Nachbarzellen in Richtung auf das Gebiet höherer cAMP-Konzentration in Bewegung, was als *Chemotaxis* bezeichnet wird. Diese Bewegung führt zu einer Strukturierung der Zellendichte, die den Wellenstrukturen bei der BZ-Reaktion, Fig. 1.9, sehr stark ähnelt (Fig. 1.15). Zweitens wird der Aggregationsprozeß dadurch beschleunigt, daß die durch das Signal sensibilisierten Zellen dieses verstärken und im Medium *stafettenartig übertragen*. Das befähigt den Organismus dazu, ein großes Gebiet zu steuern und einen vielzelligen Körper mit einigen 10^5 Zellen zu bilden.

Fig. 1.15: Konzentrische Wellen und Spiralwellen aus sich ansammelnden Zellpopulationen von *Dictyostelium discoideum* in einer Agarschicht. Die aufs Zentrum zulaufenden Amöbenringe erscheinen hell, während die stationären Amöben dunkel aussehen. (Fotografie aus einer Arbeit von P. C. Newell.)

Zusammengefaßt führt die Reaktion auf die Nahrungsverknappung zu einem neuen Organisationsniveau, das mit dem konzertierten Verhalten einer großen Zahl von Zellen einhergeht und den Organismus dazu in die Lage setzt, in flexibler Weise auf eine feindliche Umwelt zu reagieren. Welche Mechanismen ermöglichen nun diesen Übergang? Wir stellen zunächst fest, daß der Prozeß der Chemotaxis zu einer Verstärkung der anfangs gebildeten Inhomogenitäten führt, sobald die »Pionier«-Zellen damit begonnen haben, cAMP-Impulse auszusenden. Dadurch, daß die Dichte der Zellen in der Umgebung des Emissionszentrums vergrößert wird, trägt dieses mit der Methode des Staffellaufs zu einer erhöhten cAMP-Abgabe aus diesem Gebiet bei; hierdurch wird wiederum die chemotaktische Bewegung der anderen Zellen in Richtung auf das Zentrum verstärkt. Wir haben also etwas vor uns, was man üblicherweise als *Rückkopplungskreis* bezeichnet und was der chemischen Autokatalyse oder der Selbstbeschleunigung exothermer Reaktionen aus Abschnitt 1.4 sehr ähnlich ist.

Wie sich herausstellt, ist bei *Dictyostelium discoideum* noch ein zweiter Rückkopplungsmechanismus am Werke, der auf subzellulärem Niveau wirkt und sowohl für die periodische Emission von cAMP als auch für die Stafettenübertragung des chemotaktischen Signals verantwortlich ist. Er steht mit der cAMP-Synthese durch die Zelle in Beziehung. Diese Substanz entsteht aus der Umwandlung eines anderen wichtigen Zellbestandteils, des Adenosin-Triphosphats, ATP, welches dank seiner hochenergetischen Phosphatbindung einen der wichtigsten Energieträger in lebenden Zellen darstellt. Die ATP→cAMP-Umwandlung vollzieht sich jedoch nicht spontan; ein Katalysator ist vonnöten, um sie auf eine mit den Lebensbedürfnissen abgestimmte Geschwindigkeit zu beschleunigen. In biologischen Systemen wird die Aufgabe der Katalyse von speziellen Molekülen, den *Enzymen*, übernommen. Diese Moleküle enthalten im allgemeinen viele Atome und haben ein ziemlich hohes Molekulargewicht – daher auch ihre übliche Bezeichnung als *Makromoleküle*. Manche Enzyme haben eine einzige aktive Stelle, an die der Reaktant stoßen muß, um in Reaktionsprodukte verwandelt zu werden. In vielen Fällen hat man es jedoch mit *kooperativen Enzymen* zu tun, die mehrere Stellen besitzen, von denen einige katalytisch und einige regulatorisch wirken. Wenn sich nun spezielle Effektor-Moleküle an den letzteren

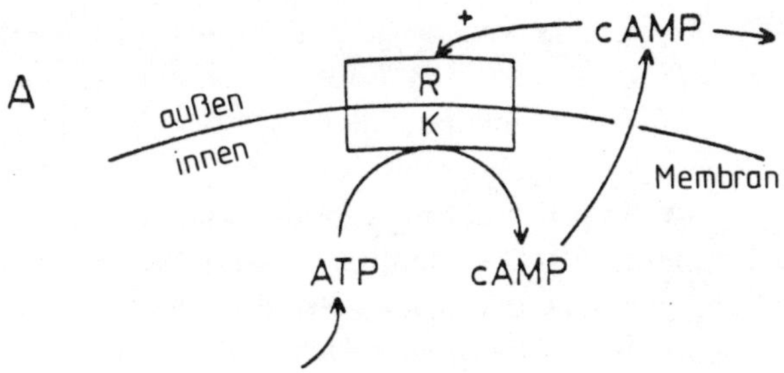

Fig. 1.16: Mechanismus der oszillatorischen Synthese von cAMP in *Dictyostelium discoideum* Schimmelpilzen.

anlagern, wird die katalytische Wirkung in starkem Maße beeinflußt. In einigen Fällen können dann die mit den katalytischen Stellen reagierenden oder von diesen erzeugten Moleküle ebenfalls als Effektor-Moleküle wirken. Hierdurch wird ein Rückkopplungskreis eingeschaltet, und zwar ein positiver (Aktivierung), wenn dabei die Geschwindigkeit der Katalyse verstärkt wird, andernfalls ein negativer (Behinderung).

Kommen wir auf die ATP→cAMP-Umwandlung zurück. Das Enzym, welches diesen Prozeß katalysiert, wird Adenylatcyclase genannt und sitzt an der Zellmembran fest. Es ist ein kooperatives Enzym, die Einzelheiten seiner Wirkungsweise sind jedoch noch nicht völlig aufgeklärt. Die Vermutung liegt nahe, daß eine aktive Stelle innerhalb der Zelle die Reaktion katalysiert. Das cAMP diffundiert durch die Zellmembran in das extrazelluläre Medium und kann sich mit einer gewissen Wahrscheinlichkeit mit dem äußeren (regulatorischen) Teil der Adenylatcyclase verbinden und diese aktivieren (Fig. 1.16). Auf diese Weise steigert es seine eigene Produktion und etabliert einen Rückkopplungskreis, der zur Verstärkung von Signalen fähig ist und oszillatorisches Verhalten herbeiführen kann.

So einfach die der Entwicklung von *Dictyostelium discoideum* zugrundeliegenden Prozesse auch sein mögen, bilden sie dennoch die Prototypen für eine große Klasse höherstufiger Entwicklungsphänomene. Es sieht in der Tat so aus, als ob räumliche Symmetriebrechung und die damit einhergehende Gruppenbildung von Zellen viele der über die Insekten-Morphogenese vorliegenden experimentellen Daten erklären könnten. Ganz allgemein beobachtet man bei der Entwicklung von Geweben häufig Gradienten einer Vielfalt von Substanzen wie z. B. Ionen oder Metaboliten. Die Vermutung liegt nahe, daß diese Gradienten für das Gewebe ein »Koordinationssystem« darstellen, welches den einzelnen Zellen *Positions-Informationen* vermittelt, mit deren Hilfe sie ihre Lage relativ zu ihren Partnern erkennen können. Es ist daher äußerst wahrscheinlich, daß chemisch vermittelte Übergänge mit Symmetriebrechung zu den Schlüsseleigenschaften von Leben gehören, welches physikalisch-chemischen Selbstorganisationsphänomenen zugänglich ist. Diese verblüffende Idee wurde zum ersten Mal 1952 von dem englischen Mathematiker Alan Turing aufgestellt; sie wurde seither zu einer nichtversiegenden Quelle der Inspiration, für Physiker genauso wie für Biologen.

1.7 Komplexität in planetaren und kosmischen Dimensionen.

Wir sind noch weit davon entfernt, eine Definition für Komplexität abgeben zu können, und es ist sehr unwahrscheinlich, daß wir dieses Ziel vor dem Ende dieses Buches erreichen werden. Komplexität ist einer jener Begriffe, deren Definition ganz wesentlich mit zu den Problemen gehört, die er aufwirft. Was wir dank der vielen in Abschnitt 1.3 bis 1.6 betrachteten Beispiele mittlerweile wirklich wissen, ist, daß eine der wesentlichen Eigenschaften komplexen Verhaltens in der Fähigkeit besteht, zwischen verschiedenen Verhaltensweisen *Übergänge* zu vollführen. Anders ausgedrückt geht es bei Komplexität um Systeme, in denen Evolution und daher auch Geschichte eine wesentliche Rolle für das beobachtete Verhalten spielen (oder gespielt haben).

Wie allgemein ist die Bedeutung solcher Systeme? Lange Zeit vertrat die Wissenschaft den unbeweglichen Standpunkt, die Welt sei eine gut geölte Maschine, die stets mit derselben unerbittlichen Präzision arbeitet, die für sie in allen erdenklichen Zeiten der Vergangenheit und für alle vorhersehbare Zukunft typisch gewesen ist und sein wird. Diese Position kann heute kaum noch aufrechterhalten werden. Die durch Darwin im 19. Jahrhundert eingeleitete Revolution in der Biologie und die seit den fünfziger Jahren dieses Jahrhunderts stattfindende Revolution in der Geophysik und der Kosmologie lehren uns, daß wir in unserer makroskopischen Umwelt auf Schritt und Tritt Spuren der Vergangenheit begegnen. Weit entfernt davon, bloße Fossilien zu sein, sind diese aktiv beteiligt an der Gestaltung des Teils der Geschichte, der noch vor uns liegt. Die Erdatmosphäre ist in der Zusammensetzung, wie wir sie heute kennen, eine Folgeerscheinung der Entwicklung des Lebens auf unserem Planeten. Lebewesen sind das Ergebnis einer langen Evolution, deren chemische Vorlebensphase direkt durch die vor etwa vier Milliarden Jahren auf der Erde herrschenden Bedingungen geprägt worden ist. Die Gletscher Grönlands und der Antarktis, die Lage der Kontinente, der Boden des Ozeans, unser Klima, sie alle gingen durch eine lange Evolution, die durch eine Reihe großskaliger Übergänge charakterisiert ist. Nicht zuletzt befindet sich auch das Universum als Ganzes in einer beständigen Evolution, und die von den Astronomen entdeckte Hintergrundstrahlung (es handelt sich um eine schwarze Strahlung von 2,7°K) ist ein zwingender Beleg für den Urknall, den Big Bang, der das Universum vor etwa 20 Milliarden Jahren entstehen ließ.

Wir können jetzt allmählich erahnen, wie weit Übergangsphänomene wie diejenigen, welche in einer harmlosen Flüssigkeitsschicht oder einer chemischen Lösung stattfinden, tatsächlich führen können. Es ist natürlich nicht möglich, hier eine erschöpfende Übersicht zu geben. Daher wählen wir als Fallstudie das Problem klimatischer Veränderungen aus, auf das wir auch in einem späteren Kapitel noch einmal zurückkommen werden. Weitere Bemerkungen zu Komplexität in kosmischen Dimensionen finden sich in Abschnitt 1.8.

Seit etwa 1960 hat eine wachsende Zahl von Beobachtungen den Schluß nahegelegt, daß das Klima dazu fähig ist, eine ziemlich ausgeprägte inhärente Veränderlichkeit an den Tag zu legen. Diese Tatsache, die bekannt wurde, nachdem die Menschheit im ersten Teil dieses Jahrhunderts eine besonders günstige und stabile Klimaperiode kennengelernt hatte, verbreitet zugleich Überraschung und Besorgnis unter den Experten, den Politikern und der Öffentlichkeit. Zum ersten Mal in der Geschichte erkennt der Mensch den globalen, planetaren Charakter des klimatischen Systems sowie die Tatsache, daß auch seine eigenen Aktivitäten die Funktionsweise der eindrucksvollen Klima-Maschinerie beeinflussen können.

Wir wollen uns eine Reihe von Tatsachen vor Augen führen, die zu dieser neuen Einstellung beigetragen haben, und mit dem Problem der *langfristigen* Klimaveränderungen beginnen. Die meisten hierzu verfügbaren Beobachtungsdaten verdanken ihre Existenz der wirkungsvollen Methode, in organischen Überresten das Mischungsverhältnis von Isotopen zu analysieren. Man gewinnt hierdurch direkte Informationen über Temperaturen der Urzeit.

Einer der ersten Punkte, der aufgrund solcher Daten klar wurde, war, daß sich die klimatischen Bedingungen während der letzten zwei- oder dreihundert Millionen Jahre von den heutigen extrem unterschieden haben. Während dieser Zeitspanne – das Quartär (also unsere Ära, die vor etwa zwei Millionen Jahren begann) ausgenommen – gab es auf den Kontinenten praktisch kein Eis, und der Meeresspiegel lag gegenüber heute etwa um 80 Meter höher. Das Klima war besonders mild, und die Temperaturdifferenzen zwischen äquatorialen (25° bis 30 °C) und polaren Breiten (8° bis 10 °C) waren relativ gering.

Es war im Zeitalter des Tertiär, vor etwa 40 Millionen Jahren, als sich ein größerer Unterschied zwischen äquatorialen und polaren Temperaturen zu entwickeln begann. So fiel z. B. südlich von Neuseeland die Meerestemperatur in der relativ kurzen Zeit von 100 000 Jahren um mehrere Grad. Dies war vermutlich der Ausgangspunkt für die Entstehung der Südpolar-Drift, die den Wärmeaustausch zwischen hohen und niedrigen Breitengraden behindert und zur weiteren Abkühlung der auf diese Weise in Polnähe »gefangenen« Wassermassen beiträgt. Wieder sehen wir hier einen Rückkopplungsmechanismus am Werke.

Zu Beginn des Quartärs war dieser Temperaturunterschied schließlich groß genug, um die Entstehung und Konservierung von Kontinentaleis zu ermöglichen. Auf der nördlichen Halbkugel fand mit zeitlichen Unterbrechungen eine Reihe von *Eiszeiten* statt, durch welche die Gletscher bisweilen bis zu mittleren Breitengraden vorgeschoben wurden. Diese klimatischen Episoden weisen eine mittlere Periodizität von etwa 100 000 Jahren auf, der ein ziemlich hohes Maß an Zufälligkeit überlagert ist (siehe Fig. 1.17).

In der nördlichen Hemisphäre erreichte das letzte Vorrücken von Kontinentaleis sein Maximum vor etwa 18 000 Jahren; die Überreste hiervon sind noch heute vorhanden. Während der heutige Bestand an Kontinentaleis etwa 30 Millionen Kubikkilometer beträgt (er ist im wesentlichen auf die Antarktis und Grönland

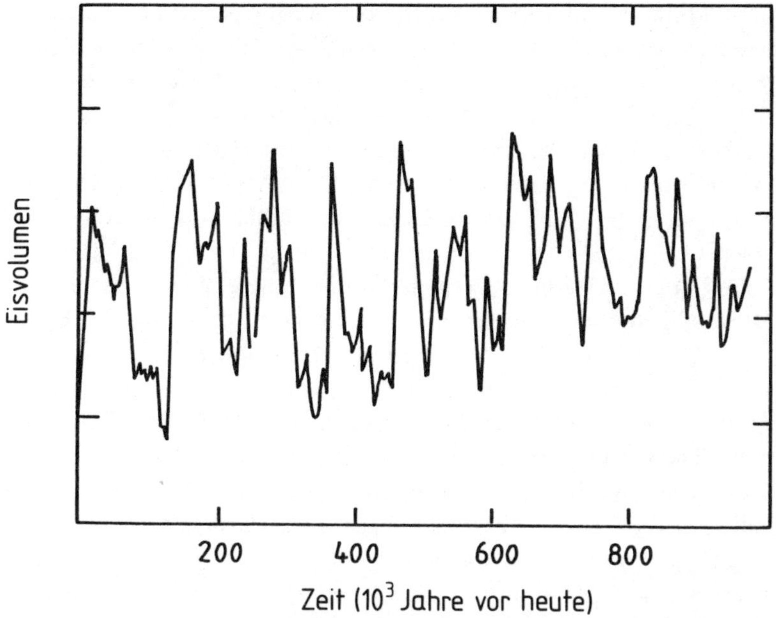

Fig. 1.17: Variation des globalen kontinentalen Eisvolumens während der letzten 1 000 000 Jahre, erschlossen aus dem Isotopengehalt von Tiefseelagerstätten.

beschränkt), gab es damals 70 bis 80 Millionen Kubikkilometer, die zusätzlich noch große Teile Nordamerikas und Nordeuropas bedeckten. Wegen der großen Wassermassen, die im Gletschereis gebunden waren, lag der Meeresspiegel 120 Meter tiefer als heute. Seit damals ist ein großer Teil des Eises geschmolzen und hat dadurch den Verlauf der Meeresküsten und die meisten übrigen Eigenschaften des heutigen Landschaftsbildes geprägt.

Kommen wir jetzt zu den *mittelfristigen* Klimaveränderungen. Die letzten Spuren der Kontinentaleiskappen verschwanden (ausgenommen in Grönland und der Antarktis) vor etwa 7000 Jahren, und die danach folgende Zeitperiode wird als *klimatisches Optimum* bezeichnet. Ein ganz besonders erstaunliches Vorkommnis in dieser Ära war das Auftreten von Feuchtigkeitsperioden in der Zone zwischen Mauretanien (17 °W) und Rajasthan (78 °O), einem Gebiet, das heute als eines der dürrsten auf unserem ganzen Planeten gilt. Selbst in der Mitte der Sahara, die heute pro Jahr höchstens 5 mm an Niederschlägen abbekommt, gab es permanente Flüsse und fortschrittlichen Ackerbau, was auf jährliche Niederschlagsmengen von etwa 300–400 mm hinweist. Diese günstige Situation scheint bis zum Anfang der Eisenzeit bestanden zu haben. Der Lebensstil der Bevölkerung im östlichen Mittelmeerbecken, den uns die Dichtung Homers oder der Spaten Schliemanns vor Augen führen, ruft in uns die Vorstellung von ewigem Frühling, einer freigebigen Natur und einer fruchtbaren Erde wach.

Seit etwa 3000 Jahren beobachtet man eine globale Abkühlung. Diese allgemeine Tendenz wird allerdings durch zahlreiche Fluktuationen im Maßstab von Jahrhunderten und mit Temperaturschwankungen von etwa 1 °C unterbrochen. Ein bekanntes Beispiel für eine kurzfristige Wärmefluktuation bildet der Zeitraum 800–1200 v. Chr., wo die Wikinger Grönland (das grüne Land) und wahrscheinlich auch Nordamerika entdeckten. Umgekehrt gab es etwa zwischen 1550 und 1700 v. Chr. eine Kältefluktuation. Diese »kleine Eiszeit« mußte in Europa und Nordamerika mit Lebensmittelverknappungen und einer Reihe weiterer Katastrophen bezahlt werden.

Jetzt wird uns klar, warum das Klima der ersten Hälfte dieses Jahrhunderts eher eine Ausnahmeerscheinung darstellt als ein typisches Beispiel für die lange und ungestüme Geschichte des Klimas. Die Menschheit hat relativ vorhersehbare Wetterbedingungen und einen Rückzug der Eiskappen auf der nördlichen Hemisphäre angetroffen. Ackerbau und Lebensmittelproduktion haben hiervon in beträchtlichem Ausmaß profitiert, und das hat auch zum Anwachsen der Weltbevölkerung beigetragen. Andererseits führte diese offensichtliche Beständigkeit zu falschen Vorstellungen darüber, was in der Klimatologie »normal« ist und was nicht.

Seit Mitte der siebziger Jahre beobachten wir eine Rückkehr der klimatischen Veränderlichkeiten. Ein Beispiel dafür bietet jener außergewöhnlich strenge Winter (1976–77), der den östlichen Teil Nordamerikas traf und mit einer gleichzeitigen überlangen Dürreperiode im westlichen Teil dieses Kontinents einherging. Es scheint, daß dieses Phänomen mit einer Abschwächung oder möglicherweise sogar mit einer lokalen »Blockierung« der Atmosphären-Zirkulation verbunden war, was z. B. darin zum Ausdruck kam, daß Teile des polaren Strahlstroms (im östlichen Teil des amerikanischen Kontinents) weit nach Süden bzw. (im westlichen Teil dieses Kontinents) weit nach Norden verlagert wurden.

Nachdem wir gesehen haben, daß das klimatische System eine lange Geschichte komplexer Übergangsphänomene hinter sich gebracht hat, wollen wir uns jetzt einen Überblick über einige der Faktoren verschaffen, die möglicherweise am Zustandekommen dieses komplexen Verhaltens beteiligt sind. Wie in den vorangegangenen Abschnitten dieses Kapitels bleibt unsere Diskussion an dieser Stelle jedoch auf qualitative Argumente beschränkt. Einen mehr quantitativen Zugang werden wir in Kapitel 6 skizzieren.

Den wichtigsten Faktor bei der Steuerung des irdischen Klimas bildet zweifellos die Einstrahlung von Sonnenenergie. Diejenige Energiemenge, die am oberen Rand der Atmosphäre pro Zeiteinheit auf eine zur Strahlungsrichtung senkrechte Einheitsfläche einfällt, bezeichnen wir als Solarkonstante Q. Astrophysikalische Berechnungen zeigen, daß die Leuchtkraft der Sonne (genau wie die von anderen Sternen der sogenannten Hauptsequenz) mit der Zeit zunimmt. Daraus folgt, daß Q vor etwa hundert Millionen Jahren um einige Prozent kleiner war als heute. Trotzdem haben wir gesehen, daß das Klima während dieser Zeit sehr milde war und daß keine Vereisungen auftraten. Dieses »Paradox einer kraftlosen Sonne der Frühzeit« zeigt, daß das klimatische System den Veränderungen der Sonnenenergie nicht einfach passiv folgt. Mit anderen Worten bewirken interne Prozesse – vor allem die Zusammensetzung der Atmosphäre, Wolkenbildung und die Stärke der Atmosphärenzirkulation – eine äußerst nichttriviale Modulation der externen Einflüsse.

Die obige Bemerkung gilt auch dafür, wie das Klima auf eine weitere Art von externen Einflüssen reagiert, Einflüssen, die durch die Veränderung charakteristischer Eigenschaften beim Umlauf der Erde um die Sonne zustande kommen. Astronomische Berechnungen zeigen, daß die Erdbahn infolge der Störung durch die anderen Himmelskörper des Sonnensystems hauptsächlich in drei Punkten von dem Verlauf abweicht, der üblicherweise in elementaren Lehrbüchern der Mechanik berechnet wird. Erstens präzessiert die Rotationsachse der Erde wie ein rotierender Kreisel, d. h. die Himmelsrichtung, in die die Rotationsachse weist, rotiert im Kreise. Zweitens ändert sich der Winkel (gegenwärtig etwa 23,5°) zwischen der Rotationsachse der Erde und der Ebene der

Richtung senkrecht zur Ekliptik (Ebene der Erdbahn). Drittens ist auch die Exzentrizität der Erdumlaufbahn Veränderungen unterworfen. Die charakteristischen Perioden der genannten Effekte sind in der angeführten Reihenfolge 22 000, 41 000 und 100 000 Jahre. Der Theorie zufolge verändern die beiden ersten Effekte die jahreszeitliche Verteilung der Einstrahlung von Sonnenenergie, während der dritte die im Jahresmittel von der Erde aufgenommene Gesamtstrahlung beeinflußt. In jedem Fall sind die direkten Einwirkungen gering. Dennoch wird durch sie die schon früher in diesem Abschnitt aufgeführte dominante Periodizität der Eiszeit-Zyklen bestimmt. Wieder sollte es so sein, daß dabei die innere Dynamik eine höchst nichttriviale Rolle spielt, indem sie diese schwachen externen Einflüsse verstärkt und dadurch eine größere Klimaveränderung auslöst.

Wir geben für einen derartigen Verstärkungsmechanismus ein Beispiel an. Dazu betrachten wir die Wechselwirkung zwischen der Sonneneinstrahlung und den Eiskappen. Es ist bekannt, daß das Reflexionsvermögen von Eis – die *Albedo* – sehr groß ist. Angenommen, eine der Eiskappen breitet sich aufgrund einer Störung, deren Ursache hier nicht näher angegeben werden muß, etwas weiter zum Äquator hin aus. Wegen der daraus resultierenden Zunahme der Gesamtalbedo wird daraufhin von der Erde weniger Energie absorbiert und das System wird weiter abgekühlt. Als Folge davon breitet sich die der Störung unterworfene Eiskappe noch weiter aus, wobei die Temperatur immer weiter sinkt. Wir haben also einen positiven Rückkopplungskreis wie bei der chemischen Autokatalyse vor uns. Man beachte, daß dies nur eine der zahlreichen komplexen Wechselwirkungen ist, die im klimatischen System wirksam sind.

Man sollte sich auch klarmachen, daß die Erde den Hauptteil ihrer Sonnenenergie in der Gegend des Äquators eingestrahlt bekommt, während sie große Teile der ohnedies geringeren Energiemengen, die in den Polarzonen ankommen, an den Weltraum zurückgibt. Auf diese Weise wird durch die Sonneneinstrahlung ein meridionaler Temperaturgradient zwischen dem Äquator und den Polen ausgebildet und aufrechterhalten. Diese Situation ist ähnlich wie bei den Systemen aus Abschnitt 1.3, die thermischen Zwangsbedingungen unterworfen sind. Sie impliziert, daß das Klimasystem *weitab vom thermischen Gleichgewicht* gehalten wird.

Nichtgleichgewicht, Rückkopplung, Übergangsphänomene, Evolution ... Wieder finden wir die Ingredienzien unserer früheren Beispiele für komplexes Verhalten, diesmal nur auf dem viel eindrucksvolleren planetaren Niveau.

1.8 Kräfte und Korrelationen – eine Schlußbilanz

Ein Stück Eisen weist bei Temperaturen oberhalb von 1044 °K keine feststellbaren magnetischen Eigenschaften auf. Wenn wir Eisen aber unter diese »kritische« Temperatur abkühlen, wird es magnetisierbar. Dies ist ein typisches Beispiel für eine wichtige Klasse von Naturphänomenen, die als *Phasenübergänge* bezeichnet werden. Oberhalb der kritischen Temperatur ist das Material isotrop in dem Sinn, daß keine seiner beobachtbaren Eigenschaften eine bestimmte Raumrichtung auszeichnen. Unterhalb dieser Temperatur entsteht in einem wohldefinierten Teilbereich des Materials (einem sogenannten Weißschen Bezirk) eine Magnetisierung, die als Vektorgröße in eine bestimmte Raumrichtung weist. Das Material wird also anisotrop. Etwas technischer ausgedrückt: Die den magnetisierungsfreien Zustand charakterisierende *Rotationssymmetrie* wird gebrochen.

Es gibt noch viele weitere Beispiele. Eine Flüssigkeit bildet einen Materiezustand, in welchem sich die Moleküle in alle möglichen Richtungen bewegen und sich gegenseitig nicht wahrnehmen, sobald ihr Abstand mehr als nur ein paar Millionstel eines Zentimeters beträgt (siehe Fig. 1.1 a). Sie kann daher als ein homogenes Material aufgefaßt werden, in dem alle Raumpunkte gleichwertig sind. Wir stellen uns jetzt vor, daß dieses System langsam und einheitlich abgekühlt wird. Unterhalb einer charakteristischen Temperatur (die z. B. für Wasser bei Normaldruck 0 °C beträgt) erhalten wir ein Kristallgitter, also eine neue, feste Phase der Materie. Ihre verschiedenen Eigenschaften, wie z. B. die Dichte, sind nun nicht mehr identisch, wenn wir uns in einer bestimmten Raumrichtung bewegen. Mit anderen Worten: Die den flüssigen Zustand charakterisierende *Translationssymmetrie* ist gebrochen.

In beiden Fällen wird die Symmetriebrechung vom Auftreten neuer Eigenschaften begleitet, die uns veranlassen, das Material als *geordnet* zu charakterisieren. In dem Kristallgitter z. B. führen die Moleküle kleine Schwingungen um regelmäßig angeordnete Stellen aus, die je nach den Gegebenheiten in den Ecken eines Würfels oder in den Ecken eines regelmäßigen sechseckigen Prismas und den Mittelpunkten seiner sechseckigen Grundflächen liegen können usw.

Was geht hier vor sich? Haben wir schlicht vergessen, diese Phänomene in unsere lange Liste mit Übergängen zu Selbstorganisation und komplexem Verhalten aufzunehmen?

Die Moleküle eines Materials bewegen sich beim Fehlen von Wechselwirkungen frei in alle Richtungen. Diese Bewegung wird vollständig durch die individuellen kinetischen Molekülenergien $\frac{1}{2} m_i v_i^2$ (m_i und v_i sind die Massen und die Geschwindigkeiten der Moleküle) charakterisiert, die zeitlich konstant sind. Wir wissen allerdings, daß die Moleküle in jedem physikalischen System wechselwirken, und zwar hauptsächlich über Kräfte elektromagnetischen Ursprungs. Ein typisches Beispiel bilden die in einer elektrisch neutralen Flüssigkeit vorherrschenden van der Waals-Kräfte, deren Potential in Fig. 1.18 gezeigt wird. Diese Kräfte sind *kurzreichweitig*, d. h. ihre Intensität fällt jenseits eines Teilchenabstandes von wenigen Moleküldurchmessern abrupt auf extrem kleine Werte ab.

Bei starker Verdünnung der Materie oder bei sehr hohen Temperaturen sind die intermolekularen Kräfte nicht besonders wirkungsvoll: Die kinetische Energie dominiert, und das Materialverhalten ist ungeordnet. Wenn wir jedoch die Temperatur erniedrigen (oder das System komprimieren), vertauschen die kinetische Energie und das Wechselwirkungspotential allmählich ihre Rolle. Schließlich wird das System von den Wechselwirkungen dominiert und nimmt eine Konfiguration an, in der die potentielle Energie so klein wie möglich wird: Dies ist ganz ähnlich wie bei der wohlvertrauten Bewegung einer Masse, die unter dem Einfluß der Schwere zum tiefsten Punkt eines Tales hinunterfällt und anschließend um diese Lage des *mechanischen Gleichgewichts* kleine Schwingungen ausführt. Die resultierende Raumstruktur ist genau das, was man bei einem Phasenübergang beobachtet. Sie wird ausschließlich von den intermolekularen Wechselwirkungen zustande gebracht und weist eine charakteristische Länge – wie z. B. die Gitterkonstante – auf, deren Ausmaß mikroskopisch ist (ein paar Å), also vergleichbar mit der Reichweite der Wechselwirkungen.

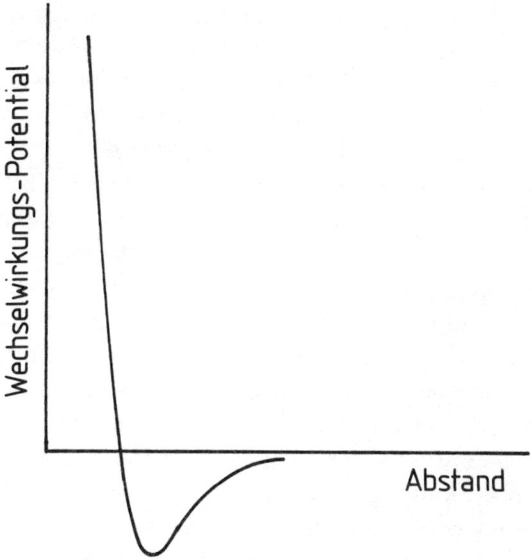

Fig. 1.18: Typischer Verlauf des intermolekularen Wechselwirkungspotentials in einem Neutralgas. Der dem Minimum entsprechende Abstand beträgt ein paar Å und die dazugehörige potentielle Energie etwa $k_B T_k$. Dabei ist k_B die Boltzmann-Konstante und T_k die kritische Temperatur für den Übergang flüssig-dampfförmig.

Außerdem ist das Materialverhalten zeitunabhängig, wenn die Umgebung stationär ist. Im Lichte dieser Ausführungen könnte man sagen, daß eine mit einem Phasenübergang verbundene Ordnung zu »fossilen« Objekten führt.

Diese Eigenschaften müssen kontrastiert werden mit den Eigenschaften, die für die vorher besprochenen Übergangsphänomene charakteristisch waren. Die Zustände, die nach letzteren auftreten, werden nämlich durch Raumskalen *makroskopischer Größenordnung* charakterisiert, die z. B. mit den charakteristischen Längen biologischer Systeme vergleichbar sind oder diese sogar noch übertreffen. Außerdem kann bei ihnen zusätzlich zu den räumlichen Strukturen eine Vielfalt zeitabhängiger Phänomene entstehen und bestehen, deren charakteristische Skalen wiederum makroskopisch sind.

Die Ursache für diesen grundlegenden Unterschied besteht darin, daß hier ein neuer Organisationsfaktor am Werke ist, der für die intermolekularen Wechselwirkungen nicht zur Verfügung steht: die Nichtgleichgewichts-Einschränkungen. Da diese große Teilgebiete des Systems mit riesigen Molekülzahlen umfassen, treten Phänomene zutage, die an Materiezustände mit langreichweitigen Korrelationen geknüpft sind. Es ist sehr lehrreich, wenn man sich klarmacht, daß diese zwei Ordnungsformen in einer Dendrit-Struktur wie der Schneeflocke (vgl. Fig. 1.1 b oder 1.12) gleichzeitig auftreten und daher leicht unterschieden und einander gegenübergestellt werden können. Tatsächlich hat das zugrundeliegende Kristallgitter wenig zu tun mit der Ausformung von Dendriten, mit deren Größe und ihren Abständen, die sämtliche kristallographischen Längen um Größenordnungen übersteigen. Um es kurz zu sagen, man kann sich das komplexe Verhalten, für das wir uns hier interessieren, als einen Phasenübergang neuen Typs vorstellen, bei dem die Temperaturerniedrigung durch das Anlegen und die progressive Verstärkung geeigneter Nichtgleichgewichts-Einschränkungen ersetzt wird. Aus diesem Grund werden wir im Zusammenhang mit Selbstorganisationsphänomenen, die zu komplexem Verhalten führen, auch manchmal den Begriff »Nichtgleichgewichts-Phasenübergang« verwenden.

Kraftvermittelte Symmetriebrechungsphänomene, die in gewisser Hinsicht Phasenübergängen ähneln, begegnen uns auch auf dem Niveau der fundamentalen Wechselwirkungen. Eines der eindrucksvollsten Beispiele hierfür bildet der Symmetriebruch zwischen Materie und Antimaterie. Bekanntlich liefert die relativistische Quantentheorie zu jedem geladenen Teilchen noch ein Antiteilchen derselben Masse mit umgekehrter Ladung: Es gibt Elektronen und Antielektronen (Positronen), Protonen und Antiprotonen etc. Experimentell werden Antiteilchen unter sehr speziellen Bedingungen beobachtet. Obwohl die Grundgleichungen der Physik in bezug auf Materie und Antimaterie symmetrisch sind, kann in dem beobachteten Teil unseres Universums der Anteil von Antimaterie im Vergleich zur Materie vernachlässigt werden. Wie kam diese Asymmetrie zustande?

Eine mögliche Antwort auf diese Fragen liefern die großen Vereinigungstheorien der starken, elektromagnetischen und schwachen Wechselwirkung zwischen Elementarteilchen, die vorhersagen, wie sich Materie bei extrem hohen Temperaturen verhält – Temperaturen, wie sie z. B. etwa 10^{-35} Sekunden nach dem Big Bang geherrscht haben. Insbesondere erscheint es möglich, daß die Materie im Laufe der durch die Expansion des Universums hervorgerufenen Abkühlung des extrem heißen Ausgangszustandes bei gewissen »kritischen Temperaturen« einen oder möglicherweise sogar mehrere Phasenübergänge durchgemacht hat. Nach den großen Vereinigungstheorien befand sich die Materie oberhalb der ersten Übergangstemperatur in einem sehr symmetrischen Zustand. Quarks, die Bausteine der Protonen und Neutronen, sowie alle Leptonen einschließlich der Elektronen, Neutrinos und all ihrer Antiteilchen wiesen identisches Verhalten auf. Unterhalb des Übergangspunktes manifestierten sich jedoch durch Symmetriebrechung die Unterschiede. Schließlich wurden die differenzierten Teilchen zum Rohmaterial, aus dem Sterne, Planeten und Lebewesen gebildet sind. In diesem Sinne erreichte ein Übergang, der durch die obigen drei extrem kurzreichweitigen Fundamentalwechselwirkungen vermittelt wird, makroskopische Ausmaße, die das ganze heutige Weltall umfassen. Dieses erscheint daher als ein in weiter Vergangenheit entstandenes Relikt eines verflossenen Ereignisses. Gleichwohl besteht kein Widerspruch zwischen dieser Feststellung und unserem vorherigen Bemühen, gewöhnliche Phasenübergänge von den Nichtgleichgewichts-Phasenübergängen wegen ihrer weitgehend verschiedenen Wirkungsbereiche zu unterscheiden. Tatsächlich wird die Geschichte des frühen Universums und insbesondere seine Expansion gekennzeichnet durch den Übergang von einem Zustand thermischen Gleichgewichts in einen neuen Zustand, in dem sowohl das Gleichgewicht zwischen den verschiedenen Bausteinen der Materie als auch zwischen Materie und Strahlung zerstört ist. In einer derartigen Welt des Nichtgleichgewichts können großräumige Übergänge mit Symmetriebrechung stattfinden, wie wir sie oben beschrieben haben. In dieser Hinsicht kann daher differenzierte Materie, wie wir sie heute beobachten, als Produkt eines uranfänglichen Nichtgleichgewichts angesehen werden.

Eine adäquate Beschreibung der Frühgeschichte des Universums erfordert natürlich die Anwendung der Allgemeinen Relativitätstheorie. Dies bringt die Gravitation mit ins Spiel, die vierte fundamentale Wechselwirkungskraft in der Natur, deren *langreichweitiger* Charakter wohlbekannt ist.

Gravitation muß daher als einer der grundlegenden Organisations-Faktoren im Universum angesehen werden, die den Übergang vom Gleichgewicht zum Nichtgleichgewicht vermitteln und auf diese Weise mikroskopischen Vorgängen eine Manifestation in globalen Maßstäben ermöglichen. Infolge von Gravitation und Expansion teilen die Übergänge im frühen Universum in gewisser Weise die Eigenschaften von Gleichgewichts- und Nichtgleichgewichts-Phasenübergängen, wie wir sie in den bescheidenen Dimensionen unserer alltäglichen Erfahrung beobachten.

Kapitel 2

Das Vokabular des Komplexen

Im vorigen Kapitel nahmen wir den Standpunkt des Naturalisten ein: Wir schauten uns um und versuchten, ein intuitives Gefühl für Komplexität zu gewinnen, indem wir uns unter vielen verschiedenartigen Umständen Übergangsphänomene ansahen, die zur Selbstorganisation führen. Dabei lernten wir eine Reihe neuer Begriffe kennen und stellten fest, daß diese in allen unseren Beispielen beständig wiederkehrten. Es ist jetzt an der Zeit, diese Begriffe etwas systematischer unter die Lupe zu nehmen und dabei das *Vokabular des Komplexen* zusammenzustellen. Wir wollen jedoch nicht den Eindruck erwecken, der Leser würde etwa schon am Ende dieses Kapitels das Werkzeug zur Hand haben, um diese Begriffe in kreativer Weise anwenden zu können: Das ist vielmehr das Anliegen der Kapitel 3 bis 5.

2.1 Konservative Systeme

Seit der Geburtsstunde des abstrakten Denkens, das den Ursprung von Wissenschaft und moderner Zivilisation kennzeichnet, hat der Begriff der *Erhaltung* eine Schlüsselrolle gespielt. Der große griechische Denker Thales, der traditionsgemäß als der erste Philosoph angesehen wird, vertrat die Ansicht, die vielen Facetten der Natur könnten auf eine einzige grundlegende Substanz, nämlich das Wasser, zurückgeführt werden. In moderner Sprechweise bedeutet das, daß er das Universum als ein *konservatives System* auffaßte, in welchem trotz des beständigen Wechselspiels zwischen seinen Teilen ein Urelement existiert, das von allen Veränderungen unberührt bleibt. Ganz ähnliche Gedanken müssen auch in starkem Maße den jungen Platon geprägt haben. Seine Theorie der Ideen ist im wesentlichen eine brillante Suche nach Beständigkeit, nur auf einem abstrakteren Niveau.

Wir wollen jetzt einen Sprung um zweitausend Jahre nach vorne machen, zu einer weiteren großen Epoche der Menschheitsgeschichte, nämlich der Zeit von Newton und Leibniz. Mit dem Aufkommen der klassischen Mechanik machte die Idee der Erhaltung einen gewaltigen Fortschritt: Erhaltung basierte nun nicht mehr auf einem unüberprüfbaren Axiom, sondern ergab sich als Folge aus einer Reihe von Gesetzen, welche die quantitative Erklärung für die Beobachtungen über die Bewegung von Himmelskörpern und von Gegenständen unter dem Einfluß der irdischen Schwerkraft gaben. So folgt aus Newtons zweitem und drittem Gesetz (das die Kraft mit der Beschleunigung bzw. die »Aktion« mit der »Reaktion« in Beziehung setzt), daß in einem System wechselwirkender Massenpunkte bei Abwesenheit äußerer Einflüsse die folgenden drei Größen zeitlich konstant sind (vgl. Fig. 2.1):

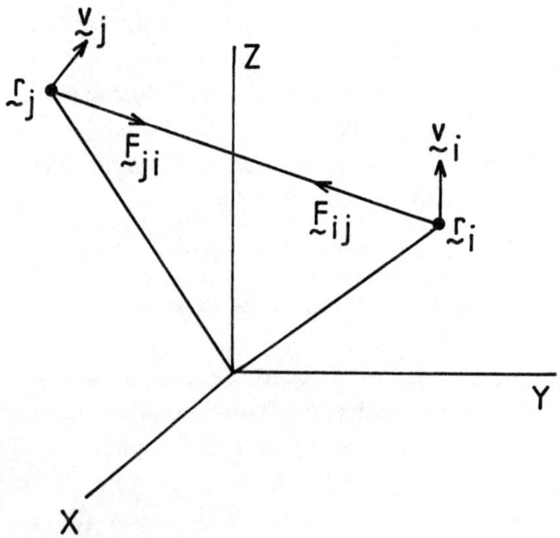

Fig. 2.1: Zentrale Wechselwirkungskräfte zwischen zwei Teilchen mit den Positionen $\mathbf{r}_i$, $\mathbf{r}_j$ und den Geschwindigkeiten $\mathbf{v}_i$, $\mathbf{v}_j$. Nach dem dritten Newtonschen Gesetz gilt $\mathbf{F}_{ij} = - \mathbf{F}_{ji}$.

(i) Die Gesamtenergie

$$\begin{aligned} E &= \text{kinetische Energie} + \text{potentielle Energie} \\ &= \sum_i \frac{1}{2} m_i v_i^2 + \frac{1}{2} \sum_{i \neq j} V_{ij} \qquad (2.1\,a) \end{aligned}$$

wo m_i und $\mathbf{v}_i$ die Masse bzw. die Geschwindigkeit des i-ten Massenpunktes sind und V_{ij} das Wechselwirkungspotential zwischen den Massenpunkten i und j angibt. Dabei ist V_{ij} mit der zugehörigen Wechselwirkungskraft $\mathbf{F}_{ij}$ durch

Arbeit der Kraft = Änderung der potentiellen Energie

verknüpft. Für eine Kraft, die nur vom Abstand $\mathbf{r} = \mathbf{r}_j - \mathbf{r}_i$ abhängt, reduziert sich dieser Zusammenhang auf

$$\mathbf{F}_{ij}(\mathbf{r}) = -\nabla_{\mathbf{r}} \mathbf{V}_{ij}(\mathbf{r}), \tag{2.1 b}$$

wo $\nabla_{\mathbf{r}}$ die Ableitung des Potentials nach dem Abstand ist.

(ii) Der Gesamtimpuls

$$\mathbf{P} = \sum_i \mathbf{p}_i = \sum_i m_i \mathbf{v}_i \tag{2.2}$$

(iii) Der Gesamt-Drehimpuls

$$\mathbf{L} = \sum_i \mathbf{l}_i = \sum_i m_i \mathbf{r}_i \times \mathbf{v}_i, \tag{2.3}$$

wo $\mathbf{l}_i$ die Rotation des i-ten Massenpunktes um ein Rotationszentrum beschreibt, für das hier der Bequemlichkeit halber der Koordinatenursprung gewählt wurde.

Alle diese Erhaltungssätze hängen ganz eng mit einer wesentlichen Eigenschaft der Grundgleichungen der Mechanik zusammen: Diejenige Größe, welche mit der Kraft (im allgemeinen einer Funktion der Koordinaten $\mathbf{r}_i$) in dynamischer Beziehung steht, ist nämlich die Beschleunigung bzw. die *zweite Ableitung* des Ortes (und nicht die Geschwindigkeit, wie Aristoteles geglaubt hat):

$$m_i \frac{d^2\mathbf{r}_i}{dt^2} = \sum_j \mathbf{F}_{ij}(\mathbf{r}_i - \mathbf{r}_j). \tag{2.4}$$

Daher wird ein Beobachter, der die Bewegung in die Vergangenheit ($t' = -t$) zurückverfolgt, genau dieselben Eigenschaften feststellen wie der übliche irdische Beobachter, der seine Messungen für »positive« Zeiten durchführt. Anders gesehen zieht die Transformation $t' = -t$ wegen $d^2\mathbf{r}/dt^2 = d\mathbf{v}/dt$ und $\mathbf{v} = d\mathbf{r}/dt$ zwar die weitere Transformation $\mathbf{v}' = -\mathbf{v}$ nach sich, läßt die Beschleunigung jedoch unverändert: Die Massenpunkte bleiben auf denselben Trajektorien, nur die Richtung, in der sie diese durchlaufen, wird umgedreht. Eine solche Umkehrung bedeutet nichts Besonderes, da wir den Massenpunkten ja von vornherein Geschwindigkeiten hätten geben können, mit denen sie für positive Zeiten in diese Richtungen gelaufen wären. Anders gesagt gibt es in den Bewegungsgleichungen nichts, was eine Unterscheidung zwischen Vorwärts- und Rückwärtsbewegung erlauben würde.

Die klassische Mechanik scheint also die Wissenschaft von Systemen zu sein, die sowohl konservativ als auch zeitreversibel sind. Eine elegante Formulierung der Mechanik, in der diese Eigenschaften besonders klar zutage treten, geht auf Hamilton zurück. In ihr wird die Struktur der Bewegungsgleichungen direkt durch die Energie – dieser wichtigsten unter den drei Erhaltungsgrößen – bestimmt. Führt man die *Hamilton-Funktion* H,

$$\mathrm{H} = \mathrm{H}(\mathbf{p},\mathbf{q}) = \mathrm{E} = \mathrm{const}$$

ein, in der $\mathbf{p}$ und $\mathbf{q}$ Verallgemeinerungen der Begriffe Impuls ($\mathbf{p} = m\mathbf{v}$) und Ort ($\mathbf{q} = \mathbf{r}$) aus der Newtonschen Theorie sind, so hat man

$$\mathrm{H} = \sum_i \frac{\mathbf{p}_i^2}{2m_i} + \frac{1}{2} \sum_{i,j} V_{ij}\,(\mathbf{q}_i - \mathbf{q}_j) \tag{2.5 a}$$

Man prüft leicht nach, daß Gl. (2.4) und die Beziehung

$\mathbf{v} = \frac{d\mathbf{r}}{dt}$ mit

$$\begin{aligned} \frac{d}{dt}\mathbf{q}_i &= \frac{\partial \mathrm{H}}{\partial \mathbf{p}_i} \\ \frac{d}{dt}\mathbf{p}_i &= -\frac{\partial \mathrm{H}}{\partial \mathbf{q}_i} \end{aligned} \tag{2.5 b}$$

äquivalent sind.

Die Hamiltonsche Dynamik bildet einen sehr wichtigen Bestandteil der heutigen Wissenschaft. In Kapitel 3 werden wir kurz die revolutionären Schritte beschreiben, die ihre Entwicklung seit etwa 1950 gekennzeichnet haben. Hier beschließen wir diesen Abschnitt damit, daß wir ein paar Beispiele für konservative Systeme angeben.

Eines der bekanntesten konservativen Systeme ist das Pendel (siehe Fig. 1.8). Bezeichnen wir seine Länge mit l, die Schwerebeschleunigung mit g, den mit der (abwärts gerichteten) Vertikalen eingeschlossenen Winkel mit θ, und vereinbaren wir, die potentielle Energie im Gravitationsfeld bei vertikaler Pendellage ($\theta = 0$) gleich Null zu setzen, so können wir die Gesamtenergie – die Hamiltonfunktion – in der Form

$$\begin{aligned} H &= \text{kinetische Energie} + \text{potentielle Energie} \\ &= \tfrac{1}{2} mv^2 + mgl\,(1-\cos\theta) \end{aligned}$$

schreiben. Da **v** tangential zur Trajektorie des Massenpunktes verläuft, ist $v = l\dfrac{d\theta}{dt}$ und folglich

$$H = ml\left[\frac{1}{2}\left(\frac{d\theta}{dt}\right)^2 + g(1-\cos\theta)\right] = \text{const.} \qquad (2.6\,\text{a})$$

Wie wir ausführlicher in Kapitel 3 darlegen werden, ist es sehr nützlich, die zeitliche Entwicklung eines Systems in einem abstrakten Raum, dem sogenannten *Phasenraum*, darzustellen. In diesem werden als Koordinaten die in den Hamiltonschen Gleichungen (2.5 b) auftretenden Lagekoordinaten und Impulse benutzt. Im Falle des Pendels ($q = \theta$, $p = ml\dfrac{d\theta}{dt} = ml\,\dot{\theta}$) ist der Phasenraum einfach die Ebene (θ, $\dot{\theta}$). Der momentane Zustand des Pendels wird daher durch einen Punkt dieser Ebene markiert, den man als *repräsentativen Punkt* bezeichnet. Bei voranschreitender Zeit nehmen θ und $\dot{\theta}$ jeweils eindeutig definierte Werte an; mit anderen Worten, der repräsentative Punkt beschreibt eine eindimensionale Kurve – die Phasenraumtrajektorie. Die Tangente an diese Kurve ist parallel zur Phasenraumgeschwindigkeit (Fig. 2.2). Diese Begriffe sollten nicht mit den vertrauteren Begriffen der Trajektorie und Geschwindigkeit eines im physikalischen Raum bewegten Körpers verwechselt werden, die trotz ihrer Nützlichkeit eine weniger detaillierte Beschreibung der Bewegung liefern.

Einen Sonderfall einer Phasenraumtrajektorie liefert die *Gleichgewichtslage*, in der sowohl die Geschwindigkeit als auch die Beschleunigung Null sind. Es handelt sich dabei um eine ziemlich

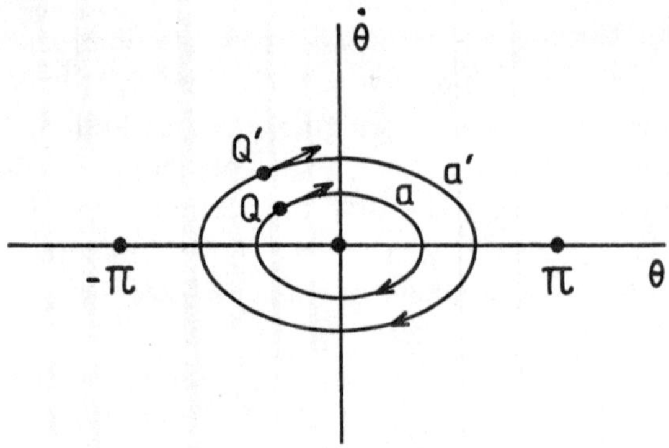

Fig. 2.2: Phasenraum $(\theta,\dot{\theta})$ für das Pendel $(-\pi \leq \theta \leq \pi)$; $\theta = \dot{\theta} = 0$: stabile Gleichgewichtslage; $\theta = \pm\pi, \dot{\theta} = 0$: instabile Gleichgewichtslage; a, a′: periodische Trajektorien für zwei verschiedene Energiewerte; Q, Q′: repräsentative Punkte auf diesen Trajektorien.

degenerierte Trajektorie, da sie durch einen einzigen Punkt im Phasenraum repräsentiert wird. Beim Pendel gibt es zwei derartige Gleichgewichtslagen (Fig. 2.2), sie befinden sich auf der Vertikalachse unten $(\theta = 0)$ und oben $(\theta = \pm\pi)$. Wie wir gleich sehen werden, sind sie von ganz verschiedener Art.

Wir wissen sowohl aufgrund von Beobachtung als auch aus dem elementaren Mechanikunterricht, daß das Pendel bei kleinen Anfangsgeschwindigkeiten und kleinen Auslenkungen aus der unteren Gleichgewichtslage permanente Schwingungen in der Art kleiner Vibrationen ausführt. Das bedeutet, daß sowohl θ als auch $\dot{\theta}$ nach jeder Periode wieder dieselben Werte durchläuft. In der Phasenraumdarstellung drückt sich das durch eine *geschlossene Phasenraumtrajektorie* ((a) oder (a′) in Fig. 2.2) aus. Auf dieser bleibt die Energie, Gl. (2.6), erhalten.

Der harmonische Oszillator bildet ein weiteres, uns wohlvertrautes konservatives System. Er bildet das Modell für die reibungsfreie Bewegung eines Teilchens der Masse m, das an einer horizontalen, völlig elastischen Feder befestigt ist, deren anderes Ende starr fixiert ist. Die auf das Teilchen einwirkende Kraft ist proportional zum Wert x, um den die Federlänge von ihrem Gleichgewichtswert abweicht. Indem man den Proportionalitäts-Koeffizienten mit k bezeichnet, kann man die Hamiltonfunktion als Summe der kinetischen Energie des Teilchens und der elastischen Energie der Feder schreiben:

$$H = \frac{1}{2}\, m\, \dot{x}^2 + \frac{1}{2}\, kx^2. \qquad (2.6\,b)$$

Eine noch etwas andere Klasse konservativer Systeme bekommt man im Zusammenhang mit dem Zweikörperproblem. Bei diesem bewegen sich zwei Körper unter dem Einfluß gravitativer oder beliebiger anderer Wechselwirkungskräfte, die nur vom Betrag ihres Abstands abhängen. In der Mechanik kommt es allerdings sehr schnell zu Komplikationen. Mit dem Problem zweier durch eine Feder gekoppelter Pendel, dem Problem eines Pendels, das unter dem Einfluß periodischer äußerer Kräfte steht, oder mit dem Problem dreier wechselwirkender Massen (dem berühmten Dreikörperproblem) stößt man schon an die Grenzen des gegenwärtigen Wissens. Wir werden diese Probleme etwas ausführlicher in Kapitel 3 besprechen.

Man sollte aus den obigen Ausführungen nicht den Eindruck gewinnen, daß konservative Systeme auf die Mechanik beschränkt seien. Die durch die berühmten Maxwellschen Gleichungen beschriebene Ausbreitung von Licht im Vakuum liefert uns ein wichtiges Beispiel für ein konservatives System im Rahmen des Elektromagnetismus. Konservative Systeme treten auch bei Problemen der Quantenmechanik auf, die es mit den Eigenschaften einfacher Atome bei Abwesenheit externer Felder zu tun haben.

2.2 Dissipative Systeme

Außer mit konservativen Systemen, wie sie z. B. durch die klassische Dynamik beschrieben werden, müssen wir uns auch mit Systemen befassen, in denen irreversible Prozesse eine Rolle spielen. Ein einfaches Beispiel hierfür geben Systeme mit Reibung ab.

Die Bedeutung der Reibung, die eine spezielle Art von Dissipation darstellt, wurde schon lange erkannt, bevor die klassische Dynamik formuliert wurde. Als Aristoteles die Hypothese aufstellte, daß sublunarische dynamische Systeme im allgemeinen einem Zustand der Ruhe zustreben, meinte er damit eigentlich, daß irgendeine Art von »Reibung« die Bewegung abbremst. In dieser Hinsicht entspricht das klassische Trägheitsprinzip, nach dem die Beschleunigung und nicht die Geschwindigkeit die grundlegende mechanische Größe ist, einer Idealisierung, bei der die Reibung vernachlässigt wird.

Ausgehend von den Arbeiten von Fourier und Clausius breitete sich das Interesse an dissipativen Systemen mit irreversiblen Vorgängen während des 19. Jahrhunderts in zunehmendem Maße aus. Das war ganz normal für eine Zeit, welche die industrielle Revolution erlebt hatte. In diesem Zusammenhang schien Dissipation jedoch mit einer Entwertung verbunden zu sein, mit der Vernichtung verfügbarer Energie.

Interessanterweise war es unter den großen Philosophen der Antike Platon in voller Schärfe bewußt, daß sowohl Beständigkeit als auch Wandel integrale Bestandteile der Wirklichkeit sein müssen. Im 19. Jahrhundert befanden wir uns dagegen in einer Konfliktsituation. In der Physik empfand man Irreversibilität und Dissipation als eine Entwertung, während man andererseits die biologische Evolution, die ja offensichtlich ein irreversibler Prozeß ist, mit zunehmender Komplexität in Verbindung brachte. Vermutlich aufgrund ihrer technologischen Implikationen war die Hydrodynamik historisch gesehen das erste Gebiet, in welchem die entscheidende Rolle dissipativer Prozesse zum ersten Mal voll erkannt wurde. In dem Maße, wie sich allmählich die Idee der molekularen Zusammensetzung von Materie in der Wissenschaft durchsetzte, entwickelte sich in der chemischen Kinetik, bei der Brownschen Molekularbewegung und bei verschiedenen Arten von Transportphänomenen eine ganz ähnliche Tendenz. Heute ist man sich darüber im klaren, daß dissipative Systeme in der Natur eine sehr große und sehr wichtige Klasse von Systemen darstellen. Tatsächlich handelt es sich bei den meisten unserer Beispiele aus Kapitel 1 um Phänomene, die in derartigen Systemen stattfinden, und nicht das unbedeutendste darunter ist das Leben selbst.

Der markanteste Unterschied zwischen konservativen und dissipativen Systemen zeigt sich, wenn man versucht, für letztere eine *makroskopische Beschreibung* anzugeben, in der zur Charakterisierung des momentanen Zustands kollektive Variablen wie Temperatur, Konzentration, Druck, Konvektionsgeschwindigkeit usw. benutzt werden. Wenn man sich die Evolutionsgleichungen dieser Variablen ansieht, fällt einem eine sehr wichtige allgemeine Eigenschaft ins Auge: Im Gegensatz zu den Gln. (2.4) und (2.5 b) sind sie nicht invariant gegenüber Zeitumkehr. Aus diesem Grunde ist ein irreversibler Ablauf des Geschehens zu erwarten.

Diese Situation wird auf eindrucksvolle Weise durch eine chemische Reaktion illustriert. Man betrachte z. B. den durch Gl. (1.2 a) beschriebenen Prozeß. Die Geschwindigkeit, mit der Teilchen der Sorte A aufgebraucht werden, ist proportional zu der Frequenz, mit der die Moleküle A und B zusammenstoßen. Diese wiederum ist nur zum Produkt aus deren Konzentrationen proportional, sofern es sich um ein verdünntes System handelt. Infolgedessen haben wir

$$\frac{dc_A}{dt} = - k\, c_A\, c_B. \tag{2.7 a}$$

Wenn wir jetzt den Zeitablauf umdrehen, $t' = -t$, und die konzentrationen in ihrer Abhängigkeit von t' mit c'_A, c'_B bezeichnen, wird aus Gl. (2.7) natürlich

$$\frac{dc'_A}{dt'} = k\, c'_A\, c'_B.$$

Hierdurch wird ein Prozeß beschrieben, in dem c_A erzeugt wird anstatt aufgebraucht zu werden. Dies ist sicher nicht äquivalent mit dem durch Gl. (2.7 a) beschriebenen Vorgang. Weitere Beispiele für dissipative Prozesse bilden Wärmeleitung oder Diffusion. Das Experiment zeigt, daß sich in einem homogenen Fluid kleine Inhomogenitäten sofort, nachdem sie aufgetaucht sind, ausbreiten und schließlich verschwinden. Denselben »Einbahnstraßen-Ablauf« beobachtet man, wenn in einem isothermen Fluid die Temperatur lokal und vorübergehend schwach verändert wird. Die folgenden Gleichungen, die unter dem Namen Ficksches Gesetz bzw. Fouriersches Gesetz bekannt sind, geben eine quantitative Beschreibung dieser Phänomene, die in hervorragender Übereinstimmung mit dem Experiment steht:

$$\frac{\partial c}{\partial t} = D\nabla^2 c \qquad D > 0 \tag{2.7 b}$$

$$\frac{\partial T}{\partial t} = \kappa\nabla^2 T \qquad \kappa > 0 \tag{2.7 c}$$

Hierin bezeichnet c die Konzentration einer bestimmten in dem Fluid aufgelösten Substanz, T die Temperatur, D den Massendiffusionskoeffizienten und κ den Wärmeleitungskoeffizienten. Wiederum erhalten wir völlig andere Gesetze, wenn wir die Zeit umkehren:

$$\frac{\partial c'}{\partial t'} = - D\nabla^2 c', \quad \frac{\partial T'}{\partial t'} = - \kappa\nabla^2 T'.$$

Sie beschreiben eine Situation, in der eine anfängliche Konzentrations- oder Temperaturstörung verstärkt wird, statt gedämpft zu werden.

Sowohl die Konzentration als auch die Temperatur sind Beispiele für *»gerade Variablen«*, d. h. ihr Vorzeichen bleibt bei Zeitumkehr unverändert. Im Gegensatz dazu sind der Impuls eines Teilchens oder die Konvektionsgeschwindigkeit einer Flüssigkeit *»ungerade Variblen«*, da sie letztlich als Zeitableitungen von lageartigen Variablen ausgedrückt werden können und bei Zeitumkehr das Vorzeichen wechseln. Dies führt uns zu der folgenden allgemeinen Eigenschaft der Evolutionsgleichung für ein dissipatives System: $X_1, \cdots, X_n$ bezeichne einen vollständigen Satz makroskopischer Variablen eines solchen Systems. Deren zeitliche Entwicklung verläuft dann gemäß

$$\frac{\partial X_i}{\partial t} = F_i(X_1, \cdots\cdots, X_n, \mathbf{r}, t, \cdots), \tag{2.8}$$

wo F_i komplizierte Funktionen der X und deren Ortsableitungen sein können, die möglicherweise auch explizit vom Ort **r** und der Zeit t abhängen. Kehren wir nun in einem dissipativen System die Zeit um, $t' = -t$, so muß entweder mindestens eine zu einer geraden Variablen X_i gehörige Geschwindigkeitsfunktion F_i einen Anteil enthalten, der dabei invariant bleibt oder mindestens eine zu einer ungeraden Variablen gehörige Geschwindigkeitsfunktion einen Anteil enthalten, der bei Zeitumkehr das Vorzeichen wechselt. Ein Beispiel für Geschwindigkeitsfunktionen der ersten Art bieten die rechten Seiten der Gln. (2.7 a) bis (2.7 c), während der Beitrag der Viskosität zur Impulsbilanzgleichung einer konvektiven Flüssigkeit ein Beispiel für die zweite Sorte liefert.

Einen weiteren entscheidenden Schritt zur Unterscheidung von konservativen und dissipativen Systemen werden wir in Abschnitt 2.5 tun, wenn wir den Zweiten Hauptsatz der Thermodynamik mit seinen vielfältigen Implikationen diskutieren.

Genau wie für konservative Systeme kann man auch für dissipative Systeme einen geeigneten Phasenraum einführen. Er wird durch die Gesamtheit der das System beschreibenden Variablen aufgespannt. Im Falle eines kontinuierlichen Mediums, dessen Eigenschaften räumlich variieren, ist dies ein Raum von unendlich hoher Dimensionszahl (vgl. Gl. (2.7 b), (2.7 c)). Es ist natürlich viel einfacher, mit dem Phasenraum umzugehen, falls die Zahl der Variablen diskret ist, und insbesondere, wenn sie endlich oder besser noch klein ist. Beim Beispiel der Gl. (2.7 a) reduziert sich der Phasenraum auf eine Linie, und die Phasenraumtrajektorie muß dieser Linie zwangsläufig folgen (Fig. 2.3 a). Ein weniger triviales Beispiel liefert das chemische Reaktionsschema

$$A \xrightarrow{k_1} X \xrightarrow{k_2} Y \xrightarrow{k_3} F \tag{2.9 a}$$

mit den Reaktionsgeschwindigkeits-Gleichungen

$$\begin{aligned} \frac{dc_X}{dt} &= k_1 c_A - k_2 c_X \\ \frac{dc_Y}{dt} &= k_2 c_X - k_3 c_Y. \end{aligned} \tag{2.9 b}$$

Die zugehörigen Phasenraumtrajektorien zeigt Fig. 2.3 b.

Es ist instruktiv, wenn man sich klarmacht, daß gewisse dissipative Systeme in eine konservative Form transformiert und in den Rahmen eines Hamiltonschen Formalismus eingepaßt werden können. Ein Beispiel dafür bietet der bekannte Lotka-Volterra-Mechanismus,

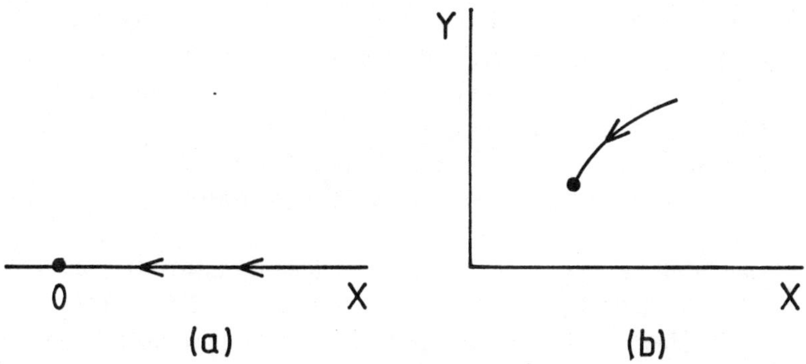

Fig. 2.3: Phasenraumdarstellung eines dissipativen Systems. (a): das durch Gl. (2.7 a) beschriebene Einvariablen-System; (b): das durch die Gl. (2.9 b) beschriebene Zweivariablen-System.

$$
\begin{aligned}
A + X &\xrightarrow{k_1} 2X \\
X + Y &\xrightarrow{k_2} 2Y \qquad (2.10) \\
Y &\xrightarrow{k_3} D,
\end{aligned}
$$

für den eine nichttriviale Konstante der Bewegung existiert, welche die Rolle einer »Hamiltonfunktion« spielt. Trotz des scheinbar konservativen Charakters besteht jedoch keine Invarianz gegenüber Zeitumkehr, da sowohl X als auch Y durch positive Variablen repräsentiert werden. Es ist daher sinnlos, diesen wie in der klassischen Mechanik impulsähnliche Eigenschaften zuzuschreiben, die dazu notwendig wären, um eine derartige Invarianz zu gewährleisten.

Eine grundlegende Frage, die hier übergangen wurde, ist die nach der Beziehung zwischen dissipativen und konservativen Systemen und danach, ob ein Übergang von der einen zur anderen Beschreibungsweise möglich ist. Den größten Teil von Kapitel 5 werden wir dieser Frage widmen.

2.3 Mechanisches und thermodynamisches Gleichgewicht. Nichtgleichgewichts-Einschränkungen

In der Mechanik ist das Gleichgewicht ein ausgezeichneter Zustand, in dem sowohl die Geschwindigkeiten als auch die Beschleunigungen aller materiellen Punkte gleich Null sind. Wir sind dieser Art von »Zustand der Ruhe« schon in den Abschnitten 1.1, 1.4 und 2.1 begegnet. Definitionsgemäß ist in ihm die Nettosumme aller auf einen materiellen Punkt einwirkenden Kräfte zu jedem Zeitpunkt gleich Null. Wird dieser Kräfteausgleich aufgehoben, so wird das Gleichgewicht zerstört. Das passiert zum Beispiel, wenn in einem unter Last stehenden Metallstück ein Riß auftritt.

Bestimmte mechanische Systeme funktionieren so, daß die Bedingungen für Gleichgewicht nie erfüllt werden. So bildet zum Beispiel die Umlaufbahn der Erde um die Sonne eine Manifestation permanenten Abweichens vom Gleichgewicht. Letzteres wäre nur möglich, wenn die beiden Himmelskörper unendlich weit voneinander entfernt wären.

Der Begriff *thermodynamisches Gleichgewicht*, dem wir in den Abschnitten 1.3, 1.4, 1.6 und 1.7 wiederholt begegnet sind, ist davon kraß verschieden. Im Gegensatz zu den Verhältnissen beim mechanischen Gleichgewicht sind die Moleküle des Systems Kräften unterworfen, die sich nicht mehr gegenseitig aufheben, und sie bewegen sich beständig in alle nur möglichen Richtungen, es sei denn, die Temperatur wird extrem niedrig. Daher bezieht sich hier der Begriff »Gleichgewicht« auf kollektive Eigenschaften, die das System als Ganzes beschreiben, Eigenschaften wie Temperatur, Druck oder die Konzentration eines chemischen Reaktionspartners. Wir wollen jetzt skizzieren wie man dieses Konzept allgemeiner formulieren kann. Dabei werden sich die in Kapitel 1 aufgeführten Beispiele als Spezialfälle herausstellen.

Wir betrachten zu diesem Zweck ein System, das in eine gewisse Umgebung eingebettet ist (Fig. 2.4). Dabei treffen wir die Übereinkunft, beide durch einen Satz von Eigenschaften zu charakterisieren, die wir mit X_i bzw. X_{ie} bezeichnen. Der praktische Wert dieser Größen beruht hauptsächlich auf ihrem Zusammenhang mit den *Austauschvorgängen*, die zwischen dem System und der Umgebung stattfinden. Ist das System z. B. in einem Gefäß mit völlig starren Wänden eingeschlossen, das für Wärme durchlässig und für Materie undurchlässig ist, so wird eine dieser Größen, sagen wir X, die *Temperatur* sein und den Austausch von Wärmeenergie zwischen System und Umgebung regulieren.

Wir sagen, das System befinde sich im thermodynamischen

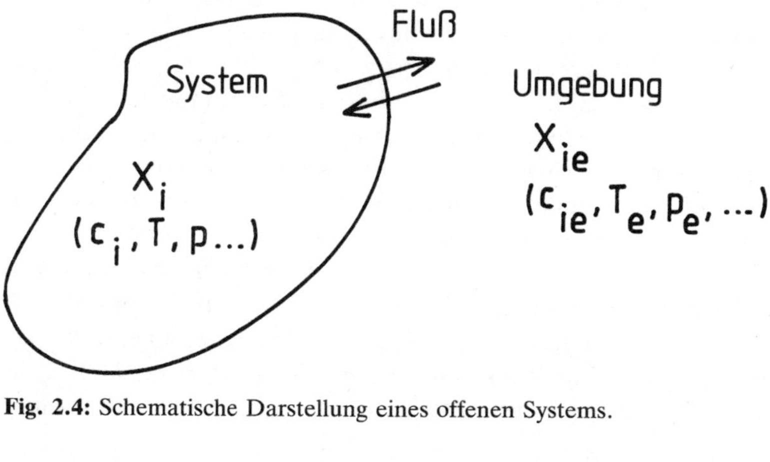

Fig. 2.4: Schematische Darstellung eines offenen Systems.

Gleichgewicht, wenn es hinsichtlich der obengenannten Eigenschaften völlig mit seiner Umgebung übereinstimmt. So ist in dem eben genannten Beispiel thermodynamisches Gleichgewicht zwischen dem System und seiner Umgebung gleichbedeutend damit, daß zu allen Zeiten und in jedem Raumpunkt $T = T_e$ gilt. Da die Gefäßwände für Materie undurchlässig sind, können System und Umgebung immer noch erheblich in ihrer chemischen Zusammensetzung differieren. Werden die Wände jedoch für gewisse chemische Substanzen i durchlässig, so wird erst thermodynamisches Gleichgewicht herrschen, wenn System und Umgebung in diesen ununterscheidbar geworden sind. In einfach gelagerten Fällen bedeutet dies, daß die zugehörigen Konzentrationen die Gleichungen $c_i = c_{ie}$ erfüllen müssen. Allgemeiner wird das Gleichgewicht durch die Gleichheit gewisser Größen $\mu_i = \mu_{ie}$ charakterisiert, die als *chemische Potentiale* bezeichnet werden. Falls die Wände des Gefäßes nicht starr sind, kann das System außerdem noch mechanische Energie mit seiner Umgebung austauschen. Im Gleichgewicht muß dann auch noch *Druck*gleichheit bestehen, $p = p_e$. Bei Anwesenheit externer Kräfte, unter anderem also, wenn z. B. ein elektrisches Feld auf ein polarisierbares Medium einwirkt oder wenn ein deformierbares Material (wie ein biegsamer Festkörper ect.) einer Spannung unterworfen wird, können noch weitere Variablen auftreten, die das thermodynamische Gleichgewicht charakterisieren.

Der Fall *abgeschlossener Systeme*, die mit ihrer Umgebung weder Energie noch Materie austauschen können, verdient besondere Erwähnung. Ein abgeschlossenes System kann im Gleichgewicht per definitionem nicht mit seiner Umgebung identifiziert werden. Trotzdem läßt sich ein großer Teil der oben angeführten Argumente auch für ein abgeschlossenes System nutzbar machen, da ja jeder Teil desselben einer Umgebung ausgesetzt ist, die von den restlichen Teilen gebildet wird. Als Folge davon werden die verschiedenen Teile des Systems im Gleichgewicht ununterscheidbar.

Nach der oben gegebenen Definition ist der Systemzustand im Gleichgewicht automatisch stationär, $\partial X_i/\partial t = 0$. Es handelt sich dabei aber um einen stationären Zustand ganz besonderer Art, da System und Umgebung infolge ihrer Identität bezüglich der in Frage stehenden Eigenschaft X_i nichts systematisch miteinander auszutauschen haben. Zum Beispiel gibt es in einem Gleichgewicht, das durch die Gleichheit von Temperatur, chemischer Zusammensetzung und Druck zustande kommt, weder einen systematischen Austausch von thermischer noch von mechanischer Energie oder Materie. Wir drücken dies dadurch aus, daß wir sagen, es existieren keine Netto-*Flüsse* durch das System,

$$J_i^{Gl} = 0. \tag{2.11}$$

Das heißt jedoch nicht, daß das Gleichgewicht etwa ein Zustand völliger Erstarrung wäre. Man sollte es vielmehr in einem dynamischen Sinn so verstehen, wie dies am Anfang von Abschnitt 1.4 im Zusammenhang mit chemischen Reaktionen erklärt worden ist. Genauer gesagt bedeutet das, daß zu jedem Prozeß, der eine bestimmte Veränderung von J_i bewirkt (z. B. innerhalb eines kleinen Teilgebiets des Systems ein geringfügiges Anwachsen von T über den Wert T_e hinaus), auch ein inverser Prozeß existiert, der zu einer Veränderung von J_i in genau umgekehrter Richtung beiträgt. Diese grundlegende Eigenschaft *detaillierten Gleichgewichts* ist nichts weiter als eine Manifestation der zeitlichen Reversibilität der in dem System stattfindenden Elementarprozesse, welche die Gesetze für die in Abschnitt 2.1 besprochenen konservativen Systeme befolgen. Sie ist für fast alle wesentlichen Gleichgewichtseigenschaften verantwortlich, z. B. für Eindeutigkeit und Stabilität, Eigenschaften, die wir ausführlicher in den Abschnitten 2.4 bis 2.6 besprechen werden.

Es ist jetzt ein leichtes, unsere Diskussion auf *Nichtgleichgewichtszustände* auszudehnen: Diese Art von Zuständen ist mit nichtverschwindenden Flüssen zwischen System und Umgebung verbunden, was mit Unterschieden zwischen einigen der Zustandsvariablen X_i und X_{ie} einhergeht. Dabei kann es sich um *Übergangszustände* handeln, sofern sie nur momentan aufgrund einer gewissen Anfangsbedingung zustande gekommen sind und schließlich in dem Maße relaxieren, wie sich das System wieder mit seiner Umgebung ins Gleichgewicht setzt. Es kann sich aber auch um Dauerzustände handeln, sofern man geeignete Bedingungen auftreten und weiter bestehen läßt, die wir mit *Einschränkungen* oder *Zwangsbedingungen* bezeichnen. Das Anlegen einer systematischen Temperaturdifferenz zwischen zwei verschiedenen

Bereichen einer Metallplatte oder das Einpumpen einer Ausgangssubstanz in ein chemisch reagierendes System bei gleichzeitiger Extraktion eines Endprodukts führen auf diese Weise zu Nichtgleichgewichtssituationen, in denen dem System zu keinem Zeitpunkt die Möglichkeit zu einer Identifizierung mit seiner Umgebung gegeben wird. Man sollte aus diesen Beispielen natürlich nicht den Schluß ziehen, daß das Nichtgleichgewicht nur eine Bedingung darstellt, die von einem cleveren Experimentator künstlich hergestellt wird. Wie schon in Abschnitt 1.7 dargelegt wurde, begegnen wir auch in unserer natürlichen Umgebung in großem Umfang Nichtgleichgewichtszuständen; so z. B. dem Zustand der Biosphäre, die einem Energiefluß ausgesetzt ist, der durch den Strahlungsausgleich zwischen Sonne und Erde zustande kommt.

Weil die Einschränkung entweder fortgesetzt oder vorübergehend wirksam ist, gibt es in einem globalen Nichtgleichgewichtszustand kein detailliertes Gleichgewicht. Infolgedessen ist Nichtgleichgewichtsverhalten anfällig gegenüber Veränderungen: Lokalisierte kleine »Ausreißversuche« werden nicht zwangsläufig durch eine sofort einsetzende Gegenreaktion »niedergeschlagen«, vielmehr können sie vom System akzeptiert und sogar verstärkt werden, um so zu Ausgangspunkten von Innovation und Diversifikation zu werden. Wie wir später sehen werden, geht daraus unter anderem die Fähigkeit von Nichtgleichgewichtssystemen hervor, in neue Zustände bifurkieren zu können, die keinerlei Ähnlichkeit mit dem Gleichgewichtszustand aufweisen.

2.4 Nichtlinearität und Rückkopplung

Im letzten Abschnitt haben wir eine »praktische« Definition für Gleichgewichtszustände und Nichtgleichgewichtseinschränkungen angegeben. Wir versuchen jetzt, einen Zusammenhang zwischen diesen Konzepten und den Evolutionsgesetzen für die Zustandsvariablen herzustellen und nehmen dabei einen dynamischen Standpunkt ein. Beim mechanischen Gleichgewicht haben wir diese Verbindung tatsächlich schon in unserer Diskussion gegen Ende von Abschnitt 2.1 hergestellt. Deshalb legen wir in diesem Abschnitt den Schwerpunkt hauptsächlich auf dissipative Systeme, obwohl sich viele der Begriffe, die wir einführen werden, leicht auf konservative Systeme übertragen lassen.

Die mathematischen Ausdrücke, die beschreiben, wie sich ein Satz von Zustandsvariablen $\{X_i\}$ mit der Zeit entwickelt, wurden schon in Abschnitt 2.2 Gl. (2.8) angegeben. Wir wollen diese Gleichungen nochmals umschreiben und dabei die in Abschnitt 2.3 aufgekommene Idee, daß die Zeitentwicklung durch geeignete Nichtgleichgewichts-Einschränkungen bedingt wird, mit einbeziehen. Allgemeiner wollen wir der Vorstellung zum Ausdruck verhelfen, daß die Evolution des Systems dadurch beeinflußt wird, daß sich einige von außen kontrollierbare Parameter des Problems verändern. Wir nennen diese Größen *Kontrollparameter*, bezeichnen sie mit λ und schreiben die Gl. (2.8) in der Form

$$\frac{\partial X_i}{\partial t} = F_i(\{X\},\lambda). \tag{2.12}$$

In einem dissipativen System müssen diese Gleichungen mit den am Ende von Abschnitt (2.2) diskutierten Bedingungen verträglich sein. Die Gln. (2.9 b) bieten ein typisches Beispiel eines dissipativen *Evolutionsgesetzes* dieser Art.

Angesichts der großen Mannigfaltigkeit existierender Naturphänomene erwarten wir, daß die Struktur der Funktionen $\{F_i\}$ sehr spezifisch davon abhängt, welches System man betrachtet und welche Art von Vorgängen darin stattfinden. Auf den ersten Blick gibt es wirklich keinerlei Gründe dafür, warum die Flüssigkeitsströmung zwischen den zwei Platten des Bénard-Problems auch nur im entferntesten etwas mit der Ansammlung der Amöbenart *Dictyostelium discoideum* oder mit der Eiszeit des Quartärs zu tun haben sollte. Dennoch, und trotz dieser verwirrenden Vielfalt, können gewisse grundlegende Eigenschaften heraussortiert werden, mit deren Hilfe man komplexe Phänomene in systematischer Weise untersuchen kann.

Eine dieser grundlegenden Eigenschaften besteht darin, daß die Gl. (2.12) ganz unabhängig von der speziellen Form der F_i zum Gleichgewichtszustand zurückführen muß, sobald alle Einschränkungen wegfallen. Da das Gleichgewicht ein stationärer Zustand ist, bedeutet dies

$$F_i(\{X_{Gl}\}, \lambda_{Gl}) = 0. \tag{2.13 a}$$

Allgemeiner hat man für stationäre Nichtgleichgewichtszustände

$$F_i(\{X_s\}, \lambda) = 0. \qquad (2.13\,b)$$

Durch Beziehungen dieser Art werden gewisse Einschränkungen aufgeworfen. Zum Beispiel müssen die Evolutionsgesetze so geartet sein, daß für alle Lösungen die Positivität der Temperatur, der chemischen Konzentrationen oder die Eigenschaften des detaillierten Gleichgewichts erhalten bleiben. Dies ist eine wichtige Feststellung, die zeigt, daß die Analyse physikalischer Systeme nicht auf ein mathematisches Spiel reduziert werden kann. Vom mathematischen Standpunkt aus erscheinen physikalische Systeme in vielerlei Hinsicht als untypisch oder »ungenerisch«, um eine moderne Ausdrucksweise zu gebrauchen. Man denke zum Beispiel an konservative Hamiltonsche Systeme, die unter der extremen Einschränkung stehen, daß eine spezielle Kombination ihrer Lage- und Geschwindigkeitskoordinaten – die Energie – eine Bewegungsinvariante sein muß.

Vorausgesetzt, diese Besonderheiten physikalischer Systeme sind berücksichtigt, – was läßt sich dann über die möglichen Lösungen der Gln. (2.13 a) oder (2.13 b) sagen? Genau hier sind wir an dem Punkt angelangt, wo das Konzept der Nichtlinearität eine herausragende Rolle zu spielen beginnt.

Betrachten wir ein Beispiel. X sei die einzige Zustandsvariable, λ repräsentiere die auferlegte Zwangsbedingung und k sei ein weiterer Parameter. Wir können uns leicht einen chemischen Mechanismus wie

$$A \rightleftharpoons X \rightleftharpoons D$$

vorstellen, bei dem sich X nach der Evolutionsgleichung

$$\frac{dX}{dt} = \lambda - kX$$

entwickelt. Ein stationärer Wert von X folgt aus

$$\lambda - kX_s = 0$$

zu

$$X_s = \frac{\lambda}{k}\,. \qquad (2.14)$$

In Fig. (2.5 a) ist diese Lösung wiedergegeben. Verfolgen wir den Weg, den der stationäre Wert X_s in Abhängigkeit vom Kontrollparameter λ (der insbesondere z. B. den Abstand vom Gleichgewicht angeben kann) durchläuft, so erhalten wir eine Gerade durch den Ursprung. Dies ist ein typisches Beispiel für ein *lineares Gesetz*. Zu jedem Wert λ gehört ein und nur ein stationärer Zustand X_s. Da eine Gerade schon durch zwei ihrer Punkte festgelegt wird, können wir außerdem zu jedem beliebigen Wert λ völlig unzweideutig den zugehörigen stationären Zustand vorhersagen, sobald wir experimentell ein Wertepaar (λ_1, X_{1S}; λ_2, X_{2S}) bestimmt haben. Mit anderen Worten: Das qualitative Verhalten unseres linearen Systems ist zwangsläufig so ähnlich wie im Gleichgewicht, und dies trotz des Vorhandenseins starker Nichtgleichgewichtseinschränkungen.

Schauen wir uns jetzt einmal die in Fig. 2.5 b gezeigte Situation an, die ein *nichtlineares Gesetz* für den Zusammenhang zwischen dem stationären Zustand X_s und dem Kontrollparameter λ wiedergibt. Die in der Figur eingezeichnete Kurve ist natürlich nur als Beispiel gemeint, da es eine unendliche Vielzahl verschiedener Möglichkeiten für nichtlineare Zusammenhänge gibt. Solange λ kleiner als λ_1 oder größer als λ_2 ist, haben wir eine Situation vor uns wie in Fig. 2.5 a. Liegt λ jedoch zwischen λ_1 und λ_2, so kann das

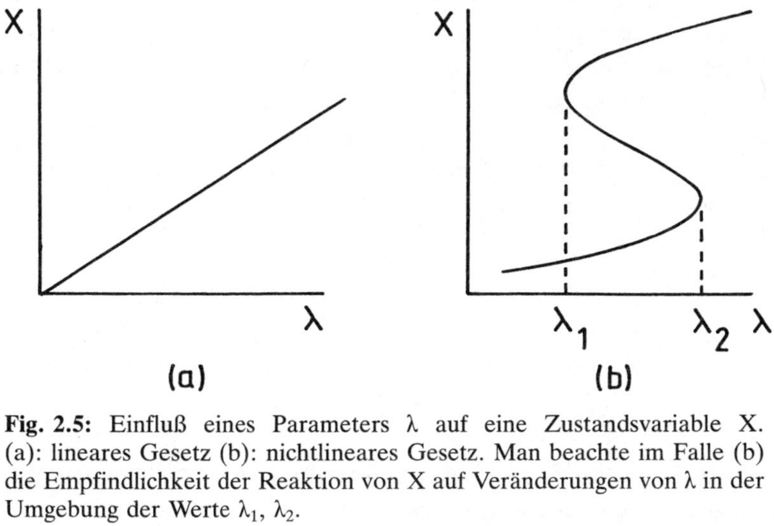

Fig. 2.5: Einfluß eines Parameters λ auf eine Zustandsvariable X. (a): lineares Gesetz (b): nichtlineares Gesetz. Man beachte im Falle (b) die Empfindlichkeit der Reaktion von X auf Veränderungen von λ in der Umgebung der Werte λ_1, λ_2.

System mehrere voneinander verschiedene Lösungen anbieten. Diese qualitative Veränderung tritt jenseits eines kritischen Schwellenwertes auf, und schon sie macht es verständlich, wieso eine Bénard-Zelle rechts- oder linksherum orientiert sein kann. Ein großer Teil der übrigen in Kapitel 1 aufgeführten experimentellen Befunde kann genauso verstanden werden.

Ein markanter Unterschied zwischen linearen und nichtlinearen Gesetzen besteht in der Gültigkeit bzw. dem Ungültigwerden des Superpositionsprinzips: In einem linearen System besteht der Effekt des gemeinsamen Wirkens zweier verschiedener Ursachen nur in der Überlagerung der Wirkungen, die jede Ursache für sich alleine hervorrufen würde. Dagegen kann in einem nichtlinearen System das Hinzukommen einer ganz winzigen Ursache ganz dramatische Effekte auslösen, die in keinem Verhältnis zur Amplitude des auslösenden Ereignisses stehen. Ein Beispiel hierfür bilden die sprunghaften Zustandsänderungen, die auftreten können, wenn auf der Zustandskurve von Fig. 2.5 b der Parameter λ in der Nachbarschaft eines der Umkehrpunkte nur ein bißchen verändert wird.

Man beachte, daß Nichtlinearität für sich genommen nicht zu Mehrfachlösungen führt: Dazu muß gleichzeitig noch ein angemessener Abstand vom thermodynamischen Gleichgewicht eingehalten werden. In der Tat bedeutet die Forderung, daß im thermodynamischen Gleichgewicht detailliertes Gleichgewicht vorliegen muß, eine zusätzliche Einschränkung, die den Wert der Zustandsvariablen einengt und sogar eindeutig festlegt. Außerdem sollte sich diese Eindeutigkeit aus Stetigkeitsgründen auch noch auf einen gewissen Bereich von Zuständen in der Nachbarschaft des thermodynamischen Gleichgewichts übertragen. Es ist lehrreich, dies anhand eines einfachen Beispiels mit zwei gekoppelten Reaktionen

$$\begin{aligned} A + 2\,X &\underset{k_2}{\overset{k_1}{\rightleftharpoons}} 3X \\ X &\underset{k_4}{\overset{k_3}{\rightleftharpoons}} B \end{aligned} \qquad (2.15)$$

zu verdeutlichen. Als einzige Zustandsvariable wählen wir die Konzentration des Reaktionsprodukts X und bezeichnen sie mit x.

Von den Substanzen A und B wird angenommen, daß sie beständig so von außen zugeführt oder entnommen werden, daß ihre Konzentrationen a und b konstant bleiben. Im thermodynamischen Gleichgewicht folgt aus der Forderung nach detailliertem Gleichgewicht

$k_1ax^2 = k_2x^3$ (Gleichgewicht zwischen Hin- und Rückreaktion beim ersten Prozeß)

$k_3x = k_4b$ (Gleichgewicht beim zweiten Prozeß)

Diese Relationen legen X_{Gl} eindeutig fest und liefern zusätzlich noch eine Bedingung für die Konzentrationen a und b:

$$\begin{aligned} x_{Gl} &= \frac{k_4\, b_{Gl}}{k_3} = \frac{k_1\, a_{Gl}}{k_2} \\ (b/a)_{Gl} &= \frac{k_1\, k_3}{k_2\, k_4}. \end{aligned} \tag{2.16}$$

In einem stationären Zustand weit ab vom Gleichgewicht ist es dagegen ausreichend, wenn man den Gesamteffekt der beiden Hinreaktionen mit dem der Rückreaktionen kompensiert:

$$-k_2x_s^3 + k_1ax_s^2 - k_3x_s + k_4b = 0. \tag{2.17}$$

Dies ist eine kubische Gleichung für x_s, die für bestimmte Werte a und b bis zu drei Lösungen besitzen kann, also genau das, was wir in Fig. 2.5 b angetroffen haben, und völlig verschieden von dem, was im Falle des Gleichgewichts passiert. Man kann daher sagen, das Nichtgleichgewicht lege die in den Nichtlinearitäten verborgenen Möglichkeiten frei, die in oder nahe dem Gleichgewicht noch am »Schlafen« sind.

Die Möglichkeit der Existenz von Mehrfachlösungen in einem nichtlinearen System wirft ganz zwangsläufig das Problem auf, daß zwischen den verschiedenen Ergebnissen eine *Auswahl* getroffen werden muß: Selbstverständlich kann eine ganz bestimmte Bénard-Zelle nicht gleichzeitig links- und rechtsherum orientiert sein! Es stellt sich heraus, daß noch weitere Begriffe eingeführt werden müssen, um diesen entscheidenden Punkt richtig zu verstehen. Wir werden diese in den folgenden Abschnitten analysieren.

Bevor wir diesen Abschnitt beschließen, wollen wir allerdings noch eine Liste mit einigen wichtigen Nichtlinearitäten angeben, denen man in verschiedenen Gebieten immer wieder begegnet.

(i) Kontinuumsmechanik

Die Kontinuumsmechanik ist reich gesegnet mit nichtlinearen Problemen, und zwar hauptsächlich deshalb, weil die zeitliche Veränderung der Problemvariablen – darunter auch der Strömungsgeschwindigkeit $\mathbf{v}$ – unter anderem davon beeinflußt wird, daß diese von der Flüssigkeitsströmung transportiert werden. So enthält die Impulsbilanzgleichung den offensichtlich nichtlinearen Term $\mathbf{v} \cdot \nabla \mathbf{v}$. Außerdem befinden sich in manchen Problemen auch die Temperatur T und die Massendichte ϱ unter den Unbekannten Variablen. Durch die Koppelung dieser Größen an die Konvektionsgeschwindigkeit entstehen weitere Nichtlinearitäten, die in den Bilanzgleichungen für Masse und Energie durch die Terme $\nabla \cdot (\varrho \mathbf{v})$ bzw. $\mathbf{v} \cdot \nabla T$ vertreten sind.

(ii) Chemie und Biologie

In der Chemie und Biologie können Nichtlinearitäten unabhängig vom Bestehen räumlicher Inhomogenitäten von innen her auftreten. Die meisten chemischen Reaktionen finden aufgrund von Teilchenzusammenstößen statt. Zum Beispiel bedeutet $X + Y \rightarrow D$, daß die Sorten X und Y wechselwirken müssen. Dies führt in der Gleichung für die Konzentrationen zu einem Beitrag, der zu $C_X C_Y$ proportional ist, also zu einem nichtlinearen Term. Wie schon in Abschnitt 1.4 und 1.6 betont wurde, sind von besonderem Interesse solche Nichtlinearitäten, die im Zusammenhang mit *Regelungsprozessen* auftreten. In diesem Fall aktiviert oder behindert eine Substanz X die Geschwindigkeit ihrer eigenen Produktion oder der Produktion einer anderen Substanz, die wiederum an die Ausgangssubstanz rückgekoppelt ist. Zwei typische Beispiele aus der gängigen Chemie sind die Autokatalyse, veranschaulicht durch die erste der Reaktionen (2.15), und der thermische Rückkopplungsmechanismus aus Abschnitt 1.4 (vgl. Gl. (1.5) und Fig. 1.11). In der Biologie hängt Regelung eng mit den Besonderheiten der Struktur und dem Reaktionsvermögen der Enzyme zusammen. In vielen Fällen entstehen dabei nichtpolynomische Nichtlinearitäten der Form

$$\left(\frac{dc}{dt}\right)_{akt} \sim \frac{ac^m}{1 + bc^n},$$

die für $m \geqslant n$ zur Aktivierung und $m < n$ zur Behinderung führen. Ähnlichen mathematischen Ausdrücken begegnet man auch in anderen Zusammenhängen, wie z. B. bei der Behandlung elektrischer Schaltkreise, die mit aktiven Elementen ausgestattet sind, oder bei Strahlungsproblemen in der Klimadynamik.

2.5 Die vielen Facetten des Zweiten Hauptsatzes

Wir haben gesehen, daß die Kombination von Nichtlinearität mit Nichtgleichgewichtseinschränkungen Mehrfachlösungen zuläßt und daher die Diversifikation im Verhalten eines Systems möglich macht. Im bisherigen Teil dieses Kapitels haben wir uns diese Lösungszustände erst angesehen, nachdem es aus dem einen oder anderen Grund zu ihrer Ausbildung gekommen war, und anschließend einige ihrer Eigenschaften untersucht. Es ist jetzt an der Zeit, danach zu fragen, wie diese Lösungszustände der Evolutionsgesetze (2.12) allmählich angenommen werden.

Für konservative Systeme ist die Antwort auf diese Frage bemerkenswert einfach, wenigstens im Prinzip: Die Evolution wird völlig beherrscht von den Anfangsbedingungen (vgl. Fig. 1.8 und 2.2), welche die verschiedenen Konstanten der Bewegung und damit dieTrajektorien selbst durch Beziehungen wie Gl. (2.6) festlegen. In der Praxis funktioniert dieses Rezept jedoch auf brauchbare Weise nur in relativ einfachen Situationen. Die Diskussion anderer Fälle verschieben wir auf Kapitel 3.

Es ist vielmehr der Fall dissipativer Systeme, bei dem uns die Suche nach Evolutionskriterien zu einigen tiefliegenden und unerwarteten Ergebnissen führt. Tatsächlich legt die Nichtinvarianz der Evolutionsgleichungen gegen Zeitumkehr die Vermutung nahe, daß sich solche Systeme dadurch charakterisieren lassen, daß sie in *irreversibler* Weise auf einen Endzustand zulaufen, der im Normalfall zu einem zeitunabhängigen Regime gehört.

Für abgeschlossene Systeme, in denen kein Austausch mit der Umgebung stattfinden darf, findet diese irreversible Tendenz ihren

Niederschlag in dem berühmten Zweiten Hauptsatz der Thermodynamik. Nach diesem gibt es eine Funktion der Zustandsvariablen des Systems (die wir im Folgenden als *Zustandsfunktion* bezeichnen werden), die sich während der Annäherung an den eindeutigen Endzustand thermodynamischen Gleichgewichts in monotoner Weise verändert. Normalerweise wählt man für diese Funktion die Entropie S, eine Größe, die zum ersten Mal beim Studium thermodynamischer Maschinen phänomenologisch eingeführt wurde und später mehr auf mikroskopischer Ebene von Boltzmann, Gibbs und anderen untersucht wurde. Die Aussage des Zweiten Hauptsatzes ist dann

$$\frac{dS}{dt} \geqslant 0 \qquad \text{(abgeschlossenes System).} \qquad (2.18)$$

Sie wird im allgemeinen als ein Streben des Systems nach zunehmender Unordnung gedeutet, da die mikroskopische Theorie die Entropie mit der Gesamtzahl mikroskopisch verschiedener, makroskopisch jedoch äquivalenter Zustände verbindet, die das System unter den gegebenen Umständen einnehmen könnte. Man argumentiert so, daß das System um so geordneter ist, je kleiner die Anzahl dieser Zustände ist. Zum Beispiel hat ein Festkörper in der Nähe des absoluten Temperaturnullpunkts eine niedrige Entropie, während ein Gas bei gewöhnlicher Temperatur und gewöhnlichem Druck (die Teilchen stoßen häufig zusammen und bewegen sich schnell in alle möglichen Richtungen) eine hohe Entropie besitzt.

Die eben gegebene Interpretation der Entropie und des Zweiten Hauptsatzes ist ziemlich einleuchtend für Systeme mit schwach wechselwirkenden Teilchen, auf die sich die von Boltzmann entwickelten Argumente auch ursprünglich bezogen. So lassen sowohl das Experiment als auch ganz normale Intuition darauf schließen, daß sich ein Anfangszustand, in dem nur die Hälfte eines Gefäßes mit Teilchen gefüllt ist (Fig. 2.6a), auf einen Zustand hin entwickelt, in welchem die Teilchen mehr oder weniger gleichmäßig innerhalb des Gefäßes verteilt sind (Fig. 2.6b). Bei einer derartigen Evolution nimmt die Unordnung ganz offensichtlich zu, da der einheitliche Endzustand (b) global weniger Struktur besitzt als der differenziertere Ausgangszustand (a). Gleichzeitig ist auch die Anzahl makroskopisch äquivalenter Mikrozustände angewachsen, da das Volumen im Fall (a) nur die Hälfte des Volumens beträgt, das die Teilchen im Fall (b) einnehmen. Wenn wir daher die Entropie als Maß für die Zahl der verfügbaren Mikrozustände definieren, ist es klar, daß die in Fig. 2.6 dargestellte Evolution in der Beziehung (2.18) auf elegante Weise zusammengefaßt wird, da diese ja eine irreversible Tendenz zu maximaler Unordnung beschreibt.

Auf Systeme mit starken Wechselwirkungen läßt sich die obige Interpretation nicht ohne weiteres übertragen, und zwar allein schon deshalb nicht, weil wir wissen, daß sich solche Systeme durch Phasenübergänge auf Zustände höherer Ordnung hin entwickeln können.

Unabhängig davon, wie die mikroskopische Definition der Entropie für solche Systeme aussieht, erwarten wir für den Fall der Abwesenheit externer Zwangsbedingungen, daß der Systemzustand – das thermodynamische Gleichgewicht – völlig von den intermolekularen Wechselwirkungen beherrscht wird. Hieraus folgt, daß ein abgeschlossenes physikalisches System, in dem gravitative Wechselwirkungen für die Dynamik eine untergeordnete Rolle spielen, nach einer durch (2.18) beschriebenen Übergangsphase mit der Vorherrschaft irreversibler Prozesse schließlich einen Gleichgewichtszustand einnimmt, in dem die charakteristische Länge für räumliche Ordnung zwangsläufig mikroskopisch ist, von der Größenordnung weniger Å. Ein typisches Beispiel derartiger Ordnung bietet der Kristall, bei dem die Gitterkonstante tatsächlich die Größenordnung der Moleküldurchmesser besitzt. Natürlich kann in einem derartigen Zustand von selbst weder eine Bénard-Zelle noch eine chemische Uhr entstehen.

Wenden wir uns jetzt nichtabgeschlossenen Systemen zu, die mit der Umgebung Energie oder Materie austauschen. Die Variation

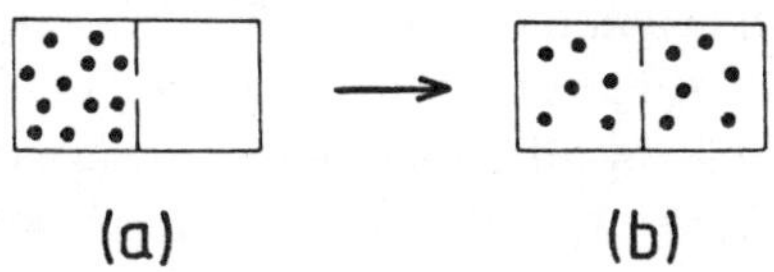

Fig. 2.6: Ein Gas, das zunächst nur die linke Hälfte eines Gefäßes füllt, (a), und sich im ganzen Gefäß ausbreiten kann, wird sehr schnell in einen homogenen Zustand übergehen, (b). Während dieses Vorgangs nimmt sowohl die Entropie als auch die Unordnung des Systems zu.

der Entropie wird jetzt zu einer Summe aus zwei Termen, von denen einer, den wir mit d_eS (Entropiefluß) bezeichnen, auf diese Austauschvorgänge zurückzuführen ist; der andere hat mit den Vorgängen innerhalb des Systems zu tun und wird mit d_iS (Entropieproduktion) bezeichnet:

$$\frac{dS}{dt} = \frac{d_iS}{dt} + \frac{d_eS}{dt}. \tag{2.19a}$$

Für ein abgeschlossenes System ist $d_eS = 0$, und Gl. (2.19 a) reduziert sich zusammen mit (2.18) auf $dS = d_iS \geqslant 0$, also auf die übliche Aussage des Zweiten Hauptsatzes. Aber selbst, wenn das System nicht abgeschlossen ist, wird d_iS diejenigen (irreversiblen) Prozesse beschreiben, die auch bei Abwesenheit des Flußterms d_eS noch weiterlaufen würden. Wir fordern daher die Gültigkeit der folgenden Erweiterung des Zweiten Hauptsatzes:

$$\frac{d_iS}{dt} \geqslant 0 \qquad \text{(nichtabgeschlossenes System).} \tag{2.19b}$$

Solange d_iS strikt positiv ist, finden im System beständig irreversible Prozesse statt. Infolgedessen ist die Bedingung $d_iS > 0$ äquivalent mit der in Abschnitt 2.2 diskutierten Dissipativitätsbedingung. Wenn sich d_iS dagegen auf Null reduziert, wird der Vorgang reversibel und kann höchstens (vermittels einer langsamen Veränderung des Flußterms d_eS) benachbarte Gleichgewichtszustände miteinander verbinden. Es ist diese zuletzt besprochene Situation, welche üblicherweise in einführenden Thermodynamikkursen studiert wird, in denen man sich mit Carnot-Prozessen und verschiedenen Arten thermodynamischer Maschinen befaßt.

Unter den verbreitetsten irreversiblen Prozessen, die zu d_iS beitragen, befinden sich chemische Reaktionen, Wärmeleitung, Diffusion, Viskosität und Relaxationsphänomene in elektrisch oder magnetisch polarisierten Systemen. Für jedes dieser Phänomene kann man einen geeigneten internen Fluß, X, J_k, und eine treibende Kraft, X_k, definieren, wobei J_k im wesentlichen die Änderungsgeschwindigkeit der das Phänomen repräsentierenden Variablen angibt, während X_k mit der Einhaltung der Nichtgleichgewichtseinschränkung zu tun hat. Es ist ein höchst bemerkenswerter Punkt, daß d_iS – zumindest im Bereich der Phänomene, die wie in der Hydrodynamik oder chemischen Kinetik eine lokale Beschreibung zulassen – zu einer quadratischen Form in J_k und X_k wird:

$$\frac{d_iS}{dt} = \sum_k J_k X_k. \tag{2.20}$$

Tabelle 2.1 gibt eine Übersicht über die Flüsse und Kräfte, die in Verbindung mit einigen häufig beobachteten irreversiblen Phänomenen auftreten.

Tabelle 2.1 Thermodynamische Flüsse und Kräfte bei einigen häufig auftretenden irreversiblen Phänomenen.

Phänomen	Fluß	Kraft	Vektor-charakter
Wärmeleitung	Wärmefluß J_{th}	$\mathrm{grad}\,\frac{1}{T}$	Vektor
Diffusion	Massenfluß des Bestandteils i, $J_{d,i}$	$-[\mathrm{grad}\,\frac{\mu_i}{T} - \mathbf{F}_i]$	Vektor
Viskosität	Dissipativer Anteil des Drucktensors **P**	$\frac{1}{T}\,\mathrm{grad}\,\mathbf{v}$	Tensor 2-ter Stufe
Chemische Reaktion	ϱ-te Reaktionsgeschwindigkeit W_ϱ	Affinität der ϱ-ten Reaktion dividiert durch T A_ϱ/T	Skalar

T bezeichnet die Temperatur, μ_i das chemische Potential der Sorte i, $\mathbf{F}_i$, die äußere Kraft pro Masseneinheit auf Sorte i und v die hydrodynamische Geschwindigkeit. Die Affinität A_ϱ ist mit μ_i durch $A_\varrho = -\sum_i \nu_{i\varrho}\mu_i$ verknüpft, wo die stöchiometrischen Koeffizienten $\nu_{i\varrho}$ die Gesamtzahl von Molekülen angeben, die bei der Reaktion erzeugt ($\nu > 0$) oder verbraucht ($\nu < 0$) werden.

Im allgemeinen sind die Flüsse J_k sehr komplizierte Funktionen der Kräfte. Die Situation wird besonders einfach, wenn der Zusammenhang linear ist,

$$J_k = \sum_l L_{kl} X_l, \tag{2.21}$$

wo die L_{kl} einen Satz *phänomenologischer Koeffizienten* bilden. Dies gilt in der Nähe des Gleichgewichts; dabei gilt außerdem auch noch $L_{kl} = L_{lk}$, wie Onsager mit Hilfe von Argumenten bewiesen hat, die mit denen für die Gültigkeit detaillierten Gleichgewichts im thermodynamischen Gleichgewicht verwandt sind. Man beachte jedoch, daß auch noch gewisse gleichgewichtsferne Zustände durch eine lineare Abhängigkeit der Form (2.21) beschrieben werden können. Dies kann zufällig so sein, oder aber weil bestimmte Arten von Steuerungsprozessen eine Rolle spielen. Drücken wir in den Evolutionsgleichungen (vgl. (2.12)) die Flüsse durch die Kräfte aus und machen uns klar, daß diese ihrerseits linear durch die Zustandsvariablen $\{X_i\}$ selbst ausgedrückt werden können, so kommen wir in jedem der beiden Fälle auf andere Weise erneut zu unserer Schlußfolgerung aus Abschnitt 2.4, daß nämlich die in einem System vorhandenen Nichtlinearitäten in der Nähe des Gleichgewichts unwirksam werden.

Wenden wir uns jetzt wieder dem allgemeinen Zusammenhang (2.19 a) zu. Wir haben schon darauf hingewiesen, daß der Zweite Hauptsatz $d_iS \geqslant 0$ verlangt. Im Gegensatz zu dieser Einschränkung gibt es in einem nichtabgeschlossenen System ($d_eS \neq 0$) kein physikalisches Gesetz, welches das Vorzeichen von d_eS festlegen würde. Mit anderen Worten, je nach dem System, das untersucht wird, kann d_eS entweder positiv oder negativ sein. Man kann sich also auch vorstellen, daß d_eS so stark negativ wird, daß es d_iS dem Betrage nach übertrifft. In diesem Fall werden bestimmte Phasen der zeitlichen Entwicklung durch

$$\frac{dS}{dt} < 0 \qquad \text{(nichtabgeschlossenes System)} \tag{2.22}$$

beschrieben. Nach der traditionellen Interpretation der Entropie würde das bedeuten, daß die Unordnung des Systems im Laufe der Evolution vermöge des Entropieflusses abnimmt. Dies würde den Weg dazu eröffnen, die Entstehung der in Kapitel 1 behandelten komplexen Phänomene auf thermodynamischer Grundlage zu verstehen.

Ganz so einfach ist die Situation aber leider nicht. Wie schon im ersten Teil dieses Abschnitts betont wurde, ist der Zusammenhang zwischen Entropie und Ordnung relativ gut verstanden, wenn es sich um ideale Systeme (mit schwachen Wechselwirkungen) oder um allgemeinere Systeme im Gleichgewicht handelt, in denen die charakteristische Länge auftretender Strukturen vergleichbar mit der Reichweite der intermolekularen Wechselwirkungskräfte ist. Andererseits ist es aber auch nicht nötig, die Ordnung, die mit der Entstehung dissipativer Strukturen unter Nichtgleichgewichtsbedingungen verbunden ist, in einfacher Weise mit einer Abnahme der Entropie in Verbindung zu bringen. Wir sollten daher aus der Feststellung (2.22) nicht mehr machen, als daß wir uns durch sie verstärkt für die Suche nach einer genaueren und unzweideutigen Charakterisierung von Komplexität motivieren lassen.

2.6 Stabilität

Wir wollen jetzt den Inhalt des Zweiten Hauptsatzes in seiner Anwendung auf abgeschlossene Systeme unter einem noch anderen Gesichtspunkt formulieren. Einerseits gilt die Aussage, daß ein abgeschlossenes System ganz unabhängig davon, wie es ursprünglich präpariert worden ist, im Laufe der Zeit gegen einen eindeutigen Zustand – den Gleichgewichtszustand – strebt. Auf der anderen Seite impliziert dieses Streben, daß die Entropie monoton mit der Zeit zunimmt oder, anders ausgedrückt, daß der Unterschied $\Delta S = S - S_{Gl}$ von negativen Werten herkommend monoton gegen Null strebt (Fig. 2.7).

Tatsächlich sind beide Behauptungen äquivalent: In mehr ma-

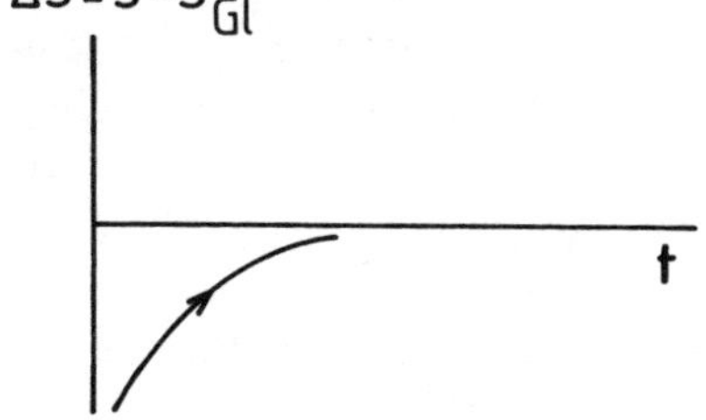

Fig. 2.7: Eine etwas andere Darstellung des Zweiten Hauptsatzes der Thermodynamik für ein abgeschlossenes System: Der Entropieüberschuß ΔS ist negativ und wächst monoton mit der Zeit; er spielt daher die Rolle einer Ljapunov-Funktion. Der Gleichgewichtszustand ist asymptotisch stabil und bildet sogar einen globalen Attraktor.

thematischer Sprechweise laufen sie auf die Aussage hinaus, daß das Gleichgewicht einen *asymptotisch global stabilen* Zustand bildet und daß die Entropie eine *Ljapunov-Funktion* ist, die diese extrem starke Form von Stabilität zum Ausdruck bringt. Wir wollen hier für einen Augenblick innehalten und diese Ausdrücke, die in unserer weiteren Untersuchung eine sehr wichtige Rolle spielen werden, noch etwas genauer definieren (siehe auch die Abschnitte 1.3 und 1.4, in denen der Begriff der asymptotischen Stabilität schon einmal auf intuitive Weise eingeführt worden ist).

Wir betrachten dazu ein – dissipatives oder konservatives – System, das sich nach gewissen dynamischen Gesetzen entwickelt, sagen wir, nach den Gln. (2.12). Aufgrund eines Mechanismus, den wir hier nicht näher erörtern müssen, möge sich das System in einem bestimmten Zustand X_s befinden, in dem es auf Dauer verharrt. In einem konservativen System könnte X_s ein mechanischer Gleichgewichtszustand sein; in einem dissipativen System könnte X_s dagegen entweder den thermodynamischen Gleichgewichtszustand oder einen stationären Nichtgleichgewichtszustand darstellen.

In Wirklichkeit bleibt ein reales, irdisches System niemals auf Dauer in ein und demselben Zustand. Zunächst einmal befinden sich fast alle Systeme in Berührung mit einer komplexen oder sogar unberechenbaren Umwelt. Diese führt ihnen beständig kleinere (oder manchmal auch größere) Mengen an Materie, Impuls oder Energie zu. Als Folge davon ist es praktisch unmöglich, irgendeine der Zustandsvariablen mit unbegrenzter Genauigkeit einzustellen. Jeder Experimentator hat diese frustrierende Tatsache schon in kleinerem oder größerem Maße zu spüren bekommen, und die altehrwürdigen Begriffe »experimentelle Fehlergrenze« oder »Konfidenzintervall« sind nur ein Abbild für die andauernde Einmischung der Umgebung in die innere Systemdynamik. Wir wollen diese allgegenwärtige Tatsache dadurch zum Ausdruck bringen, daß wir sagen, der momentane Systemzustand sei nicht X_s, sondern vielmehr ein Nachbarzustand X, der mit X_s durch

$$X(t) = X_s + x(t) \tag{2.23}$$

verbunden ist. Die Größe x bezeichnen wir als *Störung*.

Es gibt noch eine zweite, grundlegendere Betrachtungsweise

dieses Problems. Die meisten Systeme, mit denen wir es zu tun haben, sind aus einer großen Anzahl miteinander wechselwirkender Elemente zusammengesetzt. Für solche Systeme müssen die Zustandsvariablen, auf die wir uns in diesem ganzen Kapitel bezogen haben, in einem statistischen Sinn aufgefaßt werden: Sie stellen entweder Langzeitmittelwerte der momentanen Zustände dar oder vielleicht den wahrscheinlichsten aller Werte, die für die momentane Zustandsvariable zugänglich sind. In der Realität wird daher eine zeitliche Aufzeichnung des momentanen Zustands beständige Abweichungen von diesen »Referenzwerten« der makroskopischen Zustandsvariablen aufweisen, Abweichungen, die das System unabhängig von seiner Umgebung spontan erzeugt. Wir bezeichnen diese intern hervorgebrachten Abweichungen als *Fluktuationen*. Auch deren Wirkung kann durch Gl. (2.23) ausgedrückt werden, sofern man dies so versteht, daß x(t) jetzt mit zu der internen Dynamik des betrachteten Systems gehört.

Charakteristischerweise entsteht eine Fluktuation in Form eines lokalisierten, kleindimensionierten Ereignisses. Zum Beispiel können in einem kleinen Teil eines makroskopischen Systems gewisse Teilchen im Vergleich zu ihren Nachbarteilchen eine höhere thermische Geschwindigkeit besitzen. Kurz darauf könnte die Teilchendichte in einem anderen Teilvolumen kleiner sein als in der Umgebung, und so weiter. Es ist leicht zu verstehen, daß solche Vorkommnisse im wesentlichen zufallsbedingt sind. Ausdrücke wie »Hintergrundrauschen«, die häufig zur Bezeichnung von Fluktuationen benutzt werden, illustrieren diese Eigenschaft.

Wir haben soeben die Gründe dafür erläutert, warum der aktuelle Zustand des Systems immer wieder von dem *Referenzzustand* X_s abweichen wird. Jetzt wollen wir die Reaktion des Systems auf solche Abweichungen diskutieren. Die folgenden Fallunterscheidungen bilden eine komplette Liste aller bestehenden Möglichkeiten.

Fall (i)

Der Zustand X(t) verbleibt für alle Zeiten, die nach einer gewissen Anfangszeit t_o kommen, in einer endlichen Nachbarschaft des Referenzzustands X_s. Genauer: Zu jedem gegebenen $\varepsilon > 0$ existiert ein $\delta > 0$, wobei δ im allgemeinen von ε und t_o abhängt,

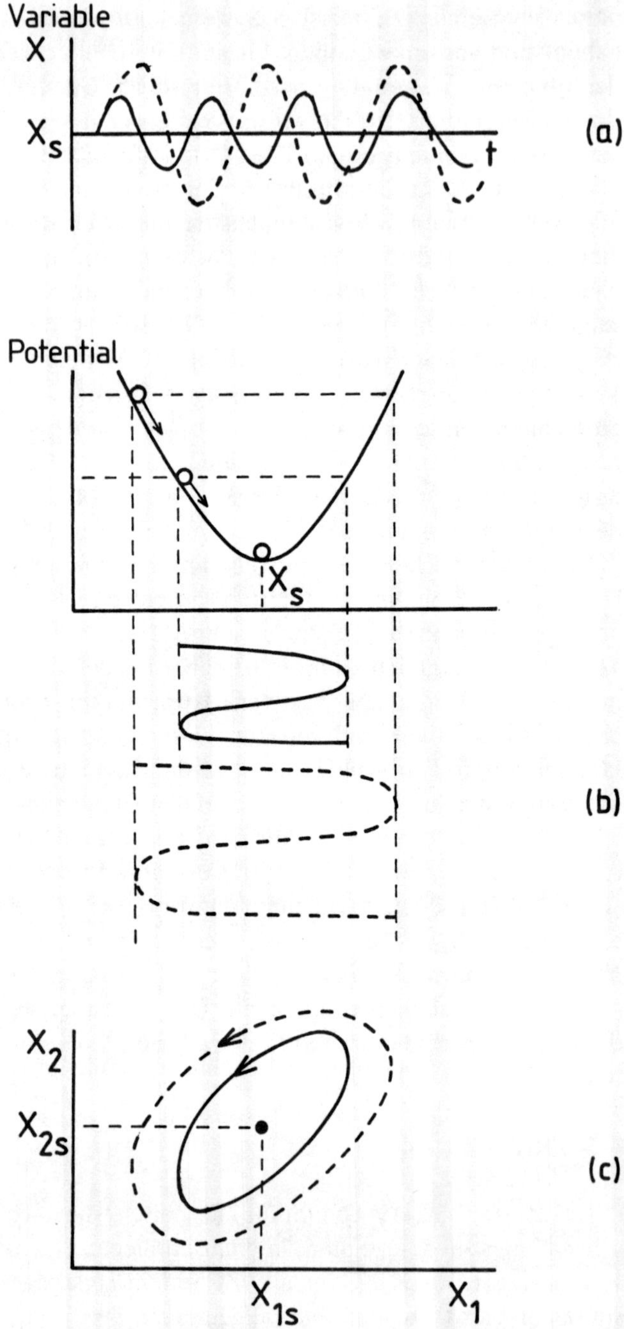
Variable
X
X_s
t
(a)
Potential
X_s
(b)
X_2
X_{2s}
X_{1s}
X_1
(c)

derart, daß für jede Anfangsstörung $x(t_o)$ mit $|x(t_o)| < \delta$ zu allen Zeiten $t > t_o$ die Bedingung $|x(t)| < \varepsilon$ erfüllt ist. Wir sagen in diesem Fall, der Zustand sei *im Sinne von Ljapunov stabil*. Schon der linke Teil der unteren Hälfte von Fig. 1.8 bildete eine Illustration für Ljapunov-Stabilität. Fig. 2.8 bietet drei weitere Veranschaulichungen dieses Begriffs.

In vielen Fällen interessieren wir uns nicht für die Reaktion eines bestimmten Zustands auf die Störungen, sondern für die Reaktion einer ganzen auf einer Trajektorie gelegenen Zustandsfolge. Zu diesem Zweck führt man ein geeignetes Maß für den Abstand zwischen der Referenztrajektorie und den gestörten Trajektorien ein und wendet auf dieses unsere obige Stabilitätsdefinition an. Dies führt dann zum Begriff der *Bahnstabilität*.

Fall (ii)

Der Zustand $X(t)$ strebt für nach ∞ gehende Zeiten zum Zustand X_s zurück, mit anderen Worten, die Störung $x(t)$ fällt im Laufe der Zeit auf den Wert Null ab. Wir bezeichnen X_s in diesem Fall als *asymptotisch stabil*. Ein Beispiel für asymptotische Stabilität zeigt der rechte Teil der unteren Hälfte von Fig. 1.8, und weitere Möglichkeiten sind in Fig. 2.9 angegeben. Diese Definition kann zum Begriff der *asymptotischen Bahnstabilität* erweitert werden. Es ist leicht zu erkennen, daß asymptotische Stabilität zwangsläufig mit Irreversibilität verbunden ist und daher nicht in konservativen Systemen vorkommen kann. Die letzteren können höchstens im Sinne von Ljapunov stabil sein. Dissipative Systeme sind dagegen in der Lage, den Effekt auf sie einwirkender Störungen zu eliminieren und so den Referenzzustand wieder herzustellen. Hierdurch wird die Vorhersage und Reproduzierbarkeit dieses Regimes gewährleistet, welches wir von jetzt an als *Attraktor* bezeichnen werden. Die Bénard-Zellen, die Schwingungen bei der

◀ **Fig. 2.8:** Drei Darstellungen von Ljapunov-Stabilität. (a): Die Störungen des Referenzzustands X_s bleiben für alle Zeiten begrenzt; (b): mechanische Veranschaulichung von (a), welche die Bewegung eines Massenpunktes in einer Potentialmulde für zwei verschiedene Anfangsbedingungen darstellt; (c): geschlossene Phasenraumbahnen, die zwei verschiedenen Störungen des Referenzzustandes (X_{1s}, X_{2s}) entsprechen. Die letzte Figur illustriert auch den Begriff der Bahnstabilität.

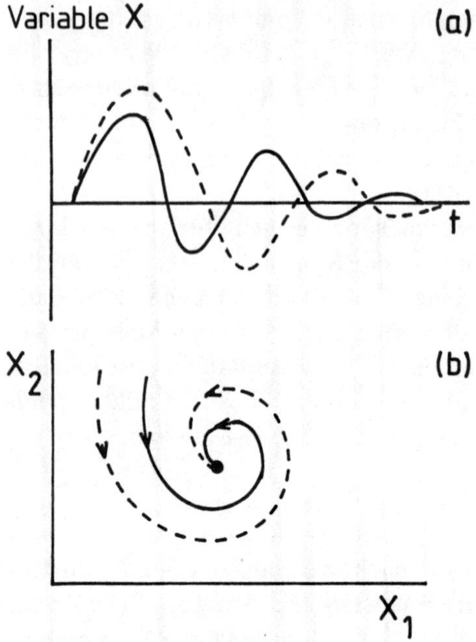

Fig. 2.9: Zwei Darstellungen von asymptotischer Stabilität. (a): Zeitentwicklung der Zustandsvariablen X; (b): Phasenraumtrajektorien, die gegen den Attraktor konvergieren.

BZ-Reaktion oder der thermodynamische Gleichgewichtszustand eines abgeschlossenen Systems sind Beispiele für Attraktoren eines geeignet definierten dynamischen Systems. Asymptotische Stabilität ist zweifellos eine der eindrucksvollsten Erscheinungsformen der konstruktiven Rolle, welche Irreversibilität in der Natur spielt.

Fall (iii)

Der Zustand X(t) bleibt nicht in der Nachbarschaft von X_s, genauer: In jeder Nachbarschaft von X_s gibt es eine Störung x(t), deren Amplitude nicht für alle Zeiten $t > t_o$ kleiner als eine beliebig vorgegebene Schranke ε bleibt. Wir bezeichnen den Referenzzustand X_s in diesem Fall als *instabil*. Das Vorliegen dieser Situation wird sich durch eine Anfangsphase schnellen (häufig exponentiellen) Wachstums der Störung kundtun. Alle aufgeführten Eigenschaften können leicht zu einer Definition des Begriffs der *Bahninstabilität* erweitert werden.

Eine spezielle Erscheinungsform von Instabilität würde durch Diagramme in der Art von Fig. 2.9 b zum Ausdruck kommen, nur

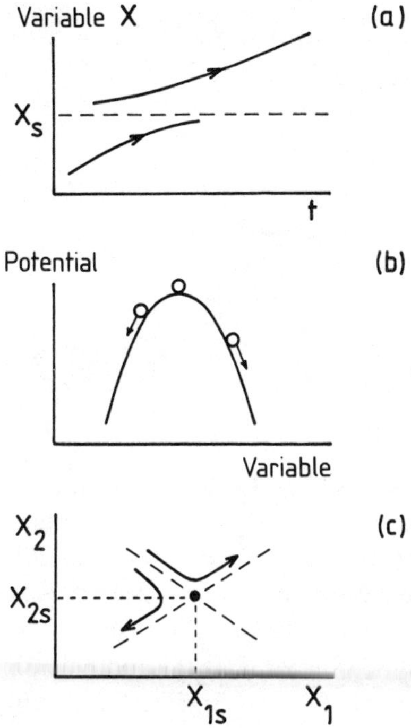

Fig. 2.10: Illustration der Instabilität eines Referenzzustandes. (a): Zeitentwicklung einer Zustandsvariablen X; (b): mechanische Veranschaulichung durch die Bewegung eines Massenpunktes, der sich anfänglich auf dem Gipfel eines Potentialsberges befindet; (c) Phasenraumdarstellung.

daß dort in den verschiedenen Kurven die Pfeilrichtung umgedreht werden müßte. Eine andere Art von Instabilität wird durch Fig. 2.10 illustriert.

Instabile Referenzzustände können sowohl in konservativen als auch in dissipativen Systemen auftreten. Die obere Gleichgewichtslage des Pendels und der statische Gleichgewichtszustand jenseits der Einsatzschwelle für Konvektion beim Bénard-Problem bieten je ein Beispiel. Aber während es für den dissipativen Fall keine weiteren Einschränkungen gibt, muß der Zustand in einem konservativen System bei Zeitumkehr instabil bleiben. Diese Forderung ist verträglich mit Fig. 2.10, steht jedoch im Widerspruch zu der mit Pfeilen umgekehrter Richtung versehenen Fig. 2.9.

Fall (iv)

Der Zustand X(t) bleibt in einer gewissen Nachbarschaft des Referenzzustands X_s, solange die Amplitude der Anfangsstörung un-

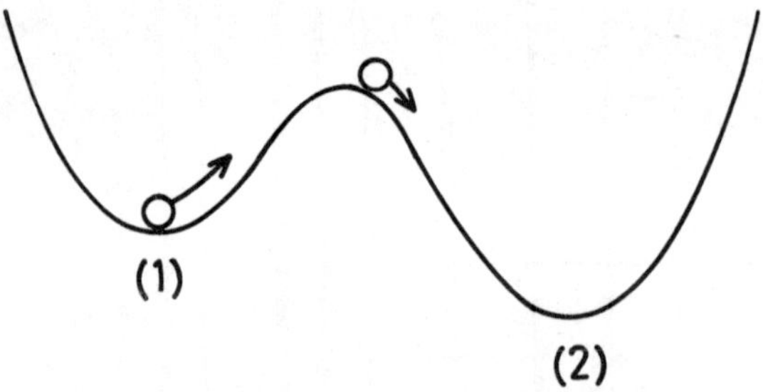

Fig. 2.11: Globale und lokale Stabilität. Ein Massenpunkt, der sich im Tal (1) bewegt, wird je nachdem, ob seine kinetische Energie zu klein ist oder einen gewissen Schwellenwert übersteigt, entweder in Tal (1) bleiben oder aber in Tal (2) hinüberwechseln.

terhalb eines gewissen Schwellenwertes liegt; für Störungsamplituden oberhalb dieser Schwelle entfernt er sich jedoch von diesem. Wir sagen in diesem Fall, X_s sei *lokal stabil*, aber *global instabil*. Liegt dagegen für jeden beliebigen Wert der Anfangsstörung Stabilität vor, so sprechen wir von *globaler Stabilität*; der Zustand X_s bildet in diesem Fall einen *globalen Attraktor*. Das thermodynamische Gleichgewicht in einem abgeschlossenen System liefert ein Beispiel für einen globalen Attraktor; dagegen ist beim Bénard-Problem derjenige Konvektionszustand, in dem eine ganz bestimmte Zelle (z. B. Zelle 1 in Fig. 1.3) rechtsherum rotiert, global instabil gegenüber einer endlichen Störung, die in derselben Zelle eine linksherum orientierte Strömung erzeugt. Eine mechanische Veranschaulichung von lokaler Stabilität und globaler Instabilität findet sich in Fig. 2.11. Beginnt die gezeigte Masse ihre (reibungsfreie) Bewegung nahe der Talsohle (1) und hat sie nur eine kleine kinetische Energie, so bleibt sie innerhalb des Tales (1). Besitzt sie jedoch anfänglich eine hinreichend große kinetische Energie, so kann sie die Anhöhe zwischen den beiden Tälern überwinden und bewegt sich auf einer Bahn, die beide Täler umschließt. Mit anderen Worten, die Gleichgewichtslagen in Tal (1) bzw. Tal (2) sind nur stabil gegenüber Störungen, die nicht über die Anhöhe zwischen den Tälern hinwegführen.

Im Lichte unserer Stabilitätsdiskussion können wir jetzt besser den konzeptionellen Fortschritt verstehen, der durch den Übergang von abgeschlossenen Systemen (die durch die Beziehung (2.18) beherrscht werden) zu gleichgewichtsfernen offenen Systemen (die den Beziehungen (2.19) bis (2.20) genügen müssen) erzielt wird.

In einem abgeschlossenen System ist das Gleichgewicht global stabil, und dies kommt darin zum Ausdruck, daß eine Funktion, die Entropie oder genauer die Exzeßentropie $\Delta S = S - S_{Gl}$ existiert, welche die Eigenschaften (vgl. Fig. 2.7)

$$\Delta S \leq 0, \frac{d}{dt}\Delta S \geqslant 0 \qquad \text{(abgeschlossenes System)} \qquad (2.24)$$

besitzt. Wir bezeichnen ΔS als *Ljapunov-Funktion.* In der mathematischen Literatur wird gezeigt, daß (2.24) tatsächlich gleichbedeutend ist mit globaler Stabilität.

In einem nichtabgeschlossenen System, das sich nicht im Gleichgewicht befindet, legt der Zweite Hauptsatz ($d_iS/dt \geq 0$) wegen der Existenz von zwei Beiträgen d_eS und d_iS zur Entropievariation deren Vorzeichen nicht mehr fest (und er tut dies auch nicht für die Variation irgendeiner anderen Zustandsfunktion). Daher gibt es keine universelle Ljapunov-Funktion, und dies wirft das *Problem der Stabilität* gleichgewichtsferner Zustände auf. Die Möglichkeit, daß unter gewissen Umständen die Stabilität verlorengeht, öffnet den Weg für Übergangsphänomene, die zu interner Differenzierung und komplexem Verhalten führen. Eine Ausnahme verdient jedoch festgehalten zu werden, nämlich der Fall offener Systeme in der Nähe des Gleichgewichts. Wegen der in diesem Bereich gültigen Linearität der phänomenologischen Gesetze und wegen der Symmetrie der Koeffizienten (siehe Gl. (2.21)) wird die Entropieproduktion d_iS/dt, Gl. (2.20), zu einer positiv definiten quadratischen Form der Einschränkungsvariablen X_k. Außerdem kann gezeigt werden, daß jede Abweichung vom stationären Zustand eine zeitliche Evolution nach sich zieht, die auf eine Abnahme des Wertes von d_iS/dt abzielt. Mit anderen Worten, wir haben eine Situation ähnlich wie in Gl. (2.4), nur daß jetzt die Entropieproduktion die Rolle einer Ljapunov-Funktion spielt und so die globale Stabilität der stationären Zustände in der Nähe des Gleichgewichts sicherstellt.

Obwohl es kein allgemeines Gesetz gibt, welches die Stabilität weit vom Gleichgewicht entfernter Zustände garantieren würde, sollte betont werden, daß man trotzdem noch nützliche Kriterien finden kann, die schwächere Schlußfolgerungen zulassen – als Beispiel seien *hinreichende Bedingungen* für Stabilität genannt. Ein derartiges Kriterium erhält man durch die Forderung, daß die für die Umgebung eines Nichtgleichgewichtszustands ausgewertete Exzeßentropieproduktion positiv sein soll. Ausführlich diskutiert wird dies in einer Monographie von Glansdorff und Prigogine.

Wir möchten den Leser an dieser Stelle darauf hinweisen, daß die von der Brüsseler Schule entwickelten thermodynamischen Stabilitätskriterien häufig falsch zitiert werden. Minimale Entropieproduktion spielt nur unter gewissen Einschränkungen und in der Nähe des thermodynamischen Gleichgewichts eine Rolle. Was die mit der Exzeßentropieproduktion verknüpften Kriterien angeht, sollte man sich zuerst einmal davor hüten, die Exzeßentropieproduktion mit der Entropieproduktion selbst zu verwechseln. Zweitens sollte man im Auge behalten, daß die entsprechenden Kriterien nicht zugleich *notwendig* und *hinreichend* sind. Wie im folgenden zunehmend deutlicher werden wird, kann die in der Natur angetroffene Komplexität nicht auf ein universales Optimierungsprinzip zurückgeführt werden. Wir sehen die Situation vielmehr so, daß die Natur in dem Prozeß der Ausbildung von Komplexität eine mehr »pragmatische« Haltung einnimmt, bei der die Suche nach Stabilität eine wesentliche Rolle spielt.

2.7 Bifurkation und Symmetriebrechung

Wir wollen jetzt das Bénard-Problem noch einmal von einer ganz anderen Seite her betrachten. Wir haben schon hervorgehoben, wie wichtig die Rolle der Nichtlinearitäten ist und welche Bedeutung die Zwangsbedingung besitzt, die das System in weiter Ferne vom Gleichgewicht hält. Wir wissen auch, daß die verschiedenen experimentell beobachteten Übergangsphänomene dann auftreten, wenn dieser letzte Parameter vom Experimentator variiert wird. Wir werden jetzt aus diesem Beobachtungsmaterial einige allgemeingültige Eigenschaften heraussuchen, von denen sich herausstellen wird, daß sie auch noch bei einer großen Reihe anderer Übergangsphänomene in physikalisch-chemischen Systemen anzutreffen sind. Wir tragen zu diesem Zweck in einem Diagramm (vgl. Fig. 2.12) auf, wie die vertikale Komponente der Strömungs-

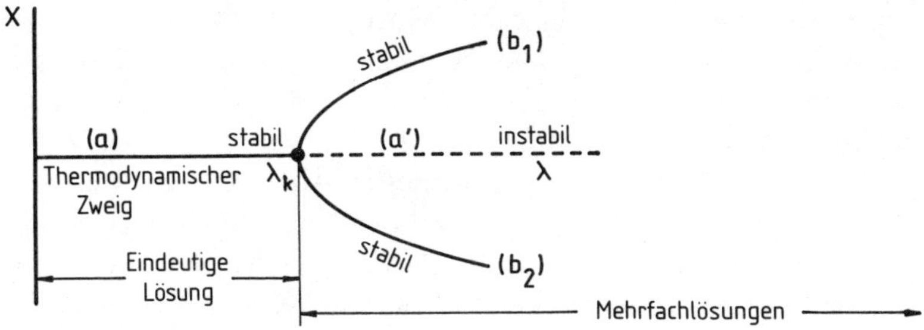

Fig. 2.12: Bifurkationsdiagramm. Es zeigt, wie sich die Zustandsvariable X mit dem Kontrollparameter λ verändert. Eine eindeutige Lösung (a), der thermodynamische Zweig, wird bei λ_k instabil. Bei diesem Wert des Kontrollparameters tauchen neue Lösungszweige (b_1, b_2) auf, die in dem gewählten Beispiel stabil sind.

geschwindigkeit an einem bestimmten Raumpunkt von der Zwangsbedingung beeinflußt wird, oder, allgemeiner ausgedrückt, wie sich die Zustandsvariable X (oder $x = X - X_s$) des Systems in Abhängigkeit von dem Kontrollparameter λ allein verhält. Wir erhalten auf diese Weise ein Diagramm, das als *Bifurkationsdiagramm* bezeichnet wird.

Für kleine Werte von λ ist nur eine Lösung verfügbar – der Ruhezustand beim Bénard-Experiment. Dieser bildet die direkte Verallgemeinerung des thermodynamischen Gleichgewichtszustandes und teilt mit diesem die wichtige Eigenschaft der asymptotischen Stabilität, da das System in diesem Bereich interne Fluktuationen oder externe Störungen ausdämpfen kann. Aus diesem Grund bezeichnen wir diesen Zweig von Zuständen als *thermodynamischen Zweig*. Oberhalb eines kritischen Wertes, der in Fig. 2.12 mit λ_k bezeichnet ist, finden wir jedoch, daß die Zustände auf diesem Zweig instabil werden: Der Effekt von Fluktuationen oder kleinen externen Störungen wird nicht mehr gedämpft. Das System verhält sich wie ein Verstärker, es entfernt sich vom Referenzzustand und entwickelt sich in ein neues Regime hinein, in den Zustand (stationärer) Konvektion für den Fall des Bénard-Experiments. Die beiden Regime treffen bei $\lambda = \lambda_k$ zusammen, trennen sich jedoch für $\lambda > \lambda_k$. Dies ist das Phänomen der *Bifurkation*. Es ist leicht zu verstehen, warum es im Zusammenhang mit katastrophenartigen Veränderungen und Konfliktsituationen gesehen werden muß. Das System muß nämlich im entscheidenden Augenblick des Übergangs (λ nahe bei λ_k) eine kritische Auswahl treffen, die im Falle des Bénard-Problems darüber entscheidet, ob in einem bestimmten Raumgebiet (Fig. 2.12, Zweig (b 1) oder (b 2)) eine rechts- oder linksherum rotierende Zelle erscheinen wird. Nichts in der Beschreibung des experimentellen Aufbaus erlaubt es dem Beobachter, im voraus anzugeben, welcher Zustand ausgewählt werden wird. Nur der Zufall wird dies entscheiden, und zwar mittels der Dynamik von Fluktuationen. Das System wird zunächst das »Terrain« sondieren, ein paar Versuche unternehmen, die am Anfang vielleicht erfolglos sind, und schließlich wird eine bestimmte Fluktuation die Oberhand gewinnen. Indem das System diese stabilisiert, wird es zu einem historischen Objekt in dem Sinne, daß von dieser kritischen Auswahl seine ganze weitere Entwicklung abhängt. Es ist uns auf diese Weise gelungen, das bemerkenswerte Wechselspiel zwischen Zufall und Notwendigkeit, zwischen Fluktuationen und Irreversibilität, welches den meisten der in Kapitel 1 untersuchten Phänomenen zugrunde liegt, in abstrakter Weise zu formulieren.

Man beachte die Ähnlichkeit, die zwischen diesen Ideen und den aus der biologischen Evolution vertrauten Begriffen Mutation und Selektion besteht. In der Tat kann man sagen, daß Fluktuationen das physikalische Gegenstück zu den Mutanten bilden, während die Suche nach Stabilität die Rolle der Selektion spielt. Schon die bloße Struktur eines Bifurkationsdiagramms erinnert an die Stammbäume, die in der Biologie in so reichem Maße benutzt werden!

Ein kurzer Moment des Nachdenkens genügt, um uns davon zu überzeugen, daß wir genau dieselbe qualitative Struktur finden würden, wenn wir uns statt für die Bénard-Strömung für die Belousov-Zhabotinski-Reaktion, die Aggregation von *Dictyostelium discoideum* oder wirklich für ein praktisch beliebiges anderes Übergangsphänomen interessieren und für dieses ein Bifurkationsdiagramm konstruieren würden. Die einzigen Unterschiede würden die benutzte Terminologie betreffen, die ja zwangsläufig den Besonderheiten eines jeden Problems angepaßt sein muß. Wir finden auf diese Weise eine tiefgehende Universalität. Sie gestattet uns die Behauptung, daß der Übergang zu Komplexität ganz eng mit der *Abzweigung (Bifurkation)* neuer Lösungszweige verbunden ist, und diese tritt im Gefolge der *Instabilität* eines Referenz-

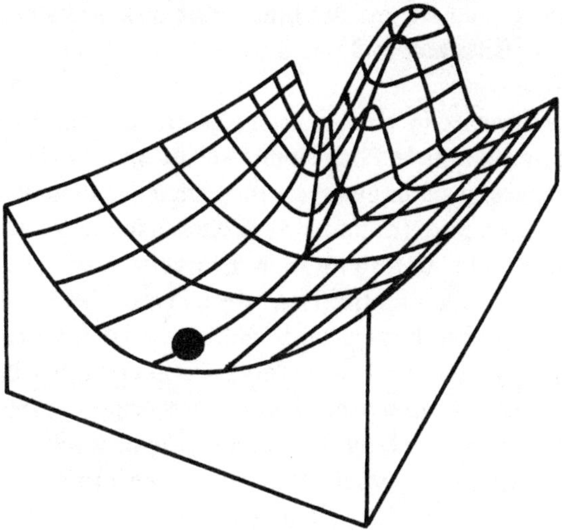

Fig. 2.13: Mechanische Veranschaulichung des Phänomens der Bifurkation.

zustandes auf, die durch Nichtlinearitäten und die auf ein offenes System einwirkenden Zwangsbedingungen verursacht wird.

Fig. 2.13 zeigt ein mechanisches Beispiel für dieses Phänomen. Eine Kugel bewegt sich in einem Tal (Fig. 2.12, Zweig (a)), das sich an einer bestimmten Stelle in zwei durch eine Anhöhe getrennte Nachbartäler (Fig. 2.12, Zweige (b 1) und (b 2)) verzweigt. Obwohl es in diesem Stadium des Buches für Analogieschlüsse und Extrapolationen sicher noch zu früh ist, stellt es doch eine gedankliche Herausforderung dar, wenn man sich für einen Augenblick vorstellt, daß in Fig. 2.13 anstelle der Kugel ein Dinosaurier sitzen würde, der sich kurz vor dem Ende des Mesozoikums befindet, oder aber eine Gruppe unserer Urahnen, die gerade dabei ist, sich zwischen der Bilderschrift und der Symbolschrift zu entscheiden!

Wir haben wiederholt betont, daß Bifurkation eine Quelle von Innovation und Diversifikation darstellt, da sie Systeme mit neuartigen Lösungen ausstattet. Was aber sind die charakteristischen Eigenschaften dieser Lösungen? Den größten Teil der Antwort auf diese Frage verschieben wir nach Kapitel 3. Wir beschließen diesen Abschnitt, indem wir einen besonderen Gesichtspunkt, der schon bei unserer Besprechung der experimentellen Fakten in Kapitel 1 aufgetaucht ist, noch einmal ganz besonders hervorheben, nämlich daß Bifurkation Lösungen mit *gebrochenen Symmetrien* hervorbringt.

Die experimentelle Beobachtung zeigt, daß die Beschreibung gewisser physikalischer Phänomene selbst unter ganz verschiedenen Beobachtungsbedingungen völlig gleichartig ausfallen kann. Wie wir in Abschnitt 1.3 und 1.8 gesehen haben, besitzt z. B. eine Flüssigkeitsschicht unterhalb der Einsatzschwelle der Bénard-Konvektion für alle Beobachter, die in einer gewissen Richtung gegeneinander verschoben sind, völlig identische Eigenschaften (Translationsinvarianz). Ein anderes wohlvertrautes Beispiel aus der Mechanik bietet der freie Fall eines Körpers in der Nähe der Erdoberfläche. Hier erfolgt die Beschleunigung nicht nur für einen Beobachter, der sich fest am Boden befindet, in vertikaler Richtung, sondern auch für alle Beobachter, die sich relativ zu diesem mit beliebiger konstanter Geschwindigkeit bewegen (Galilei-Invarianz). Diese Sachverhalte sind sehr wichtig, da sie zu gewissen Einschränkungen führen, die von jedem vernünftigen mathematischen Modell berücksichtigt werden müssen. Insbesondere müssen die Gesetze, die diese Phänomene beschreiben, *Symmetrien* aufweisen, welche die *Invarianz* der Phänomene selbst überhaupt zulassen. Die Symmetrien müssen unter allen räumlichen und zeitlichen Operationen bestehen bleiben, bei denen die Beobachter, in Bezug auf welche Invarianz vorliegt, miteinander vertauscht werden. Häufig bilden diese Operationen zusammengenommen ein mathematisches Objekt, das als Gruppe bezeichnet wird, da je zwei hintereinander ausgeführte Operationen äquivalent zu einer Einzeloperation sind, die selbst wieder mit der vorliegenden Invarianz verträglich ist. So sind die hydrodynamischen Gleichungen, durch die eine von zwei unendlich ausgedehnten horizontalen Platten begrenzte und von unten beheizte Flüssigkeitsschicht beschrieben wird, invariant gegenüber der Gruppe aller horizontalen Translationen. Ähnlich sind die Gleichungen der chemischen Reaktionskinetik in einem unendlich ausgedehnten Medium invariant gegenüber der Gruppe aller Translationen, Rotationen und Spiegelungen.

Trotzdem zeigt das Experiment, daß als Folge dieser extrem symmetrischen dynamischen Gesetze Zustände wie der einer Bénard-Zelle oder einer chemischen Welle entstehen können, die alle weniger symmetrisch sind als die Gesetze selbst. Dieser *Symmetriebrechungs*-Übergang entsteht vermittels einer Bifurkation. Worin besteht nun genauer, was er bewirkt?

Erstens einmal bedeutet Symmetriebrechung, daß eine *interne Differenzierung* zwischen verschiedenen Teilen eines Systems oder zwischen dem System und seiner Umgebung offen erkennbar wird. In dieser Hinsicht verkörpert Symmetriebrechung eine der ersten Vorbedingungen für komplexes Verhalten, und schon bei Vorgängen wie der Kondensation von Urmaterie in Form von Galaxien oder dem Auftauchen der ersten lebenden Zellen muß sie in dieser Funktion am Werke gewesen sein. Zweitens können, sobald eine derartige Differenzierung stattgefunden hat, weitere Prozesse eingeleitet werden, die in einem undifferenzierten Medium nicht möglich wären. Zum Beispiel kann das Auftreten räumlicher Inhomogenitäten in einem biologischen Medium undifferenzierte Zellen einer Population dazu befähigen, ihre Umgebung wahrzunehmen und sich in spezialisierte Zellen zu differenzieren (siehe Abschnitt 1.6). Dies kann wiederum das genetische Material dazu in die Lage setzen, seine Möglichkeiten zu entfalten. In dieser Hinsicht scheint Symmetriebrechung also auch eine Vorbedingung für *Information* zu bilden.

Dennoch sollten wir uns der Tatsache bewußt bleiben, daß es noch ein weiter Weg ist bis hin zu dem Punkt, an dem aus der Vorbedingung eine hinreichende Bedingung wird. In der Tat sind symmetriebrechende Übergänge erst dann von Bedeutung, wenn sie zu asymptotisch stabilen Lösungen führen. Vor allem sollte es möglich sein, aus der Vielzahl von Lösungen, die jenseits des Bifurkationspunktes gleichzeitig verfügbar werden, auf die eine oder andere Weise einen ganz bestimmten asymmetrischen Materiezustand zu *selektieren*. Wir werden die Diskussion hierüber in den folgenden Kapiteln fortsetzen.

2.8 Ordnung und Korrelationen

Wir haben wiederholt darauf aufmerksam gemacht, daß das thermodynamische Gleichgewicht ein Zustand ist, wo die charakteristischen Längen mikroskopisch sind, während die weit entfernt vom Gleichgewicht auftauchenden Übergangsphänomene mit Zuständen verbunden sind, wo Korrelationen makroskopischer Reichweite bestehen. Während der erste Teil dieser Aussage in Hinblick auf die kurze Reichweite der intermolekularen Wechselwirkungen ganz natürlich erscheint, ist der zweite Teil aus denselben Gründen geradezu schockierend. Dieses offensichtliche »Paradoxon« wird noch verschärft, wenn man sich darüber klar wird, daß sogar in idealen Systemen, wo die Wirkung der intermolekularen Wechselwirkungen im wesentlichen vernachlässigt werden kann, Nichtgleichgewichtsübergänge stattfinden können, die in kohärenter Weise ein makroskopisches Raumgebiet einbeziehen.

Um intuitiv zu verstehen, was hier los ist, erweist es sich als notwendig, die Fluktuationen als Sonde zur Untersuchung des Materiezustandes zu benutzen. Nehmen wir zuerst einmal an, daß wir es mit einem idealen System (z. B. einem Gas) im Gleichgewicht zu tun haben. V und N seien das Gesamtvolumen bzw. die gesamte Teilchenzahl, ΔV ein kleines Teilvolumen aus V und n die Zahl der Teilchen in diesem. Da das System homogen ist, wird die Wahrscheinlichkeit dafür, daß sich irgendein vorgegebenes Teilchen im Volumen ΔV befindet, offensichtlich durch das Verhältnis $\Delta V/V$ angegeben, während die Wahrscheinlichkeit dafür, daß sich n vorgegebene Teilchen gleichzeitig in diesem befinden, durch $(\Delta V/V)^n$ gegeben ist. Ganz ähnlich ist die Wahrscheinlichkeit dafür, daß sich ein Teilchen nicht in ΔV befindet, $(V - \Delta V)/V$ und dafür, daß sich m Teilchen nicht in ΔV befinden, $((V - \Delta V)/V)^m$. Die Wahrscheinlichkeit P_n dafür, daß das Volumen ΔV insgesamt n Teilchen enthält, ist daher

$$P_n = (\text{Zahl der Möglichkeiten, n aus N Teilchen auszuwählen}) \times \left(\frac{\Delta V}{V}\right)^n \left(1 - \frac{\Delta V}{V}\right)^{N-n}. \qquad (2.25)$$

In dem Fall, für den wir uns interessieren, ist ΔV viel kleiner als V und n viel kleiner als N. Der kombinatorische Faktor in Gl. (2.25) kann daher durch $N^n/n!$ angenähert werden, wo $n! = 1 \cdot 2 \cdot \cdots \cdot n$ ist. Vernachlässigen wir jetzt im Exponenten auch noch n gegenüber N, so bekommen wir aus (2.25)

$$P_n = \frac{1}{n!}\left(\frac{N \Delta V}{V}\right)^n \left(1 - \frac{\Delta V}{V}\right)^N.$$

$N\,\Delta V/V$ ist jedoch nichts anderes als die mittlere Anzahl $\bar{n}$ von Teilchen im Volumen ΔV. Daher gilt

$$P_n = \frac{\bar{n}^n}{n!}\left(1 - \frac{\bar{n}}{N}\right)^N.$$

Benutzen wir jetzt nochmals die Tatsache, daß N sehr groß ist, sodaß die Formel

$$\lim_{N\to\infty}\left(1 - \frac{x}{N}\right)^N = e^{-x}$$

benutzt werden kann, so bekommen wir schließlich

$$P_n = e^{-\bar{n}}\,\frac{\bar{n}^n}{n!}. \tag{2.26}$$

Dies ist die berühmte *Poisson-Verteilung*, eine der wichtigen Verteilungen der Wahrscheinlichkeitstheorie. Fig. 2.14 zeigt, daß sie bei einem Wert in der Nähe von $\bar{n}$ ein scharfes Maximum besitzt. Um die Schärfe dieses Maximums zu charakterisieren, führen wir durch

$$\langle n^k\rangle = \sum_{n=0}^{\infty} n^k\,P_n$$

die *Momente* $\langle n^k\rangle$ ein. Insbesondere finden wir für $k = 0$ in Übereinstimmung mit der Bedeutung der Wahrscheinlichkeit $\sum_{n=0}^{\infty} P_n = 1$ (Normierungsbedingung), und für $k = 1$ finden wir wie erwartet $\langle n\rangle = \bar{n}$. Wenn P_n bei $\bar{n}$ eine unendlich scharfe Spitze besäße, würden sich alle weiteren Momente auf Potenzen von $\bar{n}$ reduzieren. Umgekehrt werden deren Abweichungen vom Potenzverhalten ein Maß für die Breite der Verteilung bilden und hierdurch die Bedeutung der Fluktuationen widerspiegeln. Mit Gl. (2.26) bekommen wir leicht

$$\langle n^2\rangle = \bar{n}^2 + \bar{n}.$$

Führen wir noch die *Varianz* von P_n,

$$\langle \delta n^2\rangle = \langle n^2\rangle - \langle n\rangle^2, \tag{2.27}$$

ein, so finden wir, daß für eine Poisson-Verteilung

$$\langle \delta n^2\rangle_P = \bar{n} = \langle n\rangle \tag{2.28}$$

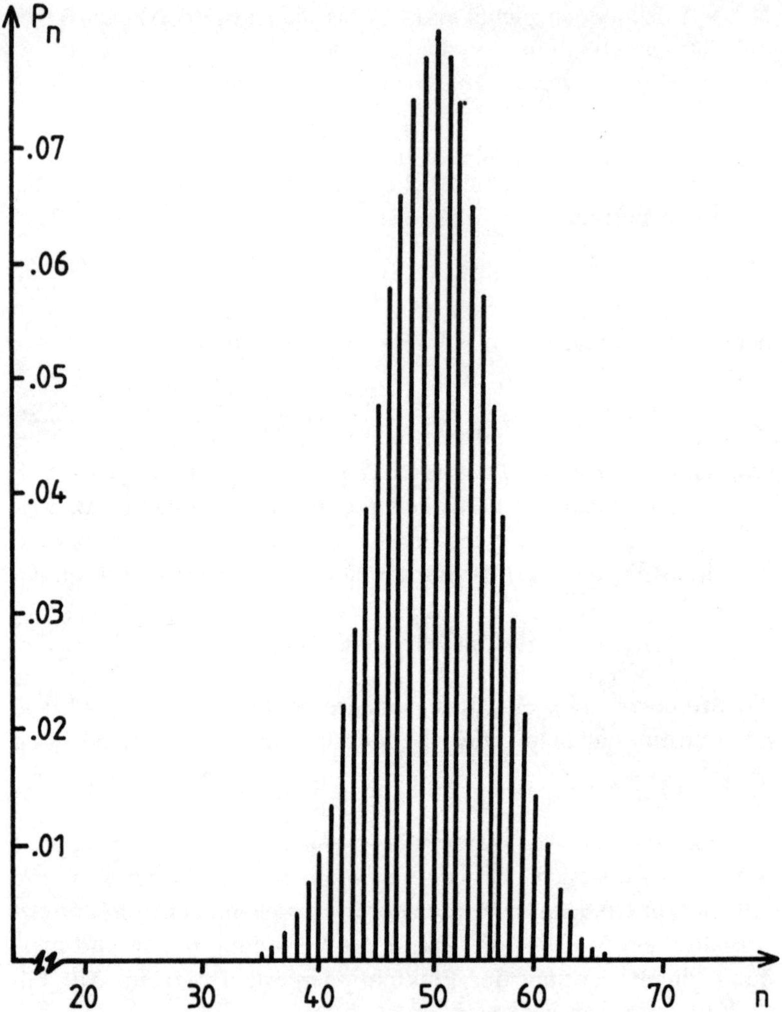

Fig. 2.14: Poissonsche Wahrscheinlichkeitsverteilung für $\bar{n} = 50$, aufgetragen gegen n. Man beachte, daß die Verteilung um das scharfe Maximum bei $n = \bar{n}$ praktisch symmetrisch ist.

gilt. Weiterhin erkennt man aus der Herleitung von Gl. (2.26), daß die kombinierte Wahrscheinlichkeit dafür, n_1 Teilchen in ΔV_1 und zugleich n_2 Teilchen in ΔV_2 zu haben (ΔV_1 und ΔV_2 können benachbart sein oder auch nicht), einfach gleich dem Produkt der Einzelwahrscheinlichkeiten P_n ist:

$$P_{n_1 n_2} = P_{n_1} P_{n_2}. \tag{2.29}$$

Für das zweite Moment $\langle n_1 n_2 \rangle$ von $P_{n_1 n_2}$ finden wir daher

$$\langle n_1 n_2 \rangle = \langle n_1 \rangle \langle n_2 \rangle = \bar{n}_1 \bar{n}_2.$$

Definieren wir die *Kovarianz* von $P_{n_1 n_2}$ durch

$$\langle \delta n_1 \delta n_2 \rangle = \langle n_1 n_2 \rangle - \langle n_1 \rangle \langle n_2 \rangle, \tag{2.30}$$

so erhalten wir für diese

$$\langle \delta n_1 \delta n_2 \rangle_P = 0. \tag{2.31}$$

Kurz gesagt, wir sind auf zwei wichtige Größen statistischer Art gestoßen:

- Die Varianz, die ein Maß für die Bedeutung der Fluktuationen im Vergleich zum Mittelwert bildet.
- Die Kovarianz, die den Korrelationsgrad zwischen verschiedenen Raumgebieten des Systems mißt.

In einem Poissonregime wie dem, das durch den Gleichgewichtszustand eines idealen Systems dargestellt wird, bedeutet das Verschwinden der Kovarianz das vollständige Fehlen räumlicher Korrelationen. Ein derartiger Zustand bildet daher den Prototyp für völlige Unordnung. Dies bedeutet allerdings nicht, daß die Fluktuationen etwa besonders groß wären. Ganz im Gegenteil zeigt Gl. (2.18), daß die Größe $\sqrt{\langle \delta n^2 \rangle_P / \bar{n}^2}$, die als Maß für deren relative Größe benutzt werden kann, gleich $1/\sqrt{\bar{n}}$ ist, also sehr klein, falls das Volumen ΔV groß ist im Vergleich zum Molekülvolumen. Wenn ΔV z. B. ein Kubikzentimeter ist, hat $1/\sqrt{\bar{n}}$ einen Wert in der Gegend von $10^{-8}\,\%$ für ein Gas unter Normalbedingungen. Für einen Kubikmikrometer bekäme man allerdings schon Werte in der Größenordnung von ein paar Hundertstel Prozent.

Umgekehrt bedingt das Auftreten einer Materiekonfiguration mit makroskopischen Raum- und Zeitskalen, daß das System reproduzierbare Wechselbeziehungen zwischen seinen entfernten Teilen unterhält. Dies wird sich durch eine räumliche Korrelationsfunktion – die Kovarianz $\langle \delta n(\mathbf{r}_1)\delta n(\mathbf{r}_2)\rangle$ – bemerkbar machen, die eine makroskopische Korrelationslänge und eine endliche Amplitude aufweist in dem Sinn, daß selbst für makroskopische Abstände $|\mathbf{r}_2 - \mathbf{r}_1|$ noch merkliche Werte auftreten. Beide Eigenschaften bedeuten, daß es dem System gelungen ist, die »Tyrannei« der Poissonverteilung abzuschütteln. Wie dies möglich ist, und zwar sogar unter Umständen, in denen die intermolekularen Wechselwirkungen nur eine untergeordnete Rolle spielen, werden wir in Kapitel 4 diskutieren.

Zum Abschluß dieses Kapitels halten wir fest, daß wir zwar noch nicht zu einer eindeutigen Definition von Komplexität in der Lage sind, aber allmählich einige ihrer wesentlichen Bestandteile erkennen können: das Auftreten von Bifurkationen unter Nichtgleichgewichtsbedingungen und dem Einfluß geeigneter Nichtlinearitäten; die Entstehung gebrochener Symmetrien jenseits des Bifurkationspunktes; schließlich die Ausbildung und Aufrechterhaltung von Korrelationen makroskopischer Reichweite. In den nächsten zwei Kapiteln werden wir diese Begriffe schrittweise quantifizieren, und in der Folge davon wird allmählich ein konkreteres Bild von Komplexität entstehen.

Kapitel 3

Dynamische Systeme und Komplexität

Komplexität ist ein untrennbarer Bestandteil der Welt dynamischer Systeme. Henri Poincaré, das große mathematische Genie der Jahrhundertwende, erfand die moderne Theorie dynamischer Systeme und gab das Ziel vor, die Verhaltensweisen zu erkunden, welche von einem durch gekoppelte nichtlineare Gleichungen beschriebenen System zu erwarten sind. In diesem Kapitel behandeln wir einige für das Problem der Komplexität relevante Aspekte dieser Theorie. Der Schwerpunkt liegt dabei einmal auf der Frage, welches die Mindestvoraussetzungen sind, damit Komplexität zustande kommt, zum anderen konzentrieren wir uns auf die wesentlichsten Eigenschaften, welche die Lösungen der zugrundeliegenden Gleichungen besitzen.

3.1 Die Geometrie des Phasenraums

Schon in den Abschnitten 2.1 und 2.2 dieses Buches wurden die zwei grundlegenden Familien dynamischer Systeme eingeführt, welchen man in der Natur begegnet: *konservative* und *dissipative* Systeme. Wir haben auch schon erläutert, wie ihre Zeitentwicklung durch die Bewegung des repräsentativen Punkts im *Phasenraum* veranschaulicht werden kann. In diesem Abschnitt wollen wir diese Idee weiterentwickeln, indem wir die verschiedenen Arten möglicher Phasenraumbewegungen untersuchen. Vermöge der Eins-zu-eins-Korrespondenz zwischen diesen und dem Verhalten des ursprünglichen Systems werden wir so zu einer ersten qualitativen Klassifikation der Phänomene gelangen, die von einem dynamischen System zu erwarten sind.

Wir beginnen unsere Untersuchung mit dynamischen Systemen, die nur eine endliche Anzahl von Variablen mit ins Spiel bringen. Dies schließt vorübergehend räumlich ausgedehnte Systeme aus, die durch kontinuierlich vom Ort abhängende Variablen beschrieben werden. Derartige Fälle werden wir in den beiden letzten Abschnitten dieses Kapitels untersuchen. Für den jetzt diskutierten Fall lauten die Evolutionsgleichungen (vgl. (2.12))

$$\frac{dX_i}{dt} = F_i(\{X_j\},\lambda), \quad i = 1, \cdots, n, \tag{3.1}$$

die jetzt so zu verstehen sind, daß die Operatoren F_i keine räumlichen Abhängigkeiten enthalten. Außerdem beschränken wir die Betrachtung auf autonome Systeme, d. h. auf Systeme, für die F_i nicht explizit von der Zeit abhängt, was die zeitliche Invarianz der Phasenraumtrajektorien zur Folge hat. Man beachte, daß bei Hamiltonschen Systemen n geradzahlig sein muß und F_i sich auf die durch Gl. (2.5 b) festgelegte charakteristische Struktur reduzieren muß.

Eine erste Art von Phasenraumtrajektorie, die mit (3.1) verträglich ist, erhält man durch

$$dX_1/dt = \cdots\cdots = dX_n/dt = 0. \tag{3.2}$$

Die mechanischen Gleichgewichtszustände in konservativen Systemen und die stationären Zustände in dissipativen Systemen sind hier als Spezialfälle enthalten. Es handelt sich dabei um ziemlich degenerierte Phasenraumtrajektorien, denn man erhält sie als Lösungen der n algebraischen Gleichungen $F_i = 0$ für die n Unbekannten X_i. Sie werden daher durch Punkte dargestellt (z.B. durch P in Fig. 3.1), die wir als *Fixpunkte* bezeichnen.

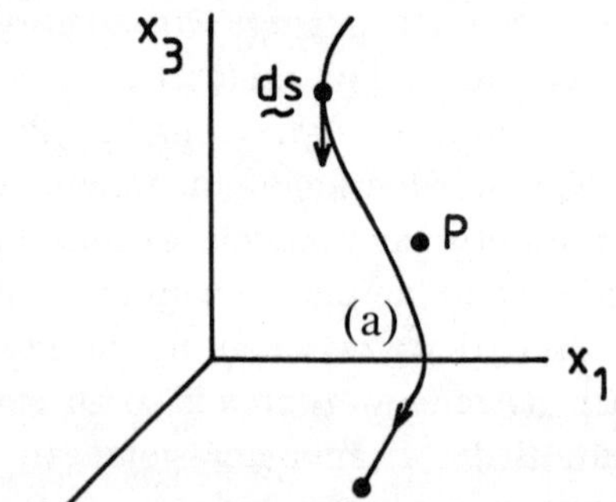

Fig. 3.1: Phasenraumbeschreibung eines dynamischen Systems. P: Fixpunkt; (a): Phasenraumtrajektorie.

Falls die Gln. (3.2) nicht erfüllt sind, bewegt sich der repräsentative Punkt auf einer Phasenraumtrajektorie, die eine Kurve bildet (Fig. 3.1, Kurve (a)). Das zu den Koordinatenveränderungen $(dX_1, \cdots, dX_n)$ gehörige Linienelement für eine Verschiebung längs der Trajektorie ist durch $ds = \sqrt{\sum_k dX_k^2} = \sqrt{\sum_k F_k^2}\, dt$ gegeben. Infolgedessen sind die Projektionen der Kurventangente auf die Koordinatenachsen durch $\frac{dX_\alpha}{ds} = F_\alpha / \sqrt{\sum_k F_k^2}$ gegeben und überall wohldefiniert. Wir bezeichnen die zu solchen Kurven gehörigen Punkte als *reguläre Punkte*. In den Fixpunkten ist die Tangente dagegen wegen des gleichzeitigen Verschwindens aller F_i nicht definiert. Wir können daher die Fixpunkte auch als die *singulären Punkte* des durch die Gln. (3.1) definierten »Flusses« bezeichnen. Die Gesamtheit aller Fixpunkte und Phasenraumtrajektorien bildet das *Phasenporträt* eines dynamischen Systems.

Eine Eigenschaft, die für die Struktur des Phasenporträts eine entscheidende Rolle spielt, bezieht sich auf das Theorem der Eindeutigkeit von Lösungen gewöhnlicher Differentialgleichungen. Dieses wichtige Ergebnis – es geht auf die Arbeiten des französischen Mathematikers Cauchy zurück – stellt sicher, daß die Lösung, welche zu einer nicht in einem Fixpunkt liegenden Anfangsbedingung gehört, unter ziemlich schwachen Bedingungen an die Funktionen F_i existiert und für alle Zeiten eines Intervalls $(0, T_m)$ eindeutig ist. Dabei hängt die Intervallgrenze T_m von der speziellen Struktur der Funktionen F_i ab. In der Phasenraumdarstellung wird durch dieses Theorem automatisch die Möglichkeit ausgeschlossen, daß sich zwei Trajektorien in einem regulären Punkt schneiden.

Eine zweite Eigenschaft von großer Wichtigkeit bildet die Existenz und Struktur *invarianter Mengen* des Flusses. Darunter versteht man in den Phasenraum eingebettete Objekte, die begrenzt sind und bei der durch die Gln. (3.1) beschriebenen Evolution auf sich selbst abgebildet werden. Ein ganz offensichtliches Beispiel einer invarianten Menge liefert die Gesamtheit aller Fixpunkte. Ein weiteres Beispiel bieten im Phasenraum geschlossene Kurven, z. B. die Kurven (a) und (a′) im Phasenraumdiagramm des Pendels, Fig. 2.2. Wenn sich das System einmal auf einer derartigen Kurve befindet, durchläuft es der Reihe nach immer wieder dieselben Zustände. Mit anderen Worten: Eine geschlossene Phasenraumtrajektorie stellt eine periodische Bewegung dar.

Wir wollen verdeutlichen, welchen Einfluß die beiden obigen Eigenschaften auf dynamische Systeme mit einem zweidimensionalen Phasenraum besitzen. Nehmen wir an, es gäbe zwei invariante Mengen, einen einzelnen Fixpunkt und eine geschlossene Kurve, die um den Fixpunkt herumläuft (Fig. 3.2, Punkt P und Kurve (a)). Eine Trajektorie, die in einem Punkt innerhalb der Kurve (a) anfängt, wird wegen des Eindeutigkeitstheorems für alle Zeiten innerhalb von dieser bleiben, da sie ja sonst Kurve (a) schneiden müßte. Andererseits werden durch dasselbe Theorem auch Selbstüberschneidungen ausgeschlossen. Als einzige Möglichkeiten verbleiben also:

- die Bewegung auf einer anderen invarianten Menge (a′), die den Anfangspunkt enthält (Fig. 3.2 a),
- die Bewegung auf einer Kurve, die gegen den Fixpunkt P läuft (Fig. 3.2 b),
- die Bewegung auf einer Kurve, die gegen die geschlossene Kurve (a) läuft (Fig. 3.2 c).

Die beiden letzten Möglichkeiten sind für konservative Systeme auszuschließen, da sie die Symmetrie gegenüber Zeitumkehr verletzen würden.

Wir sehen, daß die Unmöglichkeit der Selbstüberschneidung von Trajektorien und die Existenz gewisser invarianter Mengen in zweidimensionalen Phasenräumen schon weitgehend die Struktur des Phasenporträts und mit diesem das mögliche Verhaltensmuster

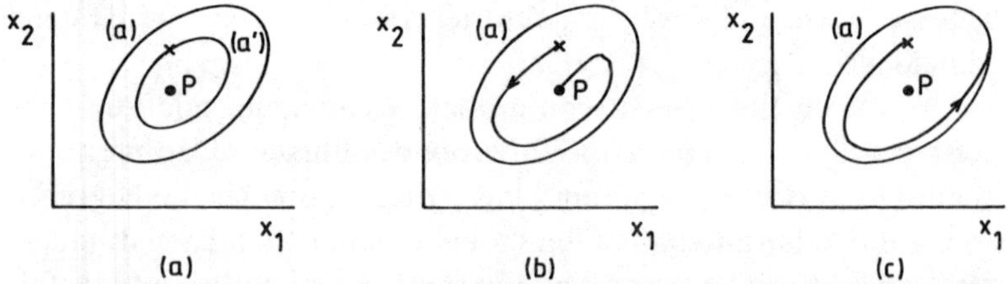

Fig. 3.2: Die Rolle invarianter Mengen und des überschneidungsfreien Trajektorienverlaufs für die Struktur des Phasenporträts. Es ist angenommen, daß eine geschlossene Trajektorie (a) und ein Fixpunkt P die einzigen invarianten Mengen sind. Es folgt, daß eine Phasenraumtrajektorie, die von einem Punkt innerhalb der Kurve (a) ausgeht, eine der drei in Fig. 3.2 a bis 3.2 c gezeigten Bewegungen ausführen muß.

bestimmen. In drei oder mehr Dimensionen wirken sich die durch diese Eigenschaften aufgeworfenen Einschränkungen jedoch wesentlich weniger gravierend aus. Die Trajektorien besitzen dann viel mehr Möglichkeiten, sich gegenseitig auszuweichen, indem sie durch die zwischen den invarianten Mengen offenbleibenden »Lücken hindurchschlüpfen«. Wie wir später sehen werden, führt diese zusätzliche Flexibilität zu neuen dynamischen Verhaltensweisen, und nicht die unwichtigsten unter diesen sind chaotische, turbulenzartige Evolutionen.

3.2 Maße im Phasenraum

Nach der vorangegangenen Diskussion kann die zeitliche Entwicklung eines dynamischen Systems als eine Transformation aufgefaßt werden, die den Phasenraum auf sich selbst abbildet. Im Verlauf dieser Transformation können Trajektorien, die aus einem bestimmten Teil des Phasenraums stammen, ein Nachbargebiet aufsuchen, zu weiter entfernten Teilen dieses Raumes gelangen, um dort womöglich für immer eingefangen zu werden, oder sie kehren zu dem Teil des Phasenraums zurück, von welchem sie ursprünglich ausgegangen waren. Im allgemeinen werden während dieser Vorgänge die verschiedenen Teile des Phasenraums mit ganz unterschiedlicher Frequenz aufgesucht. Nun erhebt sich die Frage, wie man diese komplizierte Bewegung so kompakt und informativ wie möglich charakterisieren kann.

Eine Möglichkeit besteht darin, daß man jeden Teil des Phasenraums mit einem »Gewicht« versieht und schaut, wie dieses durch die zeitliche Entwicklung beeinflußt wird. Ein natürliches Gewicht bildet das Volumen des fraglichen Phasenraumgebiets. Um festzustellen, wie dieses durch die Zeitentwicklung verändert wird, betrachtet man die Menge sämtlicher Trajektorien, die einen in diesem Gebiet liegenden Ausgangspunkt besitzen, verfolgt sie über ein Zeitintervall t und bestimmt für diesen verschobenen Zeitpunkt die Menge aller repräsentativen Punkte auf ihnen (siehe Fig. 3.3). Auf diese Weise erhält man zur Zeit t ein Volumen V_t, dessen Anfangswert wir mit V_o bezeichnen.

Fig. 3.4 zeigt drei charakteristische Fälle, in denen sich V_t im Vergleich zu V_o jeweils auf andere Weise verändert.

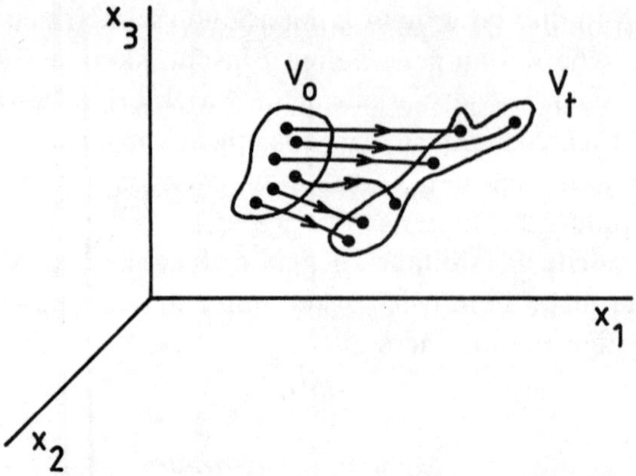

Fig. 3.3: Veränderung eines Ausgangsvolumens V_0 im Phasenraum als Folge der Evolution, welche die innerhalb dieses Volumens befindlichen Punkte unter dem Einfluß der Systemdynamik durchmachen.

Fall a, eine gleichförmige Rotation, ist der einfachste. Die Bewegungsgleichungen haben die Hamiltonfunktion $H = \frac{X_1^2}{2} + \frac{X_2^2}{2}$. Das Phasenraumvolumen (in diesem Fall eine Fläche) bleibt nicht nur erhalten, $|V_t| = |V_o|$, sondern wird wegen der Gleichzeitigkeit der Bewegung auf jeder Trajektorie auch überhaupt nicht verformt.

Im Fall b handelt es sich um eine hyperbolische Bewegung, deren Trajektorien die Koordinatenachsen X_1 und X_2 zu Asymptoten haben. Die zugehörige Hamiltonfunktion ist $H = X_1X_2$.

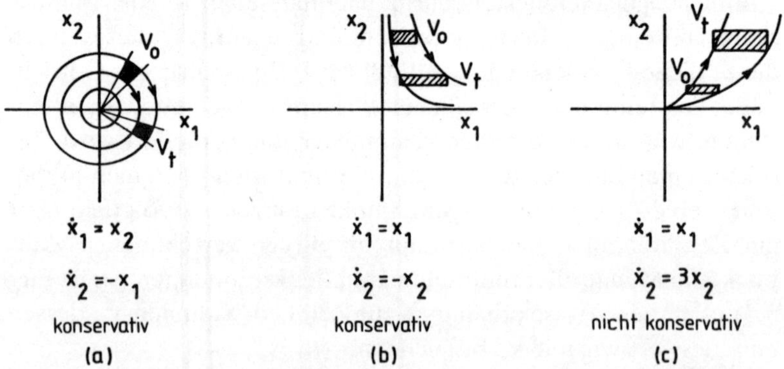

Fig. 3.4: Verschiedene Arten von Volumenveränderungen für drei repräsentative Beispiele dynamischer Systeme.

Die Projektion der Bewegung auf die X_1-Achse führt zu exponentiellem Anwachsen, auf die X_2-Achse zu exponentieller Abnahme, wobei der charakteristische Exponent für beides denselben Absolutwert besitzt. Aus diesem Grund bleibt das Phasenraumvolumen wieder erhalten, $|V_t| = |V_o|$, wird aber diesmal im Gegensatz zum vorherigen Fall stark deformiert. So wird z. B. ein von der Strömung transportiertes Rechteck parallel zur X_1-Achse gestreckt und parallel zur X_2-Achse gestaucht. Diese Eigenschaft ist typisch für die Klasse der *instabilen Bewegungen*, welche wir später in diesem Kapitel und außerdem noch in Kapitel 5 diskutieren werden.

Fall c beschreibt ebenfalls eine instabile Bewegung. Da jetzt aber sowohl in X_1- als auch in X_2-Richtung eine Streckung auftritt, wird das Phasenraumvolumen nicht nur deformiert, sondern auch systematisch vergrößert. Wenn auf den rechten Seiten der Evolutionsgleichungen die Vorzeichen entgegengesetzt wären, würde man dieselben Trajektorien erhalten, nur die Pfeile für die Durchlaufrichtung der Trajektorien müßten umgedreht werden. Bei dieser stabilen Bewegung würde das Phasenraumvolumen wiederum verformt, im Gegensatz zu vorher würde es jetzt aber systematisch abnehmen.

Während man in nicht konservativen Systemen keine allgemeine Aussage über das Verhalten von V_t machen kann, stellt sich für konservative Systeme das in den beiden Beispielen von Fig. 3.4 a,b gefundene Ergebnis $|V_t| = |V_o|$ als kein Zufall heraus. Ein sehr wichtiges Theorem, das auf den französischen Mathematiker Liouville zurückgeht, macht vielmehr die Aussage, daß das Phasenraumvolumen in *jedem* konservativen System invariant ist.

Bevor wir die Konsequenzen dieses Ergebnisses diskutieren, wollen wir uns die Verformung des Phasenraumvolumens noch unter einem anderen Gesichtspunkt ansehen. Im Prinzip bildet das Lösen der Evolutionsgleichungen (3.1) ein wohlgestelltes Problem in dem Sinn, daß eine vollständige Spezifikation des Zustands $(X_1, \cdots, X_n)$ zu einem beliebigen Zeitpunkt die Vorhersage des Zustands für alle späteren Zeiten (und tatsächlich auch für alle früheren Zeiten) möglich macht. In vielen Fällen würde der Versuch einer derart vollständigen Spezifikation jedoch zu einem praktisch sinnlosen Unterfangen. Zum Beispiel gibt es zu einem Hamiltonschen Vielteilchen-System, bei dem die Teilchenzahl in der Größenordnung der Avogadroschen Zahl liegt, kein physikalisches Experiment, das einem den Zugang zu den Koordinaten und Geschwindigkeiten sämtlicher Teilchen verschaffen würde. Außerdem wird es bei sehr komplexen Phasenraumbewegungen, wie sie in einem chaotischen Regime stattfinden (siehe auch Abschnitte 3.7 bis 3.9), unsinnig, im Sinne von Einzeltrajektorien zu argumentieren. Neue Beschreibungsweisen werden notwendig, und unter diesen ist sicherlich eine Systembehandlung mit Hilfe von Wahrscheinlichkeitskonzepten am verbreitetsten. Zu diesem Zweck betrachten wir jetzt nicht mehr den Spezialfall eines Einzelsystems, sondern richten unsere Aufmerksamkeit auf ein Ensemble sehr vieler identischer Systeme, die alle genau denselben Einschränkungen unterworfen sind. Die Mitglieder dieses Ensembles, das nach seinem Erfinder, dem amerikanischen Wissenschaftler J.W. Gibbs, als *Gibbssches Ensemble* bezeichnet wird, befinden sich im allgemeinen in verschiedenen Zuständen. Man kann sich vorstellen, daß sie aus einem anfänglichen Systemensemble hervorgegangen sind, dessen repräsentative Phasenpunkte ursprünglich wie in Fig. 3.3 in einem ganz bestimmten Phasenraumvolumen V_0 enthalten waren. In unserer Definition gibt es nichts, was zu einer Beschränkung der Systemzahl des Ensembles führen würde; es ist daher bequem, denjenigen Grenzfall zu betrachten, in welchem jedes noch so kleine Gebiet des Phasenraums immer noch eine sehr große Anzahl von Systemen enthält. Man fragt dann nach dem Bruchteil der Systeme, in denen einige der Variablen $\{X_i\}$ Werte aus den Intervallen $\{[X_i, X_i + dX_i]\}$ annehmen. Für den Grenzfall einer kontinuierlichen Systemverteilung drückt man dies durch eine *Wahrscheinlichkeitsdichte* $\varrho(X_1, \cdots, X_n, t)$ aus, derart, daß

$$\varrho dX_1 \cdots dX_n \tag{3.3}$$

die Wahrscheinlichkeit dafür angibt, ein Mitglied des Ensembles zur Zeit t in dem um den Zustand $(X_1, \cdots, X_n)$ herum gelegenen Phasenraumvolumen-Element $dX_1 \cdots dX_n$ anzutreffen. Wir fordern, daß ϱ nicht-negativ und normiert ist,

$$\int \varrho dX_1 \cdots dX_n = 1. \tag{3.4}$$

Um in dem Ensemble die Wahrscheinlichkeit für das Auftreten eines gewissen Wertes einer Variablen vorhersagen zu können,

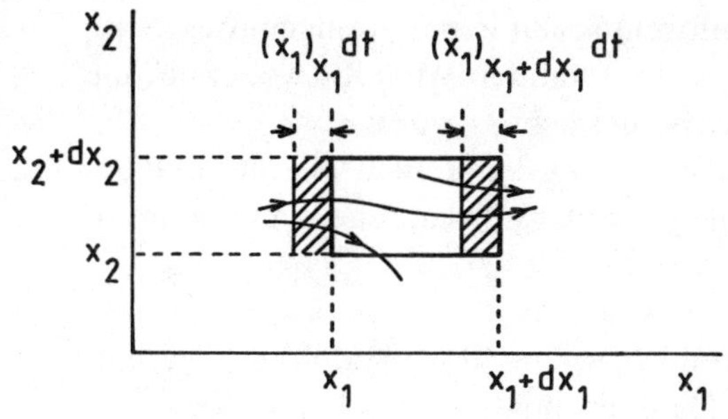

Fig. 3.5: Veranschaulichung der zahlenmäßigen Erhaltung der Systeme eines Gibbsschen Ensembles, die ein festes Volumenelement des Phasenraums von links betreten und es auf der rechten Seite wieder verlassen.

müssen wir eine Evolutionsgleichung für ϱ aufstellen. Zu diesem Zweck gehen wir ganz ähnlich wie in der Hydrodynamik vor, da man ϱ ja als Dichte einer Flüssigkeit auffassen kann, deren Stromlinien die durch die Gln. (3.1) beschriebenen Trajektorien sind.

Wir betrachten ein nicht mitbewegtes Volumenelement des Phasenraums, das zwischen X_1 und $X_1 + dX_1$, X_2 und $X_2 + dX_2$ etc. gelegen ist (Fig. 3.5). Während die X_i gemäß (3.1) zeitlich variieren, verändert sich auch die Zahl der im Volumen $dX_1 dX_2$ befindlichen Systeme, da durch die Randflächen des betrachteten Gebiets sowohl Systeme hereinkommen als auch hinausgehen. Zum Beispiel sind die Systeme, die im Zeitintervall $[t,t + dt]$ durch die Stirnfläche $X_1 = \text{const}$ hereinströmen, im Volumen $\dot{X}_1 dt dX_2 \cdots dX_n = F_1 dt dX_2 \cdots dX_n$ enthalten, und ihre Anzahl ist daher

$$\varrho(X_1, \cdots, X_n, t)\, F_1 dt dX_2 \cdots dX_n.$$

Die Zahl von Systemen, welche während desselben Zeitintervalls das Gebiet durch die rückwärtige Fläche $X_1 + dX_1 = \text{const}$ verläßt, ist im wesentlichen durch denselben Ausdruck gegeben, nur daß jetzt ϱ und F_1 bei $X_1 + dX_1$ statt bei X_1 ausgewertet werden müssen:

$$\varrho\,(X_1 + dX_1, \cdots, X_n, t) F_1(X_1, dX_1, \cdots, X_n) dt dX_2 \cdots dX_n$$

$$= \varrho(X_1, \cdots, X_n, t) F_1 dt dX_2 \cdots dX_n + \frac{\partial \varrho}{\partial X_1} F_1\, dt dX_1 \cdots dX_n$$

$$+ \varrho\, \frac{\partial F_1}{\partial X_1}\, dt dX_1 \cdots dX_n$$

Dabei folgt die letzte Umformung aus einer Reihenentwicklung für $\varrho(X_1 + dX_1)$ und $F_1(X_1 + dX_1)$ um den Wert X_1, wobei nur die ersten nichttrivialen Terme berücksichtigt wurden.

Dieselbe Art von Schlußfolgerung kann auch für die anderen Grenzflächen unseres Gebiets benutzt werden, und man kommt so zu der Gleichung

(Änderung von ϱ während $dt)dX_1 \cdots dX_n$ = Zahl der hereinkommenden Systeme – Zahl der herauslaufenden Systeme.

Teilt man diese Gleichung durch $dt dX_1 \cdots dX_n$ und benutzt die oben erhaltenen Ergebnisse für den Gewinn bzw. Verlust an Systemen für sämtliche Begrenzungsflächen, so erhält man schließlich

$$\frac{\partial \varrho}{\partial t} = -\sum_{i=1}^{n} \left(\frac{\partial \varrho}{\partial X_i} F_i + \varrho \frac{\partial F_i}{\partial X_i} \right). \tag{3.5}$$

Man beachte, daß $\sum_i \partial F_i / \partial X_i$ als Divergenz eines Vektors **F** aufgefaßt werden kann, dessen Komponenten die Änderungsgeschwindigkeiten der Variablen X_i sind (Gl. (3.1)). Wenn wir uns jetzt bei voranschreitender Zeit mit der der »Trajektorien-Flüssigkeit« mitbewegen, bilden wir die »hydrodynamische« Ableitung $d\varrho/dt$, bei der sowohl die explizite Zeitabhängigkeit von ϱ als auch die implizite Zeitabhängigkeit über die Variablen $X_1(t), \cdots, X_n(t)$ berücksichtigt wird:

$$\frac{d\varrho}{dt} = \frac{\partial \varrho}{\partial t} + \sum_i \frac{\partial \varrho}{\partial X_i} \dot{X}_i = \frac{\partial \varrho}{\partial t} + \sum_i \frac{\partial \varrho}{\partial X_i} F_i .$$

Damit erhalten wir aus Gl. (3.5) das wichtige Ergebnis

$$\frac{d\varrho}{dt} = \frac{\partial \varrho}{\partial t} + \sum_{i=1}^{n} \frac{\partial \varrho}{\partial X_i} F_i = -\varrho \operatorname{div} \mathbf{F}. \tag{3.6}$$

Wird div **F** für ein Hamiltonsches System ausgewertet, so sieht man, daß wegen Gl. (2.5 b)

$$\operatorname{div} \mathbf{F} = \sum_{i=1}^{n} \left(\frac{\partial}{\partial q_i} \dot{q}_i + \frac{\partial}{\partial p_i} \dot{p}_i \right) = \sum_{i=1}^{n} \left(\frac{\partial}{\partial q_i} \frac{\partial H}{\partial p_i} - \frac{\partial}{\partial p_i} \frac{\partial H}{\partial q_i} \right) = 0$$

gilt. Hiermit folgt aus Gl. (3.6), daß die Dichte ϱ bei der Phasenraumbewegung erhalten bleibt. Dies ist in einer etwas anderen Sprache ausgedrückt genau das Liouvillesche Theorem. Mit Hilfe von Gl. (3.6) führt es auf die *Liouville-Gleichung*

$$\frac{d\varrho}{dt} = \frac{\partial \varrho}{\partial t} + \sum_{i=1}^{n} \frac{\partial \varrho}{\partial X_i} F_i = 0 \quad \text{(konservatives System)}. \tag{3.7}$$

Tatsächlich kann Gl. (3.7) auch für Systeme gültig sein, die allgemeiner als Hamiltonsche Systeme sind. Hierzu genügt es, daß sich der Phasenraumfluß wie eine inkompressible Flüssigkeit verhält, div **F** = 0. Diese Bedingung kann sogar als *Definition* für die Klasse der konservativen Systeme benutzt werden. In ähnlicher Weise bildet Gl. (3.6) mit div **F** ≠ 0 eine notwendige (wenn auch nicht in allen Fällen hinreichende) Bedingung, die von der Klasse der dissipativen Systeme erfüllt werden muß.

Die für konservative Systeme gültige Liouville-Gleichung (3.7) spielt in der statistischen Physik eine sehr wichtige Rolle, sie bildet den Ausgangspunkt sowohl für die Ergodentheorie als auch für die kinetische Theorie irreversibler Prozesse. Wir werden diese Fragen noch ausführlicher in Kapitel 5 diskutieren.

Für dissipative Systeme erweist sich die Benutzung statistischer Konzepte und insbesondere von Gl. (3.6) als eine Notwendigkeit, sofern chaotisches Verhalten vorliegt, d. h. ein Verhalten, bei dem die deterministische Bewegung deutlichen Zufallscharakter aufweist. Diese Probleme werden wir in Abschnitt 3.9 aufgreifen. In den nächsten Abschnitten werden wir der Reihe nach konservative und dissipative Systeme besprechen, deren Dynamik sich in einem Phasenraum niedriger Dimensionszahl abspielt. Dabei stellt sich heraus, daß einige Systeme trotz offensichtlicher Einfachheit schon höchst nichttriviale Verhaltensweisen an den Tag legen können, die in starkem Maße an die in den Kapiteln 1 und 2 aufgeführten Phänomene erinnern.

3.3 Integrable konservative Systeme

Betrachten wir ein Hamiltonsches System, das durch die Gln. (2.5) oder (3.7) beschrieben wird. Wir setzen n = 2N, wo N die Anzahl unabhängiger Lage- oder Impulskoordinaten des Problems angibt und auch als Zahl der *Freiheitsgrade* bezeichnet wird. Wie aus der Theorie gewöhnlicher Differentialgleichungen bekannt ist, läuft die Integration eines Systems von 2N gewöhnlichen Differentialgleichungen erster Ordnung darauf hinaus, 2N voneinander unabhängige erste Integrale bzw. Konstanten der Bewegung zu finden, von denen eines eine Beziehung ausschließlich zwischen den Systemvariablen liefert. Die Hamiltonschen Systeme bilden jedoch eine besondere Klasse, für die es unter ziemlich allgemeinen Bedingungen schon ausreicht, wenn man nur N erste Integrale kennt. Wie Liouville gezeigt hat, kann das System dann nämlich durch einfache Quadraturen vollständig integriert werden.

Tatsächlich geht die Aussage des Liouvilleschen Theorems noch weiter. Sei I_i, $i = 1, \cdots, N$, eine geeignete Kombination von N Konstanten der Bewegung. Die Hamiltonsche Strömung kann dann auf ein Gleichungssystem der Form

$$\begin{aligned} \frac{dI_i}{dt} &= 0 \\ \frac{d\varphi_i}{dt} &= \omega_i(\{Ij\}), \; i = 1, \cdots, N \end{aligned} \tag{3.8}$$

reduziert werden. Diese Gleichungen haben wieder eine Hamiltonsche Struktur, aufgrund deren die ω_i mit der neuen Hamiltonfunktion H durch $\omega_i = \partial H / \partial I_i$ verknüpft sind. Wir bezeichnen I_i und φ_i als Wirkungs- bzw. Winkelvariablen. Für einen Beweis dieses wichtigen Ergebnisses verweisen wir auf klassische Abhandlungen der Mechanik wie z. B. die Monographie von Arnold.

Die Gln. (3.8) definieren die spezielle Klasse *integrabler Systeme*. Nach dem Liouvilleschen Theorem können solche Systeme durch eine der beiden folgenden (äquivalenten) Eigenschaften charakterisiert werden: entweder N hinreichend reguläre erste Integrale zu besitzen; oder durch eine geeignete Transformation, welche die Hamiltonsche Struktur bestehen läßt (eine sogenannte kanonische Transformation), in die Form der Gln. (3.8) gebracht werden zu können.

Es folgt als Korollar, daß jedes Hamiltonsche System mit einem Freiheitsgrad ($n = 2$, $N = 1$) integrabel ist, da es eine Konstante der Bewegung besitzt, nämlich die Gesamtenergie $H = E = \text{const.}$ Das Pendel (Gl. (2.6) und Fig. 2.2) oder der harmonische Oszillator sind daher integrable Systeme. Ein Hamiltonsches System mit 2 Freiheitsgraden ist dann integrabel, wenn es außer der Hamiltonfunktion ein weiteres hinreichend reguläres erstes Integral der Bewegung gibt. Bei 3 Freiheitsgraden benötigt man drei erste Integrale. Für den rotierenden Kreisel, eines der beliebtesten dreidimensionalen Probleme in einführenden Lehrbüchern der Mechanik, folgt die Existenz dieser Integrale aus der Erhaltung von Energie und Drehimpuls. Der rotierende Kreisel bildet daher ein integrables System. Ähnliches gilt für das Zweikörperproblem mit zentralen Wechselwirkungskräften, dessen Bedeutung auf seiner Relevanz für die Bewegung von Himmelskörpern beruht.

Allgemeiner sind all diejenigen Systeme integrabel, welche in ungekoppelte Systeme mit je einem Freiheitsgrad separiert werden können. Systeme mit linearen Bewegungsgleichungen bilden hierfür ein offensichtliches Beispiel, da eine »Normalmoden«-Transformation, welche die Koeffizientenmatrix diagonalisiert, die Bewegungsgleichungen auf ungekoppelte Gleichungen mit einem Freiheitsgrad reduziert. Tatsächlich bildet dies die Grundlage für eine ausgedehnte Literatur über kleine Schwingungen um eine Gleichgewichtslage; die Festkörperphysik in der harmonischen Näherung liefert hierfür ein besonders wichtiges Anwendungsbeispiel. Bestimmte nichtlineare Systeme können ebenfalls auf separable Hamiltonsche Probleme führen. Die interessantesten Beispiele bilden ortsabhängige Systeme wie das Toda-Gitter oder die Korteweg-de Vries-Gleichung.

Wir wollen jetzt die Verhaltensweisen untersuchen, deren Auftreten in integrablen Systemen zu erwarten ist. Die Darstellung, in welcher die Evolution mit Hilfe der Konstanten der Bewegung (Wirkungsvariablen) und der zugehörigen Winkel beschrieben wird, macht die Beantwortung dieser Frage besonders einfach. Für einen Freiheitsgrad erhält man

$$\begin{aligned} I_1 &= I_{10} = \text{const} \\ \varphi_1 &= \omega_1 t + \varphi_{10}. \end{aligned} \qquad (3.9)$$

Fassen wir (I_1,φ_1) als Polarkoordinaten auf, so wird das Problem in den zugehörigen Orthogonalkoordinaten P,Q isomorph zum harmonischen Oszillator. Der Phasenraum ist eine Ebene, und für jeden Wert I_1 wird die Bewegung gleichförmig und findet auf dem Umfang eines Kreises statt (Fig. 3.6).

Bei vielen Freiheitsgraden besteht die Bewegung aus der Überlagerung N unabhängiger Bewegungen, von denen jede durch eine Gleichung in der Art von Gl. (3.9) beschrieben wird. Der Phasenraum ist 2N-dimensional, aber in Anbetracht der Gleichungen I_i = const ist die Bewegung auf einen Unterraum von N Dimensio-

Fig. 3.6: Phasenraumtrajektorie eines konservativen Systems mit einem Freiheitsgrad. Systeme dieser Art sind automatisch integrabel.

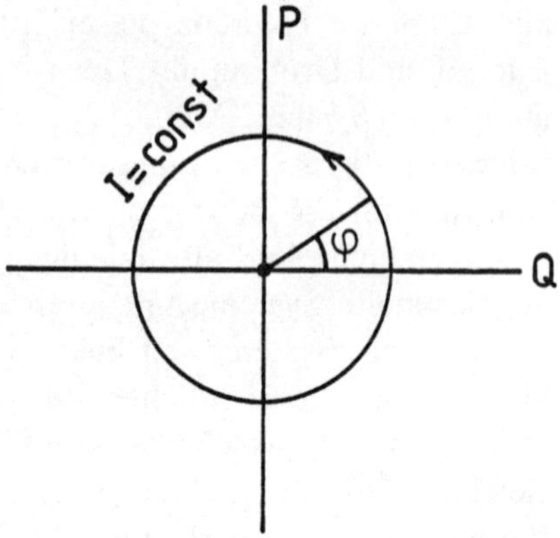

nen beschränkt, dessen Projektion auf die Phasenebenen der einzelnen Freiheitsgrade jeweils einen Kreis liefert. Ein derartiges Objekt nennt man *Torus*, und Fig. 3.7 a,b liefert eine Veranschaulichung für den Fall N = 2. Man beachte, daß der Verlauf der Phasenraumtrajektorien eines Systems mit 2 Freiheitsgraden in Anbetracht der Erhaltung der Gesamtenergie auf einen dreidi-

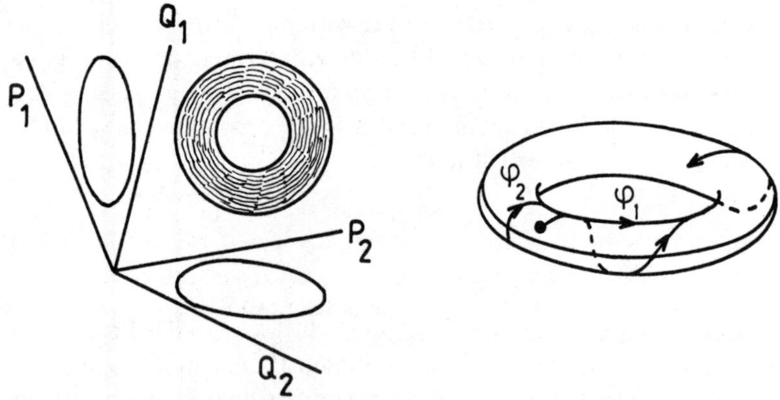

Fig. 3.7: Veranschaulichung der Phasenraumtrajektorien eines integrablen dynamischen Systems mit zwei Freiheitsgraden. Die Bewegung findet auf der Oberfläche eines zweidimensionalen Torus statt, dessen Abmessungen von einer Kombination der Wirkungsvariablen abhängen. Die Erhaltung der Gesamtenergie erniedrigt die Zahl der unabhängigen Variablen von 4 auf 3. Der Torus in (b) ist daher in einen dreidimensionalen Raum eingebettet.

mensionalen Unterraum eingeschränkt ist. Der Torus in Fig. 3.7 ist daher in einen dreidimensionalen Raum eingebettet.

Die Zeitabhängigkeit der Variablen P_i,Q_i folgt unmittelbar. Für $N = 1$ ist sie periodisch mit der Periode $2\pi/\omega_1$, während sie für $N > 1$ aus der Überlagerung periodischer Funktionen mit verschiedenen Perioden besteht. Wenn diese Perioden »kommensurabel« sind, d. h. wenn es einen Satz nichtverschwindender ganzer Zahlen $k_1,k_2,\cdots$ gibt derart, daß

$$k_1\omega_1 + k_2\omega_2 + \cdots = 0$$

gilt, dann ist die Bewegung offensichtlich *periodisch* und wird durch eine geschlossene Kurve dargestellt. Existieren jedoch keine nichtverschwindenden ganzen Zahlen, mit denen die obige Beziehung erfüllt werden kann, so ist die Bewegung *quasiperiodisch* und wird durch eine Helix dargestellt, die sich auf einem Torus entlangwindet, ohne sich jemals in sich selbst zu schließen. Im Falle $N = 2$ würde dies zum Beispiel passieren, falls $\omega_1 = 1$ und ω_2 irrational wäre, z. B. $\omega_2 = \sqrt{2}$.

Eine quasiperiodische Bewegung kann ziemlich kompliziert aussehen. Da sich die zugehörige repräsentative Trajektorie niemals schließt und wegen des in Abschnitt 3.1 besprochenen Eindeutigkeitstheorems auch nirgends selbst überschneidet, »füllt« sie nach und nach den ganzen Torus in dem Sinn, daß sie irgendwann einmal durch eine vorgegebene Umgebung jedes beliebigen Punktes der Torusoberfläche hindurchlaufen muß. Derartige Bewegungen bezeichnet man als »überall dicht«.

Wie mehrfach in Kapitel 2 und insbesondere in Abschnitt 2.6 betont worden ist, kann ein konservatives System nicht asymptotisch stabil sein. Infolgedessen können weder die oben beschriebenen periodischen noch quasiperiodischen Bewegungen als Modelle für einen Attraktor benutzt werden. Es ist leicht zu verstehen, warum: Aufgrund der ersten der Relationen (3.9) existiert ein Kontinuum zulässiger Werte für die Bewegungskonstanten I_i. Daher haben wir statt der Figuren 3.6 und 3.7 b eigentlich ein Phasenporträt mit einem Kontinuum geschlossener Bahnen oder Torusflächen, die ineinander geschachtelt sind. Eine kleine Störung, die das System von einer gegebenen Bahn entfernt, wirft es unweigerlich auf eine andere invariante Fläche, auf der es gefangen bleibt, bis es durch eine weitere Störung abermals auf eine andere invariante Fläche geworfen wird, und so weiter. Unter dem Einfluß von Störungen erwarten wir daher statt eines genau reproduzierbaren Verhaltens im günstigsten Fall gewöhnliche oder orbitale Stabilität und eine zappelige Bewegung.

Bewegungen, bei denen ein Kontinuum periodischer Bahnen einen Gleichgewichtspunkt umgibt, werden *elliptisch* genannt; den Gleichgewichtspunkt selbst bezeichnet man als elliptischen Fixpunkt oder *Wirbel*. Aufgrund unserer Diskussion in Abschnitt 3.2 (siehe insbesondere Fig. 3.4 a) erwarten wir, daß diese Bewegungen nur zu ziemlich maßvollen Verformungen des Phasenraumvolumens führen (welches selbstverständlich nach dem Liouvilleschen Theorem erhalten bleibt).

So weit haben wir das Verhalten integrabler Systeme in der Wirkungs-Winkelvariablen-Darstellung beschrieben. Wie am Anfang dieses Abschnitts dargelegt wurde, sind diese Variablen mit den ursprünglichen durch eine Transformation verbunden. In einigen Ausnahmefällen ist diese Transformation ziemlich einfach. Zum Beispiel gilt beim Problem des harmonischen Oszillators

$$H = \frac{1}{2} m \dot{x}^2 + k \frac{x^2}{2}.$$

I und φ sind implizit durch

$$x = \left(\frac{2 I}{\sqrt{mk}}\right)^{1/2} \sin \varphi,$$

$$\dot{x} = \left(2 I \sqrt{\frac{k}{m}}\right)^{1/2} \cos \varphi$$

gegeben, und die Hamiltonfunktion reduziert sich auf

$$H = \sqrt{\frac{k}{m}} I = \omega I,$$

wo ω die Kreisfrequenz des Oszillators ist. Im allgemeinen ist die Transformation jedoch sehr komplex. Wir erwarten daher, daß die Trajektorien in den ursprünglichen Variablen stark deformierte Versionen der in Fig. 3.6 und 3.7 b gezeigten Bilder sind. Außerdem erscheinen gewisse Bewegungstypen des ursprünglichen Phasenraums in der Wirkungs-Winkelvariablen-Darstellung als außerordentlich künstlich, und zwar aus dem einfachen Grund, weil die »Winkelvariable« keinen Winkel mehr bildet, der die Bedin-

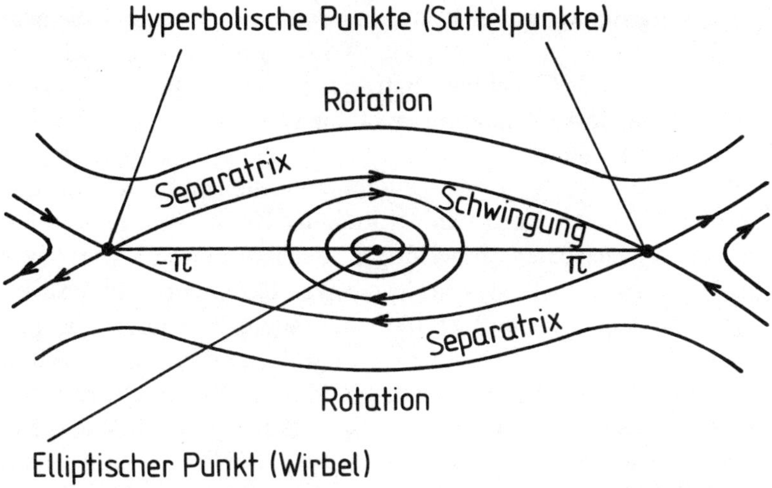

Fig. 3.8: Phasenporträt des Pendels. Um den elliptischen Fixpunkt bei 0 herum, der eine eindeutig stabile Gleichgewichtslage angibt, kann ein Kontinuum periodischer Schwingungen stattfinden, deren Amplitude und Dauer von den Anfangsbedingungen abhängt. Die hyperbolischen Fixpunkte bei $\pm\ \pi$ repräsentieren die instabile Gleichgewichtslage. Sie werden durch eine geschlossene Schleife zweier Separatrixsegmente verbunden. Eine Anfangsbedingung außerhalb der Separatrix führt zu einer freien Rotation des Pendels.

gung $0 \leq \varphi \leq 2\pi$ erfüllt. Hier handelt es sich um den Fall instabiler Bewegungen wie der hyperbolischen Bewegung aus Fig. 3.4 b. Bei diesen werden einige der Variablen unbeschränkt, wobei gleichzeitig die Perioden gewisser Trajektorien gegen unendlich streben. Beim Pendel (siehe Fig. 2.2) passiert dies in der Nachbarschaft des instabilen Gleichgewichtspunktes $\theta = \pm\ \pi$. Das Gebiet beschränkter Schwingungen (Vibrationen) wird von dem Gebiet unbeschränkter Bewegung (Rotation) durch einen speziellen Typ von Trajektorie getrennt, der die Punkte $\theta = \pi$ und $\theta = -\pi$ verbindet und den man als *Separatrix* bezeichnet (Fig. 3.8). Da die Änderungsgeschwindigkeit der Variablen in der Nachbarschaft eines Fixpunkts gegen Null geht, ist die für die Bewegung von einem beliebigen Punkt der Separatrix bis zum Fixpunkt benötigte Zeitspanne unendlich groß. Die eigenartige Trajektorienkonfiguration in der Nachbarschaft einer Separatrix, die wie die Höhenlinienstruktur in der Nähe einer Paßhöhe aussieht, liefert den Grund für die Bezeichnung *Sattelpunkt*, welche zur Charakterisierung instabiler Gleichgewichtslagen in konservativen Systemen benutzt wird. Wie dies schon durch Fig. 3.4 nahegelegt wird, führt die Bewegung in der Nachbarschaft eines Sattelpunktes zu starken Verformungen des Phasenraumvolumens, dessen Absolutwert jedoch erhalten bleibt.

Um es kurz zu sagen: Ausgenommen vielleicht die Separatrizes und Sattelpunkte, welche in verborgener Form etwas an sich haben, was sich später als wichtiger Mechanismus für komplexes Verhalten herausstellen wird, ist die Welt der integrablen Systeme sicherlich eine einfache Welt ohne besondere Ereignisse. Nicht so verwunderlich, wird sich der sorgfältige Leser denken, da man in einem integrablen System ja im Endeffekt die Wechselwirkungen los wird und es mit unabhängigen Einheiten zu tun hat. Wie wir in einem kommenden Abschnitt noch ausführlicher sehen werden, handelt es sich hierbei jedoch um eine ziemlich pathologische Situation. Bemerkenswert ist, daß die integrablen Systeme trotz ihres Ausnahmecharakters bis in die Jahre nach 1950 die Wissenschaft dominiert haben, und noch heute bilden sie den Hauptinhalt der meisten Mechanikbücher. Ihre wichtige historische Rolle und ihr unbezweifelter pädagogischer Wert liefern sicherlich eine Teilerklärung für diese paradoxe Situation. Für unsere Zwecke ist es jedoch notwendig, zum Abschluß dieses Abschnitts zu betonen, daß die Welt der integrablen Systeme nicht die Geburtsstätte für Komplexität sein kann. Wir müssen uns anderweitig umsehen, und diese Suche bildet den Hauptzweck der nächsten Abschnitte dieses Kapitels.

3.4 Bifurkation in einem einfachen dissipativen System: Suche nach Urbildern komplexen Verhaltens

Wir richten unser Augenmerk jetzt vorerst auf dissipative Systeme und greifen ein abstraktes mathematisches Modell auf, das besonders einfach ist. Es wird uns dabei helfen, Mechnismen aufzudekken, die bei qualitativen Verhaltensveränderungen am Werke sind. Später werden wir dieses Modell mit der realen Welt physikalisch-chemischer Systeme in Beziehung setzen.

Wir betrachten eine Einzelvariable X, deren Evolution durch die Gleichung

$$\frac{dx}{dt} = f(x, \lambda) = - x^3 + \lambda x \qquad (3.10)$$

beschrieben wird. Dieses einfache System wird durch einen einzigen Parameter λ gesteuert, von dem die Geschwindigkeitsfunktion f in völlig regulärer Weise abhängt. Bestimmen wir zuerst die Fixpunkte (stationäre Zustände):

$$- x_s^3 + \lambda x_s = 0.$$

Eine Lösung dieser einfachen algebraischen Gleichung, die unter allen Umständen existiert, ist die triviale Lösung

$$x_0 = 0. \qquad (3.11\,a)$$

Es existieren jedoch auch nichttriviale Lösungen. Sie erfüllen die Gleichung, welche man erhält, wenn man x_s aus der obigen kubischen Gleichung herauszieht:

$$x_s^2 - \lambda = 0.$$

Für negative λ wird diese Gleichung sinnlos, da sie eine komplexwertige Lösung liefert, die keine physikalische Situation beschreiben kann. Falls λ jedoch positiv ist, führt sie auf das Lösungspaar

$$x_\pm = \pm \sqrt{\lambda}. \qquad (3.11\,b)$$

Für $\lambda = 0$ fallen beide Lösungen mit x_0 zusammen, für $\lambda > 0$ zweigen sie von dieser Lösung ab. Dies ist das Phänomen der *Bifurkation*, welches schon ausführlich in Abschnitt 2.7 diskutiert wurde und durch Fig. 2.12 illustriert wird. In Fig. 3.9 a ist nochmals ein ähnliches Diagramm aufgetragen, das der speziellen Struktur unseres jetzigen Problems angepaßt ist. Durchgezogene und gestrichelte Linien wurden benutzt, um asymptotisch stabile bzw. instabile Lösungen zu kennzeichnen. Für das einfache Modell, das wir betrachten, ist das Stabilitätsproblem trivial, da Gl. (3.10) mit Hilfe von Standardmethoden exakt gelöst werden kann. Man findet, daß x_0 für $\lambda < 0$ global asymptotisch stabil und für $\lambda > 0$ instabil ist, außerdem, daß x_+, x_- asymptotisch (jedoch nicht global) stabil sind. Mit anderen Worten zweigen $x_\pm$ in die Rich-

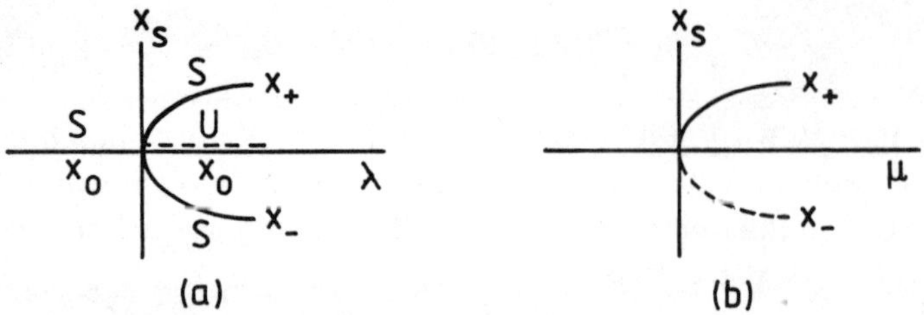

Fig. 3.9: Zwei Beispiele elementarer Bifurkationen in einem dissipativen dynamischen System. (a): symmetrische (Gabel-)Bifurkation, bei welcher der Referenzzustand x_0 für $\lambda > 0$ instabil wird und zu den zwei bei $\lambda = 0$ mit x_0 zusammenfallenden Lösungszweigen x_+, x_- führt; (b): Grenzpunktbifurkation, bei der ein stabiler (x_+) und ein instabiler Zweig (x_-) bei $\mu = 0$ zusammenstoßen und sich gegenseitig annullieren.

tung ab, in welcher der »Referenzzustand« $x_0 = 0$ seine Stabilität verliert und sie selbst stabil sind. Wir bezeichnen dies als eine *superkritische Bifurkation*. Tatsächlich ist der Zusammenhang zwischen superkritischem Abzweigen und dem Stabilitätsverhalten nicht zufällig. Nach einem allgemeinen Ergebnis der Bifurkationstheorie – diese wird einigermaßen ausführlich in Anhang II behandelt – sind superkritische Zweige unter bestimmten Voraussetzungen an die Geschwindigkeitsfunktion f (die in praktischen Anwendungen häufig erfüllt sind) stabil und *subkritische* Zweige instabil.

Die eindrucksvollste Konsequenz aus unserem einfachen Modell kommt sicherlich in Gl. (3.11 b) zum Vorschein. Man erinnere sich daran, daß wir es ursprünglich mit einer einfachen kubischen Gleichung mit glatter Abhängigkeit vom Parameter λ zu tun hatten. Jetzt sehen wir, daß diese völlig glatte Dynamik zu einer *Singularität* führt. Die Lösungen $x_\pm$ können in der Nachbarschaft des Bifurkationspunktes $\lambda = 0$ nämlich nicht in eine Potenzreihe nach λ entwickelt werden, sie hängen von λ in *nichtanalytischer* Weise ab. Der durch das Phänomen der Verzweigung bewirkte qualitative Verhaltenswechsel hinterläßt seine Spuren also auch auf mathematischer Ebene.

Nehmen wir uns ein Beispiel vor, das sogar noch einfacher ist. Wir betrachten das dissipative System

$$\frac{dx}{dt} = -x^2 + \mu, \tag{3.12}$$

in welchem der Kontrollparameter diesmal mit μ bezeichnet ist. Die Fixpunkte x_s sind jetzt

$$x_{\pm} = \pm \sqrt{\mu}, \tag{3.13}$$

sie sind in Fig. 3.9 b gegen μ aufgetragen. Wieder kann die zeitabhängige Gleichung exakt gelöst werden. Die Lösung zeigt, daß der Zweig x_- instabil ist, während der Zweig x_+ asymptotisch stabil ist. Wir stellen fest, daß der stabile und instabile Zweig dann, wenn μ von positiven Werten her abnimmt, bei $\mu = 0$ »zusammenstoßen« und sich anschließend gegenseitig annullieren. Aus diesem Grund bezeichnen wir den Punkt $\mu = 0$ als *Grenzpunkt* oder Falte. Wie auch aus Gl. (3.13) hervorgeht, ist seine Gegenwart wieder ein Anzeichen für das Auftreten von Singularitäten.

Wir wollen jetzt die zwei behandelten Beispiele kombinieren, indem wir das dissipative System

$$\frac{dx}{dt} = -x^3 + \lambda x + \mu \tag{3.14}$$

untersuchen. (Der quadratische Term aus Gl. (3.12) wurde weggelassen, da er mit Hilfe einer geeigneten Koordinatentransformation stets eliminiert werden kann.) Wir werden auf diese Weise auf ein Problem mit zwei Parametern λ und μ geführt. Die Fixpunkte ergeben sich jetzt aus der kanonischen Form der allgemeinen kubischen Gleichung,

$$-x_s^3 + \lambda x_s + \mu = 0.$$

Aus der elementaren Algebra ist bekannt, daß diese Gleichung bis zu drei verschiedene reelle Lösungen besitzen kann. Beim Verändern der Parameter verschmelzen die Lösungen irgendwann miteinander, und es bleibt nur noch eine Lösung übrig. Man kann in dem von den Parametern λ und μ aufgespannten *Parameterraum* Kurven angeben, die diese beiden Lösungsbereiche voneinander trennen, nämlich

$$4\lambda^3 + 27\mu^2 = 0. \qquad S \tag{3.15}$$

Diese Kurven sind in Fig. (3.10 a) wiedergegeben. Das Gebiet mit 3 reellen Lösungen hört bei einem Punkt (dem Ursprung 0 des Diagramms) auf, in welchem λ von μ in singulärer Weise abhängt. Man spricht hier von einer *Spitzensingularität*.

Die Figuren 3.10 b, c zeigen zwei verschiedene Darstellungen der Parameterabhängigkeit der Lösungen. In Fig. 3.10 b ist x_s bei

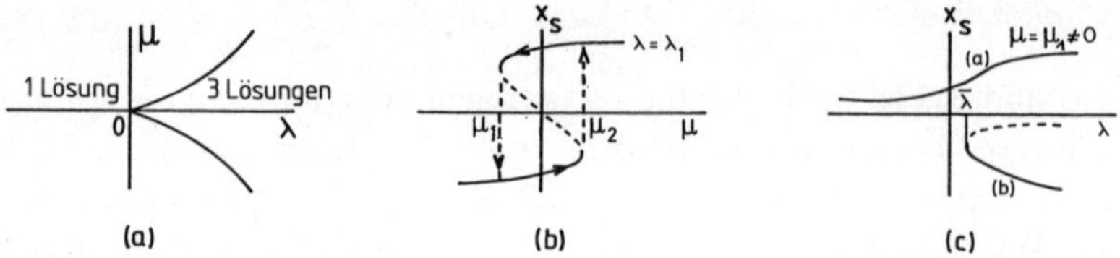

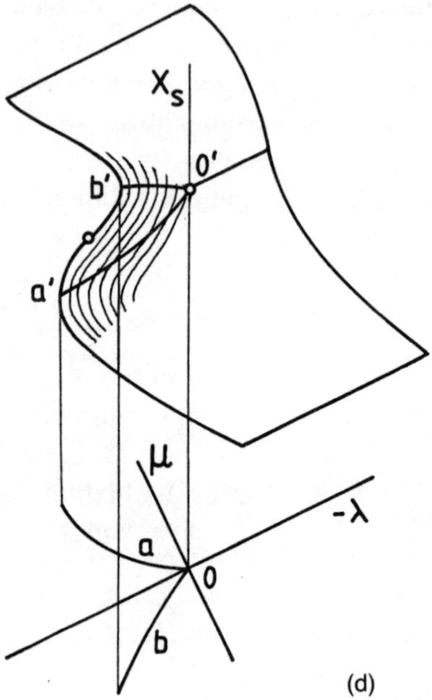

Fig. 3.10: Einfluß der Parameter auf die Bifurkation der stationären Lösungen von Gl. (3.14). (a): Kurve, die im Parameterraum den Existenzbereich für drei reelle Lösungen begrenzt; (b): Hystereseartiges Lösungsverhalten bei festem λ und variablem μ. Die Grenzpunktbifurkation ist robust; (c): Zerstörung der Gabelbifurkation für den Fall, daß der als »Störung« wirkende Parameter μ nicht identisch verschwindet; (d): dreidimensionale Darstellung, in der die Information der Diagramme (a)–(c) zusammengefaßt ist.

fest vorgegebenem λ gegen μ aufgetragen. Wir bekommen eine S-förmige Kurve, welche die Koexistenz mehrfacher Lösungen zu gegebenen Parameterwerten erkennen läßt. Zwei der Lösungszweige sind gleichzeitig stabil. Das bistabile Gebiet endigt in den zwei Grenzpunkten μ_1 und μ_2, in deren Nachbarschaft das in Fig. 3.9 b wiedergegebene Verhalten zu beobachten ist. Man überzeugt sich leicht davon, daß unter den gegebenen Umständen ein Anwachsen von μ über μ_1 hinaus bis nach μ_2 und eine anschließende Variation von μ in umgekehrter Richtung zu einem *Hysterese-Zyklus* führt, einem Phänomen also, das schon in Abschnitt 1.4 in Verbindung mit Experimenten zur Belousov-Zhabotinski-Reaktion eingeführt worden ist.

In Fig. 3.10 c ist x_s für festes μ gegen λ aufgetragen. Wir erhalten jetzt zwei disjunkte Kurven, von denen eine, (a), für alle Werte von λ definiert ist, während die andere, (b), nur für $\lambda \geqslant \bar{\lambda}$ erklärt ist und bei $\bar{\lambda}$ eine Faltensingularität aufweist. Für $\lambda < \bar{\lambda}$ steht nur eine stabile Lösung zur Verfügung, für $\lambda > \bar{\lambda}$ hat man jedoch wie zuvor Bistabilität. In Fig. 3.10 d ist schließlich die gesamte Information aus Fig. 3.10 a-c in einem zusammengefaßt, indem die Lösung x_s in einem dreidimensionalen Diagramm gegen die Parameter λ und μ aufgetragen wurde.

Es ist wichtig, sich klarzumachen, daß die in Fig. 3.9 a dargestellte Bifurkation für kein auch noch so kleines nichtverschwindendes $|\mu|$ auftreten kann. μ wirkt daher wie eine *»Störung«*, welche die Bifurkation zerstört. Andererseits stellt sich der Grenzpunkt aus Fig. 3.9 b als »robust« heraus, da er sich sowohl in Fig. 3.10 b als auch in Fig. 3.10 c wiederfindet. Werden λ und μ jedoch gleichzeitig variiert, so gibt es auch immer eine spezielle Wertekombination (in unserem Fall $\mu = 0$ und λ variabel), für die man die Bifurkation wiederfindet, wobei das System in der Lage ist, die Spitzensingularität (Fig. 3.10 a) auf symmetrische Weise zu durchqueren.

Tatsächlich bringt unsere recht einfache Diskussion ein tiefliegendes Konzept von großer Tragweite für die Theorie dynamischer Systeme zum Ausdruck: das Konzept der *strukturellen Stabilität.* Sie zeigt nämlich, daß bestimmte Phänomene wie die obige »Spitzenbifurkation« nur dann auftreten, wenn die Parameter des Problems mindestens eine Gleichung erfüllen. Da es sehr schwer sein wird, in einem physikalischen System eine derartige Forderung ganz exakt zu erfüllen, erwarten wir, daß solche Phänomene schon bei den kleinsten Veränderungen der Parameter verschwinden. Wir nennen das *strukturell instabil.* Andererseits gibt es auch Phänomene wie die Grenzpunktbifurkation (Fig. 3.9 b), die bei einer Veränderung der Kontrollparameter, welche die Struktur der Evolutionsgleichung beeinflußt, bestehen bleiben (selbst wenn sie dabei verlagert werden). Solche Phänomene nennen wir *strukturell stabil.* Man beachte, daß nach dieser Definition *alle konservativen Systeme strukturell instabil sind*: Das Auftreten kleiner dissipativer Terme (wie schwache Reibung beim Pendel) führt nämlich zu qualitativen Veränderungen des Phasenporträts, indem es bestimmten Vorzugslösungen, den Attraktoren, die Eigenschaft asymptotischer Stabilität verleiht.

Was wir in diesem Abschnitt unter dem Gesichtspunkt der physikalischen Anwendbarkeit bisher erreicht haben, ist die Identifizierung einiger mathematischer »Minimalmodelle«, welche eines der im Gefolge komplexer Verhaltensweisen experimentell beobachteten Übergangsphänomene reproduzieren. Gemeint ist das Auftreten mehrfacher und gleichzeitig stabiler Lösungen, welches die Fähigkeit zum Schalten und damit die Fähigkeit zum Ausführen von Regelungsaufgaben zum Ausdruck bringt. Wir müssen uns noch davon überzeugen, daß derartige mathematische Modelle interessante physikalische Realisierungen besitzen. Diese Aufgabe verschieben wir nach Abschnitt 3.6. Wir beschließen die jetzige Diskussion mit der Anmerkung, daß in Einvariablensystemen mit Nichtlinearitäten höherer Ordnung noch komplexere Übergangsphänomene möglich sind. Die Katastrophentheorie, ein spezieller Zweig der Theorie dynamischer Systeme, hat die Klassifizierung dieser Phänomene zum Gegenstand. Insbesondere bestimmt sie die Parameterbeziehungen, welche die Grenze zwischen qualitativ verschiedenen Verhaltensweisen definieren.

3.5 Dissipative Systeme in zweidimensionalen Phasenräumen. Grenzzyklen

Die Evolution der im vorigen Abschnitt betrachteten Einvariablensysteme fand in einem eindimensionalen Phasenraum statt. In der Terminologie von Abschnitt 3.1 sind die einzigen invarianten Mengen, die es in einem derartigen Raum geben kann, Fixpunkte (stationäre Zustände). Die Phasenraumtrajektorien sind einfach Halbgeraden, die je nach den Stabilitätseigenschaften der Fixpunkte auf diese zu oder von diesen weglaufen. Für die durch Gl. (3.10) und (3.12) beschriebenen Modelle wird dies durch Fig. 3.11 a bzw. b illustriert.

In einem zweidimensionalen Phasenraum lassen topologische Betrachtungen natürlich auf eine wesentlich größere Flexibilität schließen; unsere Diskussion aus Abschnitt 3.1 zeigt jedoch, daß weiterhin ziemlich einschränkende Bedingungen bestehen und die verschiedenen Möglichkeiten begrenzen. In einem derartigen Phasenraum spielt sich die Evolution eines Zweivariablensystems ab. Natürlich erwarten wir, daß dieses dieselben invarianten Mengen wie ein Einvariablensystem besitzt, nämlich Fixpunkte. Da kon-

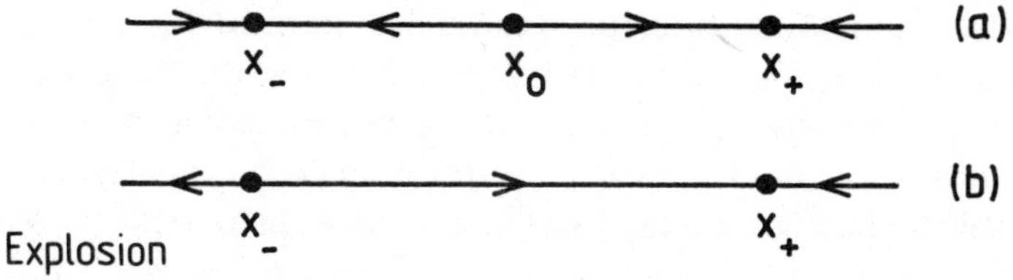

Fig. 3.11: Phasenraumtrajektorien eines dissipativen Einvariablensystems. (a): eine instabile und zwei asymptotisch stabile Lösungen wie in Fig. 3.9 a; (b): eine instabile und eine asymptotisch stabile Lösung wie in Fig. 3.9 b.

servative Systeme mit einem Freiheitsgrad ja eine spezielle Klasse von Zweivariablensystemen bilden, erwarten wir außerdem, unter bestimmten Bedingungen den in Abschnitt 3.3 diskutierten Phasenporträts integrabler Systeme zu begegnen. Insbesondere können sich Fixpunkte als Sattelpunkte oder Wirbel verhalten, ein Wirbel kann von einem Kontinuum geschlossener Trajektorien umgeben sein, und die Separatrizes der Sattelpunkte können gebogen sein, um wie in Fig. 3.8 zwei instabile Zustände in einer Schleife zu verbinden. Es entsteht die Frage, ob wegen der zusätzlichen Phasenraumdimension außer den eben aufgeführten Möglichkeiten noch weitere erwartet werden können, die neu sind und speziell mit dem dissipativen Charakter des Systems zusammenhängen.

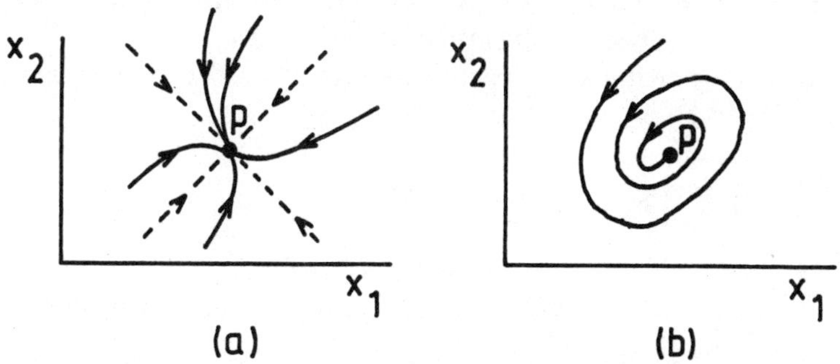

Fig. 3.12: Mögliche Phasenraumkonfigurationen um einen Fixpunkt P eines Zweivariablensystems, die in dissipativen Systemen zusätzlich zu den in konservativen Systemen möglichen Konfigurationen (Sattelpunkt und Wirbel) auftreten können. (a): asymptotisch stabiler Knoten. Die Lösungen laufen monoton auf P zu; (b): asymptotisch stabiler Fokus. Die Lösungen laufen auf P zu, indem sie gedämpfte Schwingungen vollführen. In beiden Fällen bildet P einen nulldimensionalen (Punkt-)Attraktor.

Fig. 3.12 beschreibt eine erste Möglichkeit, die sich darauf bezieht, wie der Fixpunkt P im Laufe der Zeit angenähert wird. In beiden dargestellten Fällen ist P asymptotisch stabil, die Phasenporträts in der Nachbarschaft von P sind jedoch grundlegend verschieden (dies war in Fig. 3.11 natürlich nicht möglich!). In (a) laufen die Trajektorien für $t \to \infty$ mehr oder weniger radial auf den Fixpunkt zu, was für Störungen in der Nachbarschaft von P einem zeitlich exponentiellen Abfallen entspricht. Wir bezeichnen diese Konfiguration als (stabilen) *Knoten*. In (b) vollführen die Trajektorien dagegen um P eine Spiralbewegung, bevor sie schließlich gegen P konvergieren. In der Zeitabhängigkeit der Variablen drückt sich dies in Form gedämpfter Oszillationen aus. Wir bezeichnen diese Konfiguration als (stabilen) *Fokus*. Man beachte, daß die Konfigurationen, in welchen alle Pfeile umgedreht sind, ebenfalls möglich sind; in diesem Fall hätte man es mit einem instabilen Knoten bzw. einem instabilen Fokus zu tun. Unabhängig von ihrem Stabilitätsverhalten können Knoten- und Fokus-Punkte nur in dissipativen Systemen auftreten, da sie ganz offensichtlich die Invarianz gegenüber Zeitumkehr verletzen.

Am interessantesten ist sicherlich die in Fig. 3.13 dargestellte Möglichkeit. In dem betrachteten Teil des Phasenraums besitzt das System einen einzelnen Fixpunkt P, der für die gewählten Parameterwerte instabil ist. Trajektorien, die in der Nähe von P beginnen, können von P nicht angezogen werden und neigen zum Divergieren. In einer physikalisch vernünftigen Situation kann diese Divergenz jedoch nicht nach Unendlich führen, da dies bedeuten würde,

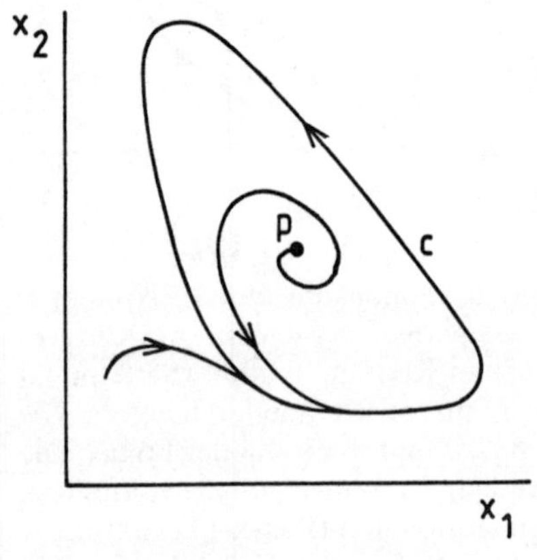

Fig. 3.13: Periodischer Attraktor: die Phasenraumtrajektorien laufen auf einen Grenzzyklus C zu, der einen instabilen Fixpunkt P umgibt.

daß das System eine unendlich große Menge an Materie oder Energie aufnehmen bzw. abgeben kann. Wir erwarten daher, daß die Trajektorien beschränkt bleiben und dennoch die in Abschnitt 3.1 erläuterten Forderungen (keine Selbstüberschneidung etc.) erfüllen. In einem zweidimensionalen Phasenraum besteht die einzige verbleibende Möglichkeit darin, daß die Trajektorien auf einer geschlossenen Kurve (C in Fig. 3.13) auslaufen. Wir bezeichnen solche Kurven, die zuerst von Poincaré entdeckt wurden, als *Grenzzyklen*. In dem speziellen Beispiel von Fig. 3.13 ist der gezeigte Grenzzyklus asymptotisch stabil. Sobald man sich einmal über die Möglichkeit der Existenz geschlossener Kurven, die in endlichem Abstand von jeder anderen geschlossenen Kurve verlaufen (dies ist anders als bei konservativen Systemen!), klar geworden ist, kann man noch andere Konfigurationen ins Auge fassen. So kann C zum Beispiel orbital instabil sein, und die abgestoßenen Trajektorien können gegen einen anderen Grenzzyklus oder gegen einen stabilen Fixpunkt konvergieren. In jedem Fall durchläuft das System nach Abschnitt 3.1 immer wieder dieselbe Folge von Zuständen, sobald es sich auf einem Grenzzyklus befindet; mit anderen Worten, es zeigt ein periodisches Zeitverhalten. Ein asymptotisch stabiler Grenzzyklus bildet also einen *periodischen Attraktor*. Ein solcher ist vermöge seiner asymptotischen Stabilität robust gegenüber Störungen und bildet daher das natürliche Urbild für die Beschreibung der reproduzierbaren rhythmischen Naturphänomene, die wir in Kapitel 1 aufgeführt haben.

Wir wollen jetzt den Mechanismus studieren, der für die Ausbildung eines Grenzzyklus verantwortlich ist. Um ein deutliches Gefühl für das Minimum an benötigten Voraussetzungen zu entwikkeln und um technische Einzelheiten soweit wie möglich zu umgehen, betrachten wir zuerst ein exakt lösbares Modell. Man stelle sich ein konservatives Zweivariablensystem vor (nach Abschnitt 3.3 ist es automatisch integrabel), wie zum Beispiel den harmonischen Oszillator. In Wirkungs-Winkel-Variablen wird seine Evolution durch ein den Gln. (3.8) ähnliches Gleichungssystem beschrieben:

$$\frac{dr}{dt} = 0$$

$$\frac{d\varphi}{dt} = \omega.$$

Hierin ist die Wirkungsvariable aus Gründen, die bald klar werden, mit r bezeichnet. Für einen vorgegebenen Wert von r läuft dieses System wie in Fig. 3.6 auf einer geschlossenen Trajektorie, die an einen Grenzzyklus erinnert. Diese unterscheidet sich von einem solchen aber trotzdem dadurch, daß sie zu einem Kontinuum geschlossener Trajektorien gehört. Wir modifizieren nun das betrachtete System, indem wir eine *dissipative Störung* hinzufügen, welche die Symmetrie gegenüber Zeitumkehr verletzt. Die Störung wählen wir so, daß auch noch ein Fixpunkt auftritt und der resultierende Grenzzyklus – wenigstens unter bestimmten Bedingungen – asymptotisch stabil ist. Sicherlich wäre es nicht besonders sinnvoll, eine dissipative Störung auf die Winkelvariable φ einwirken zu lassen, da diese bei jedem Umlauf um die periodische Trajektorie »passiv« um 2π anwächst. Wir stören daher nur den radialen Teil, indem wir auf der rechten Seite einen nichttrivialen Beitrag hinzufügen. Nach Abschnitt 3.4 (vgl. Gl. (3.10)) ist die einfachste Störung, die diese Forderung erfüllt, ein Polynom dritten Grades. Wir setzen daher

$$\begin{aligned} \frac{dr}{dt} &= \lambda r - r^3 \\ \frac{d\varphi}{dt} &= \omega. \end{aligned} \tag{3.16}$$

Die erste Gleichung ist identisch mit (3.10), nur muß jetzt die zusätzliche Forderung gestellt werden, daß der Radius r positiv ist. Das Verhalten ihrer Lösungen folgt unmittelbar aus Fig. 3.9 a und ist in Fig. 3.14 dargestellt. Für $\lambda < 0$ existiert nur die triviale Lösung $r = 0$, und diese ist stabil. In dem durch die Orthogonalkoordinaten

$$x_1 = r \cos \varphi, \qquad x_2 = r \sin \varphi$$

aufgespannten Phasenraum konvergieren die Trajektorien gegen den Fixpunkt $x_1 = x_2 = 0$, der wegen der Tatsache, daß sich die Winkelvariable (Phase) φ gemäß

$$\varphi = \varphi_0 + \omega t \tag{3.17}$$

verändert (φ_0 ist die Anfangsphase), die Eigenschaften eines Fokus besitzt (siehe Fig. 3.14 b). Ist jedoch $\lambda > 0$, so erlaubt die erste der Gln. (3.16) die nichttriviale Lösung $r_s = \sqrt{\lambda}$, die asymptotisch stabil ist, während der Fixpunkt $r = 0$ jetzt instabil wird. Im Phasenraum (Fig. 3.14c) wird dies durch Trajektorien dargestellt, die sich spiralförmig vom Fixpunkt wegwinden und gegen die geschlossene Kurve $r_s = \sqrt{\lambda}$ – den Grenzzyklus – konvergieren. $\lambda = 0$ bildet daher einen Bifurkationspunkt neuen Typs, man spricht von einer *Hopf-Bifurkation*. Im Gegensatz zu den statischen Bifurkationen, denen wir in Abschnitt 3.4 begegnet sind und die alle schließlich zu zeitunabhängigen Lösungen geführt haben, bildet die Hopf-Bifurkation ein dynamisches Phänomen, das zu einem periodischen Zeitverhalten führt. In dem Maße, wie der Parameter λ über seinen Wert am Bifurkationspunkt hinauswächst, wird die Amplitude der Lösung vom Wert Null ausgehend immer größer, was aus Fig. 3.14a deutlich abzulesen ist. Außerdem hängt die Amplitude in nichtanalytischer Weise vom Abstand des Bifurkationspunktes ab. Andererseits ist die Periode der Oszillation im allgemeinen schon am Bifurkationspunkt von Null verschieden, es sei denn, daß in Gl. (3.16) ω verschwindet. In jedem Fall liegt der springende Punkt darin, daß sowohl die Periode als auch die Amplitude ureigene Charakteristika des Systems darstellen, da sie nur von den in den Evolutionsgleichungen auftretenden Größen λ und ω abhängen. Dies ist markant verschieden von den Verhältnissen in konservativen Systemen, bei denen die Charakteristika der Schwingungen von den Anfangsbedingungen abhängen. Wir haben damit also ein einfaches mathematisches Modell in der Hand, welches die wesentlichen Eigenschaften einer großen Klasse rhythmischer Phänomene reproduziert, wie wir sie in Kapitel 1 angetroffen haben.

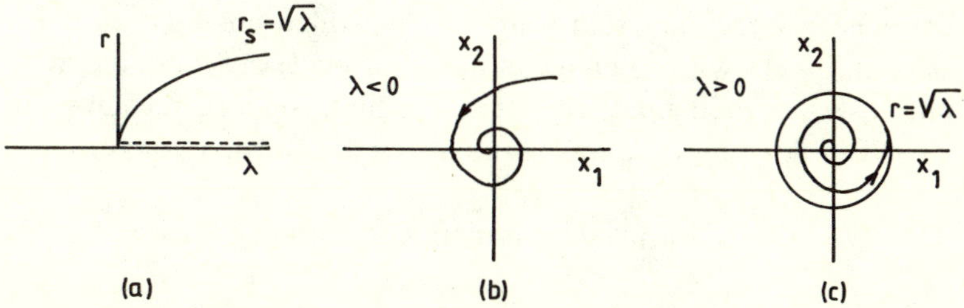

Fig. 3.14: Veranschaulichung einer Hopfbifurkation am einfachen Modell der Gl. (3.16). (a): Radius des Grenzzyklus als Funktion des Kontrollparameters λ; (b), (c): Phasenporträts für $\lambda < 0$ bzw. $\lambda > 0$.

Solange r und φ in Gl. (3.16) die Eigenschaften einer radialen bzw. einer Winkelvariablen besitzen, kann man sich unter Berufung auf das Eindeutigkeitstheorem für die Lösungen davon überzeugen, daß diese Gleichungen gegenüber kleinen Parameterveränderungen nicht die Empfindlichkeit der Gln. (3.10) aufweisen (vgl. Fig. 3.10). Dies stellt sich als eine allgemeingültige Eigenschaft heraus: *Die Hopf-Bifurkation ist ein strukturell stabiles Phänomen.*

Dissipative Zweivariablensysteme können noch kompliziertere Übergangsphänomene in Gang setzen. Die entsprechenden Bifurkationen sind jedoch strukturell instabil, da sie die Erfüllung einer Gleichung zwischen Parametern erforderlich machen. In diesem Zusammenhang ist der Hinweis nützlich, daß es in der Theorie dynamischer Systeme gelungen ist, eine vollständige Klassifikation aller strukturell stabilen Phasenporträts zu erstellen, die in Systemen mit einem zweidimensionalen Phasenraum überhaupt auftreten können.

3.6 Reduktion auf niedrigdimensionale Systeme: Ordnungsparameter und Normalformen

In den beiden letzten Abschnitten haben wir gesehen, daß in niedrigdimensionalen Phasenräumen bestimmte Phänomene eine durch Parameterveränderungen hervorgerufene Strukturveränderung der Evolutionsgleichungen überstehen können. Es ist daher zu erwarten, daß diese Phänomene wenigstens für den Bereich der Ein- und Zweivariablensysteme *typisch* sind, d. h., daß sie für große Klassen derartiger Systeme innerhalb gewisser Parameterbereiche beobachtbar sein sollten. Wir wollen uns hiervon überzeugen, indem wir uns einige einfache Modelle ansehen, die nicht nur abstrakte mathematische Beispiele sind, sondern auch aus den Gesetzen der Physik und Chemie abgeleitet werden können.

A. Spitzen- und Grenzpunktbifurkationen

Diese Phänomene werden sehr schön durch Modelle aus der chemischen Reaktionskinetik illustriert. Wie in Abschnitt 1.4 und 2.4 besprochen wurde, ist eine chemische Reaktion in der Regel mit

Stößen zwischen Molekülen verbunden, wobei die Stoßfrequenz in guter Näherung proportional zum Produkt der Konzentrationen der beteiligten Reaktionspartner ist. Dies führt sofort zu polynomischen Nichtlinearitäten, welche die Grundlage für die in Abschnitt 3.4 abgeleiteten Ergebnisse gebildet haben.

Eine sehr nützliche Veranschaulichung dieser Möglichkeiten liefert das im Reaktionsschema (2.15) eingeführte autokatalytische Einvariablenmodell. Wie in Gl. (2.17) gezeigt wurde, erhält man die Fixpunkte als Lösungen einer kubischen Gleichung. Im thermischen Gleichgewicht läßt diese Gleichung nur eine einzige Lösung zu. Weit entfernt vom Gleichgewicht läßt der alternierende Vorzeichenwechsel bei den verschiedenen Termen jedoch auf bis zu drei verschiedene reelle Lösungen schließen. Nun kann jede kubische Gleichung bekanntlich durch eine einfache lineare Variablentransformation auf eine der Gl. (3.14) entsprechende »kanonische Form« gebracht werden. Hieraus folgt, daß das Modell (2.15), welches mit den durch die Thermodynamik und die chemische Reaktionskinetik auferlegten Erfordernissen verträglich ist, alle die in Abschnitt 3.4 diskutierten statischen Bifurkationsphänomene aufweist.

B. Hopf-Bifurkation und Grenzzyklen

Auch hierfür hat die chemische Reaktionskinetik schöne und illustrative Beispiele anzubieten. Davon ist das trimolekulare Modell oder der Brüsselator eines der am umfassendsten untersuchten. Er enthält zwei gekoppelte Zwischenschritte und einen autokatalytischen Schritt, und zur Vereinfachung wird er meistens im Grenzfall irreversibler Reaktionen behandelt:

$$\begin{aligned} A &\rightarrow X \\ B + X &\rightarrow Y + D \\ 2X + Y &\rightarrow 3X \\ X &\rightarrow F. \end{aligned} \tag{3.18}$$

Außerdem wird angenommen, daß die Konzentrationen A und B von außen gesteuert werden. Im Grenzfall eines räumlich homogenen (gut durchgerührten) Systems lauten die Reaktionsgeschwindigkeits-Gleichungen

$$\frac{dX}{dt} = A - BX + X^2Y - X$$
$$\frac{dY}{dt} = BX - X^2Y. \tag{3.19}$$

Indem man die Zeitableitungen gleich Null setzt, findet man leicht, daß das System einen eindeutigen Fixpunkt $X_s = A$, $Y_s = B/A$ besitzt. Mit Hilfe von Standardmethoden der Analysis zeigt man außerdem, daß dieser Fixpunkt ein stabiler Fokus ist (vgl. Fig. 3.12b), wenn B etwas kleiner als $A^2 + 1$ ist, und ein instabiler Fokus, wenn B etwas größer als $A^2 + 1$ ist. Im zuletzt genannten Bereich existiert eine Lösung mit Grenzzyklus, die in Fig. 3.15 dargestellt ist. Ihre Charakteristika sind genau dieselben wie die, welche wir für das in Abschnitt 3.5 benutzte abstrakte mathematische Modell beschrieben haben. Mit anderen Worten, der kritische Wert

$$B_k = A^2 + 1 \tag{3.20}$$

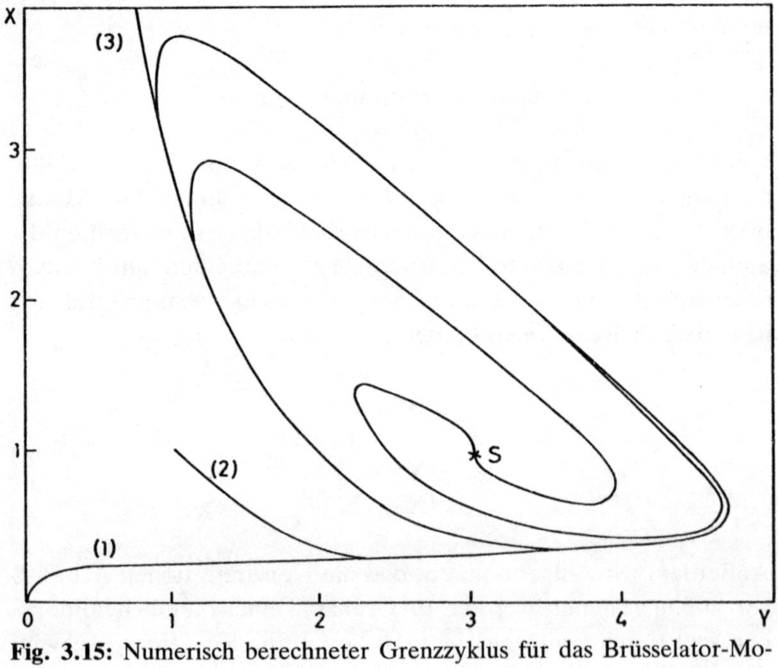

Fig. 3.15: Numerisch berechneter Grenzzyklus für das Brüsselator-Modell, Gl. (3.19). Parameterwerte: A = 1, B = 3.

ist ein Hopf-Bifurkationspunkt. Tatsächlich geht die Analogie zwischen den Gln. (3.19) und dem abstrakten mathematischen Modell noch viel weiter, aber wir verschieben die Diskussion hierüber auf eine spätere Stelle in diesem Abschnitt.

Eine weitere Klasse von Zweivariablensystemen, die zu Grenzzyklen führen, bilden elektrische Stromkreise. Hier entstehen die Nichtlinearitäten durch die Anwesenheit *aktiver Elemente* (Elektronenröhren, Transistoren etc.), die zu einer nichtlinearen Strom-Spannungs-Charakteristik führen. Ein klassisches Beispiel bildet die induktive Kopplung zwischen einer Triode und einem Resonanzkreis, die zuerst ausführlich von dem holländischen Wissenschaftler van der Pol studiert worden ist. Benutzt man die wohlbekannten Ladungserhaltungssätze für Stromkreise, so bekommt man eine geschlossene Gleichung für die über die Induktivität des Resonanzkreises abfallende Spannung x. In dimensionslosen Variablen lautet diese

$$\frac{d^2x}{dt^2} - \varepsilon\,(1 - x^2)\,\frac{dx}{dt} + x = 0, \tag{3.21}$$

wo der Parameter ε mit den Eigenschaften der Triode und des Resonanzkreises zusammenhängt. Die Untersuchung dieser Gleichung in dem klassischen Werk von van der Pol erbrachte den Nachweis für die Existenz einer permanenten Schwingung vom Typ eines Grenzzyklus.

In der Elektronik bildet das Auftauchen solcher Schwingungen ein wohlbekanntes, wenn auch manchmal unerwünschtes Ereignis, das als Selbsterregung bezeichnet wird.

Aber die Bedeutung der in Abschnitt 3.4 und 3.5 beschriebenen Bifurkationen geht weit über ihre Anwendbarkeit auf Ein- oder Zweivariablensysteme hinaus. Bei den meisten physikalischen Problemen wird man von Anbeginn an mit einer Vielzahl von Variablen konfrontiert (ungefähr 10 bei der Belousov-Zhabotinski-Reaktion!). Wären diese Bifurkationen auf die oben besprochenen ziemlich exzeptionellen Systeme beschränkt, so würden sie eher eine nette Kuriosität als wirksame Werkzeuge zur Untersuchung natürlich vorkommender Systeme darstellen.

Glücklicherweise ist dem nicht so. Es gibt nämlich zwei ziemlich allgemeine (jedoch nicht völlig voneinander unabhängige) Mechanismen, aufgrund deren die Bildung von Spitzen-, Grenzpunkt-

und Hopf-Bifurkationen, wie sie in Abschnitt 3.4 und 3.5 beschrieben wurde, in extrem weiten Systemklassen auftritt, und zwar unabhängig von der Zahl der Systemvariablen und vom Grad der beteiligten Nichtlinearitäten.

Beginnen wir mit dem konzeptionsmäßig einfacheren Mechanismus, der bei Lesern, die Erfahrung in Chemie besitzen, wohl unmittelbar vertraute Erinnerungen hervorruft. In vielen Fällen führt die Dynamik eines physikalisch-chemischen Systems infolge von Größenordnungsunterschieden bei den auftretenden Werten der Parameter und/oder Zustandsvariablen zu einer Vielzahl weit auseinanderliegender Zeitskalen. Zum Beispiel finden in der Chemie katalytische Reaktionen unter Laborbedingungen im allgemeinen bei Katalysatorkonzentrationen statt, die viel kleiner als die Konzentration der Ausgangs- oder Endprodukte sind. Dabei sind die Reaktionsgeschwindigkeiten viel größer, als wenn der Katalysator abwesend wäre. Infolgedessen gehen einige Zwischenschritte, an denen katalytisch wirksame Komplexe beteiligt sind, sehr schnell vonstatten. Bei der Verbrennung sind die Aktivierungsenergien einiger exothermer Reaktionen sehr hoch, sodaß diese Reaktionen wenigstens im Anfangsstadium viel langsamer ablaufen als der Transport von Energie und Impuls. Ähnliche Beispiele findet man in der Biologie, der Optik usw.

Intuitiv würden wir erwarten, daß die »schnellen Variablen« während eines Zeitintervalls, in dem sich die »langsamen Variablen« kaum verändern, ein großes Stück ihrer Entwicklung hinter sich bringen, solange, bis sie ein Niveau erreichen, welches einer stationären Lösung ihrer Evolutionsgleichungen entspricht. Dabei besteht jedoch ein wesentlicher Unterschied: Die Werte, welche die schnellen Variablen in dieser Phase an den langsamen Variablen zu »sehen« bekommen, sind nicht deren stationäre Werte, sondern ihre aus den langsamen Bewegungsgleichungen folgenden Momentanwerte. Bezeichnen wir die schnellen und langsamen Variablen mit Y bzw. mit X, so haben wir daher in diesem »quasistationären Zustand« eine Beziehung der Form

$$Y = h(X), \tag{3.22 a}$$

die im wesentlichen die Rolle einer »Zustandsgleichung« spielt. Setzen wir diesen Ausdruck in die Gleichungen für die langsamen

Variablen ein, in denen sowohl X als auch Y vorkommen, so erhalten wir

$$\frac{dX}{dt} = F(X,Y) = F(X,h(X)) \equiv f(X). \tag{3.22 b}$$

Dies ist ein geschlossenes Gleichungssystem für X. Es ist uns also gelungen, durch Elimination der schnellen Variablen die Zahl der vorkommenden Variablen beträchtlich zu verringern. Dies steht in Analogie zu den Ideen, welche hinter dem in der Chemie und insbesondere in der Enzymkinetik wohlvertrauten »geschwindigkeitsbestimmenden Schritt« und der »quasistationären Näherung« stehen. Falls die Zahl der verbleibenden langsamen Variablen – was häufig zutrifft – nur eins oder zwei ist, darf man die Ergebnisse aus Abschnitt 3.4 und 3.5 auf Systeme anwenden, die viel allgemeiner sind als die dort betrachteten abstrakten mathematischen Modelle. Wir werden in Abschnitt 6.3 ein explizites Beispiel behandeln.

In der vorausgegangenen Diskussion haben wir uns wiederholt auf unsere Intuition berufen. Tatsächlich ist es jedoch möglich, alle wesentlichen Schlußfolgerungen auf eine rigorose Grundlage zu stellen, und zwar vermöge eines von dem sowjetischen Mathematiker Tikhonov bewiesenen Theorems, in welchem auch die genauen Bedingungen angegeben sind, die von den Geschwindigkeitsfunktionen und Parametern erfüllt werden müssen.

Wir wollen jetzt den zweiten, viel komplizierteren Mechanismus besprechen, der die Reduktion eines ursprünglichen Vielvariablensystems auf wenige Variablen ermöglicht. Dazu gehen wir von einem Gleichungssystem der Form (3.1) aus, in welchem die Variablenzahl n sehr hoch sein kann. Mit Hilfe einer Standardmethode, der sogenannten *linearen Stabilitätsanalyse*, kann man diejenigen Parameterwerte λ bestimmen, bei denen ein bestimmter Referenzzustand $\{X_{sj}\}$ von asymptotisch stabil in instabil umschlägt. Leser, die an technischen Einzelheiten interessiert sind, finden im Anhang I eine kompakte Darstellung dieser Methode sowie einige Veranschaulichungen anhand einfacher Modelle. Hier skizzieren wir nur die wesentlichen Ideen.

Wie schon in Abschnitt 2.6 besprochen wurde, wird das Stabilitätsverhalten eines Systems hauptsächlich durch seine Reaktion auf Störungen oder Fluktuationen bestimmt. Es ist daher natürlich, die dynamischen Gesetze (3.1) in eine Form zu bringen, in der die Störungen explizit auftreten. Wir setzen

$$X_i(t) = X_{si} + x_i(t), \tag{3.23}$$

substituieren dies in Gl. (3.1), berücksichtigen, daß X_{si} ebenfalls eine Lösung dieser Gleichungen ist, und kommen so zu

$$\frac{dx_i}{dt} = F_i(\{X_{sj} + x_j\},\lambda) - F_i(\{X_{sj}\},\lambda).$$

Diese Gleichungen sind homogen in dem Sinn, daß ihre rechten Seiten verschwinden, wenn alle $x_i = 0$ sind. Um eine durchsichtigere Form dieses homogenen Systems zu bekommen, entwickeln wir $F_i(\{X_{sj} + x_j\},\lambda)$ um $\{X_{sj}\}$ und geben vom Ergebnis explizit nur den linearen Anteil an; zu diesem tritt ein nichtlinearer Korrekturterm hinzu, dessen Struktur an dieser Stelle nicht näher spezifiziert werden muß:

$$\frac{dx_i}{dt} = \sum_j L_{ij}(\lambda)x_j + h_i(\{x_j\},\lambda) \quad i = 1, \cdots, n. \tag{3.24}$$

L_{ij} sind die Koeffizienten des linearen Anteils und h_i die nichtlinearen Beiträge. Der Satz der L_{ij} definiert einen *Operator* (in unserem Fall eine $n \times n$ Matrix), der vom Referenzzustand X_s und von den Parametern λ abhängt.

Ein grundlegendes Ergebnis der ausführlicher im Anhang I diskutierten Theorie ist nun, daß die Eigenschaft des Referenzzustandes $X = X_s$ (oder $x = 0$) des Systems (3.24), asymptotisch stabil oder instabil zu sein, identisch ist mit den entsprechenden Ergebnissen der linearisierten Version

$$\frac{dx_i}{dt} = \sum_j L_{ij}(\lambda)x_j \quad i = 1, \cdots, n \tag{3.25}$$

dieses Systems. Nur für den Grenzfall, daß $X = X_s$ (oder $x = 0$) zwar Ljapunov stabil aber nicht mehr asymptotisch stabil ist, kann diese Linearisierung unzulässig werden. Das Stabilitätsproblem reduziert sich hierdurch auf ein lineares Problem, das mit Hilfe elementarer Methoden gelöst werden kann.

Fig. 3.16 faßt die charakteristischen Ergebnisse einer mit diesem Verfahren durchgeführten Stabilitätsanalyse zusammen. Man

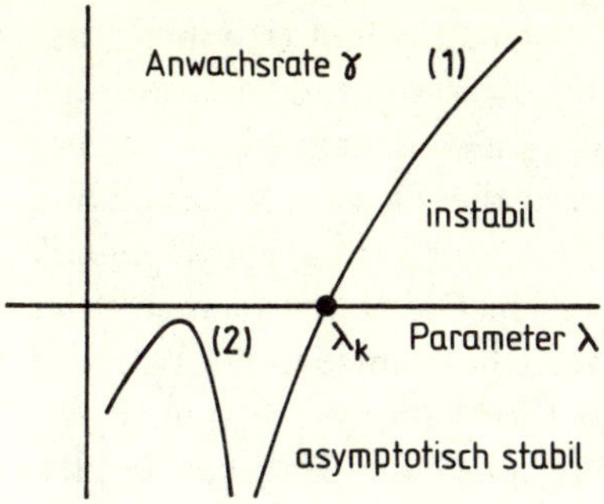

Fig. 3.16: Anwachsrate γ der Störungen als Funktion des Kontrollparameters λ, abgeleitet mit Hilfe der linearen Stabilitätsanalyse (vgl. Gl. (3.25)). Kurve (1): der Referenzzustand ist für $\lambda < \lambda_k$ stabil und wird für $\lambda > \lambda_k$ instabil, wo λ_k den kritischen Parameterwert marginaler Stabilität angibt. Kurve (2): Der Referenzzustand bleibt für alle λ-Werte asymptotisch stabil.

erhält die Anwachsrate γ der Störungen als Funktion eines Kontrollparameters (oder mehrerer). Solange $\gamma < 0$ bleibt (was in Fig. 3.16 auf Zweig (1) für $\lambda < \lambda_k$ gilt), ist der Referenzzustand asymptotisch stabil; für $\gamma > 0$ ($\lambda > \lambda_k$ auf Zweig (1) in Fig. 3.16) wird er instabil. Für $\lambda = \lambda_k$ hat man einen Zustand *marginaler Stabilität*, den Grenzzustand zwischen asymptotischer Stabilität und Instabilität.

Im allgemeinen führt ein Vielvariablensystem zu einem ganzen Spektrum von Anwachsraten γ, so, wie es in einem Kristall eine Vielzahl verschiedener Vibrationsmoden gibt. Aus diesem Grund wird man in Fig. 3.16 mehrere Kurven $\gamma(\lambda)$ haben. Wir nehmen zuerst einmal an, daß von all diesen Kurven nur eine (Kurve (1) in Fig. 3.16) die λ-Achse schneidet, während alle anderen unterhalb von dieser verlaufen. In diesem Fall kann man zeigen, daß unter wohldefinierten und nicht sehr einschränkenden Bedingungen, die genauer in Anhang II besprochen werden, *bei $\lambda = \lambda_k$ eine Abzweigung neuer Lösungszweige stattfindet*. Hier können zwei Fälle unterschieden werden:

(i) Verhalten sich die Störungen bei $\lambda = \lambda_k$ nichtoszillatorisch (was z. B. in Fig. 3.12 a der Fall ist), so entsprechen die bifurkierenden Lösungszweige stationären Zuständen.

(ii) Verhalten sich die Störungen bei $\lambda = \lambda_k$ oszillatorisch (siehe z. B. Fig. 3.13), so entsprechen die bifurkierenden Lösungszweige zeitlich periodischen Lösungen in der Form von Grenzzyklen.

Liegen die Parameterwerte λ in der Nähe der kritischen Werte λ_k, so kann man zur Beschreibung der allgemeinen Lösungen (unter denen die obigen bifurkierenden Lösungszweige enthalten sind) einen geeigneten Satz von Größen definieren, die einem geschlossenen System von Gleichungen genügen. Im Fall (i) gibt es nur *eine* derartige Größe, die ein Maß für die Amplitude der bifurkierenden Lösungen bildet. Im Fall (ii) gibt es dagegen *zwei* solcher Größen, welche die Amplitude sowie die Phase der Oszillation charakterisieren. Im Endeffekt wird die ursprüngliche Dynamik also in eine einzige Gleichung bzw. ein Gleichungspaar mit der Information über das Bifurkationsverhalten sowie in n-1 bzw. n-2 Gleichungen zerlegt, die sich für das Bifurkationsverhalten als »irrelevant« herausstellen. Die Größen, welche den Bifurkationsgleichungen genügen, bezeichnen wir als *Ordnungsparameter*.

Zu unserer großen Überraschung stellt sich heraus, daß die Bifurkationsgleichungen genau dieselbe Form besitzen wie die abstrakten mathematischen Modelle, die in Abschnitt 3.4 und 3.5 zur Spitzen- und Hopf-Bifurkation geführt haben. Anders ausgedrückt kann jede Dynamik, die eine der obigen Bedingungen (i) – (ii) erfüllt, in der Nähe des Bifurkationspunktes in eine universelle *Normalform* überführt werden. Dieses wichtige Ergebnis war tatsächlich schon Poincaré bekannt; es war jedoch der amerikanische Mathematiker G. Birkhoff, der es für das Studium von Bifurkationen in konservativen Systemen sehr weit entwickelt hat. Bei dissipativen Systemen verbindet man die Idee der Reduktion auf wenige Ordnungsparameter häufig mit dem Namen des sowjetischen Physikers L. Landau, und zwar im Zusammenhang mit seiner Theorie der Phasenübergänge. In der mathematischen Literatur wird sie häufig als Ljapunov-Schmidt-Verfahren bezeichnet, seit kurzem auch als *Zentrummannigfaltigkeits-Theorie*. Der interessierte Leser findet in Abschnitt II eine kompakte Ableitung der Bifurkationsgleichungen.

Man kann sich noch kompliziertere Situationen vorstellen, bei denen in Fig. 3.16 mehrere Zweige die λ-Achse überqueren. Hier kommt es zu einer Wechselwirkung zwischen den abzweigenden Lösungen, die zur Ursache *sekundärer* und sogar *tertiärer* Bifurkationsvorgänge wird. Die obigen Ergebnisse greifen dabei in dem Sinn durch, daß sich der Teil der Dynamik, welcher die Information über bifurkierende Lösungszweige liefert, mit Sicherheit in einem Phasenraum reduzierter Dimensionszahl abspielt. Die explizite Konstruktion der Normalform wird hierfür jedoch wesentlich komplizierter.

Zusammenfassend kann daher gesagt werden, daß die in Abschnitt 3.4 und 3.5 untersuchten statischen und dynamischen Bifurkationen authentische *Urformen von Komplexität* darstellen, d. h. sie sind in großen Klassen von Systemen und unter ganz verschiedenen Umständen anzutreffen. Wir werden im nächsten Abschnitt sehen, daß sie trotz ihrer Allgemeinheit nur einen Teil des erstaunlichen Repertoirs an Verhaltensweisen dynamischer Systeme bilden.

3.7 Rückkehr zum Phasenraum: Topologische Mannigfaltigkeiten und Fraktale

Wir haben gesehen, daß in allen Systemen, die eine Reduktion der Dynamik auf einen ein- oder zweidimensionalen Phasenraum zulassen, das Systemverhalten durch die topologischen Einschränkungen an alle niedrigdimensionalen Bewegungen einschneidend begrenzt wird. Insbesondere stellt sich heraus, daß Fixpunkte und Grenzzyklen die einzig möglichen Attraktoren sind.

Wir interessieren uns jetzt für die qualitativen Eigenschaften von dynamischen Systemen, deren Entwicklung sich in Phasenräumen mit mehr als zwei Dimensionen abspielt. Schon am Ende von Abschnitt 3.1 hatten wir darauf hingewiesen, daß die durch die zusätzlichen Dimensionen ins Spiel gebrachte Freiheit mit großer Wahrscheinlichkeit den Ausgangspunkt für völlig neue Verhaltensweisen bildet. Unabhängig von diesen neuen Aspekten erwarten wir natürlich, alle Eigenschaften ein- und zweidimensionaler Systeme wiederzufinden, insbesondere also den Fixpunkt- und den Grenzzyklus-Attraktor. Natürlich wird die topologische Struktur der Trajektorien in deren Umgebung jetzt komplizierter sein. Wartet man jedoch lange genug ab, so werden diese schließlich zum selben Verhalten tendieren. Wir stellen dieses Problem deshalb beiseite und richten unsere Aufmerksamkeit auf die wirklich neuen Möglichkeiten.

Um ein möglichst klares Bild zu bekommen, werden wir Systeme diskutieren, die sich in einem dreidimensionalen Phasenraum entwickeln. Natürlich wollen wir bei unserer Erkundungsanalyse von den Erfahrungen profitieren, die wir bei der Behandlung zweidimensionaler Probleme gewonnen haben. Versuchen wir also, uns eine gute Strategie zurechtzulegen. Eine Möglichkeit wird uns direkt in dem berühmten Höhlengleichnis aus Platons *Der Staat* vorgeschlagen: Betrachte den »Schatten« des vollständigen Objekts und versuche, es aus diesem zweidimensionalen Bild zu rekonstruieren. Platon gibt selbst zu, daß dies ein sehr schwieriges Unterfangen ist, und nur Philosophie kann den menschlichen Geist in die Nähe davon bringen, dieses Meisterstück zu vollenden. Etwas moderner ausgedrückt heißt das, wir wissen, daß sich eine spezielle Projektion sicher nicht in einer Eins-zu-eins-Korrespondenz mit dem Objekt befindet. Verschiedene Projektionen auf unterschiedlich orientierte Flächen sind nötig, um dieses zu beschreiben. Aber das führt uns automatisch zum ursprünglichen vieldimensionalen Raum zurück und ist genau das, was wir vermeiden wollten.

Glücklicherweise bietet sich eine zweite Möglichkeit an, die von einem anderen großen Genie, Henri Poincaré, vorgeschlagen worden ist. Wir betrachten eine Ebene S, welche die Phasenraumtrajektorien transversal schneidet (Fig. 3.17), und untersuchen die Aufeinanderfolge der Trajektorienschnittpunkte P_n. Aus dem Objekt, das die P_n langfristig auf sich zieht, können wir auf den in den dreidimensionalen Phasenraum eingebetteten Attraktor schließen, da wir in Wirklichkeit ja über einen Ausschnitt aus diesem Attraktor verfügen. Man bezeichnet S als *Poincaré-Schnitt* und die Dynamik der P_n als *Poincaré-Abbildung*. Man beachte, daß diese Dynamik genauer eine *Wiederkehrsequenz* ist, bei der die Zeit in diskre-

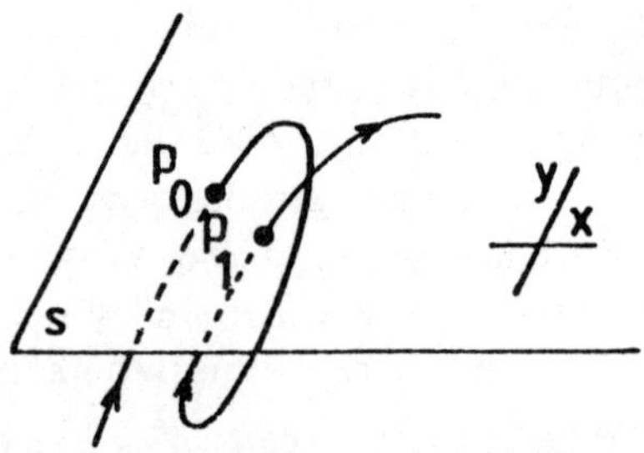

Fig. 3.17: Veranschaulichung des Poincaré-Schnitts. Untersucht werden die Schnittpunkte, welche die Trajektorien eines sich mit der Zeit kontinuierlich entwickelnden Systems mit einer transversal zu den Trajektorien verlaufenden Fläche S bilden. Die diskrete Zeitdynamik, welche durch die Positionen der aufeinanderfolgenden Schnittpunkte P_0, $P_1, \cdots$ auf S definiert wird, liefert ausführliche Informationen über den zugrundeliegenden kontinuierlichen Phasenraumfluß.

ter Weise fortschreitet, da die Zeitintervalle zwischen zwei aufeinanderfolgenden Durchschneidungen endlich sind. Führt man in der Ebene S ein geeignetes Koordinatensystem ein, so kann man diese Wiederkehr mathematisch in der Form

$$\begin{aligned} x_{n+1} &= f(x_n, y_n) \\ y_{n+1} &= g(x_n, y_n) \end{aligned} \tag{3.26}$$

ausdrücken.

Nachdem die Dynamik jetzt auf zwei Dimensionen reduziert ist, können wir unsere früheren Ergebnisse heranziehen und plausible Vermutungen über die Dynamik anstellen. Im Folgenden versuchen wir eine vorläufige Klassifizierung der verschiedenen Möglichkeiten.

A. Periodische Attraktoren: Zyklen der Ordnung k

Fig. 3.18 a verdeutlicht die offensichtlichste aller Möglichkeiten: Die Schnittpunkte $P_0, P_1, \ldots$ konvergieren gegen einen Fixpunkt P. Offensichtlich bedeutet dies, daß der Attraktor, falls er beschränkt ist, ein Grenzzyklus (C_1) ist. In der Rekurrenzrelation (3.26) äußert sich die Existenz eines Fixpunktes P darin, daß die Gleichungen $x_{n+1} = x_n$, $y_{n+1} = y_n$ bzw. $x_n = f(x_n, y_n)$, $y_n = g(x_n, y_n)$ eine simultane Lösung besitzen.

Es bestehen jedoch noch weitere Möglichkeiten. Anders als bei

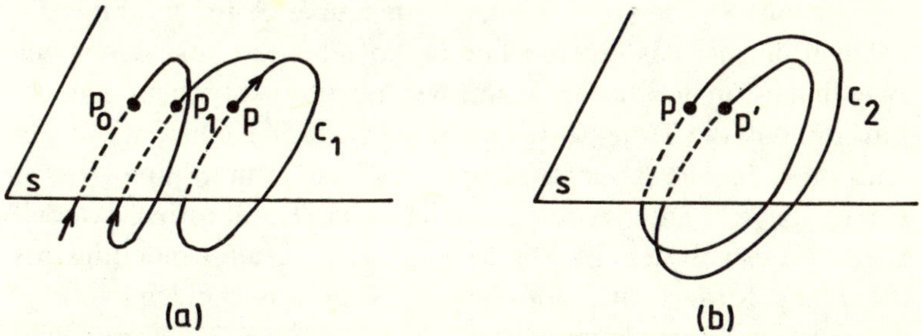

Fig. 3.18: Konvergenz der Trajektorien eines zeitlich kontinuierlichen dynamischen Systems gegen einen Grenzzyklus C_1, (a), und gegen einen Grenzzyklus C_2, dessen Periodendauer das doppelte derjenigen von C_1 beträgt, (b). Auf dem Poincaré-Schnitt äußert sich dies in der Konvergenz der Sequenz $P_0, P_1, \cdots$ gegen einen stabilen Fixpunkt P, (a), bzw. gegen ein Punktepaar P, P′, (b).

dem eben definierten »Zyklus der Ordnung eins« kann gefordert werden, daß x_{n+1}, x_{n+2}, etc. von x_n verschieden bleiben (Analoges soll für y gelten), bis eine Iteration k erreicht wird, für die $x_{n+k} = x_n$, $y_{n+k} = y_n$ ist. Wir bezeichnen dies als einen »Zyklus der Ordnung k«. Fig. 3.18 b zeigt, wie ein Zyklus der Ordnung zwei aussieht. Auf dem Poincaré-Schnitt bildet der Attraktor eine Menge von zwei Punkten P und P′, die sukzessive vom System aufgesucht werden. Im dreidimensionalen Phasenraum ist das entsprechende Gebilde eine Kurve C_2, die sich spiralenförmig aufwindet, bevor sie sich schließt. (In einem zweidimensionalen Phasenraum wäre dies unmöglich, da es eine Selbstüberschneidung der Trajektorien bedeuten würde.) Offensichtlich handelt es sich hier um das natürliche Modell für die Beschreibung periodischer Phänomene, deren Periode sich bei Variation eines Parameters abrupt verändert. Übergangsphänomene dieser Art wurden in reicher Zahl in der Hydrodynamik, Chemie oder Optik beobachtet. Wir setzen ihre Diskussion in Abschnitt 3.10 fort.

Es sei darauf hingewiesen, daß die Fixpunkte der Poincaré-Abbildung wie in Abschnitt 3.5 als Sattelpunkte, Knoten usw. klassifiziert werden können.

B. Quasiperiodische Attraktoren: invariante Tori

Eine weitere topologisch zulässige Möglichkeit ist in Fig. 3.19 angedeutet. Die Schnittpunkte $P_0, P_1, \ldots$ konvergieren auf dem Poincaré-Schnitt S gegen eine geschlossene Kurve C. Im dreidimensionalen Raum ist das entsprechende Anziehungsobjekt daher eine zweidimensionale Fläche. Wenn wir aus physikalischen Gründen fordern, daß die Trajektorien nicht ins Unendliche laufen können, muß diese Fläche beschränkt sein. Außerdem muß ihre Struktur einen überschneidungsfreien Verlauf der Trajektorien ermöglichen, wie es von dem in Abschnitt 3.1 erläuterten Eindeutigkeitstheorem gefordert wird. Dies läßt die Kugel ausscheiden und führt uns auf den *Torus*, dem wir schon in Abschnitt 3.3 begegnet sind. Wie dort näher dargelegt wurde, verläuft die Bewegung auf einer Torusfläche im allgemeinen quasiperiodisch, mit zwei voneinander unabhängigen inkommensurablen Frequenzen. Das neuartige ist jetzt, daß der Torus anziehend wirkt, im Gegensatz zu dem in Abschnitt 3.3 diskutierten Fall konservativer Systeme, in welchem

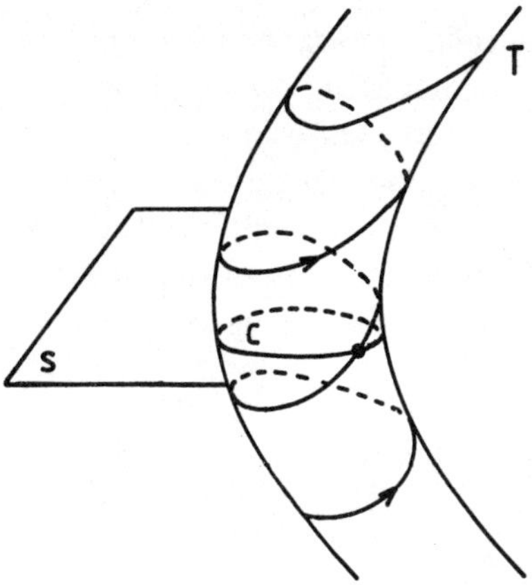

Fig. 3.19: Quasiperiodischer Attraktor in Form einer in einen dreidimensionalen Raum eingebetteten zweidimensionalen Torusfläche T. Auf dem Poincaré-Schnitt S konvergieren die repräsentativen Punkte gegen eine Kurve C, der Schnittkurve des Torus mit S.

es ein Kontinuum von Torusflächen gab, die um eine periodische Trajektorie geschachtelt waren. Mit anderen Worten: Ein attraktiver invarianter Torus bildet das natürliche Modell für reproduzierbare quasiperiodische Phänomene in der Natur.

C. Nichtperiodische Attraktoren: Fraktale

Gibt es im dreidimensionalen Phasenraum womöglich noch andere Attraktoren als Fixpunkte, geschlossene Kurven oder beschränkte zweidimensionale Flächen? Zunächst einmal halten wir fest, daß ein Attraktor zwangsläufig eine niedrigere Dimensionalität als der Phasenraum selbst besitzen muß, da er eine Zustandsmenge darstellt, die unter der Dynamik invariant bleibt. Die eben gestellte Frage läuft also darauf hinaus festzustellen, ob es Objekte gibt, deren Dimension zwischen der eines Punktes und einer Linie, einer Linie und einer Fläche oder sogar zwischen der einer Fläche und eines Volumens liegt. Falls es solche Objekte überhaupt gibt, wird es sich dabei weder um Punkte noch um Kurven oder Flächen handeln oder, allgemeiner, nicht um »topologische Mannigfaltigkeiten«. Der französische Mathematiker Benoit Mandelbrot prägte dafür den Ausdruck *Fraktale*.

Die Zahlentheorie, die im allgemeinen als eines der am meisten in die Tiefe gehenden Teilgebiete der Mathematik angesehen wird, erlaubt es, gewisse Möglichkeiten vorauszusehen. Die aufgeworfene Fragestellung kann nämlich auf das folgende reduziert werden: Gibt es Mengen, die ein Zwischending zwischen einer abzählbaren Menge wie z . B. der Menge aller natürlichen Zahlen und einem Kontinuum wie den Punkten einer Linie bilden? Die Antwort auf diese Frage lautet »ja«. Sie ist eng verknüpft mit dem Begriff des Unendlichen und wurde von dem deutschen Mathematiker Georg Cantor gegeben. Wir können uns hier nicht auf die Feinheiten der mathematischen Begründungen einlassen, werden das Ergebnis aber anhand des speziellen Beispiels der *Cantor-Menge* (Fig. 3.20) verständlich machen.

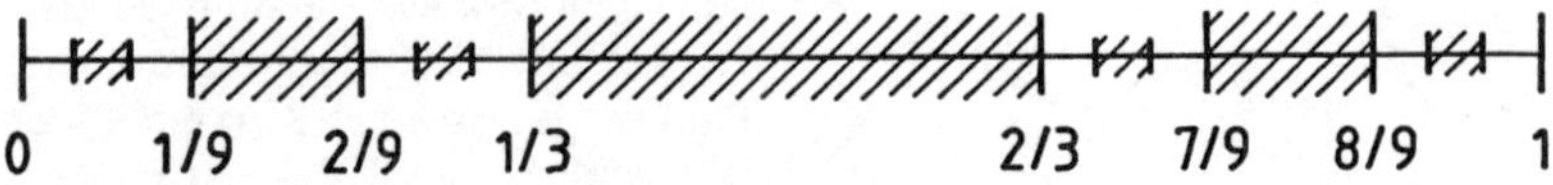

Fig. 3.20: Konstruktion einer Cantor-Menge.

Dazu betrachten wir das abgeschlossene Intervall [0, 1], unterteilen es in drei gleichgroße Teile und lassen den mittleren mit Ausnahme der Randpunkte wegfallen. Jedes der beiden verbleibenden Intervalle zerlegen wir genauso in drei gleiche Teile und lassen jeweils wieder das offene Intervall in der Mitte herausfallen, usw. Konstruktionsgemäß ist die Grenzmenge von Punkten, die wir auf diese Weise erhalten, eine unendliche, nichtabzählbare Menge nichtzusammenhängender Punkte. Sie besitzt keine eigentliche Länge (etwas technischer ausgedrückt: sie ist *vom Maße Null*), da die Länge ihrer Komplementärmenge gleich Eins ist:

$$1/3 + 2/9 + 4/27 + \cdots\cdots = 1.$$

Erstaunlicherweise ist ihre Dimension jedoch nicht Null! Wir wollen uns ansehen, wie das möglich ist.

Wie drücken wir in abstrakter Form aus, daß das Stück Papier, auf dem wir schreiben, zweidimensional ist, oder daß der Raum, in welchem wir uns bewegen, dreidimensional ist? Was immer die Menge sei, für die wir uns interessieren, wir bezeichnen sie mit D und versuchen, sie mit Strecken, Quadraten oder allgemeiner mit Hyperkuben der Seitenlänge ε auszufüllen. Berücksichtigen wir sodann, daß sich die Dimensionalität d aller bekannten »topologischen Mannigfaltigkeiten« aus der Beziehung

$$d = \lim_{\varepsilon \to 0} \frac{\ln N_\varepsilon}{\ln 1/\varepsilon} \qquad (3.27)$$

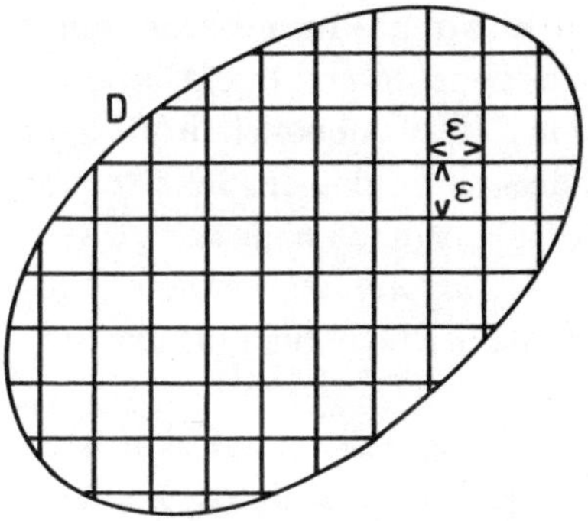

Fig. 3.21: Illustration des Konzepts der Dimensionalität d einer Menge D. Die Minimalzahl von Hyperwürfeln der Leardimension ε, die benötigt werden, um die Menge vollständig zu überdecken, wird für abnehmende Werte von ε ausgezählt, und man wertet den in Gl. (3.27) angegebenen Grenzwert aus.

ableiten läßt. Anders ausgedrückt, wir unterteilen unsere Menge in Zellen der charakteristischen Linearausdehnung ε, bestimmen die Zahl N_ε der für die Überdeckung notwendigen Zellen, teilen deren Logarithmus durch den Logarithmus von 1/ε, machen den Grenzübergang zu sehr kleinen Werten von ε und erhalten auf diese Weise die Dimensionalität (Fig. 3.21).

Wir wollen dieses Vorgehen auf die Ebene anwenden, genauer auf ein Quadrat der Kantenlänge 1. Um das Quadrat zu überdekken, benötigen wir $(1/\varepsilon)^2$ Quadrate der Kantenlänge ε und bekommen daher $d = \ln(1/\varepsilon)^2/\ln(1/\varepsilon) = 2\ln(1/\varepsilon)/\ln(1/\varepsilon)$, d. h. $d = 2$, wie zu erwarten war. Was erhalten wir nun, wenn wir dieses Konzept auf die Cantor-Menge erweitern?

Nach der ersten Intervallunterteilung genügen zwei Intervalle der Länge 1/3, um die Gesamtheit aller verbleibenden Teilmengen zu überdecken. Nach der zweiten Unterteilung benötigen wir 4 Intervalle der Länge 1/9, und allgemeiner werden nach der n-ten Unterteilung 2^n Intervalle der Länge $1/3^n$ gebraucht. Auf diese Weise bekommen wir $\ln N_\varepsilon/\ln(1/\varepsilon) = \ln 2^n/\ln 3^n = n \ln 2/(n \ln 3)$ oder

$$d_{\text{Cantor}} = \frac{\ln 2}{\ln 3} \simeq 0{,}65. \qquad (3.28)$$

Die Cantor-Menge bildet in dieser Hinsicht also ein »Zwischending« zwischen einem Punkt (d = 0) und einer Linie (d = 1): Sie ist ein fraktales Objekt.

Jetzt, da die Existenz derartiger Mengen bewiesen ist, können wir uns in einem dreidimensionalen Phasenraum Attraktoren vorstellen, die sich auf dem Poincaré-Schnitt in Form einer nichtabzählbar unendlichen Menge disjunkter Intervalle kundtun, welche vom System im Laufe der Zeit in nichtreproduzierbarer Weise abwechselnd aufgesucht werden. Das zugehörige Objekt im dreidimensionalen Raum besteht daher aus einer unendlichen Vielzahl lamellenartig angeordneter Blätter dergestalt, daß ein Schnitt quer zu diesen eine Cantor-Menge bildet. Es ist ganz natürlich zu vermuten, daß diese häufig als *seltsame Attraktoren* bezeichneten Gebilde die natürlichen Modelle für das Einsetzen chaotischen, turbulenzartigen Verhaltens bilden.

Wir haben den Schwerpunkt unserer Diskussion auf Attraktoren gelegt, die nur in dissipativen Systemen vorkommen können. Aber natürlich können alle angeführten Argumente auch zur Beschreibung invarianter Mengen in konservativen Systemen herangezogen werden. In den nächsten drei Abschnitten machen wir es uns zur Aufgabe, zu zeigen, daß die oben aufgeführten Möglichkeiten nicht nur topologisch motivierte Spekulationen darstellen, sondern tatsächlich der physikalischen Realität entsprechen.

3.8 Nichtintegrable konservative Systeme: die neue Mechanik

Die in Abschnitt 3.3 behandelten integrablen konservativen Systeme bilden eine ziemlich exzeptionelle Klasse. Denken wir für einen Augenblick an die Bewegung der Planeten um die Sonne. Die Masse der Planeten ist ungefähr tausendmal kleiner als die Masse der Sonne; daher können wir ihre Wechselwirkung in erster Näherung vernachlässigen und berücksichtigen nur ihre Anziehung durch die Sonne. Auf diese Weise werden wir auf das *Zweikörperproblem* geführt, welches ein klassisches Beispiel für ein integrables (und exakt lösbares) Problem abgibt und für jeden einzelnen Planeten eine periodische bzw. für das Planetensystem als ganzes eine quasiperiodische Bewegung liefert.

Klein, wie sie sein möge, ist die interplanetare Wechselwirkung jedoch beständig am Werke, und sie wird danach trachten, die Kepler-Bahnen zu *stören*. Die Frage ist, ob diese Störung nur zu kleinen quantitativen Korrekturen führt, oder ob sie vielmehr die qualitativen Eigenschaften der Bewegung beeinflußt. Dies ist das Grundproblem der Himmelsmechanik. Bei einer Reihe anderer mechanischer Systeme können ganz ähnliche Fragen gestellt werden.

Natürlich können die Störungseffekte ziemlich einfach und direkt behandelt werden, wenn man sich nur für Zeitspannen interessiert, die grob gesehen dem Inversen der Störung entsprechen (etwa 1000 Jahre für unser Planetensystem). Es genügt dann, nach Näherungslösungen der vollständigen Bewegungsgleichungen zu suchen, indem man zu dem das integrable »Referenzsystem« darstellenden Term nullter Ordnung eine kleine Korrektur hinzufügt, die proportional zur Stärke der Störung ist. Dies kann mit Hilfe von Standardmethoden durchgeführt werden. Sucht man jedoch nach Lösungen, die für sehr lange Zeiten gültig sein sollen, und will man insbesondere das qualitative Verhalten der exakten Lösungen verstehen, so wird man unmittelbar mit einer Reihe horrender Schwierigkeiten konfrontiert. In unserem Beispiel des Planetensystems würden diese bei der Betrachtung von Zeitspannen in der Größenordnung von einer Milliarde Jahren auftreten, und die zur Diskussion gestellten Fragen wären, ob die Planeten aus dem System ausbrechen, in die Sonne hineinstürzen oder miteinander zusammenstoßen. Weniger dramatische, aber technisch gesehen ähnliche Fragen treten auf, wenn sich geladene Teilchen sehr schnell in intensiven Magnetfeldern bewegen, wie sie in den Speicherringen gigantischer Teilchenbeschleuniger auftreten, oder aber, wenn es um die Bahnstabilität eines Raumschiffs geht.

In erster Linie äußern sich die obengenannten Schwierigkeiten durch das Auftreten von *Divergenzen*. Mit anderen Worten, wertet man mit Hilfe traditioneller Störungsmethoden die Korrektur zur Bewegung des integrablen Systems aus, so findet man, daß diese unter bestimmten Umständen sehr groß wird oder sogar gegen unendlich strebt. Die häufigste Ursache hierfür besteht im Auftreten von *Resonanzen*, genauer gesagt darin, daß die Frequenzen des integrablen Referenzsystems im Sinne von $k_1\omega_1 + k_2\omega_2 + \cdots = 0$ (Abschnitt 3.3) kommensurabel sind. Derartige Katastrophen signalisieren das Zusammenbrechen der benutzten Näherungsmethode und legen es dringend nahe, daß unter den vorliegenden Umständen eine qualitative Änderung des Systemverhaltens auftreten sollte.

Wir wollen versuchen, auf intuitiver Ebene die zwei verschiedenen Aspekte der Schwierigkeiten zu verstehen: Erstens, warum bilden Resonanzen eher die Regel als die Ausnahme; und zweitens, warum sind sie »gefährlich«?

Die Zahlentheorie besagt, daß die irrationalen Zahlen die überwiegende Mehrheit der reellen Zahlen ausmachen, weil sie (im Gegensatz zu den rationalen Zahlen) eine nicht abzählbare Menge bilden und von jedem Intervall der reellen Achse die ganze »Länge« bzw. das ganze »Maß« auf sich vereinigen. Infolgedessen (vgl. Gln. (3.8)) sind die Wirkungsvariablen $\{I_j\}$ in den meisten Punkten des Phasenraums so geartet, daß die vom System realisierten Frequenzen $\{\omega_j\}$ in irrationalen Verhältnissen zueinander stehen und daher inkommensurabel sind. Die oben genannte Schwierigkeit tritt dann einfach nicht auf, d. h. die Bewegung findet in der Regel auf den *nichtresonanten Tori* (vgl. Fig. 3.7 b) statt, die von solchen Sätzen irrational verknüpfter Frequenzen bedingt werden. Aber ganz so einfach ist die Situation nun doch nicht: Obwohl die rationalen Zahlen in einem gewissen wohldefinierten Sinn »exzeptionell« sind, bleiben sie dennoch hinreichend zahlreich (in der mathematischen Terminologie sagt man, die rationalen Zahlen lägen *dicht* in der Menge der reellen Zahlen), da es in beliebiger Nähe jeder reellen Zahl immer noch rationale Zahlen gibt! Jedes *endliche Volumen* des Phasenraums, so klein es auch sein möge, enthält also eine unendliche Anzahl repräsentativer Punkte, in denen die Resonanzbedingung erfüllt ist. Insbesondere steht zu erwarten, daß Resonanzen für die Evolution des zugrundeliegenden Gibbsschen Ensembles (vgl. Abschnitt 3.2) und durch dieses für die statistische Beschreibung des Systems eine wichtige Rolle spielen.

Wir wollen uns jetzt überlegen, warum Resonanzen aller Voraussicht nach »gefährlich« sind. Dazu sehen wir uns nochmals die Resonanzbedingung in Verbindung mit der zweiten Gleichung

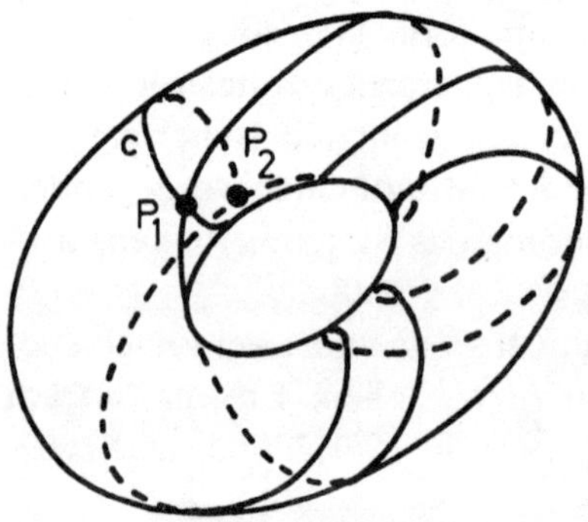

Fig. 3.22: Fixpunkte P_1, P_2, welche auf dem Poincaré-Schnitt S von einer periodischen Trajektorie erzeugt werden, die auf einer resonanten Torusfläche umläuft.

(3.8) an. Tatsächlich folgt aus dieser, daß es eine spezielle Kombination der Winkelvariablen, $\varphi = k_1\varphi_1 + \cdots + k_n\varphi_n$, gibt, die bei der Bewegung invariant bleibt und daher genauso gut eliminiert werden kann. Mit anderen Worten, unsere zuerst getroffene Auswahl von n unabhängigen Winkeln war irreführend, da nur n-1 von ihnen wirklich unabhängig sind. Etwas technischer ausgedrückt schrumpft unser n-dimensionaler Torus auf einen (n-1)-dimensionalen zusammen. Wir bezeichnen solche niedrigerdimensionalen invarianten Flächen als *resonante Tori*. Für zwei Freiheitsgrade bedeutet dies, daß die invariante Fläche von einer Familie (eindimensionaler) geschlossener Bahnen überdeckt wird, die statt einer quasiperiodischen eine periodische Bewegung beschreiben. Eine einzelne dieser Bahnen erzeugt auf einem Poincaré-Schnitt S (vgl. Fig. 3.22) so viele verschiedene Fixpunkte (P_1 und P_2 in Fig. 3.22), wie sie Umläufe in axialer Richtung (transversal zum Poincaré-Schnitt) ausführt, bevor sie sich schließt. Jede andere Bahn der Familie erzeugt natürlich einen anderen Satz genauso vieler Fixpunkte auf S. Auf diese Weise ist die ganze Kurve C aus Fixpunkten zusammengesetzt! Es ist schwer, dem Gefühl auszuweichen, daß es sich hierbei um eine Ausnahmesituation handelt, ähnlich wie z. B. die, daß drei willkürlich im Raum ausgesuchte Punkte auf einer Geraden liegen. Es steht daher zu erwarten, daß die charakteristischsten (nichtintegrablen!) Störungen, denen das integrable System unterworfen werden kann, diese Trajektorienkonfiguration im Phasenraum aufbrechen. Dies sollte sich in der Form bemerkbar machen, daß die Korrektur zur ungestörten Bewegung genauso wichtig wird wie diese selbst.

Die Suche nach Lösungen zur Bewältigung der durch nichtintegrable Systeme aufgeworfenen Schwierigkeiten hat zu einer grundlegenden wissenschaftlichen Revolution geführt, als deren Ergebnis seit etwa 1950 eine neue Mechanik entstanden ist. Viele Bestandteile dieser Entwicklung waren schon Poincaré und Birkhoff bekannt, aber es ist der sowjetische Mathematiker A. Kolmogorov, der als Hauptinitiator dieses Durchbruchs angesehen werden muß. Wichtige Beiträge wurden in der Folge unter anderem von V. Arnold und J. Moser geliefert. Wir wollen uns kurz einen Überblick über die Höhepunkte dieser Entwicklung verschaffen.

A. Störung quasiperiodischer Bewegungen

Dieselben Argumente, die in diesem Abschnitt früher angeführt wurden, um darzulegen, daß resonante Tori empfindlich auf nichtintegrable Störungen reagieren sollten, veranlassen uns auch zu der Erwartung, daß die Bewegung im nichtresonanten Fall »robust« bleiben sollte. Mit anderen Worten sollte quasiperiodisches Verhalten durch eine kleine Störung im allgemeinen nicht besonders verändert werden. Für dieses wichtige Ergebnis wurde ein strenger Beweis von Kolmogorov gegeben; ihm gelang auch eine genaue Charakterisierung derjenigen quasiperiodischen Bewegungen, welche die Störung überstehen. Das heißt genauer gesagt, daß zum Überleben einer quasiperiodischen Bewegung die Frequenzen in hinreichendem Maße irrational verknüpft sein müssen, und zwar im folgenden Sinn (welcher der Einfachheit halber hier nur für zwei Freiheitsgrade angegeben wird): Das Verhältnis ω_1/ω_2 muß sich hinreichend stark von einem rationalen Wert unterscheiden,

$$\left|\frac{\omega_1}{\omega_2} - \frac{r}{s}\right| > \frac{c}{s^\nu} \quad \text{für alle ganzen Zahlen r und s,} \tag{3.29}$$

wo c eine kleine Zahl ist, die bei fehlender Störung verschwindet, und ν hinreichend groß ist (sagen wir $\nu = 2.5$). Es kann gezeigt werden, daß die mit (3.29) verträglichen quasiperiodischen Bewegungen bei hinreichend kleiner Störung den Großteil der im Phasenraum realisierten Bewegungen ausmachen.

Kurz gesagt erwarten wir, daß ein nichtintegrables System, das sich nur wenig von einem integrablen unterscheidet, in weiten Teilen des Phasenraums ein ähnliches Verhalten wie in Fig. 3.7 aufweist, d. h. es handelt sich um stabile Bewegungen, die um periodische Bahnen herumführen.

B. Störung periodischer Bewegungen

Es ist bequem, dieses Problem in der Sprache des Poincaré-Schnitts (Fig. 3.22) anzugehen und zuerst nach dem Schicksal zu fragen, welches das Kontinuum von Fixpunkten auf C unter dem Einfluß der Störung erleidet. Sei s die Zahl der Bahnumläufe. Dann kann gezeigt werden (für eine kurze Erklärung siehe An-

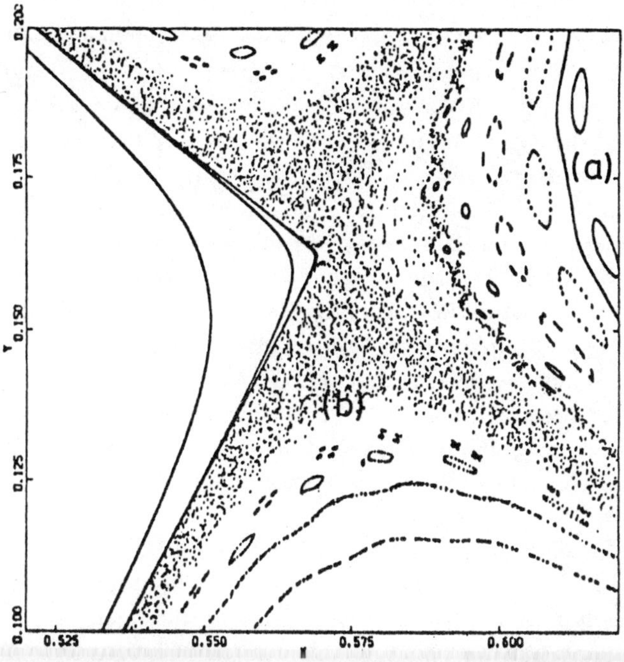

Fig. 3.23: Spuren regulärer und stochastischer Trajektorien eines nichtintegrablen Hamiltonschen Systems auf einem Poincaré-Schnitt. Gebiet (a): stabile Bewegung in der Nachbarschaft eines elliptischen Fixpunktes; Gebiet (b): instabile Bewegung in der Nachbarschaft eines hyperbolischen Fixpunktes (aus M. Hénon, Q. Appl. Math. **27**, 291 (1969)).

hang III), daß die Störung zur Entstehung von 2 ks Fixpunkten führt (k ist eine bestimmte ganze Zahl), von denen ks elliptisch und ks hyperbolisch (Sattelpunkte) sind. Die elliptischen Fixpunkte entsprechen stabilen periodischen Bahnen, und jede von diesen wird von nichtresonanten invarianten Torusflächen umgeben, die in der Poincaré-Abbildung als geschlossene Kurven erscheinen. Der entsprechende Teil des Phasenraums wird häufig als »Insel« bezeichnet (Fig. 3.23, Gebiet (a)).

Für die hyperbolischen Fixpunkte ist die Situation völlig anders. Wegen der Instabilität der zugehörigen periodischen Bahnen entwickelt sich in ihrer Nachbarschaft eine außerordentlich komplizierte Struktur, die im wesentlichen auf die eigenartige Konfiguration ihrer Separatrizes zurückzuführen ist (Fig. 3.23, Gebiet (b)). In der Poincaré-Abbildung winden sich diese Separatrizes und schneiden sich in unendlich vielen sogenannten homoklinen Punkten (siehe Anhang III). In den zugehörigen Bereichen des Phasenraums tritt ein Regime höchst *irregulärer Bewegungen* auf: Die Trajektorien sind sehr störanfällig gegenüber kleinen Veränderungen der Anfangsbedingungen und wandern in erratischer Weise über große Ausschnitte des Phasenraums. In der Poincaré-Abbildung macht sich dies durch das Erscheinen einer Wolke von Punkten bemerkbar, die zufallsartig verteilt zu sein scheinen, obwohl die Trajektorien natürlich nach wie vor absolut deterministisch sind. Dieses chaotische Verhalten legt die Vermutung nahe, daß zwischen nichtintegrablen konservativen Systemen und dem stochastischen Verhalten, das man üblicherweise mit Irreversibilität und dissipativen Systemen in Verbindung bringt, womöglich ein tiefer innerer Zusammenhang besteht. Dieser äußerst wichtige Gesichtspunkt wird ausführlicher in Kapitel 5 aufgegriffen.

Man beachte, daß sich diese Gesamtstruktur um alle Fixpunkte herum, die durch die Störung aus den verschiedenen resonanten Bahnen hervorgehen, in allen Größenordnungen wiederholt. Diese bemerkenswerte »Selbstähnlichkeit« beweist die enorme Komplexität, die schon bei ganz harmlos aussehenden Problemen wie zwei schwach wechselwirkenden Freiheitsgraden erreicht werden kann!

Um dieses Verhalten zu klären, wurden in großem Umfang anhand einfacher Modelle numerische Rechnungen durchgeführt. Für kleine Störungen bestätigen diese Rechnungen das allgemeine Bild von Fig. 3.23. Aber in dem Maße wie die Energie des Systems zunimmt, beobachtet man eine Tendenz der Inseln zum Verschwinden, während die chaotischen Trajektorien in immer größere Teile des Phasenraums eindringen. Es ist schwierig, aus solchen Beobachtungen qualitative Schlußfolgerungen zu ziehen, da dieses Regime analytischen Berechnungen oder sogar allgemeinen topologischen Betrachtungen nur sehr schwer zugänglich ist. Dennoch ist es möglich, ein Maß einzuführen, das die Instabilität der Bewegung und die Empfindlichkeit des Abhängens von den Anfangsbedingungen charakterisiert. Dieses Maß sind die *Ljapunov-Exponenten*, welche die mittlere Anwachsrate der exponentiellen Divergenz zweier anfänglich benachbarter Trajektorien angeben. Die Ljapunov-Exponenten bilden daher die Verallgemeinerung der in Abschnitt (3.6) eingeführten Konzepte der linearen Stabilitätstheorie auf chaotische Systeme. Für weitere Einzelheiten verweisen wir auf Anhang I.

Die oben diskutierte komplizierte Struktur regulärer und irregulärer Trajektorien bildet keine Exklusiveigenschaft nichtintegrabler Hamiltonscher Systeme. Sie beschreibt das Normalverhalten anderer großer Klassen konservativer Systeme, unter denen die sogenannten Kolmogorov-Systeme (K-Systeme) eine besonders wichtige Rolle spielen. Wir verschieben unsere Diskussion der letzteren auf Kapitel 5, da diese unser Hauptinstrument darstellen werden, um den Übergang von einer konservativen zu einer dissipativen Dynamik zu illustrieren. Zeitlich diskrete Abbildungen bilden eine weitere Klasse, deren Studium sehr instruktiv ist, da sie über den Poincaré-Schnitt (vgl. Gl. (3.26)) sehr eng mit zeitlich kontinuierlichen dynamischen Systemen verwandt sind. Außerdem bilden diskrete Abbildungen bis auf wenige Ausnahmen die einzigen bisher bekannten dynamischen Systeme, für die man explizit und in Strenge das Auftreten irregulärer Bewegungen mit chaotischem Verhalten beweisen kann. Ein bekanntes Beispiel bildet die sogenannte *Hufeisen-Abbildung*, die entweder als ein abstraktes konservatives oder auch als ein abstraktes dissipatives System formuliert werden kann. Obwohl kein bekanntes Hamiltonsches System explizit auf diese Abbildung reduziert werden kann, wollen wir sie im folgenden doch kurz beschreiben, um sie von dann ab für dieses neue Verhaltensmuster im selben Sinn als Urbild zu benutzen, wie bisher Zyklen und Tori als Urbilder für einfachere Verhaltensweisen eingesetzt worden sind.

3.9 Ein Modell für instabile Bewegung: das Hufeisen

Wir betrachten eine Abbildung T der Ebene auf sich selbst, die auf ein Quadrat Q die in Fig. 3.24 gezeigte Wirkung ausübt: Das Quadrat wird in vertikaler Richtung gestaucht und in horizontaler Richtung gestreckt, um anschließend hufeisenförmig so gebogen zu werden, daß der gekrümmte Teil und die Enden des entstandenen »Riegels« aus dem ursprünglichen Quadrat herausragen. Dabei wird Q nicht auf sich selbst abgebildet: Nur die Streifen I und J des Hufeisens sind in Q enthalten. Ihre »Vor-Bilder« (d. h. die Teile von Q, aus denen sie durch Anwendung der Abbildung her-

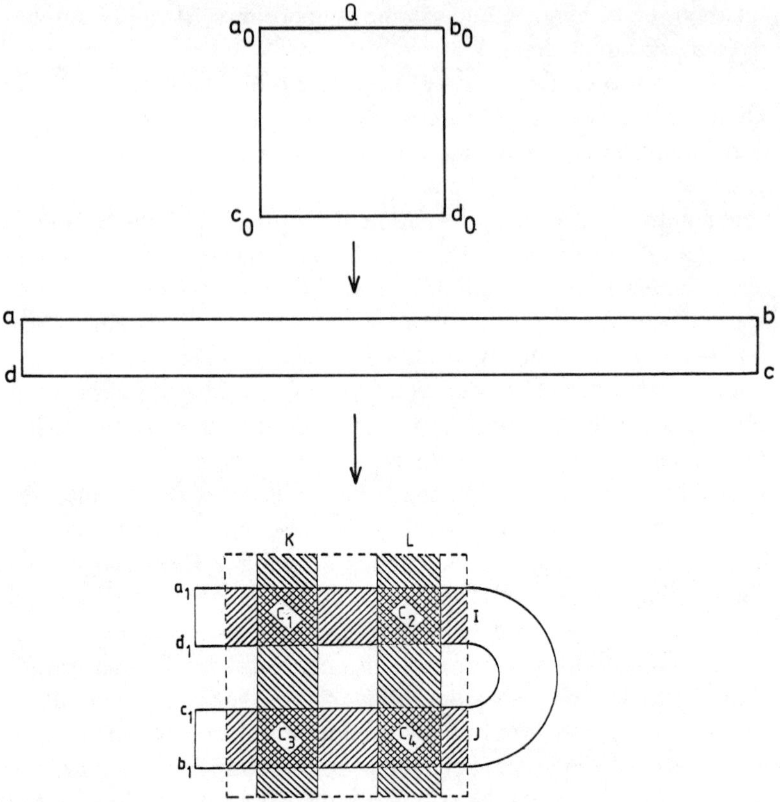

Fig. 3.24: Die Hufeisenabbildung: Das Ausgangsquadrat a_0 b_0 c_0 d_0 wird in horizontaler Richtung mindestens um den Faktor 2 gestreckt und in vertikaler Richtung mindestens um den Faktor 2 gestaucht. Anschließend wird es hufeisenförmig verbogen. Die Quadrate C_1 bis C_4 bleiben unter der Transformation invariant.

vorgehen) sind zwei vertikale Streifen K und L des ursprünglichen Quadrats.

Die invariante Punktmenge Λ der Abbildung T bzw. ihrer Inversen T^{-1} ist offensichtlich zugleich in den Rechtecken I,J und K,L enthalten. Sie bildet also eine Untermenge der vier kleinen Quadrate C_1 bis C_4, die in Fig. 3.24 gezeigt werden. Wir nennen diese *Wiederkehrmengen*.

Fig. 3.25 zeigt die Wirkung einer zweiten Iteration, $T^2 = T \cdot T$, der Abbildung auf Q, insbesondere also die im ursprünglichen Quadrat enthaltenen Bänder T^2Q sowie deren »Vor-

Bilder«, die zu der von der inversen Abbildung $T^{-2}Q$ erzeugten Punktmenge gehören. Wir erhalten eine Wiederkehrmenge von sechzehn Quadraten, davon vier in jedem der Quadrate C_1 bis C_4 aus Fig. 3.24.

Iteriert man die Abbildung immer wieder, so findet man, daß diejenigen Punkte, die Q nie verlassen, in 4^n Quadraten liegen, deren Durchmesser für $n \to \infty$ exponentiell nach Null abfallen. Die resultierende Menge Λ von Wiederkehrpunkten besteht aus überabzählbar vielen Punkten, und ihre Gesamtfläche ist Null. Sie hat daher die Eigenschaften einer Cantor-Menge (siehe Abschnitt 3.7) oder, genauer, des Produkts zweier Cantor-Mengen.

Eine gründlichere Analyse der Dynamik der Menge Λ kann mit den technischen Hilfsmitteln der *symbolischen Dynamik* durchgeführt werden, von der wir später in diesem Buch einen Vorgeschmack vermitteln werden. Auf diese Weise kann gezeigt werden,

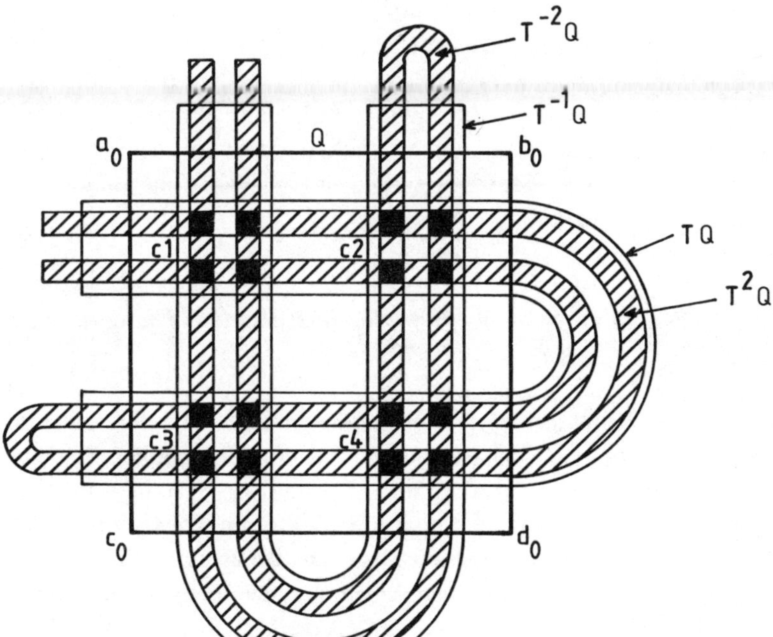

Fig. 3.25: Zweifach iterierte Hufeisenabbildung zur Illustration der Menge Λ rekurrenter Punkte, die durch sukzessive Aufsplitterung der Quadrate C_1 bis C_4 entsteht.

daß jeder beliebige Punkt von Λ in jeder beliebigen Nachbarschaft geschlossene Bahnen im Sinne von Abschnitt 3.7 A enthält. Weiterhin gibt es nichtperiodische Bahnen, die jedem Punkt von Λ beliebig nahe kommen. Nun ist jeder Punkt von Λ konstruktionsgemäß ein hyperbolischer Punkt, da er sich an der Schnittstelle einer kontrahierenden (der vertikalen) und einer expandierenden (der horizontalen) Richtung befindet. Daher laufen zwei Bahnen, die ursprünglich von zwei Nachbarpunkten in Λ ausgehen, im Verlauf der Abbildungsiterationen exponentiell auseinander. Das bedeutet eine extrem empfindliche Abhängigkeit von den Anfangsbedingungen, eine der wesentlichen Eigenschaften der irregulären Trajektorien, denen wir im letzten Abschnitt im Zusammenhang mit nichtintegrablen Hamiltonschen Systemen begegnet sind, und desgleichen der im nächsten Abschnitt zu besprechenden seltsamen Attraktoren.

Tatsächlich geht die obige Analogie sogar noch weiter: Es kann gezeigt werden, daß dann, wenn sich die Separatrizes der instabilen Punkte einer Poincaré-Abbildung wie in Fig. 3.23 winden und schneiden, durch die eigentliche Bewegung auf dem Poincaré-Schnitt lokal eine der Hufeisendynamik sehr ähnliche Dynamik erzeugt wird. Das liefert die Grundlage dafür, dieses Modell als Urmodell für irreguläre Bewegung und zugleich chaotisches Verhalten zu benutzen.

3.10 Dissipative Systeme in multidimensionalen Phasenräumen. Chaos und seltsame Attraktoren

Wir wenden uns jetzt den Konsequenzen der in Abschnitt 3.7 bis 3.9 besprochenen Verhaltensmöglichkeiten dissipativer Systeme zu. Wir haben gesehen, daß bei konservativen Systemen im Phasenraum reguläre und chaotische Trajektorien koexistieren können. Welche Sorte dabei überwiegt, ist jedoch nur schwer abzuschätzen, besonders, wenn die Abweichung von einem integrablen System nicht mehr klein ist. Andererseits impliziert die Eigenschaft asymptotischer Stabilität in dissipativen Systemen die Möglichkeit eines *attrahierenden Chaos*. In einem System, das diese Eigenschaft aufweist, würden alle aus einem bestimmten, wohldefinierten und endlichen Teil des Phasenraums herauskommenden

Trajektorien früher oder später gegen den Attraktor streben; mit anderen Worten, für ein derartiges System würde Chaos die Regel bilden und sich im beobachteten Verhalten mit Sicherheit zu erkennen geben. Die wesentliche Frage, die im Zusammenhang mit chaotischem Verhalten in dissipativen Systemen gestellt werden muß, ist daher, ob in diesen Systemen wirklich chaotische Attraktoren entstehen, wenn einige der Kontrollparameter variiert werden.

Das Auftreten nichtperiodischen turbulenzartigen Verhaltens in vielen der in Kapitel 1 besprochenen Experimente läßt darauf schließen, daß die Antwort auf diese Frage positiv sein sollte. Es ist daher wichtig, Modelle zu konzipieren, welche die Beobachtungen richtig wiedergeben, und Minimalbedingungen zu bestimmen, die für das Einsetzen chaotischen Verhaltens erfüllt sein müssen. Die bis etwa 1960 vorherrschenden Vorstellungen führten zu einem ziemlich entmutigenden Bild für das Auftreten von Turbulenzen, zumindest in Flüssigkeiten und Gasen: Man stellte sich Turbulenz als eine Auswirkung der Dynamik *unendlich vieler* gekoppelter Moden vor, von denen jede zu einer bestimmten Frequenz gehört. Außerdem erschienen jenseits der Stabilitätsgrenze für den regulären stationären (laminaren) Strömungszustand unendlich viele Übergänge vonnöten, damit eine vollständige Kopplung aller Moden entstehen würde. Es herrschte daher große Überraschung und Begeisterung, als sich die Wissenschaftler der Möglichkeit bewußt wurden, daß dynamische Systeme mit ein paar Variablen schon nach wenigen Abzweigungen vom Referenzzustand chaotisches Verhalten aufweisen können.

Das erste derartige Beispiel wurde 1963 von dem amerikanischen Meteorologen E. Lorenz entdeckt. Sein Modell liefert eine vereinfachte Beschreibung des in Abschnitt 1.3 besprochenen thermischen Konvektionsproblems. Darin werden nur drei Moden, welche jeweils zu einer bestimmten räumlichen Wellenlänge gehören, beibehalten. Es führt zu einem Attraktor, welcher die wesentlichen Eigenschaften turbulenter Konvektion besitzt. Vorgänge dieser Art spielen sich ganz regelmäßig in der Erdatmosphäre ab, und sie gehören zu den Ursachen für die wohlbekannten Schwierigkeiten bei der Vorhersage des Wetters. Was noch schlimmer ist, es liegt nahe, daß Wetter und Klima ihrem Wesen nach unvorhersagbar sind, da sie an einer der ganz wesentlichen

Eigenschaften chaotischer Dynamik teilhaben sollten, nämlich der, in ganz empfindlicher Weise von den Anfangsbedingungen abzuhängen. Um diesen äußerst wichtigen Punkt hervorzuheben, sagt man manchmal – und dies ist kaum eine Übertreibung –, daß das Flügelschlagen einer Fliege in Cambridge, Mass., sehr wohl die Ursache für einen größeren Klima-Umschwung im indischen Subkontinent bilden könnte!

Die Ergebnisse von Lorenz blieben bis etwa 1970 unbeachtet. Seitdem gab es jedoch eine wahre Explosion neuer Ergebnisse über chaotische Dynamik. Die Ideen gingen gleichzeitig aus vielen Gebieten hervor: der reinen Mathematik, extensiven Computersimulationen, Physik, Chemie, Populationsbiologie und anderen. Sie führten auf interessante »Prototyp«-Gleichungen mit chaotischem Lösungsverhalten sowie auf eine Reihe verschiedener »Szenarios« dafür, wie der Attraktor im Verlauf von Parameterveränderungen zustande kommt. Zur Veranschaulichung folgen nun ein paar ausgewählte Beispiele für jeden dieser Aspekte.

A. Einige Prototypen mit chaotischem Verhalten

Ein sehr interessantes mathematisches Modell für chaotisches Verhalten wurde von O. Rössler vorgeschlagen. Es enthält drei Variablen und nur eine quadratische Nichtlinearität:

$$\begin{aligned}\frac{dx}{dt} &= -y - z \\ \frac{dy}{dt} &= x + ay \\ \frac{dz}{dt} &= bx - cz + xz,\end{aligned} \tag{3.30}$$

wo a, b, c positive Konstanten sind. Die Evolutionsgleichungen besitzen zwei Fixpunkte, von denen einer durch die triviale Lösung $x_s = y_s = z_s = 0$ gegeben wird und der andere der Punkt $x_s = c\text{-}ab$, $y_s = b\text{-}c/a$, $z_s = c/a\text{-}b$ ist. Im folgenden diskutieren wir nur die Phänomene, die sich in der Nähe des ersten Fixpunktes P_0 abspielen.

Die in Abschnitt 3.6 und Anhang I besprochene lineare Stabilitätsanalyse liefert für einen großen Bereich von Parameterwerten das Ergebnis, daß P_0 instabil ist. Das Verhalten in der Nachbarschaft von P_0 weist die folgenden merkwürdigen Eigenschaften auf: Ähnlich wie die in Fig. 3.29 gezeigte Kurve werden die Trajektorien von P_0 auf einer zweidimensionalen Phasenraumfläche abgestoßen, in der sich P_0 wie ein instabiler Fokus verhält, während sie längs einer eindimensionalen Kurve von P_0 angezogen werden. Wir bezeichnen einen so gearteten Fixpunkt als *Sattel-Fokus*. Eine derartige Konfiguration führt zur Instabilität der Bewegung, einem wesentlichen Bestandteil chaotischen Verhaltens; sie ermöglicht aber auch die *Rückversetzung* der instabilen Trajektorien in die Nachbarschaft von P_0 und dadurch die etwaige Ausbildung eines stabilen Attraktors.

Die Figuren 3.26 a, b, zeigen für zwei verschiedene Parameterkombinationen den entsprechenden chaotischen Attraktor. Die beiden eben geschilderten Eigenschaften sind deutlich zu erkennen. Während in (a) jedoch alle Trajektorien auf derselben Seite der x, z-Ebene in die Nähe von P_0 zurückversetzt werden, passiert dies in (b) für einige Trajektorien von der anderen Seite her. Wir bezeichnen diese beiden Bewegungsmuster als *spiralartiges* bzw. *schraubenartiges* Chaos.

Eine weitere wichtige Eigenschaft, die in beiden Figuren 3.26 a, b, deutlich herauskommt, ist das *Umbiegen* der Fläche, auf der die instabile Bewegung stattfindet. Es ist instruktiv, dies auf dem Poincaré-Schnitt zu verdeutlichen, den man erhält, wenn man den Phasenraumfluß mit dem Ebenenstück $y = 0$, $x < 0$, $z < 1$ durchschneidet. Dies ist in Fig. 3.27 dargestellt. In (a) sieht man, daß das Divergieren in der instabilen Richtung $-x$ und das anschließende Verbiegen in der Poincaréschen Schnittebene zu einer Hufeisenabbildung führt. Angesichts der Ergebnisse aus Abschnitt 3.9 erklärt dies qualitativ den nichtperiodischen, zufälligen Charakter der Trajektorien auf dem Attraktor.

Eine zweite Veranschaulichung dieses Phänomens findet sich in Fig. 3.27 b. In dieser ist die Lage des $(n+1)$-ten Schnittpunkts zwischen der oben definierten Poincaré-Fläche und dem Phasenraumfluß als Funktion seiner Lage beim n-ten Schneiden aufgetragen. Die numerische Rechnung zeigt, daß man eine glatte glockenförmige Kurve erhält. Man beachte, daß die Positionen aufeinanderfolgender Schnittpunkte auf dieser Kurve nicht durch eine geordnete Punktfolge gegeben sind, sondern vielmehr in zufälliger Weise statistisch verteilt sind.

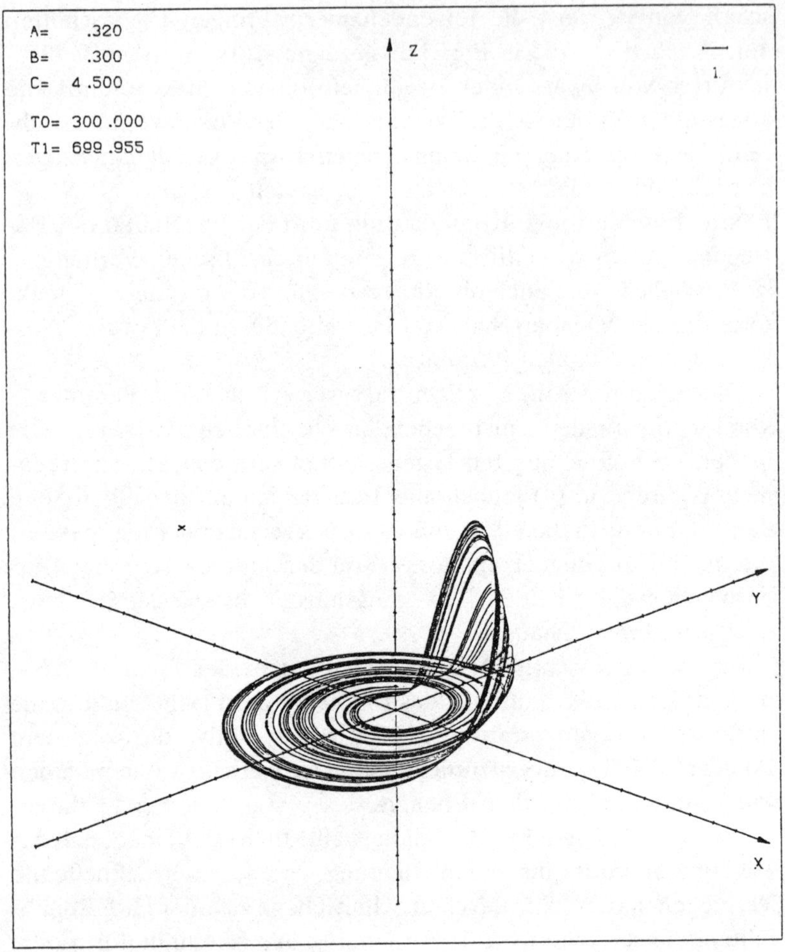

a

Fig. 3.26: Chaotische Attraktoren, die man durch numerische Integration des Rössler-Modells (Gl. (3.30)) erhält. (a): Spiralenartiges Chaos für a = 0.32, b = 0.3, c = 4.5. Die Trajektorien werden auf derselben Seite des instabilen Fixpunktes zurückversetzt; (b): schraubenartiges Chaos für a = 0.38, b = 0.3, c = 4.5. Die Trajektorien werden von beiden Seiten des instabilen Fixpunktes aus zurückversetzt.

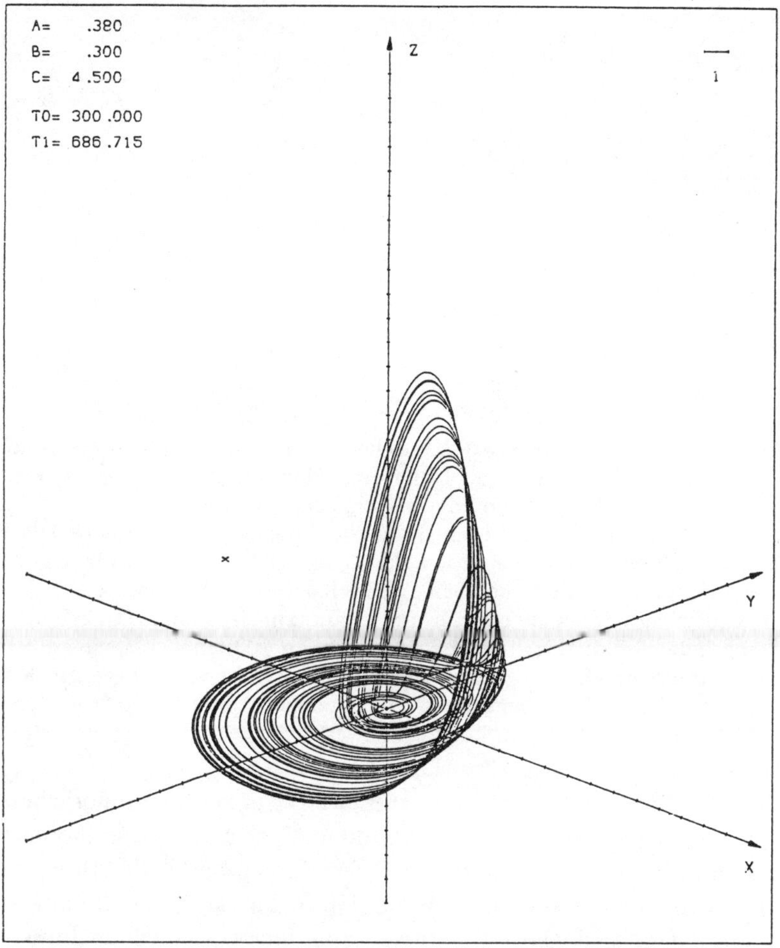

b

Fig. 3.27 b stellt auf ganz natürliche Weise die Verbindung zwischen unserem zeitkontinuierlichen Modell, Gl. (3.30), und einer zweiten sehr wichtigen Klasse dynamischer Systeme mit chaotischem Verhalten her. Gemeint sind zeitlich diskrete Modelle, die durch die Iterationsgleichungen

$$x_{n+1} = f(x_n) \tag{3.31 a}$$

definiert sind. Eine typische glockenförmige Kurve ähnlich wie in Fig. 3.27 b erhält man durch die Wahl

$$f = 1 - \lambda x^2. \tag{3.31 b}$$

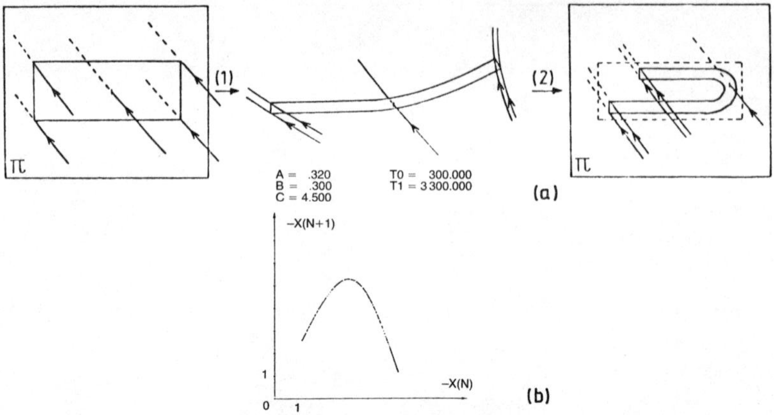

Fig. 3.27: (a): Durch das dynamische System der Gl. (3.30) wird auf einem Poincaré-Schnitt eine Hufeisenabbildung induziert: Der in Fig. 3.26 a gezeigte Phasenraumfluß wird von dem Ebenenstück ($y = 0$, $x < 0$, $z < 1$) geschnitten. Die aus einem kleinen Rechteck dieser Ebene kommenden Trajektorien rotieren um die stabile eindimensionale Mannigfaltigkeit des Fixpunktes und schneiden wiederholt den Poincaré-Schnitt, nachdem sie jeweils um die Biegung der instabilen Mannigfaltigkeit herumgelaufen sind; (b): trägt man den zum $(n + 1)$-ten Durchgang einer Trajektorie durch den Poincaré-Schnitt gehörigen Wert $-x$ gegen den entsprechenden Wert beim n-ten Durchgang auf, so erhält man die gezeigte eindimensionale Abbildung.

Zu der Tatsache, daß Systeme dieser Art mit zeitkontinuierlichen Systemen über die Poincaré-Abbildung verbunden sind, kommt noch hinzu, daß sie auch direkt einige Situationen in der Biologie modellmäßig beschreiben können. Hierbei handelt es sich um Populationen, in denen die Altersgruppen der vorhandenen Individuen durch die Altersgruppen vorheriger Generationen bestimmt werden.

Trotz ihrer scheinbaren Einfachheit weisen die Gln. (3.31) einen unglaublichen Reichtum an Verhaltensweisen auf, der sich von einfachen Fixpunkten bis zu mehrfach periodischen oder chaotischen Lösungen erstreckt. Außerdem stammt der größte Teil der Information über die »Szenarios« für die Entstehung chaotischen Verhaltens von diesen Gleichungen ab. Wir verschieben die Fortsetzung dieser Diskussion auf den nächsten Teilabschnitt. Den jetzigen beschließen wir mit der Bemerkung, daß es eine wahre Fundgrube experimenteller Beispiele gibt, bei denen chaotische

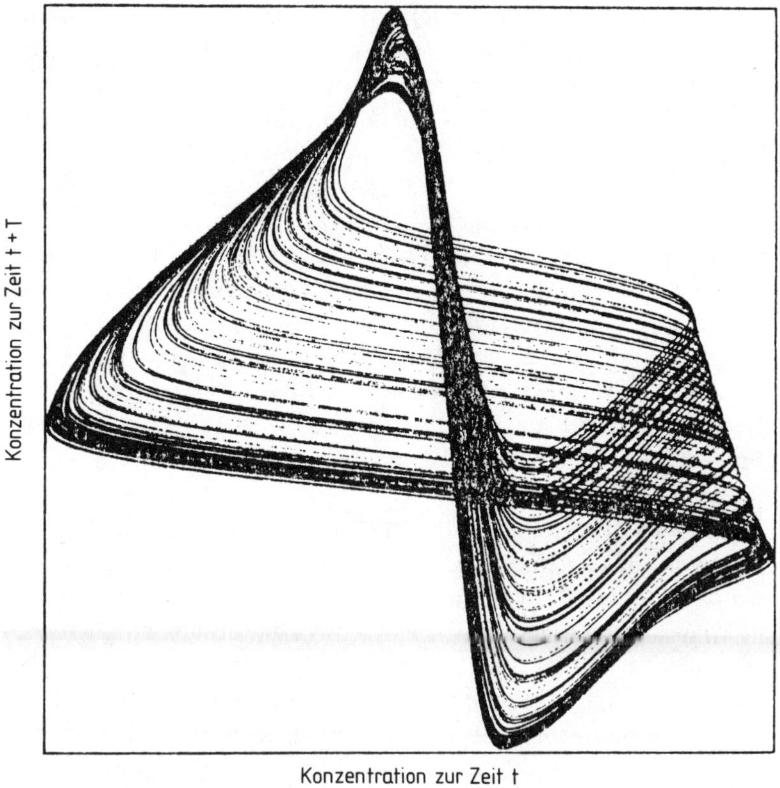

Fig. 3.28: Chaotischer Attraktor der BZ-Reaktion in einem offenen System. Das gemessene Signal ist proportional zum Logarithmus der Br^--Ionen-Konzentration. Das Signal zu den Zeiten t und das Signal zu den Zeiten $t + \pi$ bilden die Koordinaten. Der Wert der hier benutzten Zeitdifferenz τ beträgt $\tau = 53$ sec (aus J.C. Roux, R. Simoyi und H. Swinney, Physica **8D**, 257 (1983)).

Attraktoren entstehen und die über einen geeigneten Poincaré-Schnitt zu einer diskreten Dynamik ähnlich wie in Fig. 3.27 b führen. Fig. 3.28 zeigt ein besonders eindrucksvolles Beispiel, das anhand von Experimenten zur Belousov-Zhabotinski-Reaktion in einem gut durchgerührten Reaktionsgefäß gewonnen wurde.

B. Einige »Szenarios« für den Weg zu chaotischem Verhalten

Im Gegensatz zum Fall der in Abschnitt 3.4 und 3.5 diskutierten statischen und Grenzzyklus-Bifurkationen kann der Mechanismus für die Entstehung chaotischer Attraktoren nicht auf eine universelle Normalform gebracht werden, aus welcher sich der Einfluß der Parameter in einer transparenten Weise ablesen ließe. Vielmehr stößt man durch die Kombination einiger allgemeiner Überlegungen mit der aus extensiven numerischen Rechnungen gewonnenen Erfahrung auf Regelmäßigkeiten, die einem die Identifikation bestimmter Wege zum Chaos ermöglichen. Es ist schwer zu sagen, ob das aufgrund der besonderen Natur des Chaos unvermeidbar ist, oder ob hier nur eine vorübergehende Lücke besteht, die mit der Komplexität des Problems zusammenhängt. Die ganze Situation ähnelt in starkem Maße jener, die vor dem Aufkommen von Biochemie und Molekularbiologie in den Wissenschaften vom Leben geherrscht hat, wo Taxonomie, die Kunst der Klassifizierung in Gruppen und Familien, die hauptsächliche Vorgehensweise bildete.

Ein wichtiges Ergebnis, das ein besonderes »Szenario« für den Weg zum Chaos definiert, geht auf Ruelle und Takens zurück. Wie wir in Abschnitt 3.7 gesehen haben, ist einer der Attraktoren, die in Phasenräumen von drei oder mehr Dimensionen möglich werden, ein Torus, der eine quasiperiodische Bewegung beschreibt. Tori dieser Art entstehen häufig aus periodischen Bahnen durch sekundäre oder höhere Bifurkationen. Ruelle und Takens haben gezeigt, daß ein zweidimensionaler Torus in dem in Abschnitt 3.4 definierten Sinne struktureller Stabilität »robust« ist; läßt man, anders formuliert, eine kleine Störung einwirken, indem man einige Parameter leicht verändert, so wird das ein derartiger Attraktor im allgemeinen überstehen. Dasselbe gilt jedoch nicht mehr für drei- oder mehrdimensionale Tori, bei denen wenigstens drei inkommensurable Frequenzen auftreten. Hierbei handelt es sich um »zerbrechliche« Objekte, die nach Einwirkung einer kleinen Störung verschwinden und durch einen strukturell stabilen seltsamen Attraktor mit den in Abschnitt 3.8 diskutierten Eigenschaften ersetzt werden. Derartige Übergänge wurden in Modellsystemen und in Experimenten beobachtet, insbesondere in der Hydrodynamik.

Ein zweites »Szenario«, das zu quantitativeren Voraussagen führt, geht aus der Untersuchung der durch Gl. (3.31) definierten diskreten Abbildungen hervor. Es entspricht einer unendlichen Folge von Bifurkationen, die bei wohldefinierten Parameterwerten $\lambda_1 < \lambda_2 < \cdots \lambda_n < \cdots$ stattfinden und zu Zyklen höherer Ordnung führen, deren Perioden sich bei jeder neuen Bifurkation jeweils verdoppeln. Die λ_n häufen sich bei einem bestimmten Wert λ_∞, hinter welchem man Bahnen »unendlicher Periode« mit deutlich chaotischem Verhalten bekommt. Schließlich gehört der gesamte Phasenraum dieses diskreten dynamischen Systems (bis auf eine Punktmenge vom Maße Null) zu einem einzigen chaotischen Attraktor, auf dem Instabilität der Bewegung und empfindliche Abhängigkeit von den Anfangsbedingungen vorliegen.

Ein äußerst wichtiges Ergebnis, das auf M. Feigenbaum zurückgeht, ist die Existenz von Regelmäßigkeiten beim Übergang in das chaotische Regime. Es besagt, daß die λ_n in Form einer geometrischen Reihe mit dem Verhältnis $\delta \simeq 4.669$ gegen λ_∞ konvergieren. Außerdem hängt dieses Verhalten nur von der Struktur der Itera-

Tabelle 3.1 Periodenverdopplungs-Kaskade bei der Abbildung $x_{n+1} = 1 - \lambda x_n^2$

n (Bahn-periode = 2^n)	Bifurkations-punkt	$\lambda_n - \lambda_{n-1}$	$\delta = \dfrac{\lambda_n - \lambda_{n-1}}{\lambda_{n+1} - \lambda_n}$
0	0.75		
1	1.25	0.5	4.233738275
2	1.3680989394	0.1180989394	4.551506949
3	1.3940461566	0.0259472172	4.645807493
4	1.3996312384	0.0055850823	4.663938185
5	1.4008287424	0.0011975035	4.668103672
.	.	.	.
.	.	.	.
.	.	.	.
∞ (unperiodisches Verhalten)	1.4011552 ...		4.669 ...

tionsfunktion f(x) in der Umgebung ihres Maximums ab. Es ist daher strukturell stabil und findet sich mit genau denselben *quantitativen* Chatakteristika bei ganzen Familien von Abbildungen einschließlich der einfachen Parabel aus Gl. (3.31 b), einer Sinuskurve, eines Kreises, einer Ellipse usw. Man bezeichnet das als *metrische Universalität*. Tabelle 3.1 bietet ein Beispiel für die geschilderte Situation. Der Leser wird ausdrücklich dazu ermutigt, sich auf das Spiel »experimenteller Mathematik« einzulassen und die Tabelle selbst zu überprüfen. Dazu genügt es, die Gln. (3.31) in einen Taschenrechner einzugeben und die aufeinanderfolgenden Iterationen auszuführen.

Viele der in Kapitel 1 besprochenen Experimente demonstrieren die Existenz periodenverdoppelnder Kaskaden, die schließlich zu chaotischem Verhalten führen, und bestätigen den theoretischen Wert des Akkumulationsverhältnisses δ. Es besteht daher kein Zweifel, daß die Entdeckung dieser Verhaltenstendenz für die chaotische Dynamik einen grundlegenden Durchbruch bedeutet.

Man kann ein weiteres »Szenario« für chaotisches Verhalten bei diskreten Abbildungen angeben, welches nochmals anders ist und als Pomeau-Manneville-Intermittenz bekannt wurde. Es wird aktuell, wenn eine periodische Lösung instabil wird und zu Trajektorien führt, bei denen auf Zeitintervalle mit praktisch periodischem Verhalten Zeiten mit ganz wildem Gebaren in der Art »turbulenter« Ausbrüche folgen, deren Dauer selbst zufallsbedingt ist. Auch diese Art von Verhalten ist in den meisten der in Kapitel 1 besprochenen Experimente beobachtet worden.

Wir kehren zu zeitlich kontinuierlichen Phasenraumflüssen zurück. Häufig ist die Rückversetzung der weglaufenden Trajektorien in die Nachbarschaft eines instabilen Fixpunktes vom Sattelpunkt-Fokus Typ (siehe Fig. 3.26) mit dem Auftauchen von Bahnen eines ziemlich exzeptionellen Typs, sogenannten *homoklinen Bahnen*, verbunden. Hierbei handelt es sich um Trajektorien, die den Fixpunkt zwar verlassen, aber zu ihm zurückkommen: Sie streben für $t \to +\infty$ und $t \to -\infty$ gegen dieselbe Grenze (siehe Fig. 3.29). Diese Bahnen sind gegenüber Parametervariationen sehr empfindlich und werden im allgemeinen zerstört, wenn die Parameter nicht eine genau definierte Gleichung erfüllen (d. h. sie sind in der Sprechweise von Abschnitt 3.4 strukturell instabil). Für benachbarte Parameterwerte hinterläßt ihr Verschwinden im Phasenraum jedoch eine sehr reichhaltige Struktur von Bahnen, die sich zum Teil chaotisch verhalten. Es gibt Belege dafür, daß einige der oben angeführten Wege zum Chaos mit dem Auftreten homokliner Bahnen verbunden sind. Das »homokline Szenario« wird daher wahrscheinlich eine immer wichtigere Rolle in der chaotischen Dynamik spielen.

Wir beschließen diesen Abschnitt damit, daß wir zwei weitere Probleme anschneiden.

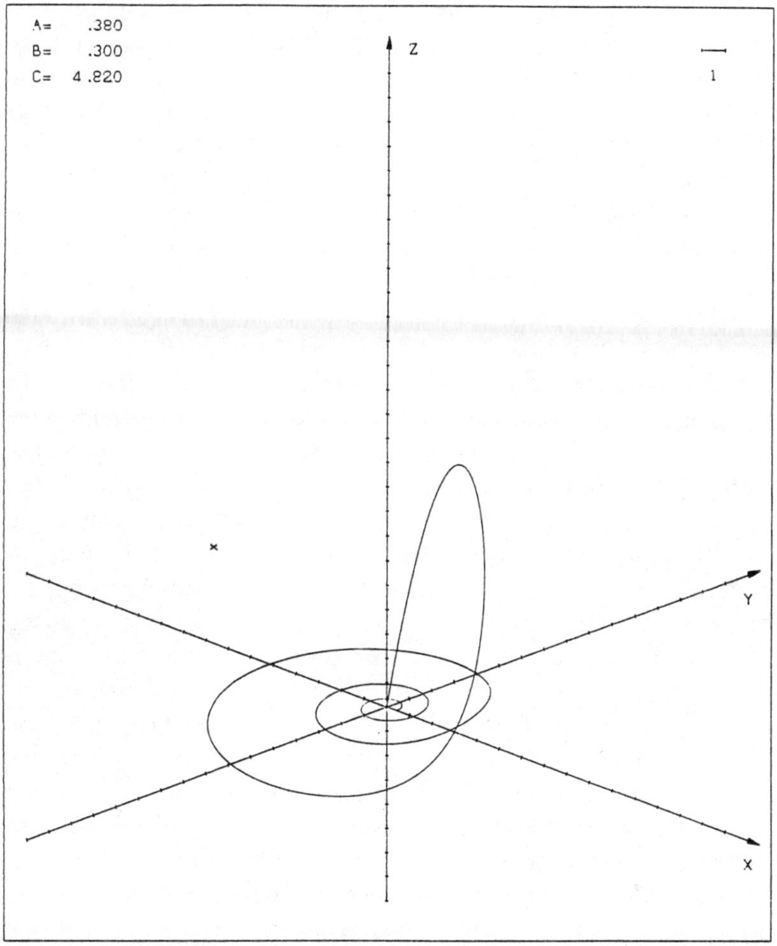

Fig. 3.29: Homokline Bahn zum Fixpunkt (0, 0, 0) des Rössler-Modells für die Parameterwerte a = 0.38, b = 0.30, c ≃ 4.82.

Erstens, kann man für dissipative Mehrvariablensysteme irgendeine Aussage über die relative Wichtigkeit von chaotischem Verhalten in Vergleich zu regulärem Verhalten machen? Die aus Modellsystemen und Systemen der realen Welt angesammelte Erfahrung besagt, daß beide Verhaltensweisen möglich sind und sogar koexistieren können. Es gibt also nichts Derartiges wie eine unwiderstehliche Tendenz von Mehrvariablensystemen, unmittelbar nach der ersten Bifurkation in Chaos auszubrechen. Darüber hinaus stellt es sich für gewisse Typen der Kinetik als äußerst diffiziles Unterfangen heraus, den chaotischen Bereich im Parameterraum lokalisieren zu wollen. Biochemische Regelungsvorgänge bieten hierfür ein typisches Beispiel, vielleicht nicht aus Zufall, da Reproduzierbarkeit ja eine wesentliche Eigenschaft biologischer Rhythmen bilden muß. In dieser Hinsicht ist es nützlich, sich hier nochmals die in Abschnitt 2.4 gemachten Bemerkungen über das, was als »generisch« oder »typisch« angesehen werden muß, vor Augen zu führen. Das Verhalten physikalischer Systeme wird nicht zwangsläufig durch zufällig herausgegriffene abstrakte Modelle beschrieben. Das ist besonders einleuchtend in der Biologie, wo jede in lebenden Zellen auftretende Funktion das Ergebnis einer langen Evolution darstellt. Wir haben hier ein weiteres Beispiel für die Eigentümlichkeit von Nichtgleichgewichtssystemen im Vergleich zu Gleichgewichtssystemen. Zwar werden wir in einem beliebigen Material, das sich unter Gleichgewichtsbedingungen befindet, bei einer Temperaturerniedrigung letztendlich immer zu einem Phasenübergangspunkt gelangen. Wenn wir aber einen Parameter steuern, der das Verhalten eines Nichtgleichgewichtssystems beeinflußt, können wir Grenzzyklen, gleichgewichtsähnliche stationäre Zustände, Chaos oder noch etwas anderes beobachten. Wir können die Entwicklung von thermischer, gleichgewichtsartiger Unordnung zu weiträumiger Ordnung mitmachen und dann jenen sonderbaren Zustand der Unordnung erreichen, den das Chaos darstellt; aber wir können auch Zeugen einer umgekehrten Entwicklung werden oder den Zustand des Chaos völlig verfehlen.

Das zweite Problem, welches wir aufwerfen wollen – und wir werden später nochmals darauf zurückkommen – betrifft die Rolle von Chaos in der Natur. Wir haben schon die Tatsache betont, daß chaotische Attraktoren die Erklärung für verschiedene experimentelle Ergebnisse darstellen. Über diese erfolgreiche Zuordnung hinausgehend eröffnet uns Chaos jedoch noch eine ganz neue Welt von Formen und Mustern. Es zeigt uns, daß Unordnung innerhalb eines gewissen Bereichs völlig verträglich ist mit Ordnung innerhalb eines anderen; das zeigen uns z. B. die beeindruckenden großskaligen Strukturen in turbulenten Strömungen. Es stellt sich aber auch heraus, daß Zufallsverhalten nicht die Folge experimenteller Unvollkommenheiten oder einer komplexen und unkontrollierbaren Umwelt darstellt, sondern vielmehr tief in der Dynamik völlig deterministischer Systeme mit wenigen Variablen verwurzelt ist. Vor allem aber führt die Koexistenz von Zufall und Ordnung zu einem neuen Konzept, das in unserer Diskussion bisher völlig gefehlt hat, nämlich *Information*. Wir werden diesen Neuling in der Welt des Komplexen kurz in Abschnitt 3.12 und ausführlicher in Kapitel 4 analysieren.

3.11 Ortsabhängige Systeme. Symmetriebrechende Bifurkationen und Morphogenese

In diesem Kapitel haben wir uns bisher nur mit dynamischen Systemen befaßt, die zu ihrer Beschreibung eine endliche Zahl von Variablen benötigen. Wir wollen uns im Folgenden mit ortsabhängigen Systemen beschäftigen. In diesen sind die Zustandsvariablen (z. B. die Temperatur eines Stabes, der auf einer Seite systematisch erwärmt wird) Felder, was heißt, daß sie kontinuierlich von den räumlichen Koordinaten abhängen. Das bedeutet, daß das Problem unendlich viele Variablen enthält. Im allgemeinen werden diese Variablen miteinander verkoppelt sein, da die räumlichen Inhomogenitäten zu Transportphänomenen wie Wärmeleitung, Diffusion oder Konvektion führen. Technisch gesehen wird sich dies durch die Anwesenheit von *räumlichen Ableitungen* in den Evolutionsgleichungen widerspiegeln, z. B. dem Laplaceoperator in Anwendung auf die Temperatur oder Konzentration, $\nabla^2 T(\mathbf{r},t)$ oder $\nabla^2 c(\mathbf{r},t)$, dem Gradienten der Geschwindigkeit, $\nabla \mathbf{v}(\mathbf{r},t)$, etc. Es steht zu erwarten, daß die Behandlung solcher Systeme viel schwieriger ist. In vielen Fällen kann man jedoch mit Hilfe geeigneter Störungsmethoden, die das Problem auf eine endliche Anzahl von Variablen reduzieren, interessante Ergebnisse erzielen.

Dieser Mechanismus ähnelt ziemlich jenem, den wir in Abschnitt 3.6 im Zusammenhang mit der Reduktion der Dynamik eines Mehrvariablensystems auf eine Normalform skizziert haben. Den Ausgangspunkt bildet wieder die lineare Stabilitätsanalyse (siehe Anhang I). Bei Anwesenheit räumlicher Inhomogenitäten enthält der in Gl. (3.25) auftretende Stabilitätsoperator L räumliche Ableitungen. In vielen Fällen erscheinen diese Ableitungen als additive Beiträge (siehe z. B. Gln. (I.14)). Man sucht dann nach Lösungen, die ein Produkt eines zeitabhängigen Teils, c(t), und einer Funktion u(**r**) bilden, welche alle räumlichen Abhängigkeiten enthält (vgl. Gl. (I.19)). Dies führt zu einer Separation der Variablen, d. h. zu zwei einfacheren Gleichungssystemen, die nur noch u(**r**) bzw. c(t) enthalten. Die Gleichungen für u(**r**) können häufig exakt gelöst werden. Z. B. besteht u(**r**) in einem eindimensionalen chemischen System, in dem Reaktionen und Diffusion stattfinden, aus einer Superposition von Sinus- oder Cosinus-Funktionen – den Eigenfunktionen des Laplaceoperators in dem interessierenden Raumgebiet. Der zeitabhängige Anteil c(t) kann dann genauso wie in Gl. (3.25) behandelt werden, und man kann schließlich ein Diagramm ableiten, das ähnlich wie in Fig. 3.16 die Abhängigkeit der Anwachsrate der Störungen vom Kontrollparameter λ angibt. Hier kommt jedoch ein neues Element ins Spiel: Einige der Koeffizienten $L_{ij}(\lambda)$ enthalten ein »Überbleibsel« der räumlichen Inhomogenitäten, nämlich die Auswirkung der räumlichen Ableitungen auf die Funktion u(**r**), oder, was damit gleichbedeutend ist, den Eigenwert des ortsabhängigen Anteils des Operators L. Der letztere hängt vom Wert der Transportkoeffizienten und der charakteristischen räumlichen Länge der durch u(**r**) beschriebenen Mode ab. In einem Reaktions-Diffusions-System ist dieser einfach durch die Produkte $-D_i k^2$ bestimmt, wo D_i der Diffusionskoeffizient der i-ten Sorte, $k = 2\pi/l$ und l die charakteristische räumliche Länge ist (vgl. Gl. (I.20)).

Jetzt, da diese zusätzliche Freiheit besteht, kann man die folgende Frage stellen. Angenommen, von den Kurven γ(λ) aus Fig. 3.16 überquert nur eine die λ-Achse. In dem marginalen Zustand $\lambda = \lambda_k$ hängt das System immer noch von dem zusätzlichen Parameter k ab. Ist es möglich, den gefährlichsten Wert von k festzustellen, der voraussichtlich den Übergang zu instabilem Verhalten dominiert? Für die Beantwortung dieser Frage ist es instruktiv, den kritischen Parameterwert λ_k gegen k aufzutragen. Zwei typi-

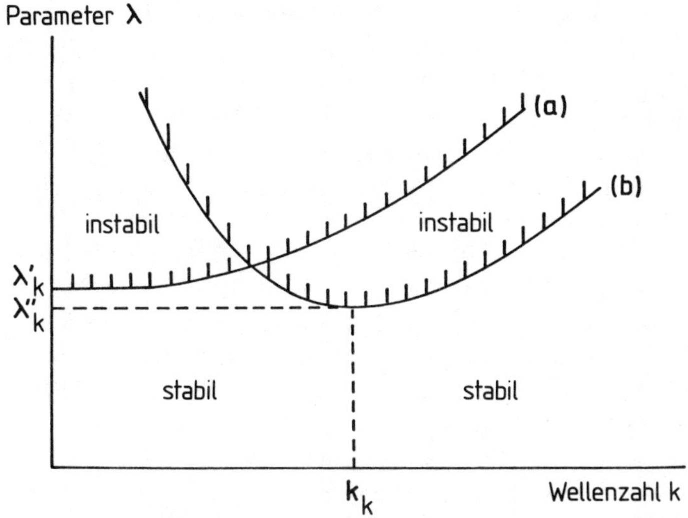

Fig. 3.30: Zwei typische Stabilitätsdiagramme für das lineare Stabilitätsverhalten eines homogenen stationären Zustands in einem ortsabhängigen System. (a): die Kurve marginaler Stabilität besitzt ein Extremum bei der Wellenzahl $k = 0$. Man erwartet daher, daß die dominante Mode jenseits des Einsatzpunktes für Instabilität räumlich homogen bleibt. (b): Die Kurve marginaler Stabilität besitzt ein Extremum bei $k = k_k \neq 0$. Hier wird erwartet, daß die am marginalen Punkt bifurkierenden Lösungszweige eine nichttriviale Ortsabhängigkeit aufweisen. Das bildet die Grundlage für das Phänomen der räumlichen Symmetriebrechung.

sche Ergebnisse, die den Gln. (I.23 a) bzw. (I.23 b) aus Anhang I entsprechen, sind in Fig. 3.30 aufgetragen.

In beiden Fällen (a) und (b) besitzt die Kurve $\lambda_k(k)$ ein Extremum, das in der Figur mit λ_k' bzw. λ_k'' bezeichnet wird. Das bedeutet, daß bei einer Variation von λ, die von Werten im asymptotisch stabilen Bereich (unterhalb der Kurven (a) bzw. (b)) zu Werten im instabilen Bereich (oberhalb der Kurven (a) bzw. (b)) führt, der *erste* Übergang bei λ_k' bzw. λ_k'' stattfindet und daher das Systemverhalten für diese und benachbarte Werte beherrscht. Nun tritt das Extremum λ_k' im Falle (a) bei $k = 0$ auf, d. h. bei der charakteristischen räumlichen Länge $l = \infty$. Offensichtlich entspricht dies einer ortsunabhängigen Situation. Mit anderen Worten ist die dominante Mode in der Nachbarschaft des ersten Bifurkationspunktes dann homogen. Die Analysis reduziert sich in diesem Fall auf die des vorigen Abschnitts.

Eine neue und aufregende Möglichkeit entsteht jedoch im Fall (b) von Fig. 3.30. Hier tritt das Extremum λ_k'' bei einem nichttrivialen Wert $k = k_k$ auf, d. h. bei einer wohldefinierten, charakteristischen räumlichen Länge l_k. Hieraus folgt, daß die dominante Mode in der Nachbarschaft des ersten Bifurkationspunktes jetzt räumlich inhomogen ist. Außerdem sind ihre charakteristischen Eigenschaften *von innen her* bestimmt, d. h. sie werden vollständig durch die Systemparameter festgelegt. Wir bezeichnen das als *räumliche Symmetriebrechung*.

In beiden Fällen (a) und (b) von Fig. 3.30 kann wieder ein geeigneter Satz von Ordnungsparametern definiert werden, die in der Nähe des ersten Bifurkationspunktes einem geschlossenen Gleichungssystem genügen. Die *Normalform* dieser Gleichungen hat dieselbe Struktur wie in Abschnitt 3.4 bis 3.6 und Anhang II. Diese Art der Beschreibung kann auch auf den Fall erweitert werden, daß mehrere Moden gleichzeitig instabil werden. Man erhält dann eine größere Zahl von Gleichungen, welche die Wechselwirkung zwischen verschiedenen Ordnungsparametern in sich begreifen. Das führt zu sekundären und höheren Bifurkationen, die unter anderem mit der Koexistenz verschiedener stabiler Raumstrukturen verbunden sind.

Das Auftreten einer räumlichen Struktur in einem vorher homogenen Medium bildet für viele Gebiete einen Punkt von ganz zentraler Bedeutung. In der Hydrodynamik wird der Übergang zur Instabilität sehr oft vom Auftreten räumlicher Strukturen begleitet, so z. B. bei dem in Kapitel 1 beschriebenen Bénard-Problem. In Grenzflächen und bei Problemen der Materialwissenschaften führen diese zu interessanten Formen, für welche Dendriten ein eindrucksvolles Beispiel liefern. Bei der Embryonalentwicklung liefern räumliche Strukturen die notwendige »Positionsinformation« für die Zellendifferenzierung, wie in Abschnitt 2.7 kurz besprochen worden ist. Im letzten Fall – und in der Tat bei allen Problemen, in denen eine diffusionsartige Variablenkopplung eine Rolle spielt – besteht eine interessante Eigenschaft darin, daß sich unterhalb einer gewissen *Minimalgröße* des Systems keine Raumstrukturen ausbilden können. Intuitiv ist das recht einfach zu verstehen. In einem großen reaktiven System wirken bei einer symmetriebrechenden Bifurkation chemische Reaktionen und Diffusion auf folgende Weise zusammen: Die chemische Kinetik kann durch ihre inneren Rückkopplungsmechanismen lokal zu einem Ausbrechen führen, indem sie den Effekt kleiner Störungen oder Fluktuationen verstärkt. Diffusion versucht, die hierdurch erzeugten Inhomogenitäten zu verwischen. Wenn die Diffusionsgeschwindigkeit mit der Reaktionsgeschwindigkeit vergleichbar wird, schafft sie das jedoch nicht ganz. Die Folge davon ist eine Raumstruktur, deren charakteristische Länge den mittleren Abstand widerspiegelt, über den eine Gruppe reaktiver Moleküle hinwegdiffundieren kann, bevor eine Reaktion stattfindet. Demgegenüber laufen in einem kleinen System die Reaktionen mit derselben Geschwindigkeit wie in einem großen System ab, während die Diffusion ganz außerordentlich viel höher ist. (Die Diffusionsgeschwindigkeit ist proportional zu D/l^2, wo D der Diffusionskoeffizient und l die lineare Systemausdehnung ist.) Das System wird von dem durch die Diffusion aufgezwungenen »Rühren« dominiert, und die Randbedingungen machen jeden lokalen Destabilisierungsversuch zunichte.

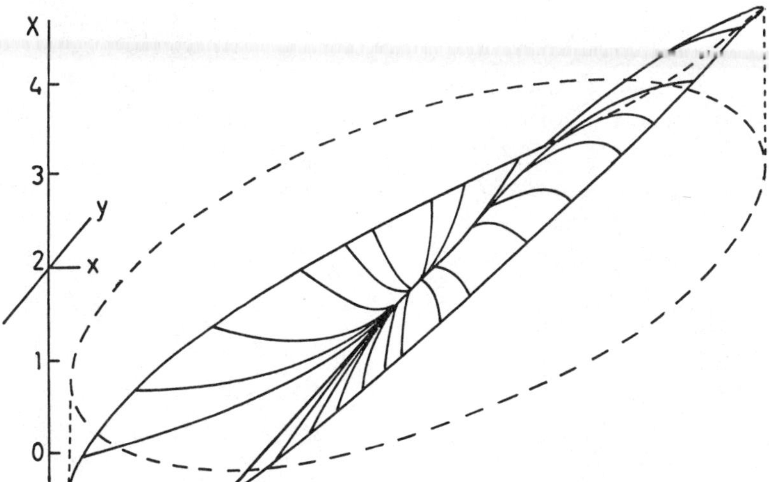

Fig. 3.31: Perspektivische Darstellung einer speziellen räumlichen Konzentrationsverteilung X, die in einem kreisförmig berandeten Gebiet (einer x,y-Ebene) entsteht. Die gezeigte Struktur entspricht dem Produkt eines radialen Anteils J_1 (r) (Bessel-Funktion erster Ordnung) mit einem Winkelanteil cos φ. Die gestrichelte Linie gibt die uniforme Konzentration des (instabilen) stationären Zustands auf dem (kreisförmigen) Rand an.

Raumstrukturen, die durch symmetriebrechende Bifurkationen zustande kommen, können sowohl stationär als auch zeitabhängig sein. Ein Beispiel für eine stationäre Struktur wird in Fig. 3.31 gezeigt. Auf einer Scheibe mit kreisförmiger Berandung wurde numerisch ein System zweier gekoppelter Reaktions-Diffusionsgleichungen gelöst. Wir sehen deutlich das Auftreten einer *Polaritätsachse*, welche zu einer Differenzierung des Systems in einer ausgezeichneten Richtung führt, die in einem realen System z. B. eine auf-nieder oder eine dorsoventrale Achse bilden könnte.

Beeindruckende experimentelle Beispiele für zeitabhängige Raumstrukturen bilden die in der BZ-Reaktion und an *Dictyostelium discoideum* beobachteten Wellen (siehe Fig. 1.9 und 1.15). Strukturen dieser Art erhält man auch in Modellsystemen. Zwei Beispiele, die zu einfachen rotierenden Wellen bzw. zu rotierenden Spiralen führen, sind in Fig. 3.32 angegeben.

Eine charakteristische Eigenschaft, die sowohl bei stationären

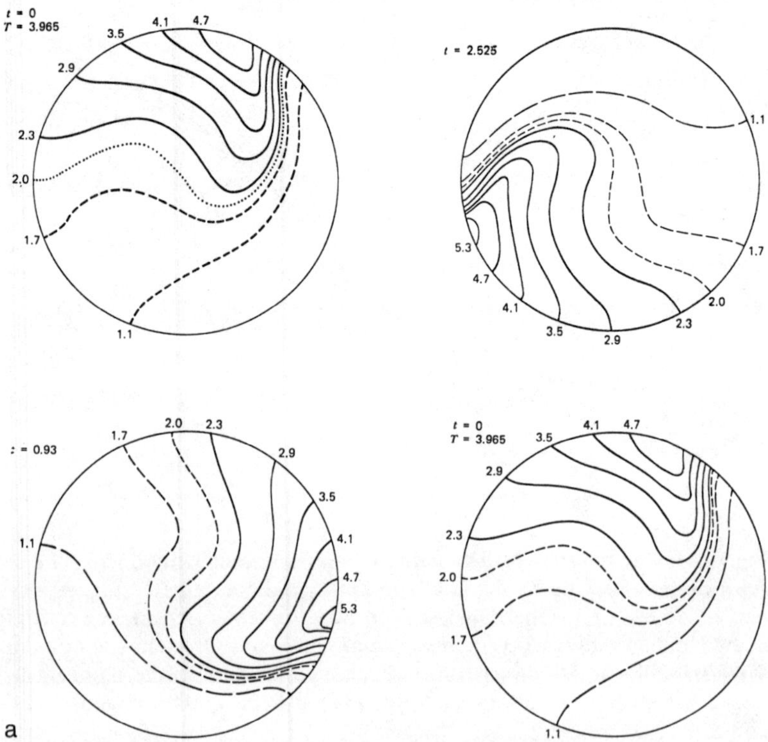

a

als auch bei zeitabhängigen Raumstrukturen auftritt und die wir schon in Abschnitt 2.7 angesprochen haben, besteht darin, daß diese in der Form von *Multipletts* auftreten, von denen jedes Mitglied in einem symmetrischen Medium dieselben Struktur- und Stabilitätseigenschaften besitzt. So könnte z. B. in Fig. 3.31 jeder beliebige Durchmesser des Kreises eine Polaritätsachse bilden. Ganz ähnlich erscheinen Spiralen in einem unendlich ausgedehnten System paarweise, wobei die Spiralen eines Paares jeweils in entgegengesetzter Richtung rotieren (mit oder gegen den Uhrzeigersinn). Jede Spirale bildet daher eine unsymmetrische Struktur mit einer Vorzugs-*Chiralität*; in einem makroskopischen System mit einer Population von Spiralen wird die Symmetrie jedoch dadurch wiederhergestellt, daß gleiche Anzahlen von Strukturen mit

b

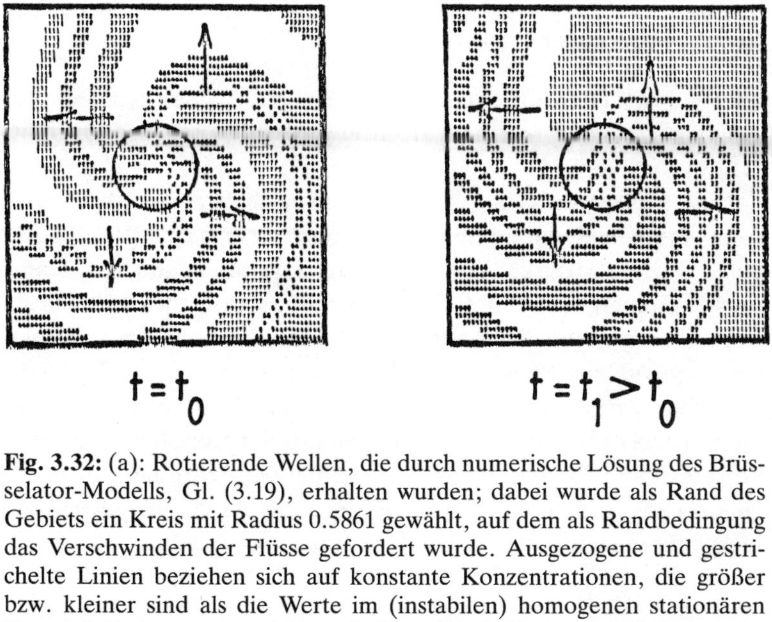

Fig. 3.32: (a): Rotierende Wellen, die durch numerische Lösung des Brüsselator-Modells, Gl. (3.19), erhalten wurden; dabei wurde als Rand des Gebiets ein Kreis mit Radius 0.5861 gewählt, auf dem als Randbedingung das Verschwinden der Flüsse gefordert wurde. Ausgezogene und gestrichelte Linien beziehen sich auf konstante Konzentrationen, die größer bzw. kleiner sind als die Werte im (instabilen) homogenen stationären Zustand. Parameterwerte: A = 2, B = 5.8; Diffusionskoeffizienten der Sorten X und Y: $D_1 = 0.008$ bzw. $D_2 = 0.004$; (b): Rotierende Spiralen, die durch numerische Lösung der Modellgleichungen

$$\partial A/\partial t = \nabla^2 A - A - B + (A \text{ falls } A > 1/20)$$
$$\partial B/\partial t = \nabla^2 B + A/2$$

erhalten wurden (aus A. Winfree, SIAM-AMS Proceedings Vol. **8**, S. 13 (1974)).

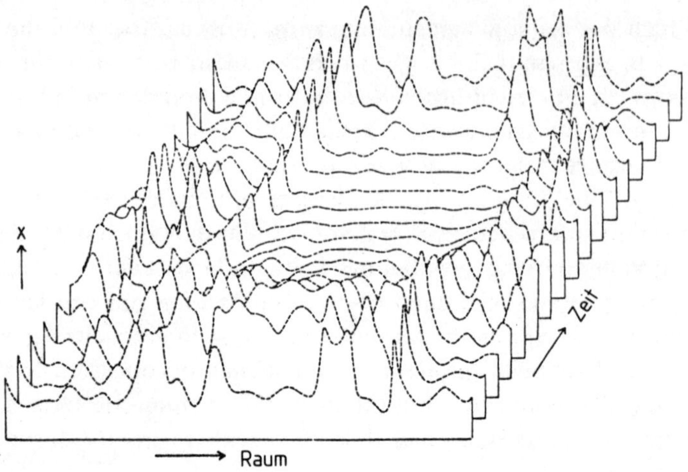

Fig. 3.33: Schematische Darstellung von diffusionsinduziertem Chaos, erhalten aus der numerischen Lösung des Brüsselator-Modells (aus Y. Kuramoto, Physica **106A**, 128 (1981)).

entgegengesetzter Orientierung koexistieren. Das Problem der Auswahl zwischen solchen Strukturen werden wir in Abschnitt 3.12 diskutieren.

Eine sehr interessante Klasse raum-zeitlicher Strukturen entsteht, wenn in einem homogenen System mit ansonsten regelmäßigem Verhalten durch Diffusion oder irgendein anderes Transportphänomen eine chaotische Dynamik induziert wird. Fig. 3.33 zeigt eine typische Konfiguration, die durch numerische Simulation anhand des Brüsselator-Modells erhalten wurde. Ein ganz ähnliches Verhalten bekommt man in einem System gekoppelter nichtlinearer Oszillatoren; je nach Stärke der Kopplung kann dieses aus einem Regime vollständiger Phasensynchronisation in ein chaotisches Regime getrieben werden, das durch eine merkliche Desynchronisation aller Phasen gekennzeichnet ist.

3.12 Asymmetrie, Selektion und Information

Wir haben gesehen, daß räumlich asymmetrische Lösungen, die in einem ursprünglich völlig symmetrischen Medium durch Bifurkation entstehen, einen Sonderstatus besitzen: Bei einer speziellen physikalischen Realisierung tritt in einem hinreichend kleinen

Raumgebiet jeweils nur eine derartige Lösung auf. Wie wir aus Fig. 1.9 ersehen können, wird z. B. ein bestimmter Teil des BZ-Systems zu einem Zentrum, aus dem nur Spiralen einer bestimmten Chiralität, sagen wir einer linkshändigen, hervorkommen können. In diesem Sinn darf man also von *Symmetriebrechung* sprechen. Schaut man aber bei einer großen Anzahl unkorrelierter Experimente auf dieselbe Stelle des Systems, so beobachtet man mit gleicher Häufigkeit Lösungen entgegengesetzter Symmetrie. In ähnlicher Weise werden in einem bestimmten Experiment, das mit einem System großer räumlicher Ausdehnung durchgeführt wird, an verschiedenen Stellen Lösungen entgegengesetzter Symmetrie koexistieren. In diesem Sinn wird also die Symmetrie des Mediums wiederhergestellt.

Unter üblichen Laborbedingungen war die obige Schlußfolgerung zu erwarten. Schließlich ist nicht einzusehen, warum eine Bénard-Zelle, die z. B. im Uhrzeigersinn und nicht gegen diesen rotiert, bevorzugt an einer ganz bestimmten Stelle der Anordnung auftauchen sollte. Ähnlich haben die Experimente mit der BZ-Reaktion immer gezeigt, daß Spiralwellen paarweise auftreten, es sei denn, daß vom Experimentator besondere Vorkehrungen getroffen werden, um eine bestimmte Konfiguration zu begünstigen.

Nun führt das Unvermögen, unter der Vielfalt verfügbarer Strukturen einem ganz bestimmten asymmetrischen Materiezustand den Vorzug geben zu können, in vielen Fällen auf einige sehr grundlegende Fragen. Um die Natur des Problems besser zu verstehen, wollen wir das folgende (in Fig. 3.34 zusammengefaßte) Gedankenexperiment durchführen. Angenommen, in einem geeigneten chemisch reagierenden System ist ein spezieller Zustand mit rotierenden Spiralwellen realisiert. $P_1, Q_1, \cdots$ und $P_2, Q_2, \cdots$ seien die Zentren der rechts- bzw. linkshändigen Spiralen im System. Weiterhin sei angenommen, daß eine linkshändige Spirale mit Hilfe eines geeigneten Schaltkreises dazu veranlaßt wird, auf einem Bildschirm ein Symbol, sagen wir »D«, erscheinen zu lassen, während eine rechtshändige Spirale in ähnlicher Weise das Symbol »O« erzeugen soll. Eine mögliche Verwendung dieser Symbole bestünde darin, daß der Bildschirm in der oberen Hälfte das von P_2 kommende und in der unteren Hälfte das von P_1 kommende Signal zeigt, und daß das resultierende Schriftbild als Anweisung dazu benutzt wird, eine ganz bestimmte Auf-

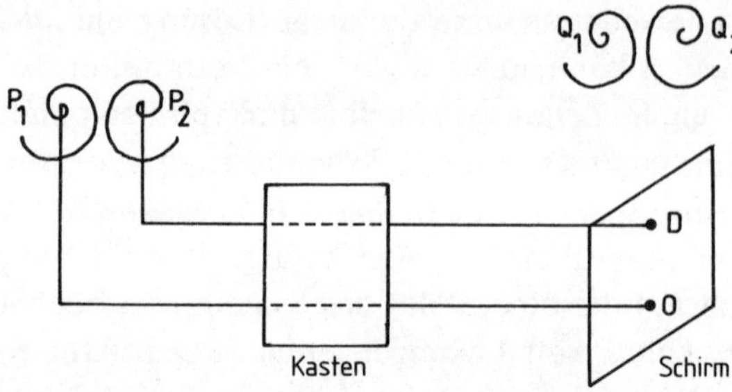

Fig. 3.34: Stattet man ein System mit einer Multiplizität von Lösungen aus, so erzeugt Bifurkation potentiell auch Information. Das wird durch die hier gezeigte »Bifurkationsmaschine« illustriert. In dieser wird je nachdem, ob die Bifurkation einer links- oder rechtshändigen Spiralwelle stattfindet, ein Symbol »D« oder »O« freigegeben. Findet keine Selektion statt, so ist der Orientierungssinn der speziellen Welle, die bei sukzessiven Inbetriebnahmen des Apparates realisiert wird, nicht reproduzierbar. Infolgedessen ist die Reihenfolge des Auftretens der Symbole »D« und »O« rein zufällig, und die Informationsübertragung wird in Frage gestellt.

gabe auszuführen. Wird von oben nach unten gelesen, so lautet die Anweisung in unserem Falle »DO«. Dabei wird natürlich angenommen, daß der mit diesem Algorithmus konstruierte »Text« von dem »Leser«, der zur Ausführung der Aufgabe angewiesen ist, verstanden wird. In dem gewählten Beispiel ist das der Fall, wenn unser »Leser« eine rudimentäre Kenntnis der englischen Sprache besitzt.

Verfolgen wir jetzt das Funktionieren unserer Maschinerie für den Fall, daß das reagierende Medium in das Regime rotierender Wellenlösungen gebracht worden ist. Wir hatten angenommen, daß P_1 das Zentrum einer rechtshändigen und P_2 das Zentrum einer linkshändigen Spirale ist. Sofort wird die Anweisung »DO« auf dem Bildschirm erscheinen, sie wird adäquat gedeutet, und unser »Leser« wird die angewiesene Aufgabe erledigen. Nach einiger Zeit erfolgreichen Funktionierens werde die Maschine abgeschaltet. Wir wollen sehen was passiert, wenn sie erneut eingeschaltet wird.

Wegen der Multiplizität verfügbarer Regime können die Punkte P_1 und P_2 jetzt zu Zentren sowohl linkshändiger als auch rechtshändiger Spiralen werden. Daher wird unsere Maschine nicht zwangsläufig wieder dieselbe Botschaft »DO« übermitteln wie vorher. Stattdessen besteht eine große Wahrscheinlichkeit dafür, daß unser Leser auf dem Bildschirm die unverständlichen Botschaften »OD«, »OO« oder »DD« zu sehen bekommt. Er wird dann die vorgesehene Aufgabe nicht ausführen. Mit anderen Worten, die von uns konstruierte »Bifurkationsmaschine« stellt sich für diesen Zweck als unzuverlässiger *Informationsprozessor* heraus.

Nehmen wir nun an, daß der folgende Trick angewandt wird. Nach dem ersten Funktionieren der Maschine installieren wir unterhalb der Punkte P_1 und P_2 zwei kleine Motoren, die das Medium etwas rechts- bzw. linksherum rühren. Aufgrund dieser Prädisposition wird in der Umgebung von P_1 und P_2 nun beständig eine rechts- bzw. linkshändige Welle ausgewählt, und infolgedessen wird bei jedem Betrieb der Maschine stets dieselbe Botschaft »DO« übermittelt. Offensichtlich haben wir jetzt eine zuverlässige Maschine! Der Leser wird leicht feststellen, daß die von uns installierten Motörchen nichts anderes darstellen als ein Beispiel für das viel allgemeinere Konzept der *Selektion*. Anders gesagt bildet räumliche Symmetriebrechung die notwendige Vorbedingung, ohne die das Problem der Konstruktion eines Informationsprozessors ganz einfach nicht auftreten würde. Letztlich ist es jedoch Selektion, die einem die Entdeckung, Interpretation und Übermittlung der in der nichtlinearen Nichtgleichgewichtsdynamik des Systems verborgenen »Botschaft« ermöglicht. *Selektion dekodiert Information* und ermöglicht hierdurch die Übertragung von Komplexität von einem Niveau auf ein anderes.

Die Notwendigkeit einer Selektion geht jedoch weit über unser einfaches Beispiel hinaus. In Abschnitt 1.8 haben wir den Symmetriebruch zwischen Materie und Antimaterie erwähnt. Die Tatsache, daß im gegenwärtigen Universum eine »Selektion« von Materie zuungunsten von Antimaterie stattgefunden hat, ist der Grund dafür, warum sich anstelle einer fortwährenden Materie-Antimaterie-Vernichtung mit Photonenproduktion Kerne, Galaxien oder Lebewesen ausbilden konnten. Mehr innerhalb unserer eigenen Dimensionen besitzt die Selektion bevorzugter asymmetrischer Formen einen ganz grundlegenden Einfluß auf die Strukturbildung und das Funktionieren der heute anzutreffenden lebenden Organismen. Wir wollen ein paar charakteristische Beispiele angeben, welche die Allgegenwart von Asymmetrie auf diesem Gebiet belegen.

Wir wissen aus elementaren Lehrbüchern der Biologie, daß Proteine zu den wichtigsten Bausteinen des Lebens gehören. Unabhängig von ihrer Herkunft und Funktionsweise entsteht die erstaunliche Vielfalt vorkommender Proteine aus der Verbindung derselben 20 *Aminosäure*-Arten in unterschiedlichen molaren Verhältnissen. Die in den Proteinen auftretenden Aminosäuren bestehen aus vier an ein zentrales Kohlenstoffatom (α-Kohlenstoff) gebundenen Molekülgruppen:

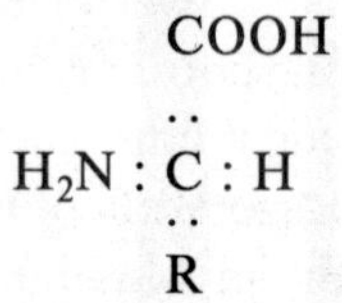

(i) eine Carboxylgruppe, abgekürzt COOH; (ii) eine Aminogruppe NH_2; (iii) ein Wasserstoffatom H; und (iv) eine Nebengruppe R, die für jede Sorte verschieden ist.

In allen Aminosäuren mit Ausnahme von Glycin, bei welchem R mit H identisch ist, ist der α-Kohlenstoff *unsymmetrisch*, da er mit unterschiedlichen Gruppen verbunden ist. Daher gibt es zwei mögliche Aminosäure-Konfigurationen, das D-Isomer und das L-Isomer:

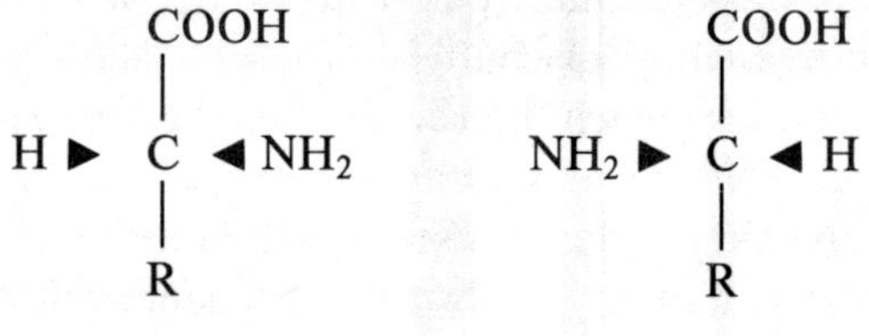

(D) (L)

Ein D- und L-Isomeren-Paar kann nicht durch Rotationen zur Deckung gebracht werden. Die beiden Isomere verhalten sich zueinander vielmehr wie eine rechte und linke Hand und stehen in dieser Hinsicht in Analogie zu dem im BZ-System erzeugten Spiralenpaar. Ihre Asymmetrie spiegelt sich in ihrer Fähigkeit wider, die Polarisationsebene von polarisiertem Licht in eine Vorzugsrichtung zu drehen, und zwar rechtsherum, wenn es sich um ein D-Isomer und linksherum, wenn es sich um ein L-Isomer handelt.

In Proteinen werden die Aminosäuren nun immer in der L-Konfiguration angetroffen. Wir haben hier also ein schlagendes

Beispiel für eine absolute Selektion von Asymmetrie vor uns. Der große französische Wissenschaftler Louis Pasteur, der Begründer der modernen Biochemie, hat dieses Phänomen als einen der grundlegenden Aspekte des Lebens angesehen.

Wir sind jedoch weit davon entfernt, etwa die Liste aller Beispiele für Asymmetrie in der Biologie ausgeschöpft zu haben. Nukleinsäuren, die anderen Grundbausteine des Lebens neben den Proteinen, sind aus Untergruppen zusammengesetzt, die als Nukleotide bezeichnet werden. Außer einer Komponente, die aus einer Purin- oder Pyrimidin-Base besteht – einem im wesentlichen ebenen Molekül – enthalten sie einen Zucker, der eine dreidimensionale chirale Struktur aufweist: D-Desoxyribose im Falle der Desoxyribonukleinsäure (DNA), und D-Ribose im Falle der Ribonukleinsäure (RNA). Wieder scheinen alle in lebenden Organismen vorkommenden Nukleinsäuren das Produkt einer absoluten Selektion zu sein, da nur das rechtshändige D-Isomer anzutreffen ist.

Ein noch anderer, aber genauso bemerkenswerter Fall bevorzugter Asymmetrie bezieht sich darauf, wie der genetische Code gelesen wird. Es ist erwiesen, daß der heutige Code ein Triplett-Code ist, bei dem jedes Symbol einem Satz von drei Nukleotiden (Codons) entspricht. Von größter Bedeutung ist hierbei die Existenz von *Startsignalen*, die es ermöglichen, daß die genetische Botschaft vom Ausgangspunkt ab in einer *fest vorgegebenen Richtung* der Reihe nach aus jeweils drei Nukleotiden abgelesen wird. Diese Asymmetrie ist von primärer Bedeutung, da ihr Fehlen Konsequenzen hätte, die ähnlich wären, wie wenn man z. B. einen Englischtext wahllos durcheinander von rechts nach links und von links nach rechts ablesen würde. In dieser Hinsicht ist es bemerkenswert, daß synthetische Nukleotide, welche diese Polarität nicht aufweisen, nur einen sehr reduzierten Informationsgehalt besitzen.

Inzwischen sind wir von der konstruktiven Rolle der Selektion überzeugt. Daher ist es wichtig, nach den Mechanismen zu forschen, welche sie zustandebringen können.

Der eindeutigste Fall von Selektion tritt ein, wenn die symmetriebrechende Bifurkation ein einmaliges, nichtwiederholbares Ereignis darstellt. Ein Beispiel hierfür bildet die Selektion von Materie zuungunsten von Antimaterie, die, nachdem sie einmal geschehen war, das Universum zu einem »Punkt ohne Wiederkehr« geführt hat, hinter dem es unmöglich ist, sich eine andere Realisierung vorzustellen – zumindest nicht innerhalb einer Zeitskala von 20 Milliarden Jahren! Eine ähnliche Situation liegt vor, wenn der Übergang zu der asymmetrischen Form nicht von selbst stattfindet, sondern mit einem Stadium der Keimbildung verbunden ist, in welchem das System erst »aktiviert« werden und eine Barriere überwinden muß. Falls die erforderliche »Aktivierungsenergie« sehr hoch ist, vollzieht sich der Übergang zu einem bestimmten asymmetrischen Zustand nur sehr langsam. Es ist daher gut vorstellbar, daß zu dem Zeitpunkt, in welchem sich der Zustand umgekehrter Symmetrie gerade ausbilden möchte, der erste schon die Überhand gewonnen und die Umgebung verändert hat, so daß im Anschluß daran das Auftreten jeder anderen Symmetrieform verhindert wird.

Ein zweiter verbreiteter Selektionsmechanismus besteht in der Übertragung einer externen Asymmetrie auf das zur Diskussion stehende System. Das führt unmittelbar auf zwei Probleme. Erstens muß diese »primäre« Asymmetrie immer in gleicher Weise wirksam sein. Ein Beispiel, wo diese Bedingung erfüllt ist, bildet die Schwerkraft, die unausweichlich jedes erdgebundene Experiment mit materiellen Objekten beeinflußt, indem sie eine bevorzugte Oben-unten-Richtung festlegt. Zusätzlich muß das System aber empfindlich genug sein, um diese üblicherweise sehr schwachen Effekte überhaupt wahrzunehmen. Auch hier spielen Bifurkationen wieder eine wesentliche Rolle. Wie wir in Abschnitt 3.4 gesehen haben, wird die Abzweigung von Lösungen durch kleine Veränderungen der in den Evolutionsgleichungen des Sytems auftretenden Parameter tatsächlich ganz wesentlich beeinflußt, ja sie kann unter bestimmten Umständen (siehe z. B. Fig. 3.10 c) sogar völlig zerstört werden. Wenn ein System daher im Laufe seiner Geschichte einmal zufällig über längere Zeit hinweg hinreichend nahe an einen Bifurkationspunkt kommt, wird es empfindlich gegenüber kleinen Einwirkungen, die in leicht verständlicher Weise zur Selektion einer bestimmten Form von Asymmetrie führen können. Wir besprechen diesen Mechanismus noch weiter in Kapitel 4, in welchem wir die zur Behandlung stochastischer Störungen erforderlichen Konzepte entwickeln werden.

Bei beiden obigen Mechanismen ist Irreversibilität mit im Spiel, und, wie wiederholt betont wurde, garantiert diese die asymptotische Stabilität der entsprechenden Zustände. Man könnte sich jedoch noch andere Selektionsmechanismen vorstellen, bei denen sie sogar eine noch direktere Rolle spielt. Insbesondere kann man die Frage stellen, ob die mit Irreversibilität verbundene Brechung der Symmetrie gegenüber Zeitumkehr nicht selbst zur Ursache von Selektion werden und so zu informationsreichen *räumlich* unsymmetrischen Materieformen führen kann. An dieser Stelle sind wir noch nicht in der Lage, diese Frage zu behandeln. Wir müssen zuerst in angemessener Weise den Begriff der Information einführen, der in diesem Buch bisher nur ziemlich vage und unter Berufung auf die Intuition des Lesers benutzt worden ist. Unsere Frage kann erst behandelt werden, nachdem wir die stochastische Theorie dynamischer Systeme erörtert haben, auf die wir jetzt unsere Aufmerksamkeit richten wollen.

Kapitel 4

Stochastische Aspekte komplexer Phänomene

Wir haben schon früher auf die Rolle zufälliger Elemente bei der Ausbildung komplexen Verhaltens hingewiesen. In allen physikalisch-chemischen Systemen sind wegen der Wirkung der inneren *thermischen Fluktuationen* solche Elemente beständig gegenwärtig. Überdies ist in vielen Fällen auch die an das System grenzende Umgebung wechselhaft – ein Beispiel wäre ein Ökosystem, das jahreszeitlichen oder anderen klimatischen Fluktuationen ausgesetzt ist. In diesem Kapitel befassen wir uns mit der Dynamik der Fluktuationen. Besonderes Augenmerk richten wir auf den Mechanismus, über den sie in das makroskopische Geschehen eingreifen, und auf die neuen Vorstellungen, die die wahrscheinlichkeitstheoretische Behandlung dynamischer Systeme mit sich bringt. Es wird sich zeigen, daß stochastische Effekte eine besonders entscheidende Rolle in der Nähe von Bifurkationspunkten spielen.

4.1 Fluktuationen und stochastische Beschreibung

In der Regel schließt die Beobachtung des Zustands eines physikalisch-chemischen Systems eine Mittelung über die augenblicklichen Werte der betreffenden Variablen, entweder bezüglich der Zeit oder eines Volumens mit supermolekularen Abmessungen, ein. Betrachten wir z. B. etwa 0.33×10^{23} Wassermoleküle in einem 1 cm^3 großen Gefäß bei Zimmertemperatur und Normaldruck, so schließen wir, daß wir eine Flüssigkeit mit der Teilchendichte von 0.33×10^{23} Molekülen/cm^3 und mit der Massendichte $0.33 \times 10^{23} \times$ (Masse eines H_2O-Moleküls) = lg/cm^3 vor uns haben. Das ist die Art von Variablen, mit denen wir uns bisher in den meisten der vorausgegangenen Kapitel beschäftigt haben. Andererseits wird die Teilchendichte in kleinen Volumenelementen der Größenordnung von, sagen wir, zehn Kubik-Angström laufend von diesem makroskopischen Wert abweichen: Die Moleküle überqueren die Grenzen dieser Volumina, und wegen des zufälligen Charakters ihrer Bewegung, auf den wir schon am Anfang dieser Monographie großes Gewicht gelegt haben, ist die Teilchenzahl in jedem kleinen Volumen zu jedem Zeitpunkt notwendig unvorhersagbar. Die Abweichungen, welche durch diesen Mechanismus hervorgebracht werden, nennen wir *Fluktuationen*. Dank dieser Fluktuation werden physikalisch-chemische Systeme dazu fähig, ständig den Phasenraum zu erkunden und Exkursionen in die Nachbarschaft der Zustände zu unternehmen, die durch die Lösungen der phänomenologischen, deterministischen Gleichungen vorhergesagt werden.

Der natürliche Zugang zu dem Problem der Fluktuationen erfolgt im Rahmen der Wahrscheinlichkeitstheorie. Zum Beispiel sind die uns interessierenden Größen in einem chemischen Reaktionssystem dieWahrscheinlichkeiten $P(X_\alpha, \Delta V, t)$ dafür, in einem Volumenelement ΔV zur Zeit t X_α-Teilchen der Sorte α anzutreffen. Eine vollständigere Information ist in den multivariablen Wahrscheinlichkeiten $P(X_{\alpha j}, \Delta V_j; X_{\beta k}, \Delta V_k; \cdots; t)$ enthalten, daß zur gleichen Zeit verschiedene Volumenelemente j, k mit den chemischen Sorten $\alpha, \beta, \cdots$ besetzt sind.

Eine sehr bequeme Methode, eine Wahrscheinlichkeitsverteilung zu charakterisieren, besteht in der Untersuchung ihrer Momente, d. h. des Satzes von Größen

$$\langle X_{\alpha j}^{m_{\alpha j}} X_{\beta k}^{m_{\beta k}} \ldots \rangle = \sum_{X_{\alpha j}, X_{\beta k} \ldots} X_{\alpha j}^{m_{\alpha j}} \cdot X_{\beta k}^{m_{\beta k}} \ldots \, P(X_{\alpha j}, \Delta V_j, X_{\beta k}, \Delta V_k, \ldots), \tag{4.1}$$

wo $m_{\alpha j}$ etc. ganze Zahlen sind. Die beiden dabei besonders interessanten Momente sind der Mittelwert $\langle X_{\alpha j} \rangle$ und das zweite Moment $\langle X_{\alpha j}\, X_{\beta k} \rangle$. Tatsächlich ist es in vielen Fällen vorteilhafter, eine Exzessgröße heranzuziehen, die als *Kovarianz* bezeichnet wird:

$$\langle \delta X_{\alpha j}\, \delta X_{\beta k} \rangle = \langle X_{\alpha j}\, X_{\beta k} \rangle - \langle X_{\alpha j} \rangle \cdot \langle X_{\beta k} \rangle . \tag{4.2}$$

Wir wollen die Bedeutung dieser Größen im speziellen Fall einer einzigen stochastischen Variablen X veranschaulichen, für die sich der Ausdruck (4.2) auf die *Varianz* $\langle \delta X^2 \rangle$ der zugehörigen Wahrscheinlichkeitsverteilung reduziert. Zunächst führen wir die *Standardabweichung*

$$\delta = (\langle \delta X^2 \rangle / \langle X \rangle^2)^{1/2} \tag{4.3}$$

als ein Maß der »statistischen Streuung« ein. Ein kleines δ bedeutet eine Verteilung, die scharf um ihren Mittelwert $\langle X \rangle$ konzentriert ist. Dieser liegt nahe beim wahrscheinlichsten Wert $\overline{X}$, wo P(X) sein einziges Maximum besitzt. Ein Beispiel solch einer Situation ist eine Wahrscheinlichkeitsverteilung mit einer unendlich scharfen Spitze $P(X) = \delta^{Kr}_{X,\overline{X}}$, das heißt

$$P(X) = \begin{cases} 1 & \text{wenn } X = \overline{X}, \\ 0 & \text{wenn } X \neq \overline{X}. \end{cases} \tag{4.4}$$

Mit anderen Worten, außer einem speziellen Zustand $X = \overline{X}$ sind alle Zustände unbesetzt. Der Mittelwert und die Varianz sind offensichtlich durch

$$\langle X \rangle = \sum_X X \, \delta^{Kr}_{X,\overline{X}} = \overline{X}$$

$$\langle X^2 \rangle = \sum_X X^2 \, \delta^{Kr}_{X,\overline{X}} = \overline{X}^2$$

gegeben, und es ist

$$\langle \delta X^2 \rangle = \langle X^2 \rangle - \langle X \rangle^2 = 0$$

oder, was dasselbe ist, $\delta = 0$. Eine allgemeinere Verteilung, die die Forderung nach einem kleinen δ erfüllt, ist in Fig. 4.1 a dargestellt. Die Poisson-Verteilung, der wir im Kapitel 2.8 begegneten, gehört zu dieser Klasse. Denn die explizite Berechnung von δ am Ende des Kapitels 2.8 zeigte, daß für diese Verteilung $\delta = 1/N^{1/2}$ gilt, wobei N eine große Zahl ist, die die Größe des Systems beschreibt (z. B. durch die mittlere Teilchenzahl, die in einem Volumen V enthalten ist, oder durch den Wert von V selbst). Nun ist in praktisch relevanten Systemen die lineare Ausdehnung von V verglichen mit dem mittleren Molekülabstand sehr groß. Formal drückt das der *thermodynamische Limes* $V \to \infty$ aus. Wir sehen, daß in diesem Fall δ verschwindet. In diesem sind, anders ausgedrückt, makroskopisches Verhalten und Fluktuationen wohl separiert. Viele der anderen fundamentalen Verteilungen, auf die man in der

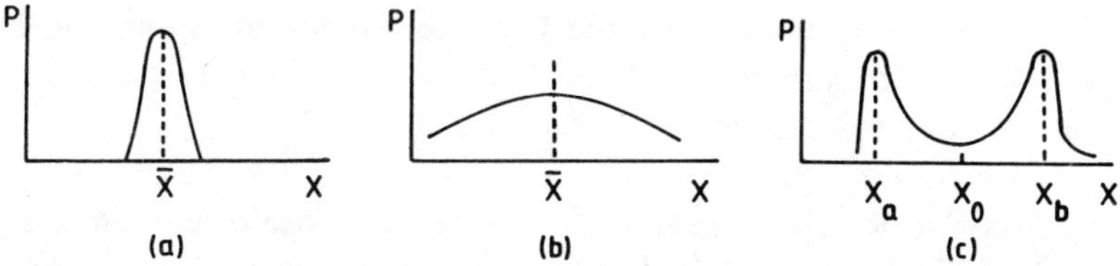

Fig. 4.1: Stochastisches Analogon der Bifurkation. Wenn das System den kritischen Wert λ_k eines Kontrollparameters λ überschreitet, wechselt die Wahrscheinlichkeitsfunktion von einer unimodalen Verteilung, die scharf um einen einzigen Attraktor konzentriert ist ($\lambda < \lambda_k$, Fig. 4.1 a), über eine flache Verteilung ($\lambda = \lambda_k$, Fig. 4.1 b) schließlich in eine Verteilung mit mehreren Wahrscheinlichkeitsbuckeln über, deren Maxima mit den nach der Bifurkation entstandenen neuen Attraktoren zusammenfallen ($\lambda > \lambda_k$, Fig. 4.1 c).

Wahrscheinlichkeitstheorie trifft, teilen diese wichtige Eigenschaft, so z. B. die Binomial- oder die Gauß-Verteilung.

Das obige Bild kann in einer eleganten und allgemeinen Form durch zwei grundlegende Ergebnisse der Wahrscheinlichkeitstheorie ausgedrückt werden, bekannt als das *Gesetz der großen Zahl* und als *zentraler Grenzwertsatz*. In beiden Theoremen interessiert man sich für die Eigenschaften einer Variablen X, die die Summe statistisch unabhängiger Zufallsveränderlicher mit einer gemeinsamen Verteilung ist:

$$X = X_1 + X_2 \cdots + X_n. \tag{4.5}$$

Unter der sehr schwachen Voraussetzung, daß der Mittelwert $\langle X_k \rangle = m$ der einzelnen Verteilungen existiert, behauptet das Gesetz der großen Zahl, daß die Wahrscheinlichkeit dafür, daß das arithmetische Mittel $(X_1 + \cdots + X_n)/n$ weniger als ein beliebig vorgegebenes ε vom statistischen Mittel m abweicht, in der Grenze $n \to \infty$ und $\varepsilon \to 0$ gegen 1 strebt. Mit der zusätzlichen Annahme, daß die individuelle Varianz $\langle \delta X_n^2 \rangle = \sigma^2$ existiert, behauptet der zentrale Grenzwertsatz, daß im Limes $n \to \infty$ die Wahrscheinlichkeitsverteilung von $(X_1 + \cdots + X_n)/n$ der *Normalverteilung*, dem Integral über die *Gaußsche Wahrscheinlichkeitsdichte*, beliebig nahekommt. Ferner erweist sich die Varianz dieser Verteilung als von der Ordnung $\sigma^2 n^{-1}$, woraus folgt, daß die Varianz von X selbst durch $\sigma^2 n$ gegeben ist. Letztere ist genau die Abschätzung, zu der wir durch explizite Berechnung der Poisson-Varianz gelangten. Dabei wird die Rolle von n vom Größenparameter N übernommen, der ausdrückt, daß die Variable X die Summe der einzelnen Werte der gemessenen Größe, bezogen auf kleine Volumenelemente des Systems, darstellt (extensive Variable).

Noch immer überwiegen in der Literatur zur Wahrscheinlichkeitstheorie Resultate dieser Art. Jedoch ist es sehr einfach, Gegenbeispiele aufzustellen. Nehmen wir zum Beispiel eine Wahrscheinlichkeitsverteilung für eine makroskopische Variable (eine extensive oder eine aus einer extensiven Variablen durch Division durch die Systemgröße abgeleitete intensive Variable), wie sie in Abb. 4.1 c gezeigt wird. Ohne Zweifel ist das keine Gauß-Verteilung! Es ist eine Verteilung mit zwei Buckeln, deren Maxima $X = X_a$ und $X = X_b$ durch ein Minimum bei $X = X_0$ getrennt sind. Weiterhin wollen wir die Situation dahingehend idealisieren, daß wir P mit zwei unendlich scharfen Spitzen identifizieren,

$$P = \frac{1}{2}\left[\delta^{Kr}_{X,X_a} + \delta^{Kr}_{X,X_b}\right], \tag{4.6}$$

wobei der Faktor 1/2 gewährleistet, daß P(X) auf Eins normiert ist, $\sum_{X=0}^{\infty} P(X) = 1$. Berechnen wir nun den Mittelwert und die Varianz. Wir finden

$$\langle X\rangle = \sum_X X\,P(X) = \frac{1}{2}(X_a + X_b)$$

$$\langle X^2\rangle = \sum_X X^2\,P(X) = \frac{1}{2}(X_a{}^2 + X_b{}^2)$$

und

$$\langle \delta X^2\rangle = \frac{1}{2}(X_a{}^2 + X_b{}^2) - \frac{1}{4}\,(X_a + X_b)^2$$

$$= \frac{1}{4}(X_a - X_b)^2.$$

Das führt zu einer statistischen Dispersion

$$\delta = \left(\frac{\langle \delta X^2\rangle}{\langle X\rangle^2}\right)^{1/2} = \frac{X_b - X_a}{X_a + X_b}.$$

Jetzt nehmen wir an, daß die Variable X *extensiv*, d. h. proportional zur Systemgröße N ist. Wir drücken dies dadurch aus, daß wir

$$X = N \cdot x \tag{4.7}$$

setzen, wobei die *intensive Variable* x endlich bleibt. Das führt zu folgender Abschätzung von δ :

$$\delta = \frac{x_b - x_a}{x_a + x_b} = \begin{array}{l}\text{endliche Größe von der}\\ \text{Ordnung Eins.}\end{array} \quad (4.8)$$

Mit anderen Worten, die Varianz ist von derselben Größenordnung wie der Mittelwert, und infolgedessen erreichen die Auswirkungen der Fluktuationen ein makroskopisches Niveau. Es muß ganz offensichtlich so sein, daß wir damit gegen die Voraussetzungen des zentralen Grenzwertsatzes verstoßen, und deshalb kann die Variable, die gemäß der Abb. 4.1c verteilt ist, in keinem Fall die Summe von statistisch unabhängigen Zufallsvariablen sein. Wir können bereits vermuten, daß dies das Auftreten *kohärenten Verhaltens* innerhalb des Systems widerspiegelt. Eine Prüfung der Abb. 4.1a und 4.1c deutet darauf hin, daß der Übergang von einem Zustand mit einem einzelnen wahrscheinlichsten Wert X zu einem durch zwei solcher Werte X_a und X_b charakterisierten Zustand diese Kohärenz begleitet. Dies ist nichts anderes, als das *stochastische Analogon zur Bifurkation*, der Erscheinung also, die im Mittelpunkt unserer Betrachtungen im Kapitel 3 stand. Es ist klar, daß das Problem, wie diese Kohärenz entsteht und aufrechterhalten wird, im Rahmen einer deterministischen Beschreibung noch nicht einmal formuliert werden konnte. Das ist einer der maßgebenden Gründe, weshalb das Studium von Fluktuationen einen integralen Bestandteil der Dynamik von komplexen Phänomenen darstellt. Ein anderer Grund ist der, daß es in einem multimodalen Regime jenseits der Bifurkationsgrenze wichtig ist, die relative Stabilität der wahrscheinlichsten Zustände sowie die Zeit abzuschätzen, die ein System in ihrer Nähe verbringt, bevor es einen Übergang zu einem anderen der ebenfalls stabilen Zweige vollzieht. Diese Frage kann wieder nur im Rahmen einer erweiterten Beschreibung formuliert werden, welche auch Fluktuationseffekte einbezieht.

Abb. 4.1b stellt die zu erwartende Form der Wahrscheinlichkeitsverteilung im Grenzfall zwischen unimodalen und multimodalen Regimen dar. Wir haben eine flache Verteilung, die auch Gebiete des Phasenraumes, die sich weitab vom wahrscheinlichsten Wert befinden, mit merklicher Wahrscheinlichkeit abtastet, um so den Weg für die Bifurkation vorzubereiten. Dieses *probabilistische*

Analogon zur marginalen Stabilität wird in Abschnitt 4.4 weiter untersucht werden. Dabei wird gezeigt, daß es ebenfalls zum Zusammenbruch des zentralen Grenzwertsatzes führt.

In diesem Abschnitt haben wir unsere Diskussion bisher auf Fluktuationen konzentriert, soweit sie spontan durch die molekulare Dynamik des Systems erzeugt werden. Wie wir in den Abschnitten 3.7–3.10 gesehen haben, kann in großen Klassen dynamischer Systeme stochastisches Verhalten jedoch auch durch Bifurkation instabiler Bewegungen entstehen, die zum Beispiel zu chaotischen Attraktoren führt. Wahrscheinlichkeitstheoretische Betrachtungen werden daher wiederum eine unerläßliche Ergänzung zu deterministischen Methoden. Sie erlauben es zum Beispiel, die Häufigkeit, mit der verschiedene Teile des chaotischen Attraktors aufgesucht werden, oder die Zeit, nach der die Erinnerung an einen speziellen Anfangszustand nachlassen wird, zu bestimmen.

Die Hauptunterschiede zwischen Fluktuationen und der Zufälligkeit des Chaos liegen in der *Zeitskala* und der *Stärke* der Abweichungen vom Mittelwert. Wie wir schon früher in diesem Abschnitt sahen, sind, wenn ein physikalisch-chemisches System einen eindeutigen asymptotisch stabilen Attraktor besitzt, die Fluktuationen um den Mittelwert extrem klein, grob gesagt $1/N^{1/2}$-mal kleiner als die deterministischen Werte. Sogar im multimodalen Regime, in dem die Dispersion um den Mittelwert groß ist, bleibt die Abweichung um jeden der lokalen Peaks sehr klein. Außerdem sind die Wahrscheinlichkeitswerte in der Umgebung der instabilen Zustände nur etwa e^{-N}. Das heißt, daß das System die meiste Zeit in der unmittelbaren Umgebung eines Wahrscheinlichkeitspeaks verbringt und die *Übergangszeit* zwischen den Peaks sehr groß ist, von der Ordnung e^{N}. Keine dieser Eigenschaften trifft auf einen typischen chaotischen Attraktor zu. Das System sucht hier entfernte Zustände während Zeitspannen auf, die vergleichbar mit den deterministischen Zeitskalen sind. Das zeigt an, daß die Stärke der Abweichungen vom Mittelwert mit dem Mittelwert selbst vergleichbar ist. Das erinnert natürlich an das Verhalten einer turbulenten Bewegung und unterstreicht erneut die Rolle, die Chaos als ein natürliches Modell für Turbulenz in physikalisch-chemischen Systemen einnimmt.

Ein ähnliches Merkmal charakterisiert die Dynamik von Systemen, die einer zufallsbestimmten Umgebung ausgesetzt sind, deren Veränderlichkeit das System als *äußeres Rauschen* wahrnimmt. Für eine detaillierte Übersicht über dieses wichtige Thema wird der Leser auf die Monographie von Horsthemke und Lefever verwiesen.

4.2 Markov-Prozesse. Master-Gleichung

Im vorigen Abschnitt haben wir so argumentiert, als ob die Wahrscheinlichkeitsverteilung des interessierenden Systems bekannt wäre, zumindest soweit es ihre allgemeinen Züge betrifft. In einigen Fällen ist dies tatsächlich der Fall. So zeigte die Untersuchung im Abschnitt 2.8, daß in einem idealen System im thermodynamischen Gleichgewicht die Wahrscheinlichkeit dafür, eine bestimmte Teilchenzahl in einem kleinen Volumen vorzufinden, Poisson-verteilt ist. Ähnlich weiß man, daß wenn in einem System die Gültigkeit der im Abschnitt 4.1 aufgeführten Voraussetzungen des zentralen Grenzwertsatzes garantiert ist, die entsprechenden Variablen durch die Normalverteilung beschrieben werden. Im allgemeinen sind jedoch lediglich die Prozesse bekannt, die im dynamischen System ablaufen: Wärmeleitung und -konvektion beim Bénard-Problem, Reaktionen und Diffusion in einem isothermen chemischen System usw. Wie kann man auf der Basis dieser Information die Form der zugehörigen Wahrscheinlichkeitsverteilung finden?

Um diese Frage zu beantworten, ist es hilfreich, eine Bilanzgleichung aufzustellen, die die Übergänge zu einem bestimmten Zustand Q und von ihm weg abzählt. Offenbar ist

$$\begin{aligned}\frac{d}{dt} P(Q, t) &= \text{(Beitrag der Übergänge in den Zustand Q pro Zeiteinheit) – (Beitrag der von Q wegführenden Übergänge pro Zeiteinheit)} \\ &\equiv R_+(Q) - R_-(Q), \qquad (4.9)\end{aligned}$$

und das Problem reduziert sich nun auf die Bestimmung der Übergangsraten R_+ und R_-. Wie auch immer die explizite Form dieser Größen sein mag, sie muß mit bestimmten Forderungen verträglich sein. Es ist z. B. bekannt, daß im thermodynamischen Gleichgewicht physikalisch-chemische Systeme der Bedingung des *detail-*

lierten Gleichgewichts genügen, auf die wir uns wiederholt in Kapitel 1 und 2 bezogen haben. Wenn man nun R_+ und R_- in die im System ablaufenden Elementarprozesse zerlegt,

$$R_\pm = \sum_k r_{k,\pm},$$

muß die folgende Bedingung erfüllt sein:

$$(r_{k,+})_{Gl} = (r_{k,-})_{Gl}. \tag{4.10}$$

Diese Beziehungen müssen ihrerseits mit der Form der Wahrscheinlichkeitsverteilung im Gleichgewichtszustand vereinbar sein, die aus der statistischen Mechanik bekannt ist. Ein Grenzfall solch einer Verteilung ist die Poisson-Verteilung. Wie zuerst von Einstein gezeigt wurde, ist, allgemeiner formuliert, die Wahrscheinlichkeit einer Fluktuation im Gleichgewicht vollständig durch thermodynamische Größen bestimmt. In einem isolierten System führt die Umkehrung der berühmten Boltzmann-Formel $S = k_B \ln$ (Zahl der Molekülanordnungen, die mit einem gegebenen Energiewert verträglich sind) zu:

$$P_{Gl} \sim \exp \frac{1}{k_B} \Delta S, \tag{4.11}$$

wobei ΔS die durch die Fluktuation hervorgerufene Entropieänderung darstellt: $\Delta S = S(Q) - S(Q_{Gl})$.
Eine andere Bedingung, die die Gleichung (4.9) erfüllen muß, besteht darin, daß sie sich im Sinne eines bestimmten Grenzübergangs auf die Evolutionsgleichungen reduzieren muß, mit denen man es in der deterministischen Beschreibung zu tun hat, wie z. B. auf die Gleichungen der Hydrodynamik und der chemischen Kinetik. Man erwartet, daß die makroskopische Beobachtung eines physikalisch-chemischen Systems Werte liefert, die für seinen wahrscheinlichsten Zustand repräsentativ sind. Wir müssen deswegen fordern, daß die Peaks von $P(Q,t)$ Lösungen der deterministischen Gleichungen sind. Wenn wir eine unimodale Verteilung haben (Fig. 4.1 a), bedeutet das wiederum, daß die Gleichung für den Mittelwert fast mit der deterministischen Gleichung zusammenfällt und die Korrektur im wesentlichen proportional zu einer negativen Potenz der Systemgröße ist.

Trotz ihrer Bedeutung sind die obigen Forderungen unzureichend, um die Form von Gl. (4.9) vollständig festzulegen. Deshalb berufen wir uns jetzt auf einige intuitive Argumente. Wir haben schon unterstrichen, daß Fluktuationen der zufälligen Bewegung von Molekülen entspringen. Diese beruht auf den zwischenmolekularen Wechselwirkungen und auf der großen Teilchenzahl, die in der Dynamik der meisten interessanten physikalisch-chemischen Systeme auftritt. Deshalb sind die Fluktuationen im wesentlichen lokalisierte Ereignisse, deren charakteristische Längen- und Zeitskalen extrem klein sind. Man erwartet unter diesen Umständen, daß die in Gleichung (4.9) auftretenden Übergangsraten nur vom Zustand Q und von den Zuständen abhängen, die von Q aus durch eine einzelne Fluktuation erreichbar sind. Das heißt in anderen Worten, wir nehmen an, daß die Erinnerung an sukzessive Übergänge, die durch aufeinanderfolgende Fluktuationen ausgelöst werden, nach dem ersten Übergang verlorengeht. Diese Bedingung kennzeichnet eine außerordentlich wichtige Klasse von Phänomenen, die als *Markov-Prozesse* bekannt sind und deren Studium eine der Hauptbeschäftigungen in der Wahrscheinlichkeitstheorie darstellt.

In Fig. 4.2 wird eine sehr einfache Darstellung eines Markov-Prozesses gezeigt. Das betrachtete System hat fünf Zustände I–V. I und V sind »absorbierende Grenzen« in dem Sinne, daß das System in ihnen verbleibt, wenn es sie erreicht hat. Andererseits springt das System, wenn es sich einmal in den Zuständen II, III und IV befindet, unmittelbar mit der Wahrscheinlichkeit q bzw. 1-q nach links oder rechts. Im Grenzfall einer sehr großen Zahl von Zuständen wird diese »Zufallsbewegung« zu einem realistischen Abbild der Bewegung von Teilchen innerhalb einer Flüssigkeit und führt zum bekannten Fickschen Diffusionsgesetz.

In Systemen, die komplexes Verhalten aufweisen, hat man es

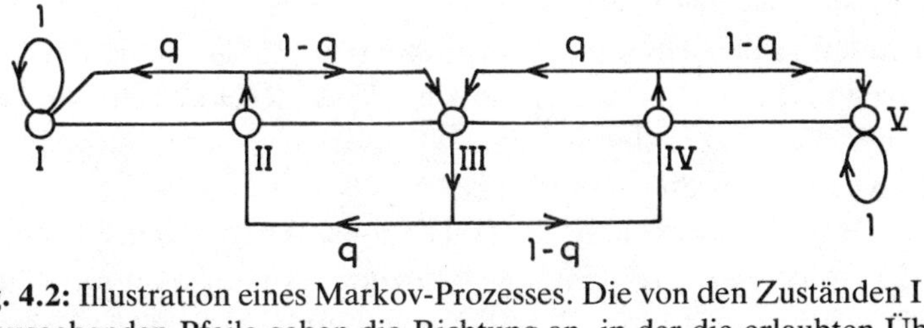

Fig. 4.2: Illustration eines Markov-Prozesses. Die von den Zuständen I bis V ausgehenden Pfeile geben die Richtung an, in der die erlaubten Übergänge stattfinden.

natürlich wegen der Nichtlinearitäten in der Kinetik mit komplizierteren Situationen zu tun. Trotzdem kann eine explizite Form der Gleichung (4.9) angeschrieben werden, die als *Master-Gleichung* bezeichnet wird. Sie drückt die Rate R_+ (Q) aus als (i) das Produkt der Übergangswahrscheinlichkeit pro Zeiteinheit vom Zustand Q′ nach Q multipliziert mit der Aufenthaltswahrscheinlichkeit im Zustand Q′ zur Zeit t und (ii) als Summe dieser Ausdrücke über alle Zustände Q′, von denen aus der Zustand Q mit einem einzelnen Elementarschritt der Dynamik des Systems erreichbar ist. Analog ist R_-(Q) das Produkt der Wahrscheinlichkeit, zur Zeit t im Zustand Q zu sein, mit der Summe der Übergangswahrscheinlichkeiten pro Zeiteinheit von Q zu allen erreichbaren Zuständen Q′. Wir schreiben diese Bilanz in der Form:

$$\frac{dP(Q,t)}{dt} = \sum_{Q' \neq Q} [W(Q'|Q)P(Q',t) - W(Q|Q')P(Q,t)], \quad (4.12\,a)$$

wobei die Übergangswahrscheinlichkeiten pro Zeiteinheit $W(Q' \mid Q)$ für alle $Q' \neq Q$ nicht negativ sind, als zeitunabhängig angenommen werden (stationärer Markov-Prozeß) und außerdem die Bedingung

$$\sum_{Q} W(Q' \mid Q) = 0 \qquad (4.12\,b)$$

erfüllen müssen. Diese drückt die intuitiv einsichtige Tatsache aus, daß das System (ausgehend von Q′) entweder nur in Q′ bleiben kann oder einen Übergang zu einem der erreichbaren Zuständen $Q \neq Q'$ vollziehen muß.

Gleichung (4.12 a) ist bezüglich der unbekannten Funktion P(Q,t) linear, was aber nicht bedeutet, daß sie einfach zu lösen wäre. Tatsächlich spiegelt sich die Komplexität der dynamischen Evolutionsgesetze (z. B. die Rückkopplungen in einem chemischen oder biologischen System) in der Anwesenheit von Nichtlinearitäten in den Übergangsraten W wider. In der Nähe des thermodynamischen Gleichgewichts sind diese Rückkopplungen wegen der Gültigkeit des detaillierten Gleichgewichts unwirksam, aber weitab vom thermodynamischen Gleichgewicht treten sie offen zu Tage. Deshalb stellt die vollständige Analyse der Gleichung (4.12) ein offenes Problem dar. Trotzdem kommt man mit Näherungsrechnungen, durch Betrachtungen einfacher, exakt lösbarer Grenzfälle und durch Computersimulationen zu einem allgemeinen Bild über die Gesetze, die die Fluktuationen in nichtlinearen Nichtgleichgewichtssystemen beherrschen. In den folgenden Abschnitten dieses Kapitels werden die Hauptergebnisse vorgestellt. Den gegenwärtigen Abschnitt beenden wir mit einigen konkreten Beispielen zur Struktur der Master-Gleichung.

Eine spezielle von Gleichung (4.12) beschriebene Klasse von Phänomenen bilden *Geburts- und Sterbe-Prozesse*. Das sind Erscheinungen, in denen der Zustand Q vollkommen durch einen Satz ganzer Zahlen $\{X_\alpha\}$ charakterisiert wird, die entweder unverändert bleiben oder sich nur um + 1 oder − 1 ändern können. Naheliegende Beispiele solcher Phänomene sind chemische und biochemische Reaktionen, in deren Fall $\{X_\alpha\}$ die vorhandene Molekülzahl der Sorte α darstellt. Der Einfachheit halber betrachten wir eine spezielle Sorte X und schreiben

$$W(X' | X) = \sum_\varrho W_\varrho (X + r_\varrho | X) \delta^{Kr}_{X', X + r_\varrho}, \; r_\varrho = 0, \pm 1, \qquad (4.13\,a)$$

wobei ϱ einen speziellen Reaktionsschritt und r_ϱ die in diesem Prozeß verbrauchte $(r_\varrho > 0)$ oder erzeugte $(r_\varrho < 0)$ Molekülzahl bezeichnet. Wir definieren die Geburts- und Sterberaten λ bzw. μ wie folgt:

$$\begin{aligned} \lambda_X &= \sum_\varrho W_\varrho (X | X + 1) \equiv N\, \lambda(X/N) \qquad X \geq 0 \\ \mu_X &= \sum_\varrho W_\varrho (X | X - 1) \equiv N\, \mu(X/N) \qquad X \geq 1. \end{aligned} \qquad (4.13\,b)$$

Der letzte Schritt der obigen Gleichungen betont ein wichtiges Merkmal der stochastischen Dynamik: Wegen der geringen Reichweite der Wechselwirkungen muß die Zahl der Übergänge pro Zeiteinheit, die in einem System der Größe N ablaufen, proportional zur Systemgröße sein. Anders ausgedrückt nimmt jedes kleine Systemelement lediglich seine Nachbarn wahr; folglich erhält man durch Summation über alle Elemente eine Funktion der intensiven Variablen X/N, die mit dem Faktor N multipliziert ist. Natürlich haben wir stillschweigend vorausgesetzt, daß wir uns mit Wechselwirkungen physikalisch-chemischen Ursprungs befassen. In der Dynamik sozialer Systeme kann die Situation anders sein. Aufgrund der Nachrichtenverbindungen, Massenmedien etc. spürt jedes Element des Systems gleichzeitig alle anderen vorhandenen Elemente. Das führt zu Übergangsraten, die proportional zu einer gewissen Potenz N^α sind, wobei der Exponent größer als 1 sein kann.

Verdeutlichen wir die Struktur der Übergangswahrscheinlichkeiten pro Zeiteinheit am autokatalytischen Modell der Gleichung (2.15). Wir haben die vier Größen W_1, W_{-1}, W_2, W_{-2} zu berechnen, die der Reihe nach die Vorwärts- und Rückwärtsraten der zwei chemischen Reaktionen des Modells beschreiben. Betrachten wir zuerst W_1. Die Reaktion $A + 2X \overset{k_1}{\rightarrow} 3X$ erfordert den Zusammenstoß von Paaren der X-Teilchen mit Teilchen der Sorte A. Demnach bekommen wir unter Benutzung kombinatorischer Ergebnisse für die Zahl möglicher Zusammenstöße das Ergebnis

$$W_1(X|X+1) = k_1 \frac{AX(X-1)}{N^2} \qquad \text{(Schritt } A + 2X \overset{k_1}{\rightarrow} 3X\text{)},$$

wobei der Faktor $\frac{1}{N^2}$ garantiert, daß der gesamte Ausdruck extensiv ist. Analog sind

$$W_{-1}(X|X-1) = k_2 \frac{X(X-1)(X-2)}{N^2} \quad \text{(Schritt } 3X \overset{k_2}{\rightarrow} A + 2X\text{)}$$

$$W_2(X|X-1) = k_3 X \qquad \text{(Schritt } X \overset{k_3}{\rightarrow} B\text{)}$$

$$W_{-2}(X|X+1) = k_4 B \qquad \text{(Schritt } B \overset{k_4}{\rightarrow} X\text{)}.$$

Die Geburts- und Sterberaten sind durch

$$\lambda_x = W_1 + W_{-2}$$

$$\mu_x = W_{-1} + W_2$$

gegeben.

Fassen wir die Gleichungen (4.13) und (4.12) zusammen, so können wir für einen Geburts- und Sterbeprozeß folgende Form der Master-Gleichung aufstellen:

$$\frac{dP(X,t)}{dt} = \lambda_{X-1} P(X-1,t) + \mu_{X+1} P(X+1,t) - (\lambda_X + \mu_X)P(X,t). \qquad (4.14)$$

Es ist lehrreich, anhand dieser ziemlich expliziten Form den Zusammenhang von stochastischer und makroskopischer Beschreibungsweise zu studieren. Multiplizieren wir beide Seiten mit X und summieren über X, so erhalten wir

$$\frac{d\langle X\rangle}{dt} = \langle\lambda_X\rangle - \langle\mu_X\rangle,$$

wohingegen die makroskopische Beschreibung des gleichen Systems

$$\frac{d\overline{X}}{dt} = \text{führender Term von } (\lambda_{\overline{X}} - \mu_{\overline{X}}) \text{ im Grenzfall großer } \overline{X}.$$

ergeben würde. Die beiden Beschreibungen sind somit verschieden, wenn sich der Mittelwert von λ oder μ vom Wert dieser Funktionen an der Stelle $X = \langle X\rangle$ unterscheidet. Genau dies ist jedoch in nichtlinearen Systemen der Fall. Um die Beschaffenheit der Korrektur zur makroskopischen Beschreibung zu verstehen, betrachten wir das einfache Beispiel eines reinen Sterbeprozesses

$$2X \xrightarrow{k} X + E.$$

Die Sterberate μ_x zählt die Häufigkeit der Zusammenstöße von Teilchenpaaren der Sorte X und ist deshalb durch $\mu_X = k\frac{1}{N}X(X-1)$ gegeben. Wir erhalten somit

$$\frac{d\langle X\rangle}{dt} = -k\frac{1}{N}\langle X(X-1)\rangle = -k\frac{1}{N}(\langle X\rangle^2 + \langle\delta X^2\rangle - \langle X\rangle).$$

Gehen wir zur intensiven Variablen $x = X/N$ über, so können wir diese Beziehung in der Form

$$\underbrace{\frac{d\langle x\rangle}{dt} = -k\langle x\rangle^2}_{\text{makroskopisches Gesetz}} - \underbrace{\frac{k}{N}\frac{\langle\delta X^2\rangle - \langle X\rangle}{N}}_{\text{durch Fluktuation entstehende Korrektur}} \tag{4.15}$$

schreiben. Wir sehen, daß die Abweichung vom makroskopischen Gesetz proportional zur Abweichung der zugehörigen Wahrscheinlichkeitsverteilung von der Poisson-Verteilung ist, denn in der letzteren ist $\langle\delta X^2\rangle = \langle X\rangle$ (vgl. Gleichung (2.28)). Dieser Schluß ist tatsächlich ziemlich allgemeingültig und weitgehend von den Details der Kinetik unabhängig. Doch kommen wir auf unser Beispiel zurück. In einem System, das durch eine unimodale Verteilung beschrieben wird, ist $\langle\delta X^2\rangle - \langle X\rangle$ wegen des zentralen Grenzwertsatzes von der Ordnung N. Die Korrektur zum makroskopischen Gesetz wird dann durch den reziproken Wert des Größenparameters N gewichtet und ist klein, wenn N groß wird. Letzteres ist jedoch nicht notwendig der Fall: Im Gegensatz zu den vereinfachenden Annahmen, die bei den Geburts- und Sterbeprozessen zu den Übergangswahrscheinlichkeiten (4.13) geführt haben, stellt die Mehrzahl aller Fluktuationen in Wirklichkeit lokalisierte Ereignisse dar; deshalb wird N normalerweise die Größe eines Gebietes sein, dessen charakteristische Abmessung von der Ordnung der Fluktuationsreichweite ist. Dieses Argument verdeutlicht, daß der Effekt der Fluktuationen nicht universeller Natur ist, sondern entscheidend von ihrer Ausdehnung abhängt.

Die Gründe für eine *lokale Beschreibung* der Fluktuationen reichen jedoch noch viel tiefer. Um die Gültigkeit der Markov-Beschreibung zu gewährleisten, ist es wesentlich, die Zustandsvariablen so auszuwählen, daß jeder individuelle Übergang zwischen Zuständen direkt einer einzelnen »Elementar«-Fluktuation zugeschrieben werden kann. Bei einer globalen Beschreibung ist das nicht unbedingt so, und der entsprechende stochastische Prozeß kann durchaus nicht-Markovsch sein. Bezogen auf reale Situationen ist Gleichung (4.12 a) daher so zu verstehen, daß die individuellen Prozesse wie z. B. chemische Reaktionen in jedem kleinen Volumenelement ΔV unseres Systems (vgl. Fig. 4.3) stattfinden und daß ihre Auswirkungen Beitrag für Beitrag über das gesamte Volumen V aufsummiert werden. Die verschiedenen Volumenelemente werden natürlich durch wechselseitigen Teilchen-, Impuls- oder Energieaustausch statistisch gekoppelt sein. Deshalb muß in unserem Beispiel der Geburts- und Sterbeprozesse die globale Gleichung (4.14) durch einen zusätzlichen Ausdruck, der diese Austauschvorgänge beschreibt, ergänzt werden.

Bisher war von diskreten Variablen und diskreten Zustandsräumen die Rede. Dies ist in einem physikalischen System tatsächlich die fundamentale Beschreibungsebene, weil Fluktuationen letztendlich aus dem diskreten Charakter der Materie resultieren. In vielen Fällen kann der entsprechende diskrete stochastische Prozeß jedoch in einem wohldefinierten asymptotischen Sinne auf einen stochastischen Prozeß mit kontinuierlichen Realisierungen reduziert werden. Die Beschreibung wird in diesem Grenzfall einer makroskopischen sehr ähnlich. Der Unterschied besteht darin, daß die makroskopische Änderungsgeschwindigkeit jetzt durch

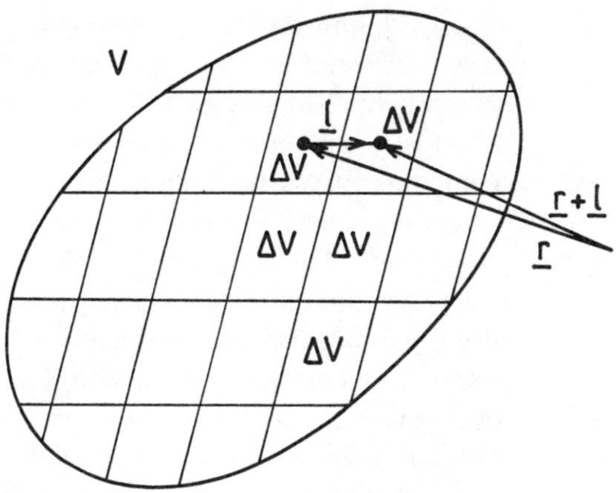

Fig. 4.3: Unterteilung eines makroskopischen Systems in Subvolumina der Größe ΔV mit Zentrum **r**. Aufgrund des lokalen Charakters der Fluktuationen erwartet man, daß dann, wenn ΔV geeignet gewählt worden ist, der Prozeß, der in allen ΔV's der Entwicklung der Zustandsvariablen folgt, markovsch sein wird.

eine die Fluktuationseffekte beschreibende *stochastische Kraft* ergänzt wird. Diese Beschreibung, die auf die klassische Untersuchung der Brownschen Bewegung durch Langevin zurückgeht, hat sich für die stochastische Analyse zahlreicher dynamischer Systeme als äußerst erfolgreich erwiesen.

4.3 Markov-Prozesse und Irreversibilität

Dem Leser wird sicher schon die Ähnlichkeit zwischen den Abschnitten 4.1–4.2 einerseits und dem Abschnitt 3.2 andererseits aufgefallen sein. Tatsächlich wird in beiden Fällen eine wahrscheinlichkeitstheoretische Sprache verwendet, und die Evolution der betrachteten Wahrscheinlichkeitsverteilung wird auf die zeitliche Integration einer linearen Gleichung ersten Grades reduziert: der Master-Gleichung (Geichung (4.12)) oder der Liouville-Gleichung (Gleichung (3.7)). Indessen soll nun trotz dieser Analogien zwischen den zwei Beschreibungen gezeigt werden, daß Markov-Prozesse von gänzlich anderer Natur sind. Das konnte man bereits aufgrund der im vorigen Abschnitt aufgezeigten Beziehung zwischen der Master-Gleichung und den für dissipative Systeme typischen makroskopischen Evolutionsgesetzen annehmen, denn Dissipation steht im krassen Gegensatz zur Invarianz der Liouville-Gleichung gegen Zeitumkehr. Wie wir jetzt erkennen, ist die Verbindung von Markov-Prozessen und dissipativen Systemen von tatsächlich sehr allgemeinem Charakter und tief in der Struktur der Master-Gleichung verwurzelt. Insbesondere zeigen wir, daß alle Lösungen einer Master-Gleichung mit fortschreitender Zeit stets zu einem einzigen stationären Endzustand streben. Bedingt wird dies durch eine *Ljapunov-Funktion*, die den in Abschnitt 2.6 betrachteten thermodynamischen Funktionen sehr ähnlich ist.

Wir beginnen damit, daß wir eine *Entropie* von Markov-Prozessen einführen. Der Bedarf nach einer derartigen Größe bestand in der Wahrscheinlichkeitstheorie schon sehr früh. Er wurde maßgeblich durch die Entwicklung exakt lösbarer probabilistischer Modelle hervorgerufen, die darauf abzielten, die von der Boltzmannschen Kinetik vorhergesagte irreversible Tendenz zum Gleichgewicht mit den reversiblen Bewegungsgesetzen für konservative Systeme in Einklang zu bringen. Auch erwies sich die Entropie seit dem Erscheinen der Informationstheorie als ein wichtiger Begriff in der mathematischen Theorie der Kommunikation. Wir kommen auf diesen Aspekt in Abschnitt 4.7 zurück. Hier wollen wir nur feststellen, daß es sowohl im physikalisch-chemischen als auch im informationstheoretischen Zusammenhang üblich ist, nach einer Größe zu suchen, die eine Reihe von aus Intuition und Analogien zur Thermodynamik erwachsenen Forderungen erfüllt. Solche sind:

(i) Bei gegebener Anzahl N von Zuständen und für $P(Q) \geqslant 0$, $\sum_Q P(Q) = 1$ nimmt die Entropiefunktion S für $P(Q) = 1/N$ ihren Maximalwert an.

(ii) Die Entropie eines zusammengesetzten Systems AB ist gleich der Entropie des Subsystems A plus der (bedingten) Entropie $S_A(B)$ des Subsystems B unter der Bedingung, daß A sich in einem gegebenen Zustand A befindet:

$$S(AB) = S(A) + S_A(B).$$

Diese Eigenschaft wird gewöhnlich als *Subadditivität* bezeichnet.
(iii) Beim Hinzunehmen eines Ereignisses Q_α, das unmöglich ist ($P(Q_\alpha) = 0$), ändert sich die Entropie des Prozesses nicht.

Unter diesen Bedingungen und der weiteren Voraussetzung, daß S eine stetige Funktion der P ist, kann man zeigen, daß S bis auf eine multiplikative Konstante eindeutig durch

$$S(P(Q),t) = -\sum_{Q} P(Q,t) \ln P(Q,t) \tag{4.16}$$

gegeben ist. Dieser Ausdruck ist, so wie er hier steht, jedoch keine geeignete Ljapunov-Funktion für den allgemeinsten Fall eines Markov-Prozesses, der ein System unter Nichgleichgewichtsbedingungen beschreibt. Um eine derartige Funktion zu finden, müssen wir eine weitere Annahme machen, nämlich daß der betrachtete Markov-Prozeß eine stationäre Verteilung $P_s(Q)$ besitzt, die die Master-Gleichung (Gl. (4.12a)) mit $dP_s/dt = 0$ identisch erfüllt. Nicht alle Markov-Prozesse sind mit dieser Forderung vereinbar: Tatsächlich ist aus der Wahrscheinlichkeitstheorie bekannt, daß diese Eigenschaft ein besonderes Merkmal von stochastischen Prozessen darstellt, deren Zustände *ergodisch* sind. Ergodisch heißt dabei, daß alle Zustände mit der Wahrscheinlichkeit 1 aufgesucht werden und die mittlere Zeit, um von einem bestimmten Ausgangszustand aus wieder zu diesem zurückzukehren (*Rückkehrzeit* oder *Rekurrenzzeit*), endlich ist.

Mit Hilfe von $P_s(Q)$ kann man nun die Größe

$$K(P(Q), t) = \sum_{Q} P(Q, t) \ln \frac{P(Q, t)}{P_s(Q)} \tag{4.17}$$

konstruieren, die offensichtlich nach unten begrenzt ist und für $P = P_s$ verschwindet. Benutzt man Gleichung (4.12a), so kann man ihre Zeitableitung berechnen:

$$\frac{dK}{dt} = \sum_{\substack{Q, Q' \\ (Q \neq Q')}} [W(Q'|Q)P(Q', t) - W(Q|Q')P(Q, t)] \ln \frac{P(Q, t)}{P_s(Q)} .$$

Vertauscht man die Indices Q und Q′ und beruft sich auf die Positivität der W(Q/Q′) für $Q \neq Q'$ sowie die bekannte Eigenschaft des Logarithmus, daß $\ln x \leq -1$ ist für beliebige reele x, so erhält man schließlich

$$\frac{dK}{dt} \leqslant 0 . \tag{4.18}$$

Dieses Resultat, dargestellt in Fig. 4.4, besitzt eine auffallende Ähnlichkeit mit den Ergebnissen der Abschnitte 2.5 und 2.6 (siehe

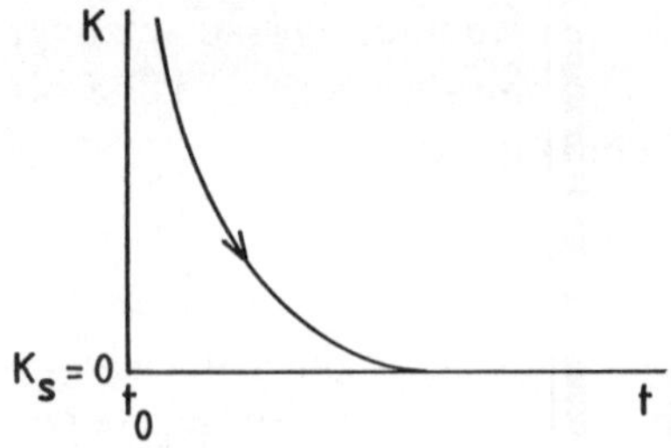

Fig. 4.4: H-Theorem für einen durch die Master-Gleichung (Gl. (4.12)) beschriebenen Markov-Prozeß: Die Exzeßentropie-Funktion K (Gl. (4.17)) fällt monoton mit der Zeit.

besonders Fig. 2.7) über das monotone Verhalten der Entropie in einem isolierten System, wie es vom Zweiten Hauptsatz der Thermodynamik gefordert wird. Trotzdem sollte beachtet werden, daß K *nicht* identisch mit der Entropie ist. Außerdem ist die Ungleichung (4.18) auch nicht auf isolierte Systeme anwendbar, die permanenten Nichtgleichgewichtsbedingungen unterliegen. Trotzdem – genau so wie der Zweite Hauptsatz die universelle Tendenz abgeschlossener Systeme zu einem einzigen Gleichgewichtszustand widerspiegelt, drückt die Ungleichung (4.18) aus, daß P_s eindeutig und global stabil ist. Das bedeutet, daß sich eine beliebige Anfangsverteilung P(Q,t) für $t \rightarrow \infty$ gegen genau diese Verteilung $P_s(Q)$ entwickeln muß. Das bedeutet mit anderen Worten, daß das vom Studium der Bifurkationen in nichtlinearen dynamischen Systemen bekannte Problem der Instabilität und Multiplizität von Lösungen auf probabilistischer Ebene erst gar nicht auftritt. Ein Blick auf Fig. 4.1 zeigt, warum das so ist: Bifurkation wird nicht durch eine Vielfalt verschiedener Wahrscheinlichkeitsverteilungen, sondern vielmehr durch eine qualitative Veränderung der Struktur der zugrundeliegenden Wahrscheinlichkeitsverteilung, wie zum Beispiel durch das Auftauchen mehrerer Wahrscheinlichkeitsbuckel, widergespiegelt. Eine erwähnenswerte Ausnahme zeigt sich jedoch im Grenzfall unendlich großer Systeme. Die Breite jedes Wahrscheinlichkeitsberges wird dann verschwindend klein, und die Wahrscheinlichkeitsverteilung zerfällt in eine Anzahl unendlich scharfer Verteilungen (ein Beispiel dafür wurde bereits mit Gleichung (4.6) vorgestellt). Die verschiedenen Zustände des Markov-Prozesses bilden keinen ergodischen Satz mehr, und unterschiedliche Anfangsverteilungen werden zu unterschiedlichen Endverteilungen hingezogen. Es kann gezeigt werden, daß diese Situation Gleichgewichts- und Nichtgleichgewichtsübergänge in unendlich ausgedehnten Systemen gleichermaßen gut beschreibt.

Eine weitere, wichtige Schlußfolgerung aus der Ungleichung (4.18) besteht darin, daß die Master-Gleichung (4.12) unabhängig davon, wie die Dynamik im einzelnen aussieht, eine *Kontraktion* im Raum der Wahrscheinlichkeitsverteilungen bewirkt; deren »Abstand« von $P_s(Q)$ kann nämlich nur abnehmen. Zusammen mit der Linearität der Master-Gleichung bildet diese Eigenschaft die Grundlage für den tiefliegenden Zusammenhang von Markov-Prozessen mit dem wichtigen mathematischen Konzept der *dissipativen Halbgruppen*. Um diesen Zusammenhang intuitiv zu verstehen, vergleichen wir folgende zwei Evolutionsgleichungen

$$\frac{dy}{dt} = -\lambda y \qquad (t > 0; \lambda > 0) \tag{4.19 a}$$

$$\frac{d^2x}{dt^2} = -\omega_0{}^2 x, \tag{4.19 b}$$

die in der angegebenen Reihenfolge ein irreversibles Abklingen gegen einen asymptotisch stabilen Endzustand $y = 0$ in einem dissipativen System (siehe z. B. Abschnitt 2.2) bzw. eine typisch zeitreversible Entwicklung wie den harmonischen Oszillator (vgl. Abschnitt 3.3) beschreiben. Wir können anstelle der zweiten Gleichung (4.19) auch die entsprechende Liouville-Gleichung in Wirkungs- und Winkelvariablen (vgl. Gleichung (3.7) und Abschnitt 3.3) anschreiben:

$$\frac{\partial \varrho}{\partial t} = -\omega \frac{\partial \varrho}{\partial \varphi}. \tag{4.20}$$

Die Lösungen der scheinbar ähnlichen Gleichungen (4.19 a) und (4.20) sind in Wirklichkeit voneinander völlig verschieden. Für (4.19 a) hat man einfach

$$y(t) = e^{-\lambda t}\, y\,(0), \tag{4.21 a}$$

während man für (4.20) eine Lösung konstruieren muß, die mit der Tatsache, daß ϱ einen Winkel darstellt, vereinbar ist. Das zwingt uns zur Einführung der imaginären Einheit $i = \sqrt{-1}$:

$$\varrho(t) = e^{i(\omega t - \varphi)} \varrho(0). \tag{4.21 b}$$

Diese Lösung ist in der Tat gegenüber einer Änderung von φ um $\pm 2\pi$, $\pm 4\pi$,... invariant.

Beide Gleichungen (4.21 a) und (4.21 b) enthalten einen »Evolutionsoperator«, der auf den Anfangszustand angewandt, den Momentanwert erzeugt. Der Operator hat die Form

$$U_t = \exp(tL) \tag{4.22 a}$$

und besitzt die sogenannte Gruppen-Eigenschaft

$$U_t U_{t'} = \exp[(t + t')L] = U_{t+t'}. \tag{4.22 b}$$

In (4.21 a) ist $L = -\lambda$ jedoch eine negative reelle Zahl. Das hat zur Folge, daß U_t sich nur auf der positiven Zeitachse regulär verhält. In diesem Fall beobachten wir ein monotones Abklingen der Zustandsvariablen gegen einen eindeutig bestimmten stationären Endzustand. Abstrakter formuliert werden wir sagen, daß der Evolutionsoperator U_t eine dissipative Halbgruppe definiert. Andererseits bleibt in Gleichung (4.21 b) der Absolutwert von ϱ (in abstrakten Worten sein »Maß«) unverändert: $|\varrho(t)| = |\varrho(0)|$. Wir werden sagen, daß der entsprechende Operator U_t eine *unitäre Gruppe* definiert. Man beachte, daß sich im letzteren Falle die Invarianz der zugrundeliegenden Dynamik bezüglich einer Zeitumkehr durch die Eigenschaft $U_t = U^*_{-t}$ ausdrückt, mit anderen Worten: Zeitumkehr verlangt auf dem Niveau von U_t zusätzlich komplexe Konjugation.

Ein kurzer Blick wird uns nun davon überzeugen, daß die obigen zwei einfachen Modelle konzeptionell der Master-Gleichung bzw. der Liouville-Gleichung eines konservativen Systems ähneln. Der einzige Unterschied liegt in dem Umstand, daß die entsprechenden Größen L im Exponenten von Gleichung (4.22 a) nicht mehr Zahlen, sondern Operatoren sind. Wir können somit behaupten, daß das *Kennzeichen der Irreversibilität* im Auftreten einer dissipativen Halbgruppe besteht, die einen geeignet definierten Markov-Prozess beschreibt. Dies wiederum führt zu einer der grundlegendsten Fragen der ganzen Physik, nämlich der, ob ein derartiger Markov-Prozeß aus einer zeitreversiblen Dynamik hervorgehen kann. Falls die Antwort auf diese Frage positiv ausfällt, würde der Übergang von einer unitären Gruppe zu einer dissipativen Halbgruppe eine *Brechung der Zeitsymmetrie* bedeuten: Konservative Systeme wären dann die »Ahnen« dissipativer Systeme, die diese spezielle Form gebrochener Symmetrie aufweisen, genau wie der homogene stationäre Zustand eines chemischen Reaktionsgemischs der »Vorfahre« jener dissipativen Struktur ist, die jenseits eines geeigneten Bifurkationspunktes Muster oder Rhythmen ausbildet. Kapitel 5 ist der Diskussion dieses fundamentalen Problems gewidmet.

4.4 Räumliche Korrelationen und kritisches Verhalten

Nachdem wir die Grundzüge der stochastischen Beschreibung dynamischer Systeme diskutiert haben, können wir uns jetzt der Anwendung dieser Konzepte auf die verschiedenen Fragestellungen zuwenden, die in diesem Buch immer wieder im Zusammenhang mit dem Auftreten von komplexem Verhalten aufgetaucht sind.

Wir haben uns wiederholt darauf bezogen, daß Übergangsphänomene fernab vom Gleichgewicht mit Zuständen verknüpft sind, die sich durch Korrelationen makroskopischer Reichweite auszeichnen. Im Abschnitt 2.8 wurde gezeigt, daß solche Korrelationen nur in Systemen auftreten können, die dank der Aufrechterhaltung geeigneter Nichtgleichgewichtsbedingungen das Regiment Poissonscher Fluktuationen überwunden haben. In Abschnitt 4.1 sind wir noch weiter gegangen, indem wir die Kohärenz bei Bifurkationen mit dem Versagen des zentralen Grenzwertsatzes und der gleichzeitigen Verstärkung der Fluktuationen in Zusammenhang gebracht haben. In beiden Fällen sollte man sich völlig darüber im klaren sein, daß makroskopische Kohärenz und Korrelationen, von denen hier die Rede ist, wenig mit den zwischenmolekularen Wechselwirkungen zu tun haben, da sie sogar in einer verdünnten Lösung von Molekülen, die sich nur über Abstände von höchstens einigen Ångström wahrnehmen, auftreten können. In diesem Abschnitt erklären wir, wie dieses ziemlich ungewöhnliche Phänomen zustandekommen kann, indem wir die Eigenschaften der Master-Gleichung benutzen und immer wieder sowohl auf die Analogien als auch auf die Unterschiede zu den Gleichgewichts-Phasenübergängen hinweisen.

In Abschnitt 1.8 wurde betont, daß im Gleichgewicht ein Phasenübergang, wie z. B. das Gefrieren oder die spontane Magnetisierung, das Ergebnis eines Wettstreits von zwischenmolekularen Wechselwirkungskräften und der zufälligen thermischen Molekülbewegung ist. Die ersteren haben das Bestreben, das System zu ordnen, während die Wärmebewegung gerade das Gegenteil bewirkt. Deshalb können Gleichgewichts-Phasenübergänge typischerweise durch Erhöhung des Drucks (verstärkt die Rolle der molekularen Wechselwirkungen) oder Temperatursenkung (verringert den Einfluß von thermischem Rauschen) hervorgerufen werden. Aber auch weit entfernt von einem Phasenübergang prägen zwischenmolekulare Wechselwirkungen einem relativ dichten System eine gewisse Ordnung auf. Deren Reichweite ist jedoch gering, da sie vollkommen durch die Reichweite der zwischenmolekularen Kräfte bestimmt wird (siehe Abb. 1.18). Diese Situation wird in Fig. 4.5 veranschaulicht.

Wir betrachten ein »Referenzsystem« im thermodynamischen Gleichgewicht, in dem der Einfluß der zwischenmolekularen Wechselwirkungen vernachlässigt werden kann, wie zum Beispiel ein ideales Gas oder eine ideale Lösung (Abb. 4.5 Mitte). Wie in Abschnitt 2.8 gezeigt wurde, genügen die Fluktuationen in einem gegebenen Volumenelement eines solchen Systems einer Poisson-Verteilung. Diese Eigenschaft spiegelt die völlige Unordnung wider, die durch die Wärmebewegung der Teilchen hervorgerufen wird. Wir nehmen jetzt an, daß eine anziehende Wechselwirkung eingeschaltet wird. Dann haben die Teilchen das Bestreben, Cluster zu bilden (Fig. 4.5 rechts). Das führt zu größeren Abweichun-

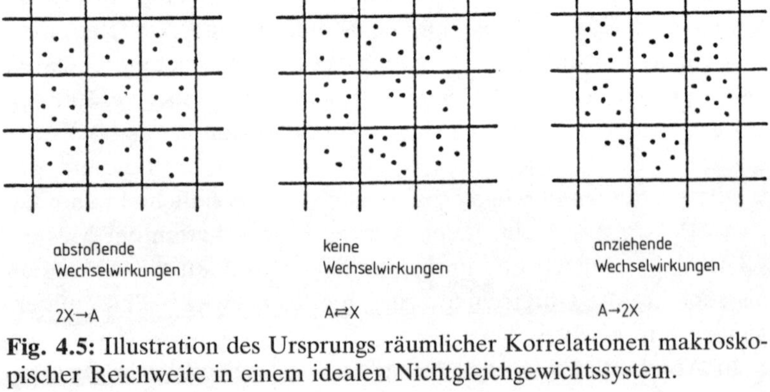

Fig. 4.5: Illustration des Ursprungs räumlicher Korrelationen makroskopischer Reichweite in einem idealen Nichtgleichgewichtssystem.

gen ihrer räumlichen Verteilung vom Mittelwert: $\langle \delta X^2 \rangle > \langle X \rangle$. Wenn die Wechselwirkungen dagegen abstoßend sind, werden die Teilchen im Volumen effektiver verteilt (Fig. 4.5 links), was die Abweichungen vom Mittelwert verringert. In beiden Fällen erstreckt sich die räumliche »Ordnung«, die mit der Abweichung von der Poisson-Verteilung verknüpft ist, nur über kurze Abstände, zumindest solange sich das System nicht in der Nähe des kritischen Punktes eines Phasenübergangs befindet: Dort besitzen die räumlichen Korrelationen eine große Reichweite, was auf die Fähigkeit des Systems hinweist, als Ganzes umzuschlagen.

Es soll nun ein idealisiertes System untersucht werden, das sowohl fernab als auch in der Nähe des Gleichgewichts arbeiten kann. Bei einem derartigen System würde man auf den ersten Blick vermuten, daß die oben beschriebenen Effekte wie Clusterbildung und kritisches Verhalten unter keinen Umständen auftreten können. Im Gleichgewicht kann dies explizit nachgeprüft werden: Aufgrund der Poisson-Verteilung existieren keine räumlichen Korrelationen. Aber was geschieht, wenn das System durch entsprechende Zwänge vom Gleichgewicht weit entfernt wird? Als konkretes Beispiel werde die Reaktion $A \rightleftarrows 2X$ betrachtet. Wir nehmen zuerst an, daß ein großer Überschuß von A vorhanden ist, so daß die Reaktion $2X \rightarrow A$ vernachlässigt werden kann. Um zu vermeiden, daß die Konzentration von X ins Unendliche wächst, führen wir noch eine Reaktion ein, die X aus dem Medium entfernt. Das führt zu folgendem Schema:

$$A \xrightarrow{k_1} 2X \qquad X \xrightarrow{k_2} B\,. \tag{4.23}$$

Offensichtlich läuft der erste Schritt auf die Bildung von Clustern der Sorte X hinaus. Mit anderen Worten, die nichtlineare chemische Kinetik führt zu einem Effekt, der an anziehende Wechselwirkungen erinnert. Im thermodynamischen Gleichgewicht garantiert die Eigenschaft des detaillierten Gleichgewichts, daß jede Reaktion, z. B. $A \rightarrow 2X$, im Mittel genauso häufig auftritt, wie ihre Rückreaktion, $2X \rightarrow A$. Der oben beschriebenen Clusterbildung wirkt deshalb die Tatsache entgegen, daß die Reaktion $2X \rightarrow A$ aus dem System Paare von Teilchen entfernt. Sie spielt damit eine zu abstoßenden Wechselwirkungen analoge Rolle. Auf diese Weise bekommt man wieder die vertraute Poisson-Verteilung.

Auch wenn alle Reaktionsschritte linear wären, würde sich die Poisson-Verteilung durchsetzen, da alle Teilchen an zufälligen Orten erzeugt oder vernichtet würden. Erst die Anwesenheit von beidem, von *nichtlinearer Kinetik* und *Nichtgleichgewichtsbedingungen*, zerstört diese Balance, und es können systematische Abweichungen von der Poisson-Verteilung aufrecht erhalten werden. Wie sind nun diese Abweichungen mit räumlichen Korrelationen verknüpft? Bei dem Reaktionsschritt $A \rightarrow 2X$ sind die beiden X-Teilchen offenbar korreliert, da sie zusammen erzeugt werden. Durch Diffusion können sich diese Korrelationen soweit im Raum ausbreiten, bis mindestens eines der Teilchen durch die zweite Reaktion in (4.23) inaktiviert wird. Die daraus folgende Korrelationslänge ergibt sich somit aus der Abschätzung: Geschwindigkeit der Inaktivierung durch den zweiten Schritt (4.23) $\simeq$ Diffusionsgeschwindigkeit über die Korrelationslänge, d. h.

$$kx \sim \frac{D}{l_{korr}^2}\, x$$

oder

$$l_{korr} = \sqrt{\frac{D}{k}}, \tag{4.24}$$

wobei D die Ficksche Diffusionskonstante der Sorte X ist.

Wenn das Reaktionsgeschwindigkeitsgesetz zu (4.23) mit $F(X) = k_1A - k_2X$ bezeichnet wird, so ist k_2 einfach gleich $|F'(X_s)|$, was nach Abschnitt 3.6 und Anhang I der Rate γ entspricht, mit der Störungen des stationären Zustandes $X_s = k_1A/k_2$ abklingen. Dieser Schluß ist tatsächlich ziemlich allgemeingültig: Wenn in einem System ein Transportprozeß, dessen Geschwindigkeit durch einen Koeffizienten D beschrieben wird, und zugleich ein lokaler »chemie-artiger« Prozeß vorhanden ist, dessen langsamste Mode durch eine Abklingrate γ gegeben ist, so beträgt die Korrelationslänge

$$l_{korr} = \sqrt{\frac{D}{\gamma}}. \tag{4.25}$$

Wie wir mehrfach im Kapitel 3 gesehen haben, strebt γ in der Nähe eines Bifurkationspunktes gegen Null, so daß die Korrelationslänge divergiert. Das deutet seinerseits darauf hin, daß das gesamte Volumen des Systems kohärent ist und somit ein kollektiver Übergang zu einem neuen Zustand möglich wird. Aber man beachte, daß wegen der »kritischen Verlangsamung« der Evolution am Bifurkationspunkt nicht mehr von individuellen Moden und ihren Abklingraten gesprochen werden kann. Deshalb ist eine vollständigere Theorie notwendig, die auch die *nichtlineare Kopplung* der Moden einbezieht. Ein entsprechender Ansatz ist unter der Benutzung der vollen Master-Gleichung und ihres kontinuierlichen Grenzfalls ausgearbeitet worden. Die hauptsächlichen qualitativen Ergebnisse lauten: In der Nähe des Bifurkationspunktes wird die Divergenz der Korrelationslänge durch die Modenkopplung gegenüber Gl. (4.25) modifiziert; der Übergang kann sogar gänzlich unterdrückt werden.

Um die letztere, besonders überraschende Tatsache zu verstehen, ist es notwendig, das Konzept der *kritischen Dimensionalität* einzuführen. Es sei daran erinnert, daß wir es mit Systemen zu tun haben, in denen ein lokaler Vorgang (wie zum Beispiel eine autokatalytische chemische Reaktion) und ein Transportprozeß koexistieren, die gemeinsam benachbarte Volumenelemente koppeln (siehe Fig. 4.3). Aufgrund von Fluktuationen neigen »chemische« Prozesse dazu, Abweichungen von räumlicher Homogenität zu erzeugen. Im Extremfall fehlender Kopplung zwischen den Volumenelementen würde das zu einer zufälligen Kombination lokalisierter Zustände führen, und selbst, wenn die Parameter überall dicht an Bifurkationswerten liegen würden, würde das System die Bifurkation einfach nicht »bemerken«, da Rauschen dominieren würde. Umgekehrt gilt, daß das System räumlich homogen und unstrukturiert bleibt, wenn die Zellen zwar gekoppelt sind, aber keine »chemie-artigen« Prozesse stattfinden, weil es einfach keine »Botschaft« gibt, die übertragen und empfangen werden könnte. Wir schließen daraus, daß beide Prozesse notwendig sind und von vergleichbarer Größenordnung sein müssen, oder, konkreter, daß sie vergleichbare charakteristische Zeiten besitzen müssen. Wie wir schon vorher gesehen haben, ist die charakteristische Zeit für das Zerfließen einer Inhomogenität durch Transport über die Länge L einer räumlichen Zelle einfach durch $\tau_D \simeq (D/L^2)^{-1}$ gegeben. Unter Benutzung der Beziehung $L^d = \Delta V$, wo d die Zahl der Raumdimensionen ist, in denen sich die Dynamik des Systems abspielt ($d \leq 3$), ergibt sich

$$\frac{1}{\tau_D} \simeq D\,\Delta V^{-2/d}. \qquad (4.26)$$

Wenn sich räumliche Kohärenz über makroskopische Bereiche erstreckt, ist ΔV groß und infolgedessen geht die Diffusion nur langsam vonstatten. Insbesondere wird diese Verlangsamung an Bedeutung gewinnen, wenn die Dimensionalität abnimmt. Andererseits wurde bereits festgestellt, daß für den »chemie-artigen« Prozeß am Bifurkationspunkt eine kritische Verlangsamung auftritt, wodurch die charakteristische Zeit τ_{ch} ebenfalls groß wird. Im Gegensatz zu τ_D ist diese Verlangsamung jedoch von der Dimensionalität unabhängig, da die entsprechenden Prozesse lokal sind. Für eine gegebene Zelle ΔV ist die Verlangsamung in der Tat durch den Kehrwert der Abklingzeit der langsamsten Mode γ gegeben und hängt demzufolge nur von den Parametern und dem Grad der dominanten Nichtlinearität ab. Wenn man fordert, daß τ_D und τ_{ch} von derselben Ordnung sind, erhält man eine Beziehung, die die Dimension mit inneren Systemeigenschaften verbindet. Auf diese Weise ergibt sich gerade die kritische Dimensionalität d_k. Für $d \gtrsim d_k$ ist die Diffusion so effektiv, daß Korrelationen großer Reichweite aufrechterhalten werden. Wenn d jedoch wesentlich kleiner als d_k wird, ist die Diffusion nicht in der Lage, die verschiedenen räumlichen Zellen ausreichend zu korrelieren, und die Bifurkation wird »verpaßt«.

Der konkrete Wert von d_k hängt nur schwach von der detaillierten Struktur des Systems ab, die ausschlaggebende Rolle scheinen ziemlich allgemeine Merkmale wie der Grad der dominanten Nichtlinearität zu spielen. Auf diese Art und Weise lassen sich »Universalitätsklassen« definieren, die zwar aus ganz verschiedenartigen Systemen gebildet werden, aber dennoch qualitativ ähnliches Verhalten zeigen. Zum Beispiel ist sowohl für das autokatalytische Modell der Gl. (2.19) als auch für den Brüsselator (Gl. (3.18)) die kritische Dimensionalität bestimmter Bifurkationen $d_k = 4$. Man beachte aber, daß weit entfernt vom Bifurkationspunkt die Dimensionalität keine besonders große Rolle mehr spielt. Zum Beispiel gilt die Abschätzung der Korrelationslänge in Gl. (4.25) dann unabhängig davon, welchen Wert d annimmt.

Um über diese qualitativen Resultate hinauszugehen, müssen wir die explizite Lösung der Master-Gleichung (4.22) aufsuchen. Die technischen Aspekte sollen hier nicht weiter diskutiert werden. Wir skizzieren nur die Hauptgedanken:

(i) Sobald das System nicht exakt im Gleichgewicht ist, können plötzlich makroskopische Korrelationen auftreten und unendlich lange aufrecht erhalten werden. In Systemen, in denen eine »chemie-artige« Mode mit einer »transport-artigen« Mode gekoppelt ist, ist die entsprechende Reichweite eine innere Eigenschaft und im wesentlichen durch Gl. (4.25) gegeben. Die präzise Form der Korrelationen hängt sowohl von der Geometrie als auch von inneren Parametern ab. In einem dreidimensionalen System großer räumlicher Ausdehnung findet man eine Korrelationsfunktion zwischen den Orten **r** und **r**′ (sie hängt eng mit der Kovarianz, Gl. (4.2), zusammen) der Form

$$g(\mathbf{r}-\mathbf{r}') = \frac{J_s}{2\pi D}\frac{1}{|\mathbf{r}-\mathbf{r}'|}\exp\left[-\left(\frac{|F'(X_s)|}{D}\right)^{1/2}|\mathbf{r}-\mathbf{r}'|\right]. \quad (4.27)$$

Die Amplitude J_s ist proportional zur Abweichung vom Gleichgewicht. Deshalb kann die Amplitude J_s in einem bestimmten Sinn als »Ordnungsparameter« betrachtet werden, der den »Übergang« vom unkorrelierten (Gleichgewicht) zum korrelierten Zustand (Nichtgleichgewicht) charakterisiert. Man beachte, daß die Korrelationslänge im Gleichgewicht endlich bleibt. Dagegen kann in Systemen, in denen keine Modenkopplung der obengenannten Art auftritt, die Korrelationslänge von außen bestimmt sein. Zum Beispiel findet man in einem ruhenden wärmeleitenden Medium, an das eine Temperaturdifferenz angelegt wird, daß die Korrelationslänge im wesentlichen durch die Größe des Systems gegeben ist. Die Amplitude bleibt jedoch mit der Abweichung vom Gleichgewicht verknüpft (hier mit dem Energiefluß durch das System) und spielt wiederum die Rolle eines »Ordnungsparameters«. Diese Situation ist qualitativ in Fig. 4.6 dargestellt.

(ii) Wie bereits festgestellt wurde, divergiert die Korrelationslänge, wenn der Bifurkationspunkt erreicht wird, vorausgesetzt, die Dimensionalität ist nicht zu niedrig. Deshalb erstrekken sich die Korrelationen über das ganze System. Dies führt zu einer qualitativen Veränderung der Eigenschaften der zugrundeliegenden Wahrscheinlichkeitsverteilung, ähnlich wie beim Übergang von Fig. 4.1a nach 4.1b, wobei wir es allerdings hier mit multivariablen Verteilungen zu tun haben, die von den stochastischen Variablen X an jedem einzelnen

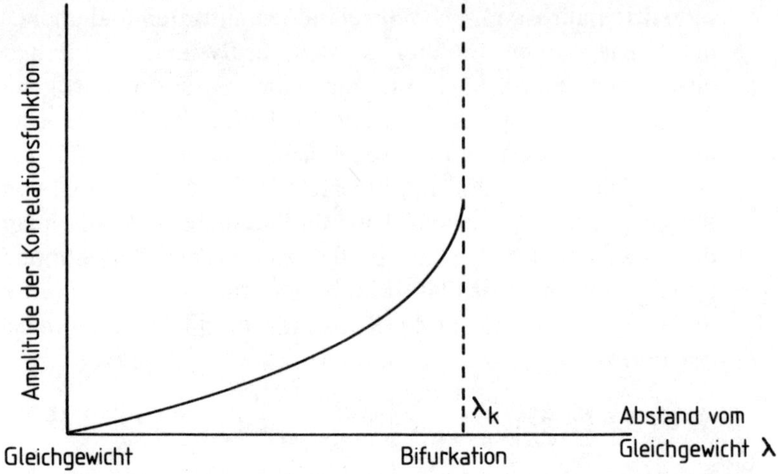

Fig. 4.6: Sobald sich ein System außerhalb des thermodynamischen Gleichgewichts befindet, treten räumliche Korrelationen makroskopischer Reichweite auf, deren Amplitude eine wachsende Funktion des Abstandes vom Gleichgewicht ist.

Raumpunkt **r** abhängen. Insbesondere bekommt man für ein unendlich ausgedehntes System wie das autokatalytische Modell der Gl. (2.15), das eine Bifurkation zu multiplen stationären Zuständen ohne räumliche Symmetriebrechung durchmacht, in der Nähe der Spitzensingularität (siehe Fig. 3.10 a) eine stationäre Wahrscheinlichkeitsverteilung der Form

$$P_s(\{x_r\}) = \exp\left\{\frac{2\Delta V}{Q_s}\sum_{\mathbf{r}}\left[\frac{\lambda-\lambda_k}{2}\left(x_{\mathbf{r}}-x_s\right)^2 - \frac{1}{4}\left(x_{\mathbf{r}}-x_s\right)^4 + \frac{D}{8d}\sum_{\mathbf{l}}\left(x_{\mathbf{r}+\mathbf{l}}-x_{\mathbf{r}}\right)^2\right]\right\}. \tag{4.28}$$

Dabei ist $\lambda-\lambda_k$ der Abstand vom Bifurkationspunkt und D die Austauschrate zwischen benachbarten Volumenelementen ΔV, die mit der Fickschen Diffusionskonstante D zusammenhängt. Weiterhin ist Q_s eine bestimmte positive Kombination der Systemparameter und $x_{\mathbf{r}}$ der lokale Wert der Zustandsvariablen $X_{\mathbf{r}}$ pro Volumenelement ΔV ($x_{\mathbf{r}} = X_r/\Delta V$). Der Index **l** numeriert die Nachbarn der Zelle **r**, auf die der Austausch von X durch die im System vorhandenen Transportprozesse beschränkt ist.

Der nicht-Gaußsche Charakter dieser Verteilung spiegelt die mit der Bifurkation verbundene Kohärenz wider: Das System kann nicht mehr in ein Nebeneinander von schwach gekoppelten Untersystemen aufgeteilt werden. Ähnliche Resultate erhält man für Bifurkationen, die zu Grenzzyklen oder zu räumlichen Strukturen mit Symmetriebrechung führen.

Die Abhängigkeit der Varianz der Teilchenzahlfluktuationen in einem endlichen Volumen von der Größe V dieses Volumens verdeutlicht auf interessante Weise das Versagen des zentralen Grenzwertsatzes. Die Berechnung dieser Größe aus Gl. (4.28) an der Grenze des Stabilitätsbereiches, bei der der Übergang zu einem neuen Zustand erfolgt, führt zu

$$\langle \delta X^2 \rangle_V \sim V^{3/2}.$$

Dem gegenüber steht die Abhängigkeit $\langle \delta X^2 \rangle_V \sim V$, die das weit unterhalb des Bifurkationspunktes vorherrschende Gaußsche Regime kennzeichnet.

Es sollte erwähnt werden, daß der als Landau-Ginzburg-Potential bezeichnete Exponent in Gl. (4.28) aus der Theorie der Gleichgewichts-Phasenübergänge wohlbekannt ist. Wenn man diese Analogie ausnutzt, kann man viele relevante Systemeigenschaften wie die Reichweite der Korrelationen, die Varianz der Fluktuationen usw. mit Hilfe der von Wilson entwickelten *Renormierungsgruppen-Technik* berechnen.

Um es kurz zu fassen, wir sind somit zu einem einfachen und ansprechenden Bild darüber gelangt, wie in einem System Ordnung entstehen kann. Etwas anthropomorph ausgedrückt, Ordnung erscheint als ein Kompromiß zwischen zwei Gegenspielern: dem nichtlinearen »chemie-artigen« Prozeß, der über Fluktuationen ständig, aber unregelmäßig »Innovationssignale« an das System aussendet, und dem »transportartigen« Prozeß, der diese empfängt, weiterleitet und stabilisiert. Wenn die empfindliche Balance zwischen diesen konkurrierenden »Akteuren« gestört wird, führt dies zu qualitativen Änderungen. Zum einen kann sich ein irregulärer Zustand einstellen, in dem alle Elemente des Systems einzeln und unabhängig voneinander agieren. Oder aber es ergibt sich ein »homöostatischer«, quasi versteinerter Zustand, in dem die Fluktuationen unterjocht werden und völlige Gleichförmigkeit herrscht.

Somit scheint Komplexität nach zwei Seiten hin durch verschiedenartige Typen von Unstrukturiertheit begrenzt zu werden. Man kann sich nur schwer des Eindrucks erwehren, daß diese Schlußfolgerung, die sich auf ganz allgemeine dynamische Gesetze in physikalisch-chemischen Systemen gründet, auch für die Modellierung von Systemen außerhalb des Bereichs der Laborphysik und -chemie wertvolle Anregungen vermitteln sollte. Kapitel 6 dieser Monographie ist diesem Problem des »Kenntnistransfers« gewidmet.

4.5 Das zeitabhängige Verhalten von Fluktuationen: Kinetik und Zeitskalen der Selbstorganisation

Gegen Ende des Abschnitts 4.1 haben wir die beiden Hauptgründe angegeben, die das Studium von Fluktuationen in nichtlinearen dynamischen Systemen motivieren. Der erste Grund, nämlich der Mechanismus, durch den Kohärenz hervorgerufen und aufrechterhalten wird, führte zu der Untersuchung in Abschnitt 4.4. Der zweite, nämlich die Kinetik von Übergängen zwischen verschiedenen Zuständen, bildet den Gegenstand dieses Abschnitts. Unser Ausgangspunkt ist die Gl. (4.15), die wir in die allgemeinere Form

$$\frac{d\langle x\rangle}{dt} = \text{(makroskopisches Ratengesetz)} + \text{(Abweichung von der Poisson-Verteilung)} \quad (4.29)$$

umschreiben. Wie wir schon gesehen haben, verhalten sich die Korrelationsfunktion und folglich auch die Abweichung von der Poisson-Verteilung wegen der Divergenz der charakteristischen Länge pathologisch, wenn man an den Bifurkationspunkt kommt. An dieser Stelle müssen wir daher die zeitabhängigen Lösungen der Master-Gleichung (4.12) benutzen, um das Anwachsen der kritischen Mode in der Umgebung und oberhalb des Einsatzpunktes der Instabilität zu beschreiben. Während dieses Wachstums wird die Abweichung der Varianz von ihrem Poissonschen Wert immer ausgeprägter. Demzufolge kann es dazu kommen, daß der zweite Beitrag der rechten Seite von Gl. (4.29) in bestimmten kleinen Volumenelementen ΔV nicht mehr vernachlässigbar ist, nach einer gewissen (und möglicherweise sehr langen) Zeitspanne überwiegt und schließlich den Mittelwert in ein neues makroskopisches Regime drängt.

Fig 4.7 illustriert diese *keimbildungstheoretische Sicht* von Nichtgleichgewichtsübergängen, die auf die Autoren dieses Buches zurückgeht. Als System wird das autokatalytische Modell der Gl. (2.15) studiert. Anfangs ist eine Wahrscheinlichkeitsverteilung gegeben, die um einen der (deterministisch) stabilen Zweige jenseits des Bifurkationspunktes konzentriert ist. Die Abbildung zeigt drei alternative Darstellungen dieser Situation.

In Fig. 4.7a, die mit Fig. 3.10b zu vergleichen ist, sind die mehrfachen stationären Zustände über einem charakteristischen Parameter μ, der eine geeignete Kombination der Reaktionskonstanten und der chemischen Kontrollvariablen A und B ist, aufgetragen. Der obere und der untere Zweig x_+ bzw. x_- sind asymptotisch stabil, der mittlere Zweig x_0 dagegen instabil. In Fig. 4.7b ist eine nützliche Größe, auf die der Leser schon im Abschnitt 2.6 kurz aufmerksam gemacht wurde, dargestellt. Die betrachtete Größe wird als *kinetisches Potential* bezeichnet und ist durch die Relation

$$\frac{dx}{dt} = - \frac{\partial U(x)}{\partial x} \tag{4.30}$$

definiert. In Systemen mit einer Variablen existiert U immer und ist gleich dem Negativen des Integrals über die Ratenfunktion: $U = - \int dx\, F(x)$. Andererseits ist die Existenz des kinetischen Potentials in Systemen mit mehreren Variablen im allgemeinen nicht sichergestellt. In allen Fällen, in denen das Potential konstruiert werden kann, erweist es sich als nützliche Größe, da seine Minima bzw. Maxima den asymptotisch stabilen und instabilen Lösungen der phänomenologischen Evolutionsgleichungen entsprechen. Die durchgezogene Linie in Fig. 4.7c stellt schließlich die um den Zustand x_- konzentrierte Anfangsverteilung der Wahrscheinlichkeit dar.

Im Folgenden beschreiben wir die wichtigsten Resultate. Wir nehmen an, daß das System innerhalb eines Volumenelementes ΔV, das N Teilchen der für die Bistabilität verantwortlichen chemisch aktiven Sorte enthält, räumlich homogen gehalten werden kann. Aufgrund unserer vorhergehenden Diskussion erwarten wir, daß die charakteristische Dimension von ΔV mit der Korrelationslänge in Beziehung steht. Eine vereinfachte Beschreibung dieser Situation kann auf die Lösung der Master-Gleichung für ein homogenes System der Größe N, in dem die Diffusion vernachlässigt

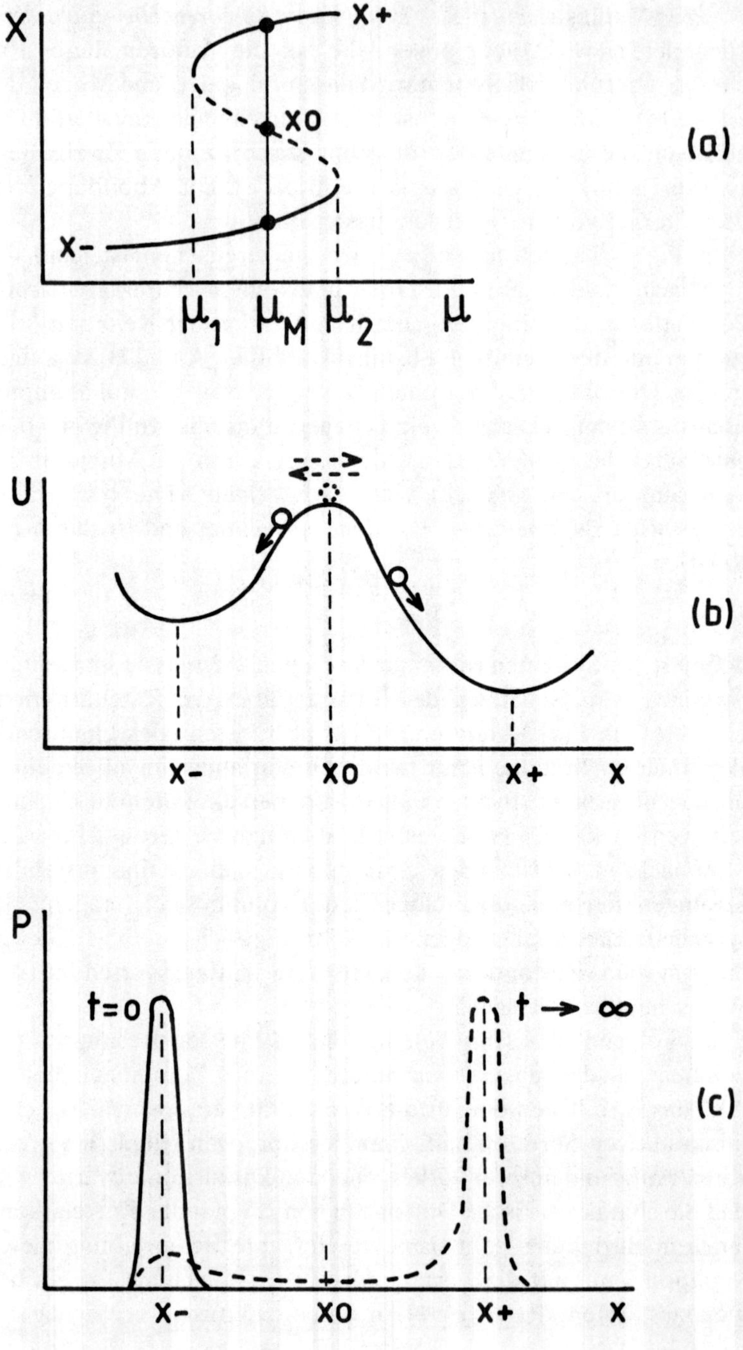
X
x+
xo
x-
μ1 μM μ2 μ
(a)
U
x- xo x+ x
(b)
P
t=0
t → ∞
x- xo x+ x
(c)

wird, gestützt werden. Man findet hierbei einen Übergang zum zweiten stabilen Zweig x_+ der Fig. 4.7 a, dessen Zeitskala durch N und die Potentialdifferenz zwischen dem Anfangszustand x_- und dem instabilen Zustand x_0 bestimmt ist. Die Endverteilung der Wahrscheinlichkeit wird für den Fall, daß das Minimum von U im Anfangszustand sehr viel flacher als das Minimum bei x_+ ist, durch die punktierte Linie in Fig. 4.7 c dargestellt.

Der für das soeben beschriebene Phänomen verantwortliche Mechanismus steht in engem Zusammenhang mit der Theorie der Aktivierungsenergie in der chemischen Kinetik, von der wir kurz am Ende des Abschnitts 1.4 gesprochen haben. Aufgrund der Fluktuationen kommt es in verschiedenen Teilen des Systems zu spontanen Abweichungen vom anfänglich wahrscheinlichsten Zustand x_-. Die Mehrheit dieser Fluktuationen hat nur eine geringe Intensität und Ausdehnung. Wenn die Abmessungen des betrachteten Untersystems jedoch nicht allzu groß sind, werden mit einer gewissen Wahrscheinlichkeit auch Fluktuationen endlicher Ausdehnung auftreten. Einige dieser Fluktuationen treiben das Untersystem über die durch den instabilen Zustand x_0 gebildete »Potentialbarriere«. Von diesem Punkt wird das Untersystem schnell zu dem anderen anziehenden Zustand x_+ überwechseln und einen »Keim« der Instabilität bilden. Da der Zustand x_+ stabiler als x_- angenommen wurde, ist die Wahrscheinlichkeit für das Verlassen von x_+ nur gering, weitere Elemente des Systems werden ähnliche Übergänge vollziehen, und schließlich wird auf diese Weise das gesamte System »angesteckt«.

◄ **Fig. 4.7:** Fluktuationsinduzierte Übergänge zwischen gleichzeitig stabilen stationären Zuständen. (a): Abhängigkeit der Lösung deterministischer Gleichungen vom Parameter μ. Es wird angenommen, daß bei $\mu = \mu_M$ der Zustand x_- weniger stabil ist als der Zustand x_+; (b): Das kinetische Potential U (Gleichung (4.30)) als Funktion der Zustandsvariablen x. Zufällige Fluktuationen um jeden der stabilen Attraktoren x_+, x_- werden gedämpft, es sei denn sie bringen das System über die Potentialbarriere des instabilen Zustandes $x = x_0$ hinweg in das andere Attraktionsgebiet. Die größere Tiefe von U bei $x = x_+$ folgt aus der Annahme, daß x_+ stabiler als x_- ist; (c): Eine anfänglich um $x = x_-$ konzentrierte Wahrscheinlichkeitsverteilung strebt schließlich einer bimodalen Form zu, deren Buckel bei x_+ viel größer ist als der Buckel bei x_-. Die Zeitskala dieser Evolution ist durch Gleichung (4.31) gegeben.

Genaue Berechnungen zeigen, daß die typische Zeitskala für den Übergang von x_- nach x_+ von der Ordnung

$$\tau_{Üb} \simeq \exp(N\Delta U) \tag{4.31}$$

ist, wo $\Delta U = U(x_0) - U(x_-)$ die durch die Fluktuationen zu überwindende »Potentialbarriere« ist. Wenn ein physikalisch-chemisches System großer räumlicher Ausdehnung, für das $N \sim 10^{23}$ gilt, z. B. infolge einer extrem wirksamen Durchmischung künstlich homogen gehalten wird, so wird $\tau_{Üb}$ extrem groß sein, viel größer als jede erdenkliche geologische oder kosmologische Zeitspanne. Folglich ergibt sich, daß der Übergang in realen Situationen als lokalisiertes Ereignis beginnen muß, das nur ein Element von kleiner Größe einbezieht. Außer wenn sich das System sehr nahe an den Umkehrpunkten μ_1 und μ_2 (Fig. 4.7 a) befindet, in denen der Wert der Potentialbarriere sehr klein wird, bleibt die charakteristische Zeit $\tau_{Üb}$ trotz allem beträchtlich größer als die charakteristische Relaxationszeit, die aus den deterministischen Evolutionsgesetzen folgt.

Die oben betonte Notwendigkeit einer lokalen Beschreibung bedeutet, daß man zu einer detaillierteren Theorie, die auf einer die Diffussionseffekte (vgl. Fig. 4.3) berücksichtigenden multivariablen Master-Gleichung beruht, übergehen muß. Nur in wenigen Fällen kann man allerdings mit analytischen Ereignissen rechnen. Numerische Simulationen zeigen jedoch, daß die Zeitskala des Übergangs in höchst interessanter Weise vom Wert des Diffusionskoeffizienten abhängt. Wenn dieser Koeffizient im Vergleich zu der chemischen Reaktionskonstanten klein ist, findet man, daß Übergänge von x_- nach x_+, die zur Entstehung kleiner »Keime« des Zustandes x_+ innerhalb des Zustandes x_- führen, sehr häufig auftreten. Nach und nach wachsen diese Keime an und ziehen mittels Diffusion den Rest des Systems auf den neuen Lösungszweig x_+. Wenn andererseits der Diffusionskoeffizient groß ist, findet man, daß der Anfangszustand x_- für einen beträchtlichen Zeitraum beibehalten wird. Das erinnert an die von Gleichgewichtsphasenübergängen bekannte Eigenschaft der *Metastabilität.* Wie von Roux und anderen experimentell am Beispiel der Chlorid-Iodid-Reaktion gezeigt wurde, ist ein ähnliches Verhalten zu beobachten, wenn das System *äußeren* inhomogenen Störungen ausgesetzt wird, die sich z. B. aus Abweichungen von der perfekten Durchmischung ergeben.

Fig. 4.8b und a stellen die Kinetik des Mittelwertes und der Varianz der Fluktuationen dar. Nach einer relativ langen Wartezeit tritt ein erster Keim (Punkt A auf der Kurve von Fig. 4.8a) auf, und ein zweiter folgt am Punkt B. Am Punkt C erreichen die beiden Keime fast gleichzeitig den Rand des Systems, woraufhin

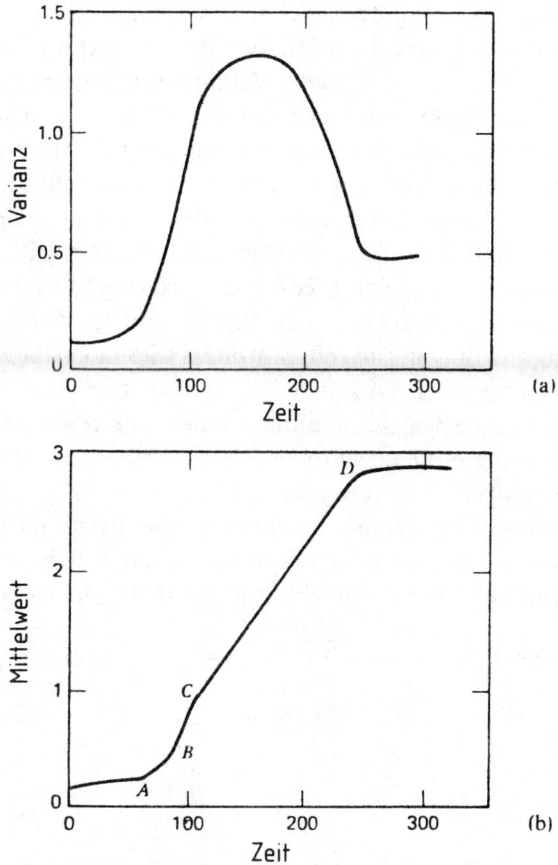

Fig. 4.8: Durch Keimbildung vermittelter Übergang zwischen mehrfachen stationären Zuständen in einem Modell-System. (b) zeigt die zeitliche Entwicklung des Mittelwertes und (a) die der Varianz. Letztere beginnt drastisch anzuwachsen, sobald ein Keim des Zustandes x_+, der zuerst als Folge einer Fluktuation auftaucht, einen wesentlichen Teil des anfänglich im Zustand x_- befindlichen Systems zu durchdringen beginnt.

zwei konvergierende Wellenfronten ausgebildet werden und schließlich wieder verschwinden, wenn der dem Zweig x_+ entsprechende Zustand D erreicht wird. Festzuhalten ist die bemerkenswerte Verstärkung der Fluktuationen der Kurve für den Mittelwert über der Zeit in der Umgebung des Wendepunktes, was durch den abrupten Anstieg der Varianz bezeugt wird.

Zusätzlich zu den oben beschriebenen Erscheinungen ist ein reichhaltiges Übergangsverhalten auch in Systemen zu erwarten, in denen auf ein Stadium langsamer Bewegung eine auf einer sehr viel schnelleren Zeitskala stattfindende Entwicklung folgt. Eine mögliche Realisierung derartigen Verhaltens bekommt man, wenn das System am Anfang in einen instabilen oder marginal stabilen Zustand versetzt wird. Wir beschränken uns hier auf eine zweite Möglichkeit, die entsteht, wenn eine durch eine sehr kleine Umsatzrate der relevanten Variablen gekennzeichnete *Anlaufperiode* plötzlich von heftigem *explosivem Verhalten* abgelöst wird, das zu einer charakteristischen Zeit t_c gezündet wird (Fig. 4.9). Schließlich stabilisiert sich das System in einem Endzustand, für den wir zur Vereinfachung annehmen, daß er in dem interessierenden Parameterbereich der einzig mögliche stabile Zustand ist. Die Verbrennung ist ein typisches Beispiel, in dem diese Umstände realisiert werden. Weitere Beispiele bilden autokatalytische chemische Reaktionen oder Umschaltvorgänge bei Lasern.

Wir wollen die wichtigsten Merkmale derartiger Prozesse am Beispiel der adiabatischen Explosion illustrieren, d. h. anhand der Verbrennung in einem abgeschlossenen Gefäß, bei der die durch

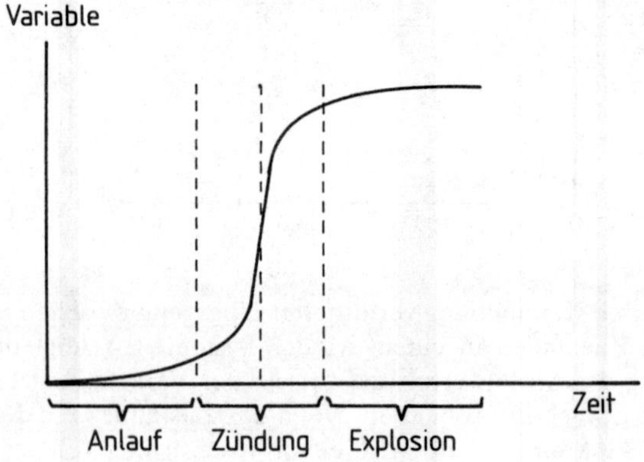

Fig. 4.9: Illustration explosiven Verhaltens.

die chemischen Reaktionen freigesetzte Wärme zur Aufheizung des Gemisches dient. Der einfachste nichttriviale Fall ist eine einzelne irreversible exotherme Reaktion

$$X \xrightarrow{k(T)} A, \tag{4.32}$$

deren Reaktionsgeschwindigkeitskonstante k(T) über das Arrhenius-Gesetz $k(T) \simeq k_0 \exp(-E_0/k_B T)$ (vgl. Gl. (1.5)) von der Temperatur T abhängt. Die Bilanzgleichungen für Masse und Energie sind demzufolge

$$\begin{aligned} \frac{dx}{dt} &= -\,k(T)\,x \\ c_V \frac{dT}{dt} &= -\,r_V \frac{dx}{dt} = r_V k(T) x, \end{aligned} \tag{4.33 a}$$

wobei c_V und r_V die spezifische Wärme bzw. die Reaktionswärme bei konstantem Volumen sind. Durch Multiplikation der ersten Gleichung mit r_V und Addition zur zweiten können wir leicht nachweisen, daß zu jedem Zeitpunkt der folgende Erhaltungssatz erfüllt ist:

$$c_V T_0 + r_V x_0 = c_V T + r_V x = c_V T_{max},$$

wobei T_0, x_0 die Anfangswerte von T und x sowie T_{max} die Endtemperatur nach vollständiger Umsetzung sind. Dank dieses Erhaltungssatzes sind die Gln. (4.33 a) einzeln in sich geschlossen. Z. B. lautet die Wärmebilanzgleichung einfach

$$\frac{dT}{dt} = (T_{max} - T)\,k(T). \tag{4.33 b}$$

Fig. 4.10 stellt die Lösung der Gln. (4.33) dar. Man sieht, daß die Reaktionsgeschwindigkeit zur Zeit t_c, die wir im folgenden »Explosionszeit« nennen, abrupt auf ihren Maximalwert steigt, in Übereinstimmung mit dem allgemeinen Bild von Fig. 4.9.

Wir wollen nun die Fluktuationen in die Beschreibung mit einbeziehen. Ohne Zweifel haben wir es mit einem reinen Sterbeprozeß zu tun, da die Konzentration von X nur abnehmen kann. Wir können deshalb eine Master-Gleichung in der Form von Gl. (4.14) ansetzen, in der die Geburtsrate λ gleich Null gesetzt ist. Wenn wir die Teilchenzahl der reagierenden Sorte mit X bezeichnen, erhalten wir

$$\frac{dP(X,t)}{dt} = \mu_{X+1} P(X+1,t) - \mu_X P(X,t). \qquad (4.34\,a)$$

Die Sterberate kann mit Hilfe der Erhaltungsgleichung (4.33 b) leicht berechnet werden:

$$\mu(X) = k(T)X = k_o X \exp\left[-\frac{E_o}{k_B\left(T_{max} - \frac{r_V}{c_V}\frac{X}{N}\right)}\right], \qquad (4.34\,b)$$

wo N ein zur Größe des Systems proportionaler Parameter ist.

Die Hauptstadien der durch die Gl. 4.34 beschriebenen Entwicklung der Wahrscheinlichkeitsverteilung sind in Fig. 4.11 dargestellt. Die Anfangsbedingung wurde als scharfer Peak der Verteilung um einen Zustand im flachen (Anlauf-)Teil von Fig. 4.9 gewählt, in dem wir nur eine sehr geringe Evolutions-Geschwindigkeit erwarten. Man beobachtet dann das Auftreten einer zeitlich *vorübergehenden Bimodalität*: Während eines der Maxima der Wahrscheinlichkeitsverteilung dicht bei dem Anfangszustand verbleibt, formiert sich ein zweites Maximum in der Nähe des Zustandes nach vollständiger Verbrennung. Schließlich verschwindet der

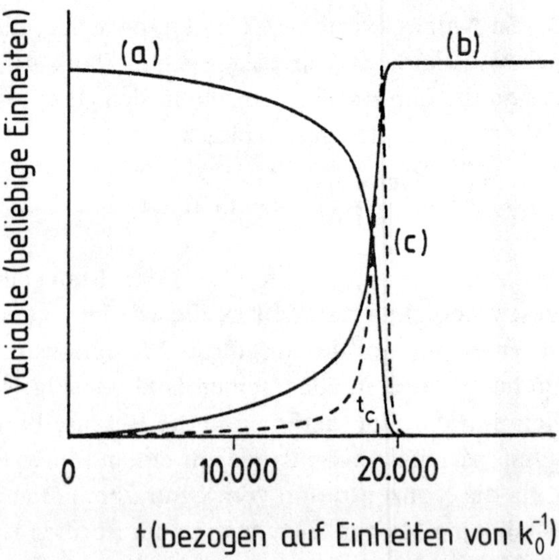

Fig. 4.10: Lösung der Gleichungen (4.33) für die Konzentration x (Kurve (a)), die Temperatur (Kurve (b)) bzw. die Reaktionsgeschwindigkeit (Kurve (c)). Parameterwerte: $E_0/R = 10\,000$; $T_{max} = 2000$; $r_V/c_V = 1200$.

PIPER

Wissenschaft
Sachbuch

Pin Yathay

Manfred Eigen

Elisabeth Badinter

Glenn Gould

Franco Zeffirelli

Heinz Zahrnt

Johannes Hösle

Klaus von Beyme

Richard Feynman

Die neuen Bücher
Herbst 1987

mit den Neuerscheinungen
Frühjahr 1987

Jerome Kagan
Die Natur des Kindes
Aus dem Amerik. von Friedrich Griese.
408 Seiten. Geb. DM 48.–
»Jerome Kagans Erziehungshilfe besteht darin, die psychologischen Passepartouts ersatzlos zu entwerten.«
Peter Brügge, Der Spiegel

Hagen Schulze
Wir sind, was wir geworden sind
Vom Nutzen der Geschichte für die deutsche Gegenwart
195 Seiten. Brosch. DM 28.–

Bernard Willms
Thomas Hobbes
Das Reich des Leviathan
320 Seiten. Leinen DM 48.–

Pipers Wörterbuch zur Politik
Band 6 Dritte Welt
Gesellschaft – Kultur – Entwicklung
Herausgegeben von Dieter Nohlen und Peter Waldmann. 753 Seiten mit 33 Tabellen und 23 Abbildungen. Brosch. Bei Einzelbezug DM 86.–, bei Abnahme des Gesamtwerkes DM 78.–

Pipers Handbuch der politischen Ideen
Herausgegeben von Iring Fetscher und Herfried Münkler
Band 5 Neuzeit: Vom Zeitalter des Imperialismus bis zu den neuen sozialen Bewegungen
661 Seiten. Leinen. Bei Einzelbezug DM 85.–, bei Abnahme des Gesamtwerkes DM 78.–

Titelseite: Fotos von Blachian, Friedrich, Meffert, Bilderdienst Süddeutscher Verlag, Schwarz

SERIE PIPER

Die Taschenbuchreihe mit dem breiten Spektrum – Autoren von Rang – Themen unserer Zeit

Bitte fordern Sie unser ausführliches Taschenbuchverzeichnis an

Bestellungen über Ihren Buchhändler:

Prospekte erhalten Sie kostenlos vom R. Piper GmbH & Co. KG Verlag, Postf. 430 120, 8000 München 40.

Bestell-Nr. 90027 Preisänderungen und Irrtümer vorbehalten. Stand August 1987

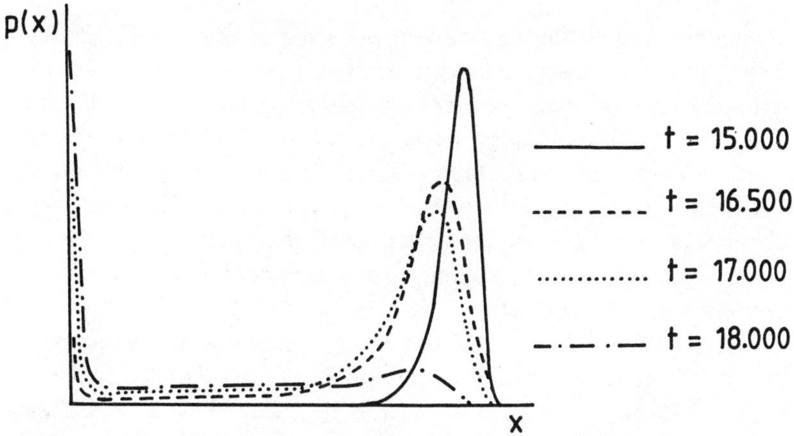

Fig. 4.11: Vorübergehende Bimodalität bei einer adiabatischen Explosion. Bei t = 15 000 Zeiteinheiten ist die Wahrscheinlichkeitsverteilung unimodal. Jenseits t = 16 500 Zeiteinheiten entwickelt sie einen immer deutlicher werdenden zweiten Peak im Gebiet kleiner Teilchenzahlen x. Dabei verringert sich ständig die Amplitude des anfänglichen Peaks, dessen Bewegung der langsamen (Anlaufs-)Zeitskala folgt. Parameterwerte: wie in Fig. 4.10.

erste Peak und das System wird in seinen einzigen stabilen Zustand getrieben. Wir haben es deshalb während des Ablaufs der Systemevolution mit einem »Bifurkationsverhalten in der Zeit« zu tun.

Wir wollen jetzt eine qualitative Erklärung dieses unerwarteten Phänomens umreißen. Es sei daran erinnert, daß wir uns mit einem Prozeß beschäftigen, der zwei deutlich getrennte Zeitskalen besitzt, und daß wir unser System anfänglich in einen Zustand mit einer sehr kleinen deterministischen Evolutionsgeschwindigkeit versetzt haben. Das Maximum der zugehörigen Wahrscheinlichkeitsverteilung, dessen Bewegung in etwa der deterministischen folgt, verschiebt sich deshalb sehr langsam in Richtung auf den Bereich kleinerer X-Werte. Aufgrund der Fluktuationen entwickelt die Wahrscheinlichkeitsverteilung währenddessen eine Breite, die proportional zur Dauer der Anlaufperiode und (nach dem zentralen Grenzwertsatz, siehe Abschnitt 4.1) proportional zu $N^{-1/2}$ ist. Wenn die Anlaufperiode lang ist, wirkt dies dem zuletzt angeführten Effekt der Systemgröße entgegen und die Breite wird beträchtlich. Infolgedessen wird ein wesentlicher Teil der Wahrscheinlichkeitsverteilung den Zündpunkt früher als das Maximum erreichen. Sobald dies geschehen ist, wird er durch die schnelle Bewegung ganz rasch in Richtung niedrigerer X-Werte verschoben. Dieses Abfließen von Wahrscheinlichkeit setzt sich laufend fort; da das System aber keine negativen X-Werte annehmen kann, entsteht ein »Verkehrsstau«, aus dem das Auftauchen eines neuen Wahrscheinlichkeitspeaks im Gebiet kleiner X resultiert. Schließlich wird der bis dahin beträchtlich verkleinerte Anfangspeak den Zündpunkt erreichen, was das Ende der vorübergehenden Bimodalität markiert.

Es liegt auf der Hand, daß das System während des vorübergehenden Bestehens der Bimodalität ein markantes Zufallsverhalten entfalten wird: Es treten beträchtliche Unterschiede zwischen mittleren und wahrscheinlichsten Werten auf, und die Varianz erreicht ein makroskopisches Niveau. Das wird sich auch in Form von Fluktuationen der Zündzeit zeigen, die deshalb selbst zu einem zufälligen Ereignis wird.

Neben seinen spezifischen Anwendungen auf verbrennungsartige Probleme liefert das Phänomen der »Bifurkation in der Zeit« für die Differenzierung und Evolution in Nichtgleichgewichtssystemen ein neues Modell rein inneren Ursprungs. Tatsächlich muß das System hierzu nicht andauernd durch die Umwelt gestört werden, wie dies z. B. im Darwinschen Bild der Evolution durch Mutationen und natürliche Selektion der Fall ist. Vielmehr genügen die zeitweilig entstehenden Abweichungen der Dynamik vom Gleichgewicht, um während einer gewissen Zeitspanne eine innere Differenzierung hervorzurufen: Während einer langsamen Phase der Evolution statten die Fluktuationen das System mit einer Reihe von Zuständen aus, die mit einiger Wahrscheinlichkeit aufgesucht werden, während der Anfangszustand jedoch dominant bleibt; das Auftreten einer schnellen Phase »entführt« dann einige dieser Zustände mit einer so hohen Geschwindigkeit, daß sie bald die Verbindung mit dem gemeinsamen »Vorfahren« verlieren und einen eigenen neuen »Klon« bilden. Ähnliche Konzepte sollten sich auch bei der Behandlung verschiedener Probleme der Populationsdynamik und Epidemiologie als nützlich erweisen, oder, um auf physikalisch-chemische Systeme zurückzukommen, bei Fragestellungen, die sich mit Clusterbildung, Kollaps und der Ausbreitung von Defekten bei der Zerrüttung oder beim Bruch von Materialien befassen.

Die Analyse des vorigen Abschnitts gibt uns einige Mittel an die Hand, um das in Kapitel 3 wiederholt aufgeworfene Problem der Selektion zwischen verschiedenen Zuständen zu lösen. Es sei angenommen, daß das betrachtete System eine Reihe von gleichzeitig stabilen Lösungen besitzt. Wenn man den Einfluß von Fluktuationen über die Master-Gleichung mit einbezieht, kann man sowohl die Höhe der Gipfel der Wahrscheinlichkeitsverteilung als auch die mittlere Zeit, nach der die Einzugsgebiete der einzelnen stabilen Zustände verlassen werden (siehe Gl. (4.31)), berechnen. Der dominante Zustand – derjenige, der selektiert wird – ist dann der mit der längsten Verweildauer und dem höchsten Wahrscheinlichkeitsgipfel. Obwohl dies bereits recht befriedigend klingt, bleibt eine Schlüsselfrage doch ungeklärt, nämlich: Was geschieht, wenn die Wahrscheinlichkeitspeaks und die Übergangszeiten für mindestens zwei Zustände übereinstimmen?

Der Leser sollte diese Möglichkeit nicht als pathologischen Fall abtun. Einige der wichtigsten Übergangserscheinungen, die in diesem Buch bisher untersucht wurden, sind mit verschiedenartigen Symmetriebrüchen verknüpft und führen ganz zwangsläufig zu Multiplets von Zuständen, die in bezug auf Stabilität und Fluktuationen ununterscheidbar sind. Ein Beispiel ist die räumliche Symmetriebrechung auf makroskopischer Ebene, die im Abschnitt 3.11 diskutiert wurde. Ein zweites ist die Brechung der chiralen Symmetrie auf molekularer Ebene, von der verschiedene Aspekte in Abschnitt 3.12 behandelt wurden. In all diesen Fällen wird offensichtlich ein neuer Selektionsmechanismus benötigt. In diesem Abschnitt beschreiben wir eine typische Möglichkeit, nämlich die Selektion durch symmetriebrechende Wechselwirkungen mit äußeren Feldern.

Die Grundlagen dieses Mechanismus wurden bereits in der Analyse des Abschnitts 3.4 dargelegt, der der Parameterabhängigkeit von Bifurkationen und dem damit verwandten Konzept der strukturellen Stabilität gewidmet war.

Wie wir im Zusammenhang mit Gl. (3.14) erläutert haben, erfährt eine symmetrische Verzweigung in zwei ununterscheidbare Zustände (Fig. 3.9 a und Gl. (3.14) mit $\mu = 0$) eine qualitative Veränderung, wenn ein zusätzlicher Parameter geeignet variiert wird. (Fig. 3.10 c und Gl. (3.14) mit $\mu \neq 0$). Diese Situation ist in Fig. 4.12 noch einmal zusammengefaßt. Die entsprechende Gleichung für die betreffende Variable x lautet

$$\frac{dx}{dt} = -x^3 + \lambda x + \mu, \tag{4.35 a}$$

und die stationäre Lösung ist durch

$$-x_s^3 + \lambda x_s + \mu = 0 \tag{4.35 b}$$

gegeben. Wir sehen, daß der Parameter μ die Rolle einer äußeren Asymmetrie spielt. Auch wenn sein Wert klein ist, kann seine Wirkung durch die nichtlineare Natur des Systems beträchtlich verstärkt werden. Der stabile Zweig x_-, der für $\mu = 0$ bezüglich der Stabilität nicht von x_+ unterschieden werden konnte, existiert noch, ist aber für $\mu \neq 0$ vom Zweig x_+ getrennt. Wenn der Parameter μ ausgehend von Werten links vom Anfangspunkt des Zweigs x_- erhöht wird, neigt das System infolgedessen dazu, auf dem oberen Zweig von Fig. 4.12 b zu bleiben, es sei denn, es wird von einer Störung ausreichender Größe auf den unteren Zweig gestoßen. Da nun in jedem System thermische Fluktuationen existieren, kann dies geschehen, wenn der in Fig. 4.12 b dargestellte Abstand Δ klein ist. Umgekehrt ist die äußere Asymmetrie μ ein guter Selektor, wenn sie einen Abstand Δ erzeugt, der die Reichweite der thermischen Fluktuationen übersteigt. Bevor dieser Punkt weiter ausgeführt wird, soll kurz über den möglichen Ursprung des symmetriebrechenden Parameters μ gesprochen werden.

In Abschnitt 3.6 wurde betont, daß Gleichungen wie (4.35) nicht auf ein spezielles Modell beschränkt sind, sondern vielmehr eine typische Form, die *Normalform* für das Verhalten ganzer Klassen von dynamischen Systemen in der Nähe eines Bifurkationspunktes darstellen. Damit ergibt sich im Zusammenhang mit dem Parameter μ das Problem, signifikante äußere symmetriebrechende Felder zu identifizieren, die zur Normalform der Gl. (4.35) führen, wenn sie an chemische, hydrodynamische Systeme usw. angekoppelt werden. Es sollen hier nur zwei Fälle wegen ihrer Universalität erwähnt werden: das Gravitationsfeld, das auf jede Masse stets in derselben Richtung wirkt, und der neutrale Strom der schwachen Wechselwirkungen, die trotz ihres subnuklearen

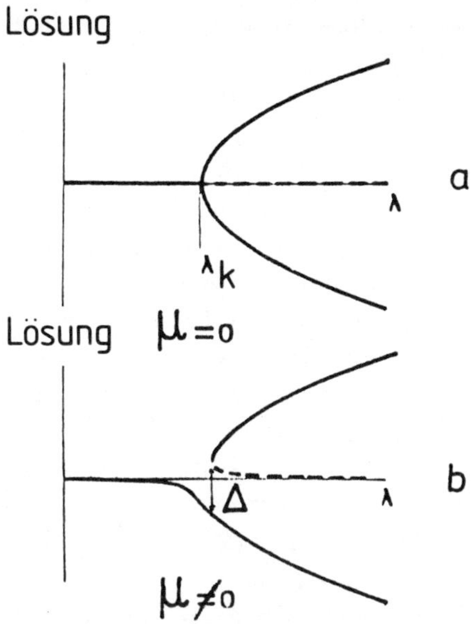

Fig. 4.12: Selektion durch Störung einer Bifurkation mittels eines äußeren symmetriebrechenden Feldes μ. Der Minimalabstand Δ zwischen den gestörten Zweigen muß den durch die Fluktuationen hervorgerufenen Rauschpegel übersteigen.

Ursprungs die chemischen Reaktionskonstanten zweier reaktiver Stereoisomere ebenfalls in stets gleicher Richtung leicht modifizieren. In beiden Fällen läßt sich zeigen, daß die Dynamik auf eine der Gl. (4.35) ähnliche Form reduziert werden kann, vorausgesetzt, daß sich das System bei Abwesenheit dieser Kräfte in der Nähe der Abzweigung so verhält, wie es Fig. 4.12 a zeigt.

Wir wollen nun qualitativ abschätzen, wie empfindlich das System von dem symmetriebrechenden Parameter μ abhängt. Aus Gl. (4.35 b) folgt offensichtlich, daß der ungestörte Bifurkationspunkt $\lambda_k = 0$ für $\mu \neq 0$ zum Gebiet eindeutiger Lösungen gehört, $x_s = \mu^{1/3}$. Andererseits kann die Größe des minimalen Abstandes Δ aus der Bedingung erhalten werden, daß Gl. (4.35 b) an diesem Punkt drei reelle Wurzeln besitzt, von denen zwei zusammenfallen. Man kann aus Gl. (3.15) und Gl. (3.35 b) leicht ableiten, daß

$$\lambda_\Delta = 3(\mu^2/4)^{1/3}$$

und

$$\Delta = \frac{3}{2}(4\mu)^{1/3} \qquad (4.36)$$

gilt. In diesem Ergebnis ist das Auftreten des Faktors $\mu^{1/3}$ von entscheidender Bedeutung. Wenn sich das System in Gleichgewichtsnähe befindet (λ weit unterhalb von Null), ist der Einfluß eines äußeren Feldes linear, da der kubische Term in Gl. (4.35) vernachlässigt werden kann. Das Feld bewirkt daher nur eine extrem kleine Abweichung in der Größenordnung von $x_s \sim \mu$. Wenn das System jedoch weit vom Gleichgewicht entfernt ist und seine Nichtlinearität voll entfalten darf, kann dieselbe Wechselwirkung eine viel stärkere Verschiebung $x_s \sim \mu^{1/3}$ bewirken, die zu einer enormen Signalverstärkung führt. In dem Beispiel der chiralen Symmetriebrechung, wo x_s den Unterschied zwischen rechtem und linkem Stereoisomer darstellt, ist μ die (mit der thermischen Energie normierte) Differenz der Aktivierungsenergien, die durch die schwache Wechselwirkung hervorgerufen wird. Zuverlässige Schätzungen ergeben $\mu \sim 10^{-15}$. Damit ist der Einfluß im Gleichgewicht ($x_s \sim 10^{-15}$) auf makroskopischer Ebene nicht nachweisbar; dagegen kann er fern vom Gleichgewicht ($x_s \sim 10^{-5}$) allmählich mit makroskopischen Effekten konkurrieren.

Wie bereits erwähnt, kann die Schärfe der Selektion nicht abschließend beurteilt werden, ohne Δ auch mit den inneren Fluktuationen von x in der Umgebung des Bifurkationspunktes zu vergleichen. Die Eigenschaften dieser Fluktuationen wurden in den Abschnitten 4.1 und 4.4 diskutiert. Für unsere Zwecke benötigen wir nur einige allgemeine Eigenschaften.

Als erstes müssen wir am Punkt des minimalen Abstandes der Lösungen die Abweichung des Wertes λ_Δ vom kritischen Bifurkationswert $\lambda = 0$ spezifizieren. Bezugnehmend auf Gl. (4.28) findet man: Wenn λ_Δ groß ist im Vergleich zu N^{-1}, wo N ein dimensionsloses Maß für die Größe des Systems ist, sind die Fluktuationen um den Zweig x_+ im wesentlichen gaußverteilt, und ihre Varianz beträgt

$$\sigma^2_{\text{Gauß}} \simeq N^{-1}\,. \tag{4.37a}$$

Wenn λ_Δ jedoch sehr klein ist, muß man die Varianz unter Benutzung der Terme vierten Grades enthaltenden Funktion (4.28) berechnen. Das ergibt einen Wert in der Größenordnung von

$$\sigma^2 \approx N^{-\frac{1}{2}}. \tag{4.37b}$$

Scharfe Selektion erfordert $\Delta \gg \sigma$, und aus den Gleichungen (4.36) und (4.37) folgt hierfür die Bedingung

$$\frac{3}{2}\,(4\mu)^{\frac{1}{3}} \gg N^{-\frac{1}{2}}, \tag{4.38}$$

aus der sich automatisch ergibt, daß $\lambda_\Delta > N^{-1}$erfüllt ist. Bei dem Problem der chiralen Symmetriebrechung ist die linke Seite von der Ordnung 10^{-5}. Um die rechte Seite abzuschätzen, nehmen wir ein Gebiet von der Größenordnung der Korrelationslänge (vgl. (4.25)), in dem das System räumlich kohärent bleibt, und betrachten eine verdünnte Lösung einiger Millimol aktiver Stereoisomere. Falls man in der Nähe des Bifurkationspunktes eine Korrelationslänge von etwa $l_{kor} \simeq 1$ cm erreichen kann, ist $N = 10^{18}$ bzw. $N^{-1/2} = 10^{-9}$, und die Ungleichung (4.38) ist erfüllt. Nahe dem Gleichgewicht würde sie sich übrigens umkehren, denn die linke Seite würde dort durch einen Term der Größenordnung von $\mu \simeq 10^{-15}$ ersetzt werden.

Nachdem wir gesehen haben, daß Selektion weit entfernt vom Gleichgleichgewicht im Prinzip möglich ist, ergibt sich das folgende Rezept für eine gute Selektionsstrategie:

(i) Man starte das System zur Zeit $t = 0$ in der Nähe von $\lambda = \lambda_k = 0$, dem Bifurkationspunkt bei Abwesenheit des Feldes ($\mu = 0$). Die Wahrscheinlichkeitsverteilung wird symmetrisch um $x = 0$ konzentriert angenommen. Wie bereits gesagt, existiert in diesem Bereich nur ein stabiler Zustand, $x_s = \mu^{1/3}$. Deshalb wird der Wahrscheinlichkeitsberg nach und nach zu diesem Zustand hindriften. Die hierfür benötigte Zeit kann abgeschätzt werden, indem man die zeitabhängige deterministische Gl. (4.35 a) mit $\lambda = \lambda_k = 0$ löst. Man erhält durch ihre Integration direkt

$$\Delta t_{0 \to x} \simeq \frac{1}{3\mu^{\frac{2}{3}}} \ln \frac{\mu^{\frac{1}{3}}}{|x - x_s|}. \qquad (4.39)$$

Falls x nicht zu nahe bei x_s liegt, wird die Größenordnung von Δt im wesentlichen durch den Faktor $\mu^{-2/3}$ bestimmt. Wenn man wiederum das Beispiel $\mu \simeq 10^{-15}$ hernimmt, erhält man $\Delta t \simeq 10^{10}$s $\simeq 10^3$ Jahre! Damit erweist sich der deterministische Zeitmaßstab für Selektion als extrem lang.

(ii) Um das Problem dieser extrem langen Selektionszeit zu vermeiden, lassen wir das System sich nur so lange entwickeln, bis der Wahrscheinlichkeitsberg zu einem Wert $x = x_{max}$ gewandert ist, für den der (durch die Varianz σ gemessene) Rauschpegel kleiner ist als x_{max} selbst. In Anbetracht unserer früheren Abschätzungen würde es für $\mu \simeq 10^{-15}$ genügen, einen Wert x_{max} knapp oberhalb von 10^{-9} zu erreichen. Von diesem Punkt aus erzwingen wir abschreckungsartig den Übergang zu einem neuen Parameterwert λ, der λ_Δ bei weitem übersteigt. Dann befindet sich das System fernab vom kritischen Punkt und läuft mit exponentieller Geschwindigkeit auf den Zweig x_+ zu, lange, bevor die Fluktuationen zu einer wesentlichen Besetzung des Zustandes x_- führen. Auf diese Weise können wir mit einer nahezu perfekten Selektion rechnen. Numerische Simulationen zeigen, daß die Selektionszeit durch diese Strategie auf einige Tage verkürzt wird, anstelle der 10^3 Jahre, die aus den deterministischen Gleichungen folgen.

Wieder einmal empfinden wir ein Gefühl des Staunens angesichts der verblüffenden Möglichkeiten der Materie, wenn in ihr nichtlineare Dynamik und Nichtgleichgewichtsbedingungen zusammenwirken.

4.7 Symbolische Dynamik und Information

Bisher haben wir die stochastische Dynamik mit Hilfe von Wahrscheinlichkeitsverteilungen und deren verschiedenen Momenten beschrieben. Ein komplementärer Zugang, der für viele Zwecke besonders anschaulich ist, besteht in der Untersuchung individueller Realisierungen des betrachteten stochastischen Prozesses. In diesem Abschnitt fassen wir einige Grundgedanken dieses Zugangs zusammen, auf die wir nochmals in Abschnitt 4.8 und Kapitel 5 zurückkommen werden.

Seien $\{Q_i\}$ $(i = 1, 2, \ldots)$ die besetzbaren Zustände eines Systems.* Entsprechend den Bemerkungen von Abschnitt 4.2 setzen wir voraus, daß die Menge $\{Q_i\}$ so gewählt wurde, daß die zeitliche Entwicklung einen Markov-Prozeß definiert. Weiterhin betrachten wir die Zeit nicht als kontinuierlichen Parameter, sondern nehmen an, daß die Übergänge zwischen den verschiedenen Zuständen zu den Zeitpunkten $t_m = m \cdot \Delta t$ stattfinden, wo m eine ganze Zahl ist und Δt einen festen Wert hat, der von dem konkreten Prozeß abhängt, der gerade untersucht wird. Das ist genaugenommen

---

* Wir behandeln zuerst ein System mit einem diskreten Zustandsraum. Der Fall kontinuierlicher Variablen wird kurz am Ende dieses Abschnitts diskutiert.

keine allzu einschränkende Annahme, da in der Natur aufeinanderfolgende Übergänge tatsächlich durch gewisse Zeitintervalle getrennt sind. Natürlich muß Δt viel kleiner sein als die charakteristischen Zeitskalen der Entwicklung des Systems, die durch die phänomenologischen Bilanzgleichungen beschrieben wird.

Unter den genannten Bedingungen kann jedes mögliche Ergebnis einer Folge von ϱ aufeinanderfolgenden Prozeßschritten als Sequenz

$$Q_{i_1} Q_{i_2} \cdots Q_{i_\varrho} \tag{4.40}$$

geschrieben werden. Die Menge aller derartigen Sequenzen (4.40) definiert eine *Markov-Kette.* Wenn man in dieser Weise ein System als Markov-Kette ansieht, so läuft das darauf hinaus, daß man seine Evolution mit Hilfe der »Buchstaben« $\{i_\varrho\}$ eines geeigneten »Alphabets« beschreibt. Auf den ersten Blick scheint für die meisten interessanten Systeme die Zahl der Buchstaben des Alphabets unendlich zu sein. Aber das ist nicht notwendig der Fall. Als Beispiel betrachte man ein System, daß zwei koexistierende stabile stationäre Zustände besitzt. Aufgrund von fluktuationsinduzierten Übergängen zwischen den Zuständen (siehe Fig. 4.7) wird sich das System lange in der Nähe jeweils eines dieser Zustände aufhalten, wobei die mittlere Verweildauer durch Gl. (4.31) gegeben ist, um dann plötzlich schnell zum anderen Zustand hinüberzuwechseln. Wir führen nun eine abstrakte Beschreibung ein, bei der der momentane Zustand mit »0« oder »1« bezeichnet wird, je nachdem, ob sich das System im Einzugsgebiet des ersten oder des zweiten stabilen stationären Zustandes befindet. Ein Beobachter, der die Entwicklung verfolgt, indem er zu regelmäßigen Zeitpunkten feststellt, in welchem Einzugsgebiet sich das System befindet, wird eine Sequenz wie z. B.

$$111001100010110\ldots \tag{4.41}$$

erhalten. Dies entspricht einer Beschreibung der Evolution durch ein Alphabet, das nur die beiden Buchstaben 0 und 1 enthält. Im allgemeinen definieren Sequenzen wie (4.41) keine Markov-Kette. Unter bestimmten Bedingungen kann man jedoch zeigen, daß die Zerlegung des ursprünglichen Zustandsraumes (der im allgemeinen abzählbar unendlich viele oder sogar ein Kontinuum von Zuständen enthält) in die obigen zwei Zustände den Markov-

Charakter bewahrt. Man spricht dann von einer *Markov-Zerlegung*. Die Beschreibung durch Sequenzen der Form (4.41) wird als *symbolische Dynamik* bezeichnet: Man hat es nicht länger mit einer Folge von Zuständen im herkömmlichen Sinne des Wortes zu tun, sondern vielmehr mit einer Folge von Symbolen – den Buchstaben eines Alphabets endlicher Länge.

Wir wollen nun versuchen, die Häufigkeit verschiedener Sequenzen der Art von Gl. (4.40) oder (4.41) zu charakterisieren. Aus der Definition eines Markov-Prozesses folgt, daß die Wahrscheinlichkeit des durch Gl. (4.40) beschriebenen Ereignisses C durch

$$P(C) = P_{i_1} \, p_{i_1 i_2} \cdots p_{i_{\varrho-1} i_\varrho} \tag{4.42}$$

gegeben ist, wobei P_{i_1} die anfängliche Wahrscheinlichkeit des Zustand Q_{i_1} und $p_{i_k, i_{k+1}}$ die Übergangswahrscheinlichkeit vom Zustand Q_{i_k} zum Zustand $Q_{i_{k+1}}$ während des Zeitintervalls Δt darstellt. Es sei bemerkt, daß während des Prozesses ein bestimmter Zustand in der Regel mehrfach aufgesucht wird.

Es kann nun das folgende bemerkenswerte Theorem bewiesen werden: Durch die betrachteten Sequenzen sei ein Markov-Prozeß beschrieben, der dem Gesetz der großen Zahl genügt (siehe Abschnitt 4.1). Die Zahl aller Sequenzen der Länge ϱ ist bei insgesamt N möglichen Zuständen offensichtlich $N_\varrho = N^\varrho$. Wir ordnen diese Sequenzen nun nach fallender Wahrscheinlichkeit P(C) und wählen entsprechend dieser Reihenfolge die ersten n_ϱ-Sequenzen aus, deren Summe von Wahrscheinlichkeiten gerade eine vorher festgelegte Zahl zwischen 0 und 1 übersteigt. Dann ist im Grenzfall großer ϱ die Zahl der so ausgewählten Sequenzen nur schwach abhängig von der oben gewählten Zahl – sie kann daher nahe 1 gewählt werden – und kann durch

$$n_\varrho \simeq e^{\varrho I} \tag{4.43 a}$$

abgeschätzt werden, wo

$$I = - \sum_{ij} P_i p_{ij} \ln p_{ij}. \tag{4.43 b}$$

Die Größe I ist die Entropie der Markov-Kette und wird gewöhnlich als Maß für die Menge an Information betrachtet, die man erhält, wenn man die Markov-Kette einen Schritt über den Anfangszustand Q_i hinaus gehen läßt. Diese Größe und die Entropie-Definition in Gl. (4.16) hängen unmittelbar miteinander zusammen. Um dies zu erkennen, genügt es, eine »deterministische« Anfangsverteilung ($P_i = 1$ für $i = i_1$; $P_i = 0$ sonst) zu betrachten, wobei dann $P_{i_1j} = P_j$ die Wahrscheinlichkeit angibt, daß der Zustand Q_j eintritt.

Die folgenden Betrachtungen verdeutlichen den großen Nutzen des obigen Theorems. Während, wie gerade festgestellt, die Gesamtzahl aller Sequenzen vom Typ (C) $N_\varrho = e^{\varrho \ln N}$ ist, beträgt die Zahl der ausgewählten Sequenzen etwa $e^{\varrho I}$. Wir erinnern nun daran, daß die Entropie einer Markov-Kette maximal ist, wenn alle Zustände gleich wahrscheinlich sind (Abschnitt 4.3). Dann ist $P_i = 1/N$, woraus $I_{max} = \ln N$ folgt. Somit haben wir (außer im Trivialfall) immer $I < \ln N$, und für große ϱ folgt daher

$$e^{\varrho I} \ll e^{\varrho \ln N} \qquad (\varrho \rightarrow \infty).$$

Das heißt mit anderen Worten, daß nur ein bestimmter kleiner Bruchteil aller Sequenzen C eine Sume von Wahrscheinlichkeiten aufweist, die dicht bei Eins liegt. Wie klein dieser Bruchteil ist, hängt von der Entropie der Markov-Kette ab. Damit können wir den wichtigen Schluß ziehen, daß jede Abweichung von der Gleichverteilung einen hochwirksamen Auswahlmechanismus für eine privilegierte Klasse von Sequenzen aus der riesigen Zahl aller möglichen Zufallssequenzen darstellt. Eine derartige Abweichung wird verwirklicht, wenn das System nicht isoliert ist, sondern in Kontakt mit einer äußeren Umgebung gebracht wird. Wie wir wiederholt gesehen haben, führen solche Bedingungen zu *Nichtgleichgewichtszuständen*, die durch den Austausch von Stoff oder Energie zwischen dem System und der Außenwelt unendlich lange aufrecht erhalten werden können. Das Nichtgleichgewicht ist also der natürliche Rahmen, in dem Selektion stattfinden kann.

Als Beispiel diene die Synthese eines Biopolymers, z. B. eines Proteins, das $\varrho = 100$ Aminosäuren lang ist. Es ist allgemein bekannt, daß in der Natur $N = 20$ Arten von Aminosäuren auftreten. Wenn die biologische Polymerisation in einem isolierten System stattfände, in dem alle Sequenzen *a priori* gleich wahrscheinlich wären, hätte man $N_\varrho = e^{100 \ln 20} \simeq e^{300}$ gleich wahrscheinliche Sequenzen. In diesem Fall würde jede spezielle Anordnung, die zum Beispiel für die Erfüllung einer gewünschten biologischen Funktion notwendig wäre, nur mit der außerordentlich geringen Wahrscheinlichkeit von e^{-300} (!) auftreten. Wird die Polymerisation dagegen im Nichtgleichgewicht durchgeführt, z. B. bei einer Entropie von $I = 0.1\ I_{max}$, dann werden nur $n_\varrho \simeq e^{30}$ Sequenzen der Länge 100 mit einer merklichen Wahrscheinlichkeit realisiert. Diese Zahl kommt unseren Maßstäben schon weitaus näher. Im Nichtgleichgewicht wirkt sich die Evolution also nur auf eine relativ eingeschränkte Population aus, und somit wird es vorstellbar, daß Gebilde entstehen, die mit spezifischen Fähigkeiten wie Selbstreproduktion, effektiver Energiewandlung usw. ausgerüstet sind, sofern hierfür genügend Zeit zur Verfügung steht.

Bisher wurde in diesem Abschnitt angenommen, daß die dynamischen Systeme, in denen der untersuchte stochastische Prozeß stattfindet, in einem diskreten Zustandsraum definiert werden können, in dem die Evolution durch einen Markov-Prozeß beschrieben wird. In den ersten Abschnitten dieses Kapitels wurde dargelegt, daß die internen Fluktuationen, die spontan durch die molekulare Dynamik aller physikalisch-chemischen Prozesse erzeugt werden, diese Bedingungen erfüllen sollten. Aber wie steht es mit der chaotischen Dynamik, der zweiten universellen Quelle von Stochastizität in der Natur? Zum einen ist der Zustandsraum dieser Dynamik im allgemeinen kontinuierlich. Zum anderen gibt es *a priori* keinen Grund zu der Annahme, daß es sich dabei um einen Markov-Prozeß handelt, und zwar insbesondere deshalb, weil anders als bei den Fluktuationen die Abweichungen von der mittleren Bewegung weder lokalisiert noch klein sein müssen.

Es ist bemerkenswert, daß die chaotische Dynamik trotzdem oft in eine Form gebracht werden kann, die einer Markov-Kette sehr ähnlich ist. Der Grund dafür ist, daß der Zustandsraum häufig derart in eine endliche Zahl von Zellen zerlegt werden kann, daß die Dynamik mit Fortschreiten der Zeit Übergänge zwischen diesen Zellen bewirkt und, umgekehrt, jede Aufeinanderfolge von Zellen genau einem Lebenslauf des entsprechenden kontinuierlichen Systems entspricht. Wir nennen Zerlegungen, die diese bemerkenswerte Eigenschaft besitzen, *erzeugende Zerlegungen*. Dank ihrer Existenz gelangen wir zu einem neuen Niveau der Abstraktion; auf diesem erscheint eine *symbolische Dynamik* mit Folgen von Buchstaben eines Alphabets, welche die diversen Zellen kennzeichnen, wiederum als natürliche Beschreibung. Im folgenden Abschnitt diskutieren wir ein spezielles Beispiel einer solchen symbolischen Darstellung im Zusammenhang mit der Selektion asymmetrischer Strukturen.

4.8 Irreversibilität als Quelle von Asymmetrie und Information

Im vergangenen Abschnitt wurde deutlich, wie der Zahlenwert der Entropie einer Markov-Kette die Anzahl der Sequenzen einschränkt, die mit einer merklichen Wahrscheinlichkeit auftreten und dabei Informationen zu Tage fördern. Weiterhin wurde es dank der symbolischen Dynamik möglich, diese ausgewählten Sequenzen als eine Menge von »Botschaften« oder »Texten« zu deuten. In diesem Abschnitt soll nun die Frage aufgeworfen werden, wie diese Botschaften vom Standpunkt der Theorie dynamischer Systeme näher charakterisiert werden können. Wie können sie zum Beispiel »entschlüsselt« oder »gelesen« werden?

Nun impliziert schon der Begriff des »Lesens«, daß ein zusätzlicher Auswahlprozeß am Werke sein muß. Wenn wir ein Blatt Papier mit einem englischen Text vor uns haben, können wir seinen Wortlaut nur verstehen, wenn wir von links nach rechts lesen und wenn wir Punkte, Kommata und die syntaktischen Regeln beachten. Ein arabischer Text macht nur einen Sinn, wenn er von rechts nach links gelesen wird und wenn wiederum die syntaktischen Regeln für das Lesen (die im allgemeinen von denen des Englischen verschieden sind) beachtet werden. In ähnlicher Weise ist der genetische Code durch Startsignale gekennzeichnet, die es ermöglichen, daß er vom Anfangspunkt aus in einer vorgeschriebenen Richtung gelesen wird (siehe Abschnitt 3.12). In jedem dieser Fälle ist eine einschneidende *räumliche Symmetriebrechung* eine notwendige Selektionsvoraussetzung, damit andere Deutungsmöglichkeiten ständig ausgeschlossen werden. Das führt uns auf die in den Abschnitten 3.12 und 4.6 aufgeworfenen Fragen zurück, wie nämlich solche asymmetrischen Formen entstehen und gegenüber ihren »Spiegelbildern« dominant werden können.

Die Menge der Zustandsfolgen, die durch die im vorigen Abschnitt untersuchten Systeme erzeugt werden, ist ebenfalls durch Symmetriebrechung gekennzeichnet, da diese Folgen überwiegend sowohl aperiodisch als auch asymmetrisch sind. Die erste Eigenschaft ist eine Folge des stochastischen und ergodischen Charakters der Dynamik; die letztere folgt aus der *Irreversibilität*, die den durch die Master-Gleichung beschriebenen bzw. von chaotischen Attraktoren erzeugten Markov-Prozessen zugrundeliegt.

Infolgedessen stellt sich die Frage, ob nicht die universelle zeitliche Symmetriebrechung durch Irreversibilität einen intrinsischen Mechanismus zur Erzeugung informationsreicher räumlich asymmetrischer Formen der Materie liefern kann. Man sollte sich jedoch vor Augen halten, daß diese Fragestellung nur für Asymmetrie in einem *eindimensionalen Raum* sinnvoll ist, denn die Zeit besitzt nur eindimensionalen Charakter. Damit wird das Problem der Chiralität ausgeklammert, da es sich bei diesem um eine typisch dreidimensionale Asymmetrie handelt. Dagegen werden Linguistik, Lernen oder biologische Makromoleküle, bei denen die Information im wesentlichen in eindimensionalen Symbolsequenzen oder Codons untergebracht ist, erfaßt.

Im folgenden skizzieren wir einen Mechanismus dafür, wie sich Irreversibilität in Form von räumlich asymmetrischen informationsreichen Strukturen niederschlägt. Wir betrachten ein nichtlineares chemisches System, das in der Lage ist, permanente Schwingungen zu erzeugen. Diese können streng periodisch, quasi-periodisch oder chaotisch sein, doch unabhängig von ihrer speziellen Natur können ihre repräsentativen Phasenraumtrajektorien auf Grund von Irreversibilität auf eine ganz bestimmte – und immer dieselbe – Weise beschrieben werden. $\{X_i(t)\}$ sei die Zeitreihe, die die Werte der entsprechenden Konzentrationsvariablen X_i darstellt (siehe Fig. 4.13). Angenommen, es wird jedes Mal, wenn X_i einen gewissen Pegel L_i von unten her überschreitet, ein neuer Prozeß eingeschaltet, auf Grund dessen sich die Substanz i ablagert oder nach außen abdiffundiert, um anschließend auf einem »Förderband« aufgesammelt zu werden: Auf diese Weise entsteht ein räumliches Muster, das man sich als Schablone vorstellen kann, die die Bildung von Polymeren katalysiert. Die Folge von einheitlichen Abschnitten längs dieses Musters trägt dann die Handschrift der verschiedenen Pegel, die nacheinander von den verschiedenen Konzentrationen erreicht wurden. In gewissem Sinne hat sie eine ähnliche Bedeutung wie die geologischer Ablagerungen, die mit zunehmender Tiefe die Reihenfolge wichti-

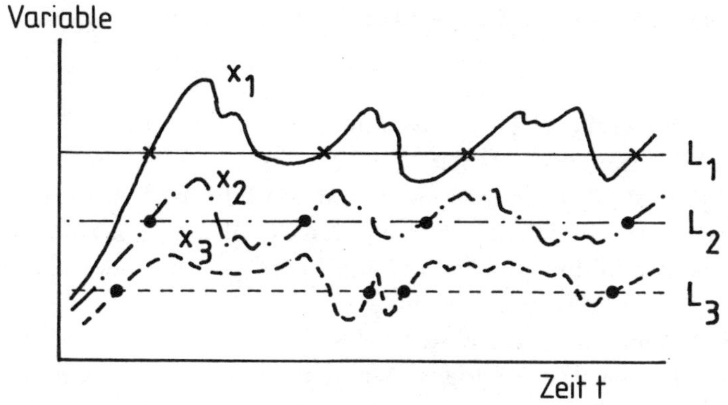

Fig. 4.13: Erzeugung von Symbolfolgen durch ein dynamisches System: Immer wenn die Zustandsvariablen X_1, $X_2, \cdots$ die Pegelwerte L_1, $L_2, \cdots$ von unten her durchschreiten, findet ein Ablagerungsprozeß statt, der die räumliche Übersetzung dieser zeitlichen Sequenz längs einer räumlichen Koordinate ermöglicht.

ger geologischer und klimatischer Episoden der Vergangenheit offenbaren.

Wir wollen nun die Muster klassifizieren, die durch verschiedene chemische Prozesse erzeugt werden können. Als erstes nehmen wir an, daß $\{X_i\}$ asymptotisch auf einen Grenzzyklus zuläuft. Von Kapitel 3 her ist bekannt, daß für ein derartiges Verhalten mindestens zwei gekoppelte Variablen notwendig sind, und daß die Phasenverschiebung zwischen jeweils zwei von ihnen für alle Zeiten konstant bleibt. Daraus folgt, daß durch die Pegelüberschreitungen bestenfalls diejenigen Muster erzeugt werden können, die durch folgende symbolische Dynamik definiert sind:

$\cdots$ xyxyxy $\cdots$ (a) falls 2 Variablen Pegel überschreiten

$\cdots$ xyzxyzxyz $\cdots$ (b) falls 3 Variablen Pegel überschreiten.

Die Sequenz (a) ist umkehrbar, denn sie liest sich in beiden Richtungen gleich, wogegen die Sequenz (b) ein völlig asymmetrisches Objekt beschreibt. Mit anderen Worten, Asymmetrie benötigt zur Kodierung mindestens drei Symbole. Wenn man (analog zu einem »Codon«) die Abkürzung

$$\alpha = \{xyz\}$$

einführt, liest sich die Sequenz (b) dennoch nur als

und verliert in dieser Form ihre räumliche Asymmetrie.

Unabhängig davon, ob man nun die Strukturen im Sinne von (b) oder (c) versteht, kann man hier kaum von Information sprechen, da das System vollständig vorhersagbar ist. Wenn man zum Beispiel die Definition (4.43 b) auf die Folge (c) anwendet, findet man, daß I identisch verschwindet.

Wir nehmen nun an, daß sich das System auf einem chaotischen Attraktor bewegt. Im vorigen Abschnitt wurde klargestellt, daß ein derartiges Objekt abgesehen von seiner ihm eigenen Irreversibilität einen potentiellen Generator von Information darstellt, da es mit Hilfe einer geeigneten symbolischen Dynamik auf einen stochastischen Prozeß abgebildet werden kann. Daher können wir erwarten, daß die »Abschrift« einer chaotischen Dynamik zu einer räumlich asymmetrischen und informationsreichen Struktur führt.

Diese Vermutung soll durch Ergebnisse numerischer Simulationen illustriert werden, die auf dem Rössler-Modell, Gl. (3.30), beruhen. Dieses führt für die Parameterwerte a = 0,38, b = 0,3 und c = 4,5 zu einem chaotischen Attraktor, der in Abb. 3.26 dargestellt ist. Mit den Anfangsbedingungen $x_0 = y_0 = z_0 = 1$ und den Schwellenwerten $L_x = L_y = L_z = 3{,}0$ läßt sich durch den oben beschriebenen Mechanismus der Pegelüberschreitungen die folgende Symbolsequenz erzeugen (ausgedruckt wurde erst, nachdem die Übergangsphänomene der Startphase vorbei waren):

zxyx zxyx zxzyx zxyx zxyx zxyx zxyx zxyx

zxyx zxyx zxyx zyx zxzyx · · · ·

Diese Folge ist eindeutig asymmetrisch. Man sieht, daß sie noch umgeschrieben werden kann, indem man folgende »Hypersymbole« einführt

$$\alpha = zyx, \ \beta = zxyx, \ \gamma = zx.$$

Das Ergebnis lautet

$$\cdots \beta\beta\gamma\alpha\beta\beta\beta\beta\beta\beta\beta\alpha\gamma\alpha \cdots$$

und ist ebenfalls unübersehbar asymmetrisch.

Man kann überprüfen, daß in langen Sequenzen dieser Art die Wahrscheinlichkeit für das Auftreten gegebener Symbole oder Symbolfolgen gegen einen wohldefinierten Grenzwert strebt. Offenbar hat man es also mit einem stationären stochastischen Prozeß zu tun. Die Tatsache, daß Paare wie z. B. xx nie auftreten, zeigt, daß die Sequenz nicht völlig zufällig ist. Insbesondere schließt das Fehlen des Triplets yxy die Möglichkeit aus, daß die Sequenz einen einfachen Markov-Prozeß im Sinne von Abschnitt 4.2 und 4.7 definiert. Wir müssen uns deshalb nach einem Markov-Prozeß höherer Ordnung umsehen, bei dem sich die Erinnerung über mehrere Schritte rückwärts erstreckt. Gute Übereinstimmung mit den numerisch bestimmten Häufigkeiten von Symbolen wird erreicht, wenn man einen Markov-Prozeß fünfter Ordnung ansetzt:

$$P\,(ABCDEFG) = P\,(ABCDEF)\; W\,(G \mid BCDEF)$$

Dabei ist $W\,(G \mid BCDEF)$ die bedingte Wahrscheinlichkeit dafür, das Quintett BCDEF anzutreffen, wenn vorher G eingetreten war. Der Informationsgehalt der Sequenz kann dann aus einer Verallgemeinerung der Gl. (4.43 b) berechnet werden, in welcher der Zustand i jetzt durch ein Quintett von Symbolen gegeben ist. Man findet für ihn einen endlichen Wert, der wesentlich kleiner ist als der einer Gleichverteilung entsprechende Maximalwert. Sequenzen dieser Art wären extrem unwahrscheinlich, wenn sich die Dynamik unter Gleichgewichtsbedingungen abspielen würde. Wenn sie nun aus der sehr viel größeren Menge denkbarer Zufallssequenzen und trotz ihrer enormen »thermodynamischen Unwahrscheinlichkeit« als natürliches Ergebnis der Dynamik entstehen, so bedeutet dies, daß das System zu einem Generator von *Information* geworden ist. Überdies sind die entstehenden Sequenzen mit einem ganzen Satz von Regeln ausgestattet, innerhalb deren man von Symbolen, Botschaften und Codes sprechen kann. Mit anderen Worten, das System erzeugt nicht nur Information, sondern ist auch in der Lage, diese Information zu *verarbeiten*. Man beachte jedoch, daß jede einzelne Botschaft innerhalb des obigen Regelwerkes merklich unvorhersagbar bleibt. Der Grad der Nichtvorhersagbarkeit ist allerdings viel geringer als die Unvorhersagbarkeit völlig zufälliger Sequenzen, da es u. a. auch Korrelationen gibt, die sich über fünf nächste Nachbarn der Kette erstrecken. Unter Benutzung eines aus der Nachrichtentheorie entlehnten Begriffs können wir sagen, daß es die chaotische Dynamik möglich gemacht hat, die potentiell in den zufälligen Sequenzen der drei Symbole x,y,z steckende Information zu *verdichten*, indem man diese mit Hilfe der Hypersymbole α,β,γ kürzer faßt. Auf diese Weise finden wir anhand dieses einfachen Modells einen der wesentlichen Aspekte biologischer Information.

Man beachte, daß im chaotischen Regime auch Sequenzen aus nur zwei Symbolen asymmetrisch und reich an Information sein können. (Man erhält sie, indem man z. B. die Y-Schwelle sehr hoch setzt). Eine ausführliche Untersuchung des Rössler-Modells, die nur X und Z benutzt, führt zu einem Prozeß, der gut durch eine Markov-Kette zweiter Ordnung approximiert werden kann.

Einer der wesentlichsten Aspekte der in diesem und im vorigen Abschnitt diskutierten Konzepte ist das Auftreten einer *neuen Beschreibungsebene*, die durch die zugrundeliegende Dynamik zutage gefördert wird. Genauso, wie es angebracht ist, Nichtgleichgewichtszustände mit Hilfe von Korrelationen zwischen makroskopisch getrennten Elementen statt von molekularen Wechselwirkungskräften zu beschreiben und das Phänomen der Bifurkation mit Hilfe eines Ordnungsparameters anstelle einer der ursprünglichen Zustandsvariablen zu charakterisieren, erscheint es jetzt in bestimmten Klassen stochastischer dynamischer Systeme sinnvoll, ein noch höheres Abstraktionsniveau einzuführen und von Symbolen, Codes und Information zu sprechen. Mehr als jedes andere der im Verlaufe dieser vier Kapitel aufgezählten und analysierten Charakteristika ist es diese weitreichende Möglichkeit, die als »Fingerabdruck« der Komplexität angesehen werden muß.

An dieser Stelle bietet es sich an, die in diesem Buch bisher diskutierte Komplexität physikalisch-chemischer Systeme mit dem in der Informationstheorie benutzten Begriff *algorithmischer Komplexität* in Verbindung zu bringen. Algorithmische Komplexität wird durch die Länge der kürzesten Beschreibung einer gegebenen Sequenz (endlicher Länge) definiert. In diesem Sinne besitzt eine durch Rauschen erzeugte völlig zufällige Sequenz die größtmögliche algorithmische Komplexität (sie ist in diesem Fall im wesentlichen gleich der Länge der ganzen Sequenz), während

Sequenzen wie XXX···· die kleinstmögliche Komplexität besitzen, da schon eine einzige Instruktion ihre vollständige Reproduktion ermöglicht. Ähnlich ist im ersten Fall auch die Information maximal, da die Realisierung einer speziellen Sequenz aus der enormen Zahl möglicher Zufallssequenzen bedeutet, daß das System extrem genau im Zustandsraum lokalisiert werden muß. Im zweiten Fall ist die Information dagegen gleich Null, da sich immer nur dieselbe Sequenz ergeben kann.

Aus der obigen Diskussion sollte klargeworden sein, daß die Komplexität natürlicher Objekte irgendwo zwischen den zwei genannten Extremen liegt. Betrachten wir z. B. den genetischen Code. Wie es Schrödinger so glänzend ausgedrückt hat, bildet die DNS einen »aperiodischen Kristall«: Sie kann daher nicht z. B. die Form (a) oder (c) besitzen. Wenn andererseits sämtliche Zufallssequenzen der vier natürlich vorkommenden Nukleotide (für eine Nukleinsäure der Länge von N Nukleotiden sind dies 4^N Stück) gleichgute Kandidaten für das genetische Material wären, liefe Leben darauf hinaus, daß aus einer ungeheuer großen Zahl möglicher Ergebnisse immer ein ganz spezielles ausgewählt werden müßte. Die a priori Wahrscheinlichkeit für eine derartige Selektion wäre verschwindend klein. Daher ist ein Prozeß vonnöten, der mit großer Wahrscheinlichkeit eine informationsreiche aperiodische Zustandssequenz erzeugt. Wie schon früher in diesem Abschnitt betont, verlangen wir außerdem, daß dieses Gebilde (im Sinne von Reproduzierbarkeit) stabil und (im Sinne einer wohldefinierten Leserichtung, wie bei der heutigen DNS) asymmetrisch ist. Ähnliche Schlußfolgerungen gelten zweifellos auch für die Gehirnaktivität, die Struktur von Sprachen und mit großer Wahrscheinlichkeit auch für Musik und andere Kunstformen.

Nun versehen uns die durch die Nichtgleichgewichts-Physik ermöglichten Selbstorganisationszustände der Materie mit Modellen genau dieser Art von Komplexität. An erster Stelle rangiert unter diesen für unsere Zwecke die chaotische Dynamik. Die mit Chaos verbundene Instabilität der Bewegung ermöglicht es nämlich dem System, beständig seinen Zustandsraum zu erkunden und dabei Information und Komplexität zu erzeugen. Andererseits werden diese Zustände als Produkte eines physikalischen Mechanismus mit der Wahrscheinlichkeit 1 erzeugt: Das Problem der Selektion einer speziellen Sequenz aus einer großen Zahl gleichwahrscheinlicher Sequenzen tritt einfach gar nicht auf. In gewisser Weise wirkt das chaotische dynamische System wie ein effizienter Selektor, der die überwiegende Mehrzahl zufälliger Sequenzen ausscheidet und nur solche Sequenzen zuläßt, die mit den zugrundeliegenden Ratengesetzen verträglich sind. Vielleicht ebenso wichtig ist die Tatsache, daß die in diesen Gesetzen enthaltene Irreversibilität zu einer bevorzugten Leserichtung führt und die Existenz von Attraktoren ermöglicht, die asymptotisch stabil und damit reproduzierbar sind.

Der durch die chaotische Dynamik möglich gewordene Einsatz der symbolischen Konzepte von algorithmischer Komplexität und Information in die Physik stellt eine hochinteressante Verbindung zwischen der Physik und den kognitiven Wissenschaften, wie Informatik und Biologie, her. Diese unerwartete Synthese wird wahrscheinlich zu wichtigen Fortschritten auf Gebieten wie der biologischen Evolution oder der Entwicklung von Computern führen.

Kapitel 5

Auf dem Weg zu einer einheitlichen Formulierung von Komplexität

Eines der Hauptthemen dieses Buches ist die *dynamische Grundlage von Komplexität.* Es umfaßt die Theorie deterministischer dynamischer Systeme und die Konzepte der Wahrscheinlichkeitstheorie (insbesondere Markov-Ketten). Wir haben bereits den grundlegenden Unterschied hervorgehoben, der zwischen konservativen und dissipativen Systemen besteht (Kapitel 2). In der Vielfalt an Methoden, die zum Verständnis der dynamischen Grundlagen von Komplexität benötigt werden, spiegelt sich die große Variationsbreite von Mechanismen wider, die zur Geburt von Komplexität führen, also z. B. das Einsetzen chaotischen Verhaltens in nichtintegrablen konservativen Systemen, der Symmetriebruch in dissipativen Systemen oder das Auftreten langreichweitiger Korrelationen unter Nichtgleichgewichtsbedingungen.

Welche Beziehungen bestehen zwischen diesen Methoden? Können wir von konservativen zu dissipativen Systemen übergehen? Welche Rolle spielt die Wahrscheinlichkeit? Dies sind die Fragen, die wir in diesem Kapitel untersuchen wollen. Da Dissipativität eng verknüpft ist mit dem Zweiten Hauptsatz der Thermodynamik und Entropie eng mit Wahrscheinlichkeit (Abschnitt 4.3), kommen wir damit auf eine der fundamentalen Fragestellungen der Physik zurück: auf die Frage nach der Bedeutung und der Rolle von Irreversibilität.

Diese Frage hat die Physiker schon seit der Formulierung des Zweiten Hauptsatzes in der Mitte des 19. Jahrhunderts gefesselt. Der Zweite Hauptsatz bildete das Ergebnis von jahrhundertelangen Beobachtungen hauptsächlich auf den Gebieten der Ingenieurskunst und der physikalischen Chemie; und trotzdem blieb er etwas außerhalb des Hauptstroms der Physik. Der Zweite Hauptsatz führt eine physikalische Größe – die Entropie – ein, welche die Zeit mit einer ausgezeichneten Richtung versieht: mit dem »Zeitpfeil«, um Eddingtons Ausdrucksweise zu benutzen. Demgegenüber hatte es sich die Physik seit Newtons Zeiten zum Ziel gesetzt, zu einem Grundniveau der Realität zu gelangen, das zeitlos ist. Die großen konzeptionellen Umwälzungen, die durch Relativitätstheorie und Quantenmechanik ausgelöst wurden, haben an diesem Programm nichts geändert.

Angesichts eines derart offenkundigen Widerspruchs zwischen den Gesetzen konservativer dynamischer Systeme und dem Zweiten Hauptsatz der Thermodynamik hat die Mehrheit der Physiker den Ursprung des Zweiten Hauptsatzes in Näherungen gesehen, die wir den Gesetzen der Dynamik aufsetzen. So hat z. B. Max Born erklärt, daß »Irreversibilität eine Konsequenz der expliziten Einführung unseres Unwissens in die fundamentalen (dynamischen) Gesetze« sei.

Aufgrund der vielen, in diesem Buch untersuchten Beispiele sollte jedoch klargeworden sein, daß Irreversibilität in der Natur eine ganz fundamentale Rolle spielt. Die meisten Phänomene in unserer Umwelt können wir ganz einfach nicht verstehen, ohne uns auf dissipative Systeme zu berufen, handle es sich nun um das Wachstum von Kristallen, die Steuerung biologischer Systeme oder die geschichtliche Entwicklung des Klimas. In voneinander völlig verschiedenen Gebieten der Physik nimmt die Rolle, die man der Irreversibilität zuschreibt, beständig zu. Wer hätte zum Beispiel gedacht, daß die meisten oder womöglich sogar alle Elementarteilchen instabil sind, oder aber, daß irreversible Prozesse eine derart entscheidende Rolle in den Frühphasen der kosmologischen Evolution gespielt haben? Es wird infolgedessen unmöglich, den Begriff der Irreversibilität einfach aufzugeben, weil er sich angeblich im Widerspruch zum traditionell akzeptierten Standpunkt der Physik befindet. Bevor wir uns an die dynamische Formulierung des Zweiten Hauptsatzes begeben, erscheint es angebracht, die in den vorangegangenen Kapiteln diskutierten grundlegenden Eigenschaften konservativer und dissipativer dynamischer Systeme noch einmal kurz zusammenzufassen.

5.1 Allgemeine Eigenschaften konservativer dynamischer Systeme

Die Evolution eines konservativen dynamischen Systems entspricht einer (mit S_t bezeichneten) Punkttransformation in einem geeigneten Phasenraum Γ:

$$\omega_t = S_t\omega_0, \tag{5.1 a}$$

worin ω_t und ω_0 den Phasenraumpunkt zur Zeit t bzw. zur Zeit t = 0 bezeichnen. Eine grundsätzliche Eigenschaft derartiger Systeme besteht nach dem Liouvilleschen Theorem darin, daß sich der Fluß im Phasenraum wie bei einer »inkompressiblen Flüssigkeit« verhält. Anders gesagt: Der Fluß im Phasenraum ist »maßerhaltend« (siehe Abschnitt 3.2). Die Dynamik kann auch mit Hilfe eines unitären Operators U_t ausgedrückt werden, der auf die Verteilungsfunktion einwirkt (siehe Abschnitt 4.3):

$$\varrho_t(\omega) = U_t\varrho_0(\omega). \tag{5.1 b}$$

Dabei ist $\varrho_t(\omega)$ die Verteilungsfunktion zur Zeit t und $\varrho_0(\omega)$ die Anfangsverteilung zur Zeit t = 0.* Wie wir bereits festgestellt haben (siehe Gl. (4.22 b)), bilden die Operatoren U_t eine Gruppe,

$$U_tU_s = U_{t+s}, \text{ (t, s positiv oder negativ).} \tag{5.2}$$

Diese formale Beschreibung dynamischer Systeme umschließt ganze Klassen von Systemen mit außerordentlich verschiedenartigem Verhalten. In der klassischen Physik standen integrable Systeme wie das reibungsfreie Pendel oder das Zweikörperproblem im Zentrum des Interesses. Wir wissen heute, daß es sich hierbei um eine ausnehmend einfache Systemklasse handelt, die von der wahren Komplexität dynamischer Systeme eine falsche Vorstellung vermittelt. Die Entdeckung der Vielfalt im dynamischen Verhalten nichtintegrabler Systeme kennzeichnet daher einen der wesentlichen Durchbrüche der zeitgenössischen Physik und Mathematik (siehe Abschnitt 3.8).

Welche Eigenschaften besäße wohl eine Welt, die von konservativen dynamischen Systemen beherrscht wird?** Der springende Punkt – wir haben schon mehrfach darauf hingewiesen – ist ver-

---

* Da die Bewegung mit Hilfe von (5.1 a) durch Trajektorien ausgedrückt werden kann, ist (5.1 b) äquivalent zu $\varrho_t(\omega_t) = \varrho_0(\omega_0)$ bzw. $\varrho_t(\omega) = \varrho_0(S_{-t}\omega)$.

** in dem Sinne, daß die makroskopischen Variablen einer zeitreversiblen, konservativen Dynamik folgen.

mutlich der, daß eine derartige Welt *instabil* wäre; konservative dynamische Systeme besitzen nämlich nicht die Eigenschaft asymptotischer Stabilität, die ein System zufällige Störungen vergessen läßt (siehe Abschnitt 2.6). Bestenfalls hätten wir »Bahnstabilität« in der Nachbarschaft elliptischer Fixpunkte, wobei die Störungen das System von einer Bahn zur anderen weiterschieben würden. In der Nachbarschaft hyperbolischer Punkte wäre die Situation noch ungünstiger, da die Störungen dort zu Instabilität führen. Zudem gibt es im allgemeinen eine ganze Fülle elliptischer und hyperbolischer Punkte. Infolgedessen müßten wir uns auf eine äußerst empfindliche Abhängigkeit von den Anfangsbedingungen gefaßt machen. Wir haben bereits beim Studium der Hufeisen-Abbildung ein Beispiel für diese Art von Verhalten kennengelernt. Im Abschnitt 5.5 werden wir als ein sogar noch einfacheres Beispiel orbitaler Zufälligkeit die Bäcker-Transformation einführen.

Bewegungen, an denen harte Kugeln beteiligt sind, liefern ein weiteres Beispiel für instabile Systeme. Ein häufig untersuchtes System beruht auf dem Lorentz-Modell, so benannt nach dem holländischen Physiker Hendrik Antoon Lorentz. Bei diesem Modell untersucht man die Bewegung einer kleinen Kugel, die in einer Ansammlung zufällig verteilter und räumlich fixierter großer Kugeln hin und her reflektiert wird (siehe Fig. 5.1). Die Bahn der kleinen, beweglichen Kugel ist genau festgelegt. Sobald wir aber in den Anfangsbedingungen auch nur die geringste Unsicherheit einführen, wird diese im Laufe der aufeinanderfolgenden Zusammenstöße zunehmend verstärkt. Wir merken an, daß chemische Reaktionen häufig als das Ergebnis von Zusammenstößen zwischen harten Kugeln aufgefaßt werden können, bei denen die kinetische Energie der Relativbewegung einen gewissen Schwellenwert (die sogenannte Aktivierungsenergie) überschreitet. Wieder steht zu erwarten, daß Bewegungen dieser Art hochgradig instabil sind.

Während das Volumen (das »Maß«) bei der Evolution wie gesagt erhalten bleibt, wird seine Form infolge von Instabilitäten in starkem Maße verzerrt. Wie wir in Abschnitt 5.5 sehen werden, kann das Ausgangsvolumen im Laufe der Zeit in immer kleinere Bruchteile aufgefasert werden. Es ist diese Verzerrung bzw. Auffaserung, die den Anschein einer Annäherung ans Gleichgewicht ergibt, in dem alle Punkte gleichmäßig über den zugänglichen Bereich des Phasenraums verteilt wären. Nach Newton erschien die

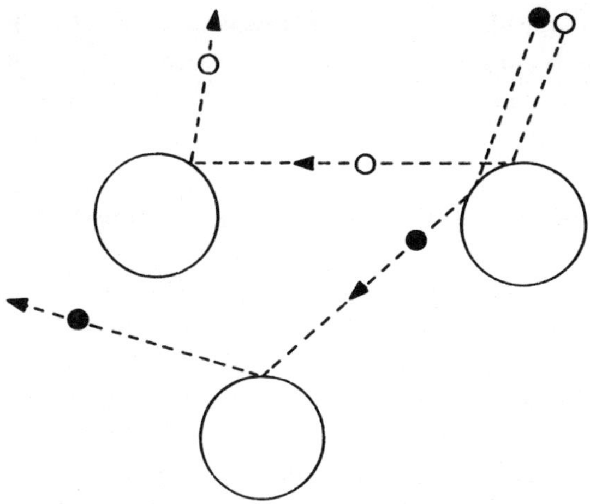

Fig. 5.1: Schematische Darstellung der Bahninstabilität einer kleinen Kugel, die von großen Kugeln reflektiert wird. Schon die kleinste Unsicherheit über die Anfangsposition der kleinen Kugel macht es unmöglich vorauszusagen, welche der großen Kugeln nach ein paar Stößen getroffen wird.

klassische Dynamik fast dreihundert Jahre lang als eine abgeschlossene Wissenschaft, die aufgrund gewisser Grundprinzipien und wohldefinierter Ausgangsdaten die Berechnung jeder beliebigen Zeitentwicklung möglich macht. Wir sehen jetzt, daß dies nur für eine eingeschränkte Klasse dynamischer Systeme zutrifft. Bei hinreichend instabilen dynamischen Systemen enthält jedes Teilgebiet des Phasenraumes unabhängig von seiner Größe divergierende Trajektorien. Um von einer genau definierten Einzeltrajektorie sprechen zu können, würden wir Ausgangsdaten benötigen, die nicht weniger als unendliche Genauigkeit aufweisen müßten. Anders gesagt würden wir hierzu eine unendlich große Information benötigen (die mit der zur Beschreibung der Anfangsdaten benötigten unendlichen Zahl von Kommastellen einhergehen würde). Wie wir sehen werden, ist es der Ausschluß dieser unendlich großen Information, der zur Irreversibilität führt.*

In der Welt instabiler dynamischer Systeme können wir nur

---

* Wir beschränken uns hier auf die klassische Mechanik; in der Quantentheorie bildet der Zerfall instabiler Teilchen eine zusätzliche Quelle von Irreversibilität.

durch ein »Fenster« auf die Außenwelt schauen. Wir erleben hier den Zusammenbruch der Idealvorstellung von »vollständiger Kenntnis«, die in der westlichen Wissenschaft drei Jahrhunderte lang herumspukte.

5.2 Allgemeine Eigenschaften dissipativer dynamischer Systeme

Dissipative dynamische Systeme weisen eine ganz außerordentliche Vielfältigkeit auf. Wir haben in diesem Buch viele Beispiele aus der Chemie, der Hydrodynamik und anderen Gebieten der Naturwissenschaften untersucht. Wie wir wissen, erhalten dissipative Systeme im Gegensatz zu konservativen Systemen nicht das Maß im Phasenraum (siehe Abschnitt 3.2). Außerdem besitzen sie allesamt die ausschlaggebende Eigenschaft, nicht invariant gegenüber *Zeitumkehr* zu sein. Hieraus folgt, daß sich für $t \to \infty$ asymptotisch eine privilegierte Situation einstellt. Falls wir keine Zwangsbedingungen auferlegen, handelt es sich dabei um das Gleichgewicht. Z. B. gehen die durch die Gln. (2.7b, 2.7c) beschriebene Konzentration und Temperatur gegen Einheitswerte; in ähnlicher Weise streben die Konzentrationen in einem Reaktionsgemisch gegen Werte, die dem Massenwirkungsgesetz genügen. Wenn Nichtgleichgewichtsbedingungen auferlegt werden, strebt die Evolution gegen eine attraktive Menge, also einen Punktattraktor, einen Grenzzyklus oder einen »seltsamen« Attraktor wie in Abschnitt 3.10. Wesentlich ist dabei, daß in allen dissipativen Systemen eine Vorzugsrichtung der Zeit existiert. Man könnte sich sehr wohl eine Welt vorstellen, in der einige biologische Systeme altern, während andere jünger werden; eine Welt, in der einige dissipative Systeme das Gleichgewicht für $t \to +\infty$ anstreben, während andere dies für $t \to -\infty$ tun. Aber offensichtlich ist dies nicht unsere Welt, in der es eine universelle Brechung der Zeitsymmetrie gibt – zu unserem Glück, wie Norbert Wiener festgestellt hat: In jeder Welt, innerhalb deren wir uns verständigen können, muß die Zeitrichtung einheitlich sein. Im Gegensatz zu der orbitalen Zufälligkeit konservativer dynamischer Systeme finden wir hier asymptotische Stabilität vor. Dies ermöglicht das Auftreten sorgfältig ausgewogener Vorgänge, wie wir sie z. B. in der Biologie antreffen. Allerdings kann Zufallsverhalten auch noch weiterhin auf dem Niveau von Attraktoren stattfinden.

Wir haben in Abschnitt 3.10 verschiedene Modelle behandelt, bei denen chaotisches Verhalten auftreten kann. Die Ljapunov-Exponenten, die nach Anhang I die Instabilität der Bewegung charakterisieren, werden hier jedoch nicht durch die mikroskopische Dynamik, sondern durch makroskopische Größen wie chemische Reaktionsgeschwindigkeiten und Diffusionskoeffizienten festgelegt.

Dissipatives Verhalten ist nicht nur mit einer universellen Brechung der Zeitsymmetrie verbunden, sondern wir können dissipativen Vorgängen auch noch eine Ljapunov-Funktion wie die Entropie zuordnen, die sich monoton mit der Zeit ändert. Tatsächlich führen alle von uns untersuchten dissipativen Prozesse zu einer positiven Entropieproduktion (Abschnitt 2.5). Schon allein die Existenz dissipativer dynamischer Systeme ist eine Manifestation des Zweiten Hauptsatzes der Thermodynamik.

5.3 Die Suche nach einer einheitlichen Beschreibung

Es gibt noch einen weiteren Gesichtspunkt, unter dem wir konservative und dissipative dynamische Systeme unterscheiden können. Es scheint unmöglich zu sein, ein »fundamentaleres« Niveau der Beschreibung finden zu können, aus dem konservative dynamische Systeme als das Resultat von Näherungen hervorgehen würden. Wenn wir die Quantentheorie einführen, werden aus den klassischen Trajektorien natürlich Mittelwerte über Wellenpakete. Dies führt allerdings auf keinen neuen Gesichtspunkt, denn die Schrödinger-Gleichung, die Grundgleichung der Quantentheorie, ist genauso wie die Gleichungen der klassichen Dynamik deterministisch und zeitreversibel.*

Für dissipative dynamische Systeme ist die Situation dagegen ganz anders. Betrachten wir zum Beispiel die chemische Reaktionskinetik. Die dort angetroffenen Gleichungen können keinem »fundamentalen Niveau« zugeordnet werden; wie wir gesehen ha-

* Ganz ähnlich würde es auch nichts nützen, die Teilchendynamik durch Feldgleichungen, wie sie in der Elektrodynamik oder Relativitätstheorie benutzt werden, zu ersetzen. Die grundlegenden Feldgleichungen sind nämlich wiederum deterministisch und zeitreversibel.

ben, gehen sie nämlich aus Näherungen hervor, bei denen *Fluktuationen* vernachlässigt worden sind (siehe insbesondere Gl. (4.15)). Außerdem beobachten wir *Korrelationen*, die das unter Nichtgleichgewichtsbedingungen auftretende kohärente Verhalten widerspiegeln. Für dissipative Systeme muß daher das »fundamentale« Niveau in einer *statistischen Behandlungsweise* gesehen werden, wie sie z. B. durch die im Kapitel 4 untersuchte Theorie der Markov-Ketten geboten wird.

Kann diese Markov-Beschreibung nun von dem Zustandsraum makroskopischer Variablen, auf den das Kapitel 4 beschränkt war, auf den vollen Phasenraum Γ übertragen werden, in dem bislang nur reversible Beschreibungen (Gln. (5.1)) zur Verfügung standen? Wir wollen dies versuchen, indem wir in Γ eine Verteilungsfunktion $\tilde{\varrho}(\omega)$ einführen, deren Evolution sich im Gegensatz zur klassischen Mechanik gemäß einem Markov-Prozeß vollzieht. Analog zu Gl. (5.1) können wir für $\tilde{\varrho}_t$ zur Zeit t

$$\tilde{\varrho}_t(\omega) = W_t\, \tilde{\varrho}_0(\omega) \tag{5.3}$$

ansetzen, was so verstanden werden muß, daß $\tilde{\varrho}_t$ die Lösung einer den Markov-Prozeß beschreibenden Master-Gleichung ist. Wie wir gesehen haben, erfüllt die auf der Liouville-Gleichung beruhende reversible Beschreibung die Gruppeneigenschaft (5.2). Im Gegensatz dazu erfüllen die Operatoren W_t nur die Halbgruppen-Bedingung

$$W_t W_s = W_{t+s} \qquad (t,s \geq 0). \tag{5.4}$$

Der Markov-Prozeß (5.3) mit Bedingung (5.4) treibt das System ins Gleichgewicht oder, falls Einschränkungen auferlegt werden, gegen einen durch geeignete Attraktoren charakterisierten Nichtgleichgewichtszustand.

Insgesamt scheint in konservativen dynamischen Systemen für echt zufallsbedingte Evolutionsprozesse kein Platz zu sein, wohingegen derartige Prozesse die Grundlage für die Beschreibung dissipativer Systeme bilden. Daher erfordert die Entschlüsselung der Beziehungen zwischen konservativen und dissipativen dynamischen Systemen ganz zwangsläufig die Aufklärung des Zusammenhangs zwischen deterministischer Dynamik und Wahrscheinlichkeiten. Wegen der engen Verwandtschaft zwischen Entropie und

Wahrscheinlichkeit wird die Aufklärung dieses Zusammenhangs auch besser den Zusammenhang zwischen der Dynamik und dem Zweiten Hauptsatz erkennen lassen. Da das Grundgesetz jeder reversiblen konservativen Dynamik in der Form (5.1) ausgedrückt werden kann, während echte Wahrscheinlichkeitsprozesse den Beziehungen (5.3) – (5.4) genügen, müssen wir untersuchen, wie (5.1) und (5.3) – (5.4) miteinander verknüpft werden können.

5.4 Wahrscheinlichkeit und Dynamik

In der Theorie der Markov-Prozesse sind die Übergangswahrscheinlichkeiten die entscheidenden Größen. Da wir im Phasenraum Γ eine echte statistische Beschreibung einführen wollen, betrachten wir die Übergangswahrscheinlichkeit $P_t(\omega|\Delta)$ für den Übergang vom Punkt ω zu einem Bereich Δ des Phasenraums zum Zeitpunkt t. Dabei handelt es sich um eine nichtnegative Zahl zwischen Null und Eins. An dieser Stelle stoßen wir auf einen grundlegenden Unterschied zwischen der Markov-Beschreibung und einer Einzeltrajektorien-Beschreibung.

Angenommen, eine Trajektorie führt von ω nach ω_t; dann gilt für ein System, das der Trajektorie folgt, ganz offensichtlich (siehe Fig. 5.2)

$$P_t(\omega \mid \Delta) = \begin{cases} 1 & \text{wenn } \omega_t \text{ in } \Delta \text{ liegt} \\ 0 & \text{wenn } \omega_t \text{ nicht in } \Delta \text{ liegt.} \end{cases} \qquad (5.5)$$

Im Gegensatz dazu sind bei einem echten Markov-Prozeß zumindest einige der Übergangswahrscheinlichkeiten weder Null noch Eins.

Wir haben keinen Grund zu der Annahme, daß die dynamische Beschreibung (5.1 b) falsch ist. Sie könnte jedoch unvollständig

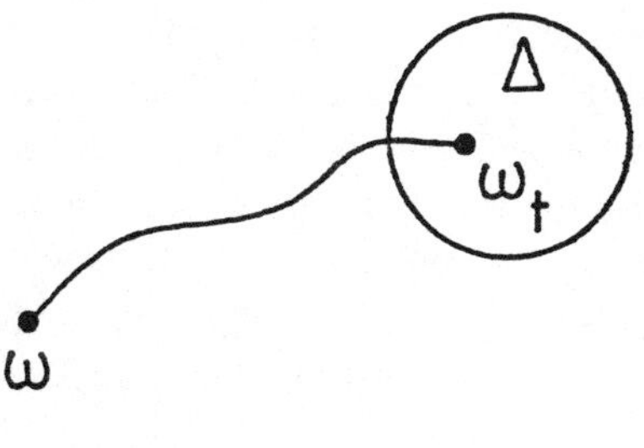

Fig. 5.2: Übergangswahrscheinlichkeit $P_t(\omega \mid \Delta) = 1$, wie sie für eine auf Einzeltrajektorien beruhende deterministische Beschreibung charakteristisch ist.

sein, denn sie enthält nicht jenes Element der Nichtlokalität, welches offensichtlich dafür notwendig ist, die Kluft zwischen konservativen und dissipativen Systemen zu überbrücken, indem es von den degenerierten Übergangswahrscheinlichkeiten (5.5) zu echten Markov-Übergangswahrscheinlichkeiten führt. Angesichts dieser Situation bietet es sich an, die Beschreibung (5.1) und (5.3) miteinander durch eine Transformation

$$\tilde{\varrho} = \Lambda \, \varrho \tag{5.6}$$

zu verbinden, in welcher der auf ϱ einwirkende Transformationsoperator Λ diese fehlende Nichtlokalität enthalten sollte und natürlich von den Gesetzen der Dynamik abhängen muß. Sobald es uns gelungen ist, Λ zu bestimmen, liefert (5.6) das Bindeglied zwischen der Verteilungsfunktion ϱ, die sich nach den Gesetzen einer reversiblen Dynamik entwickelt, und der Verteilungsfunktion $\tilde{\varrho}$, deren Entwicklung sich gemäß einem Markov-Prozeß vollzieht.

Aus Gleichung (5.6) folgt eine bemerkenswerte »Verflechtungsbeziehung« zwischen U_t und W_t. Setzen wir in ihr nämlich (5.1 b) und (5.3) ein, so bekommen wir

$$\Lambda U_t \varrho_0 = W_t \Lambda \varrho_0. \tag{5.7}$$

Da dies für jede beliebige Verteilung ϱ_0 gilt, können wir hieraus auf

$$\Lambda U_t = W_t \Lambda \qquad t \geq 0 \tag{5.8}$$

schließen. Wenn der zu Λ inverse Operator Λ^{-1} existiert, können wir (5.8) auch umschreiben in

$$W_t = \Lambda U_t \Lambda^{-1}, \qquad U_t = \Lambda^{-1} W_t \Lambda \tag{5.9}$$

Bei dieser Darstellungsweise bildet die Wahrscheinlichkeitstheorie ein »Abbild« der Dynamik, das durch die Transformation Λ vermittelt wird. Umgekehrt entdecken wir die einem Markov-Prozeß »zugrundeliegende« Dynamik wieder, sobald uns die Bestimmung von Λ gelungen ist. Das zentrale Problem, mit dem wir beim Überbrücken der Lücke zwischen deterministischer Dynamik und Wahrscheinlichkeiten konfrontiert werden, besteht daher in der

Konstruktion von Λ. Wir wenden uns jetzt einer Klasse dynamischer Systeme zu, für die diese Konstruktion explizit durchgeführt werden kann.

5.5 Die Bäcker-Transformation

Wir betrachten die Klasse jener hochgradig instabilen Systeme, die als K-Flüsse (K für Kolmogorov) bezeichnet werden. Schon in Abschnitt 3.9 sind wir einem Beispiel hierfür begegnet: der Hufeisenabbildung. In diesem Abschnitt beschäftigen wir uns mit einem anderen bekannten Beispiel, der »Bäcker-Transformation«. In dem Phasenraum $0 \leq x \leq 1$, $0 \leq y \leq 1$ (dem Einheitsquadrat) definieren wir die Abbildung (siehe Fig. 5.3)

$$\begin{aligned} x' &= 2x, & y' &= \frac{y}{2} & &\text{falls } 0 \leq x < \frac{1}{2} \\ x' &= 2x - 1, & y' &= \frac{y+1}{2} & &\text{falls } \frac{1}{2} \leq x \leq 1\,. \end{aligned} \tag{5.10}$$

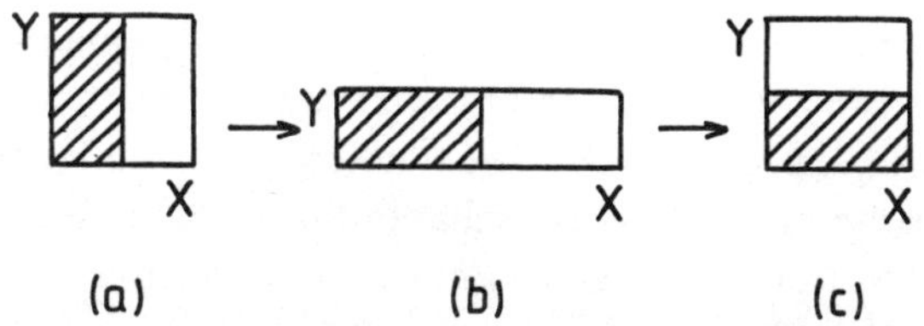

Fig. 5.3: Die Bäcker-Transformation. Das Einheitsquadrat, (a), wird in ein $\frac{1}{2} \times 2$ Rechteck verformt, (b). Die rechte Hälfte des Rechtecks wird anschließend über die linke geschoben und bildet mit dieser zusammen ein neues Quadrat, (c), etc.

Diese Transformation entspricht einem maß- (genauer: flächen-) erhaltenden diskreten Evolutionsprozeß, der zu regelmäßigen Zeitpunkten, z. B. alle Sekunden, stattfindet, und definiert daher ein konservatives dynamisches System. Offensichtlich ist die Transformation (5.10) auch umkehrbar, da das Einheitsquadrat (im Gegensatz zu den Verhältnissen bei der Hufeisenabbildung) auf sich selbst abgebildet wird.

Der Beweis für die zeitliche Reversibilität der Dynamik ist etwas subtiler. Dazu lösen wir die Gln. (5.10) nach x und y auf:

$$x = \frac{x'}{2}, \qquad y = 2y' \qquad 0 \le y < \frac{1}{2}$$
$$x = \frac{x'+1}{2}, \quad y = 2y' - 1 \quad \frac{1}{2} \le y \le 1. \tag{5.11}$$

Wir sehen, daß die so erhaltenen Gln. (5.11) mit der zeitinvertierten Version der Gln. (5.10) übereinstimmen, sofern x und y miteinander vertauscht werden. Diese Vertauschung bildet das Analogon zur Umkehrung der Impulse (bei festgehaltenen Ortskoordinaten), wenn man in den Gleichungen der Hamiltonschen Mechanik die Zeitrichtung umkehrt (siehe Abschnitt 2.1).

Wir kehren nun zu den Gln. (5.10) zurück und stellen fest, daß in einer Richtung (x) *Expansion* und in der anderen (y) *Kontraktion* stattfindet. Nach n aufeinanderfolgenden Transformationen wird der Abstand zwischen zwei Punkten auf der x-Achse um den Faktor $2^n = e^{n \ln 2}$ erhöht. Nach der in Anhang I gegebenen Definition haben wir daher einen positiven Ljapunov-Exponenten,

$$\sigma_1 = \ln 2. \tag{5.12}$$

Dies beweist den chaotischen Charakter der Dynamik. Da das System konservativ ist, ist der zweite Ljapunov-Exponent natürlich negativ, $\sigma_2 = -\ln 2$ (siehe Gl. (I.27)).

Indem man den in Fig. 5.3 angedeuteten Prozeß fortlaufend wiederholt, kann man übrigens leicht einsehen, daß jedes endliche Teilgebiet im Laufe der Zeit in immer dünnere Streifen zerlegt wird, bis es schließlich praktisch gleichmäßig über das Einheitsquadrat verteilt ist (Fig. 5.4).

Man bekommt einen sehr guten Einblick in den Mechanismus der Bäcker-Transformation, wenn man sie als eine sogenannte *Bernoulli-Verschiebung* darstellt. Zu diesem Zweck ordnen wir je-

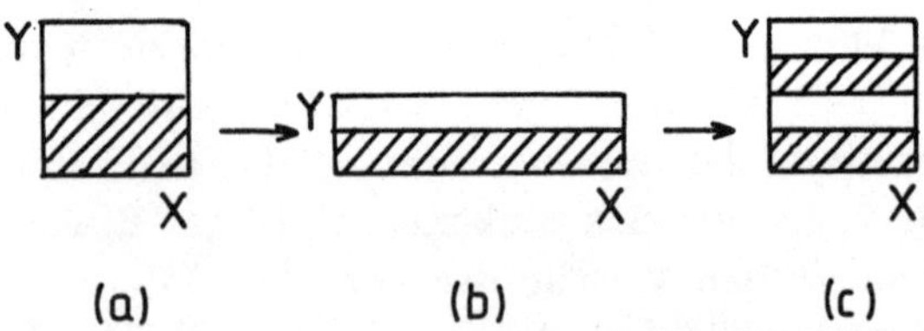

Fig. 5.4: Sukzessive Iterationen führen zur Aufspaltung der schraffierten und unschraffierten Flächen in eine wachsende Anzahl unzusammenhängender Gebiete.

dem Punkt (x, y) des Einheitsquadrats die doppelt unendliche Zahlenfolge $\{u_n\}$ aus der Binärdarstellung

$$x = \sum_{n=-\infty}^{0} \frac{u_n}{2^{n+1}}, \quad y = \sum_{n=1}^{\infty} \frac{u_n}{2^n} \tag{5.13}$$

für x und y zu, in der die u_n die Werte Null oder Eins annehmen können. Wird diese Darstellung in (5.10) eingesetzt, so erhält man

$$\frac{u'_0}{2} + \frac{u'_{-1}}{2^2} + \ldots. = x' = \frac{u_{-1}}{2} + \frac{u_{-2}}{2^2} + \ldots.$$

$$\frac{u'_1}{2} + \frac{u'_2}{2^2} + \ldots. = y' = \frac{u_0}{2} + \frac{u_1}{2^2} + \ldots. \; .$$

Die durch die Bäcker-Transformation induzierte Zeitevolution entspricht daher der Verschiebung

$$u'_n = u_{n-1}, \tag{5.14}$$

die als Bernoulli-Verschiebung bezeichnet wird. Wir sehen, daß die in den Anfangsbedingungen enthaltene Information wie erwartet die gesamte vergangene wie auch zukünftige Geschichte des Systems in sich birgt.

Man beachte, daß der Wert der Ziffer u_0 darüber entscheidet, ob sich der repräsentative Phasenraumpunkt in der linken ($u_0 = 0$) oder rechten Hälfte ($u_0 = 1$) des Einheitsquadrats befindet. Da die Ziffern $u_0, u_{-1}, u_{-2}, \ldots$ durch das Werfen einer Münze festgelegt werden können, besitzen die Zeititerierten u_0, $u'_0 = u_{-1}$, $u''_0 = u_{-2}, \ldots$ dieselben Zufallseigenschaften wie das Werfen einer Münze. Dies zeigt, daß das Ergebnis, ob sich das System links oder rechts befindet, als ein Bernoulli-Prozeß aufgefaßt werden kann, der eines der bekanntesten Beispiele für Zufallsprozesse in der Wahrscheinlichkeitstheorie ist.

Die Bäcker-Tranformation besitzt auch die wichtige Eigenschaft der *Rekurrenz* von Zuständen. Betrachten wir einen Punkt (x, y), für den die Zahlenfolge $\{u_n\}$ der Binärdarstellung (5.13) periodisch ist. x und y sind in diesem Fall rational (man beachte, daß nicht alle rationalen Punkte eine periodische Darstellung besitzen, obschon dies für die meisten von ihnen zutrifft). Da die Dynamik alle u_n in gleicher Weise verschiebt, kehren alle derartigen Zustände nach einem endlichen Zeitintervall exakt zum Ausgangspunkt zurück. Darüber hinaus gilt dasselbe in einem gleich zu erläuternden schwächeren Sinn für fast alle übrigen Zustände (mit Ausnahme einer Menge vom Maße Null)! Um dies einzusehen, betrachten wir die Binärdarstellung eines irrationalen Punktes (x, y), die auf nichtperiodische und nichttriviale Weise unendlich viele Ziffern enthält. Nun kann gezeigt werden, daß fast alle irrationalen Zahlen (bis auf eine Menge vom Maße Null) jede beliebige endliche Ziffernfolge aus 0 und 1 unendlich oft enthalten. Infolgedessen wird eine um die Position 0 herum vorgegebene Folge von beispielsweise 2 m Ziffern, die den Zustand bis auf einen Fehler der Größe 2^{-m} festlegt, unter der Einwirkung der Bernoulli-Verschiebung unendlich oft wiederkehren. Da man m so groß wählen kann wie man will (allerdings nur endlich groß), bedeutet dies, daß beinahe jeder Zustand unendlich oft beliebig nahe zu jedem Punkt zurückkehrt, den Ausgangspunkt natürlich inbegriffen. Mit anderen Worten: Fast alle Trajektorien sind »ergodisch« und »überdecken« den ganzen Phasenraum. Dies ist das berühmte Poincarésche Rekurrenztheorem, das ursprünglich von Poincaré für eine sehr allgemeine Klasse konservativer dynamischer Systeme bewiesen worden ist. Lange Zeit wurde Rekurrenz zusammen mit Zeitreversibilität als Hauptargument gegen die Existenz echt dissipativer Prozesse ins Feld geführt. Wie wir in Kürze sehen werden, kann dieser Standpunkt nicht länger aufrecht erhalten werden.

Zusammengefaßt ist die durch die Bäcker-Transformation beschriebene Dynamik konservativ, umkehrbar, zeitreversibel, rekurrent und chaotisch. Daß die Bäcker-Transformation all diese Eigenschaften aufweist, macht sie zu einem ganz besonders nützlichen Beispiel, denn genau dieselben Eigenschaften bilden auch die Charakteristika realer dynamischer Systeme mit komplexem Verhalten. Es ist überraschend, daß uns die Eigenschaft der Chaotizität trotz Reversibilität und Rekurrenz den Beweis echter Irreversibilität ermöglichen wird, indem wir, ohne irgendwelche Näherungen zu machen, zu einer angemesseneren Beschreibungsweise übergehen.

Die Dynamik konservativer Systeme umfaßt Bewegungsgesetze und Anfangsbedingungen. Im hier betrachteten Fall sind die Bewegungsgesetze einfach, doch wenden wir uns jetzt etwas näher dem Konzept der Anfangsbedingungen zu. Bei einer Einzeltrajektorie entsprechen die Anfangsbedingungen einer unendlichen Ziffernfolge $\{u_n\}$ ($n = -\infty$ bis $+\infty$). In der realen Welt schauen wir jedoch nur durch ein Fenster endlicher Größe. In Anwendung auf die Bäcker-Transformation bedeutet das, daß wir nur eine zwar beliebige, aber begrenzte Anzahl von Ziffern u_n unter Kontrolle haben. Angenommen, dieses Fenster entspricht der Ziffernfolge

$$u_{-3}\, u_{-2}\, u_{-1}\, u_0 \cdot u_1\, u_2\, u_3, \tag{5.15}$$

während alle weiteren Ziffern nicht bekannt sind. Dabei markiert der Punkt die Grenze zwischen den zu x bzw. y gehörigen Ziffern. Die Bernoulli-Verschiebung führt dazu, daß (5.15) nach einem Zeitschritt durch die Folge

$$u_{-4}\, u_{-3}\, u_{-2}\, u_{-1} \cdot u_0\, u_1\, u_2 \tag{5.16}$$

ersetzt wird, welche die unbekannte Ziffer u_{-4} enthält. Da einer der Ljapunov-Exponenten positiv ist, müssen wir die Anfangslage genauer gesagt mit einer Präzision von N+n Ziffern kennen, um die Position nach n Iterationen mit einer Präzision von N Ziffern bestimmen zu können.

In der statistischen Mechanik würde der traditionelle Weg zur Bewältigung dieses Problems darin bestehen, daß man auf dem Einheitsquadrat eine sogenannte »vergröberte« Wahrscheinlichkeitsverteilung einführt, die nicht auf einzelnen Punkten, sondern ganzen Teilgebieten definiert ist. (Diese Methode geht auf *Ehrenfest* zurück.) Liegen nun zwei Punkte, die zur Zeit $t = 0$ mit der gegebenen endlichen Genauigkeit nicht unterschieden werden können, auf einer expandierenden Mannigfaltigkeit, so laufen sie mit der Zeit auseinander und können später doch unterschieden werden. Die traditionelle Methode der Vergröberung ist daher nicht mit der dynamischen Evolution vertauschbar. Dies ist der Grund, warum wir eine ausgeklügeltere Methode benötigen. Wir werden diese in den beiden nächsten Abschnitten entwickeln.

5.6 Mannigfaltigkeiten mit gebrochener Zeitsymmetrie

Obwohl K-Flüsse zeitreversibel sind, enthalten sie Objekte mit gebrochener Zeitsymmetrie. Diese Objekte besitzen eine niedrigere Dimensionalität als der volle Phasenraum. Im Falle der Bäkker-Transformation handelt es sich dabei um »kontrahierende Fasern« und »dilatierende Fasern« (siehe Fig. 5.5). Kontrahierende Fasern sind vertikale Linien, die sich bei jeder Bäcker-Transformation um einen Faktor 2 zusammenziehen, und dilatierende Fasern sind horizontale Linien, die sich um denselben Faktor ausdehnen. Jeder Phasenraumpunkt bildet den Schnittpunkt einer kontrahierenden und dilatierenden Faser. Kontrahierende und dilatierende Mannigfaltigkeiten sind zueinander zeitinvers und stellen ganz offensichtlich zeitasymmetrische Objekte dar. Alle Punkte auf einer kontrahierenden Mannigfaltigkeit gehen derselben Zukunft entgegen. Im Gegensatz dazu werden die Punkte einer dilatierenden Faser den Phasenraum für $t \rightarrow \infty$ dicht überdecken. Statistisch interpretiert entspricht dies der Annäherung an die uniforme Gleichgewichtsverteilung im Phasenraum.

Wie hoch unsere Präzision bei der Bestimmung eines Zustandes auch immer sein möge, es wird immer einen charakteristischen Abstand ε geben, unterhalb dessen wir Punkte auf den kontrahierenden Fasern nicht mehr unterscheiden können. Da die Punkte auf solchen Fasern konvergierende Trajektorien repräsentieren, *müssen alle innerhalb eines Abstandes ε startenden Trajektorien in der Zukunft als ununterscheidbar angesehen werden*. Dies führt unmittelbar dazu, daß das die Maßerhaltung im Phasenraum aus-

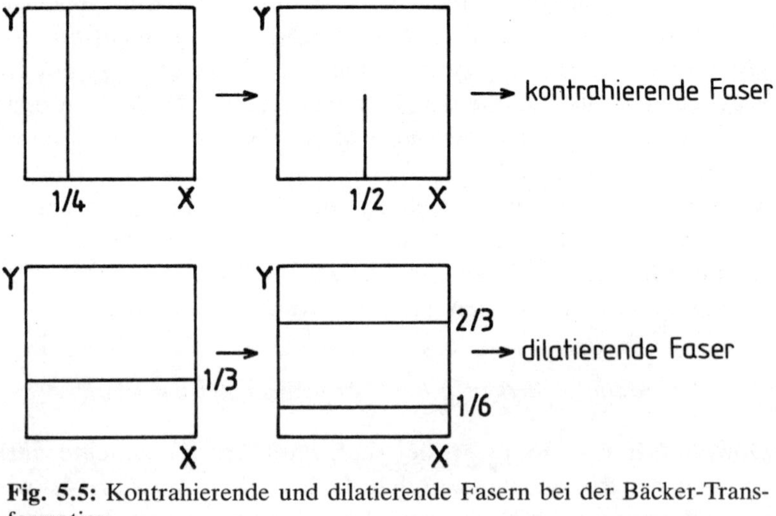

Fig. 5.5: Kontrahierende und dilatierende Fasern bei der Bäcker-Transformation.

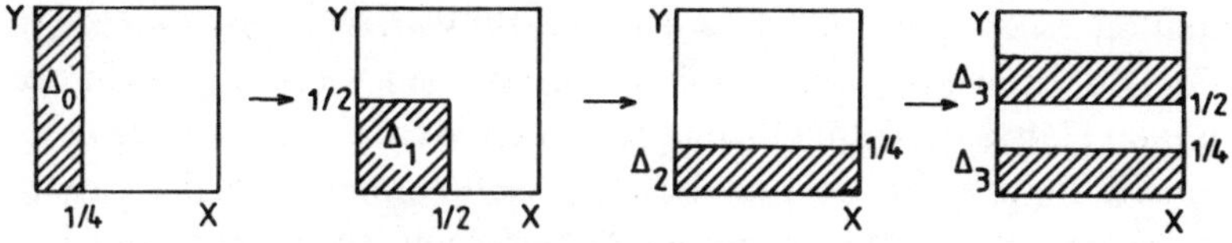

Fig. 5.6: Unbrauchbarkeit des Liouvilleschen Theorems für den Fall, daß die Beobachtung mit einem endlichen Fenster (hier $\varepsilon = \frac{1}{4}$) auf der kontrahierenden Faser verbunden ist. Das Maß des Anfangsvolumens, Δ_0, bleibt für ein paar Iterationen zunächst konstant, nimmt dann aber zu, bis es schließlich das Maß des ganzen Phasenraums erreicht.

drückende Liouvillesche Theorem irrelevant wird. Eine einfache Erklärung hierfür ist die folgende: Betrachten wir ein dynamisches System und nehmen wir an, daß die Verteilungsfunktion ϱ zur Zeit $t = 0$ auf eine Fläche Δ_0 beschränkt ist. Bei fortschreitender Zeit nimmt die expandierende Dimension der Fläche exponentiell zu, während die kontrahierende Dimension bis auf den Wert ε zusammenschrumpft *und danach als konstant angesehen werden muß* (siehe Fig. 5.6). Ab dann nimmt folglich das Maß Δ zu, solange, bis es das Maß des gesamten Phasenraumes erreicht hat. Man beachte, daß diese Schlußfolgerung nicht auf einer Näherung beruht: Sie ist das Ergebnis der grundlegenden Tatsache, daß sich Messungen (oder, allgemeiner, Auswirkungen von physikalischen Wechselwirkungen) auf *Gebiete* mit endlichem Phasenraum-Maß und nicht auf mathematische Punkte beziehen. Es war natürlich schon immer klar, daß exakte Anfangsbedingungen eine Idealisierung darstellen. Neu ist, daß die Aufgabe dieser Idealisierung in hochgradig instabilen Systemen wie K-Flüssen so schwerwiegende Konsequenzen nach sich zieht.

5.7 Die symmetriebrechende Transformation Λ

Wir wollen jetzt zeigen, wie die im letzten Abschnitt entwickelten Ideen zur Konstruktion der symmetriebrechenden Transformation Λ (Gl. (5.6)) führen, die dynamische und probabilistische Vorgänge miteinander verbindet.

Für diesen Zweck erweist es sich als nützlich, den Zustand des untersuchten instabilen dynamischen Systems mit Hilfe von sogenannten *Partitionen* χ_n darzustellen. Im Falle der Bäcker-Transformation ist es sehr einfach, solche Partitionen zu konstruieren. In der Tat kann für χ_0 die Funktion genommen werden, die in der linken Hälfte des Einheitsquadrates den Wert -1 und in der rechten Hälfte den Wert $+1$ annimmt. χ_n definieren wir als das Ergebnis der Einwirkung von n aufeinanderfolgenden Bäcker-Transformationen auf χ_0 (n ist eine positive oder negative ganze Zahl):

$$\chi_n = U^n \chi_0. \tag{5.17}$$

Hierin bezeichnet U den Evolutionsoperator für Verteilungsfunktionen, Gl. (5.1 b). Einige dieser Partitionen sind in Fig. 5.7 dargestellt. Man beachte, daß χ_0 schon vollständig durch die Ziffer u_0 der Darstellung (5.13) festgelegt wird, während χ_n nach (5.27) vollständig durch u_n determiniert ist.

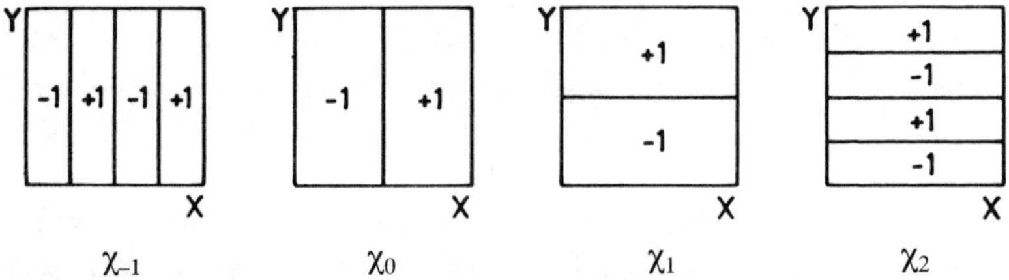

Fig. 5.7: Dynamik der Bäcker-Transformation, dargestellt mit Hilfe von Partitionen.

Wir wollen uns jetzt ansehen, wie sich die Dynamik mit Hilfe von Partitionen beschreiben läßt. Für diesen Zweck ist es nützlich, die Partitionen χ_n durch ihr »Alter« n zu charakterisieren. Dieses Konzept, welches sich auf ganz natürliche Weise aus (5.17) ergibt, kann aufgrund eines wichtigen Ergebnisses von Misra formalisiert und erweitert werden. Nach diesem Ergebnis existiert ein Operator T, der die χ_n und n als Eigenfunktionen bzw. Eigenwerte besitzt, $T\chi_n = n\chi_n$. Tatsächlich ist jeder Eigenwert n dieses Operators T unendlichfach entartet, da er neben χ_n noch sämtliche Produkte

$$\varphi_n = \chi_{j_1}\chi_{j_2} \cdot\cdot\cdot\cdot\cdot \chi_n \qquad (j_1 < j_2 < \cdot\cdot\cdot\cdot\cdot\cdot < n)$$

als Eigenfunktionen besitzt. Wir schreiben daher

$$T\varphi_n = n\varphi_n \; (-\infty \leq n \leq \infty). \tag{5.18 a}$$

Zur Vervollständigung der Definition von T fordern wir noch, daß $\varphi \equiv 1$ eine zusätzliche Eigenfunktion zum Eigenwert 1 ist,

$$T \cdot 1 = 1, \tag{5.18b}$$

und daß T ein hermetischer linearer Operator ist. Man kann zeigen, daß die Funktionen φ_n zusammen mit $\varphi \equiv 1$ ein vollständiges Funktionensystem bilden.

Man beachte, daß sich die Wirkung von T auf eine Partition χ_n von der des dynamischen Operators U unterscheidet: Nach (5.17) gilt nämlich

$$U\chi_n = \chi_{n+1}. \tag{5.19}$$

Hieraus folgt, daß die Operatoren T und U nicht vertauschbar sind. Nach (5.18) – (5.19) ist nämlich

$$TU\chi_n = T\chi_{n+1} = (n+1)\chi_{n+1}.$$

Andererseits gilt

$$UT\chi_n = Un\chi_n = n\chi_{n+1}$$

und daher

$$(TU\text{-}UT)\chi_n = \chi_{n+1} \neq 0.$$

Es ist bemerkenswert, daß die klassische Dynamik auf diese Weise zu einer nicht-kommutativen Algebra führt (die der Algebra der Quantenmechanik recht ähnlich ist).

Wir machen jetzt den Ansatz, daß die symmetriebrechende Transformation Λ durch einen hermiteschen linearen Operator gegeben wird, der eine nichtnegative und abnehmende Funktion von T ist, d. h.

$$\Lambda(T)\,\varphi_n = \lambda_n\varphi_n, \qquad \Lambda(T)\cdot 1 = 1 \tag{5.20}$$

mit

$$1 \geq \cdots \geq \lambda_n \geq \lambda_{n+1} \geq \cdots \geq 0$$

und

$$\lambda_n \to \begin{cases} 1 & \text{für } n \to -\infty \\ 0 & \text{für } n \to +\infty \end{cases}.$$

Da die Partitionen φ_n zusammen mit der Einheitsverteilung 1 ein vollständiges Funktionensystem bilden, können wir jede beliebige Verteilungsfunktion in eine Reihe

$$\varrho = 1 + \sum_{-\infty}^{\infty} c_n \varphi_n \tag{5.21}$$

entwickeln. Dabei wurde ein zweiter Summationsindex, der sich auf die Entartung der Eigenwerte von T bezieht, der Einfachheit halber unterdrückt. Benutzen wir jetzt (5.20) und $\tilde{\varrho} = \Lambda\varrho$, so folgt sofort

$$\tilde{\varrho} = 1 + \sum_{-\infty}^{\infty} c_n \lambda_n \varphi_n . \tag{5.22}$$

Da $\int_\Gamma \varphi_n d\omega = 0$ gilt, haben wir (für alle Zeiten) $\int_\Gamma \tilde{\varrho} d\omega = 1$, eine Eigenschaft, die erfüllt sein muß, damit $\tilde{\varrho}$ ebenso wie ϱ eine physikalische Wahrscheinlichkeitsdichte bildet. Man beachte, daß der Übergang von ϱ zu $\tilde{\varrho}$ an einem gegebenen Punkt ω des Phasenraums sämtliche Phasenraumpunkte mit einbezieht. Dies beweist die erwartete Nichlokalität des Operators Λ.

Alle »Zustände« φ_n gehen in ϱ als solche ein, ihr Effekt wird nur mit dem durch die Ausgangsbedingungen festgelegten Gewicht der Faktoren c_n belegt. In dieser Hinsicht wird also zwischen der Vergangenheit ($n < 0$) und der Zukunft ($n > 0$) nicht unterschieden. Im Gegensatz dazu wird in $\tilde{\varrho}$ bei gegebenen Anfangsbedingungen der Beitrag der zur Zukunft gehörigen φ_n gedämpft ($\lambda_n \to 0$ für $n \to \infty$). Erinnern wir uns jetzt daran, daß die Partition χ_n schon völlig durch die Ziffer u_n festgelegt wird. Außerdem werden die kontrahierenden Fasern vollständig durch die Ziffern u_n mit $n > 0$ spezifiziert (siehe (5.13)). Infolgedessen drückt die Dämpfung $\lambda_n \to 0$ die Tatsache aus, daß wir bezüglich der Lokalisierung auf diesen Fasern Information verlieren. Dies entspricht genau der Idee der Ununterscheidbarkeit von Nachbarpunkten. So ist z. B. der natürliche Wert des in Abschnitt 5.6 eingeführten Abstandes $\varepsilon = \frac{1}{8}$, wenn $\lambda_n = 1$ für $n \leq 2$ und $\lambda_n = 0$ für $n > 2$ gilt. Wir haben in Abschnitt 5.6 eine intuitive Erklärung dafür angegeben, warum Ununterscheidbarkeit das Liouvillesche Theorem unbrauchbar macht.

Wir zeigen jetzt, daß es möglich ist, für die neue Größe $\tilde{\varrho}$ eine Funktion zu definieren, die sich in Übereinstimmung mit dem Zweiten Hauptsatz der Thermodynamik (siehe Abschnitt 4.3) monoton mit der Zeit verändert. Dazu betrachten wir die sogenannte *H*-Funktion

$$H_{\tilde{\varrho}} = \int \tilde{\varrho}^2 \, d\omega . \tag{5.23}$$

(Andere konvexe Funktionen wie z. B. $\int\tilde{\varrho}\ln\tilde{\varrho}\,d\omega$ könnten mit ähnlichem Ergebnis eingeführt werden.) Nun nehmen wir an, daß ϱ und $\tilde{\varrho}$ zur Zeit $t = 0$ durch (5.21) bzw. (5.22) gegeben sind. Mit (5.19) und der offensichtlichen Beziehung $U \cdot 1 = 1$ ergibt sich dann

$$\varrho_1 = U\varrho_0 = 1 + \sum_{-\infty}^{\infty} c_n \chi_{n+1} \tag{5.24}$$

$$\tilde{\varrho}_1 = \Lambda\varrho_1 = 1 + \sum_{-\infty}^{\infty} c_n \lambda_{n+1} \chi_{n+1}. \tag{5.25}$$

Hiermit folgt aus (5.23)

$$H_{\tilde{\varrho}} - H_{\tilde{\varrho}0} = \sum_{-\infty}^{\infty} (\lambda_{n+1}^2 - \lambda_n^2) c_n^2 \leq 0, \tag{5.26}$$

d. h. $H_{\tilde{\varrho}}$ nimmt monoton mit der Zeit ab. Im Gegensatz dazu die bleibt durch die ursprüngliche Verteilungsfunktion ausgedrückte Größe $H_\varrho = \int\varrho^2 d\omega$ zeitlich konstant.

Das eben abgeleitete Ergebnis rechtfertigt die bei der Einführung des Operators Λ in (5.20) gemachte Monotonienahme. Tatsächlich ist diese für die Gültigkeit von (5.26) sowohl notwendig als auch hinreichend.

Insgesamt haben wir jetzt unser Ziel erreicht, die Transformation Λ zu konstruieren und zu einer mikroskopischen Formulierung des Zweiten Hauptsatzes der Thermodynamik zu gelangen. Dies streicht die Bedeutung der Verteilung $\tilde{\varrho}$ heraus. Es ist selbstverständlich, daß nicht nur die Entropie (über $H_{\tilde{\varrho}}$), sondern auch alle übrigen Observablen mit Hilfe von $\tilde{\varrho}$ ausgedrückt werden müssen.

Wir haben bisher nur angenommen, daß der Operator $\Lambda(T)$ eine monoton abnehmende, aber ansonsten unbestimmte Funktion von T ist. Wir können uns hier nicht auf eine ausführliche Diskussion der genauen Form von $\Lambda(T)$ bzw. von λ_n in Abhängigkeit von n einlassen. Da der Ljapunov-Exponent (5.12) den einzigen intrinsischen Parameter unseres Modells darstellt, ist es vernünftig, wenn wir davon ausgehen, daß zumindest für große positive n

$$\lambda_n = e^{-n/\tau} \tag{5.27}$$

gilt. Dabei ist $1/\tau = \ln 2$ der Ljapunov-Exponent. Unabhängig von der genauen Gestalt von λ_n bestehen die wesentlichen Eigenschaften von Λ in Nichtlokalität und gebrochener Zeitsymmetrie.

Dies sind die Eigenschaften, die von instabilen konservativen dynamischen Systemen zu dissipativen Systemen führen.

5.8 Gibbs-Ensemble und Boltzmann-Ensemble

Die klassische Dynamik führt im Phasenraum zu einer Punkttransformation. Einem Punkt im Phasenraum entspricht in der Sprache der Gibbs-Ensemble ein durch eine δ-Funktion dargestelltes Ensemble. Eine δ-Funktion wird durch die Bewegung $\omega_0 \rightarrow \omega_t$ in eine andere δ-Funktion transformiert:

$$\delta_{\omega_t} = U_t \delta_{\omega_0} . \tag{5.28}$$

Dabei wurde $\delta(\omega - \omega_0)$ mit δ_{ω_0} abgekürzt, etc. Die Darstellung durch eine δ-Funktion ist also unter der Einwirkung des unitären Operators U_t invariant. Jetzt wollen wir auf δ_{ω_0} die Transformation Λ anwenden:

$$\tilde{\delta}_{\omega_0} = \Lambda \delta_{\omega_0} . \tag{5.29}$$

Im allgemeinen ist die Funktion $\tilde{\delta}_{\omega_0}$ nicht streng lokalisiert. Aufgrund der Monotonie der λ_n ist sie jedoch sehr stark auf die Umgebung der durch ω_0 gehenden kontrahierenden Faser konzentriert, längs deren sie eine mehr oder weniger breite Verteilung mit einem Maximum um ω_0 aufweist. Fig. 5.8 zeigt den Spezialfall, bei dem $\tilde{\delta}_{\omega_0}$ vollständig auf die kontrahierende Faser konzentriert ist. Die Zeitevolution von $\tilde{\delta}_{\omega_0}$ wird natürlich durch Gl. (5.3) beschrieben, $\tilde{\delta}_{\omega_t} = W_t \tilde{\delta}_{\omega_0}$. Für den Fall der Fig. 5.8 kann gezeigt werden, daß die Wirkung von W_t auf eine starre Verschiebung der Basis von $\tilde{\delta}_{\omega_0}$ hinausläuft.

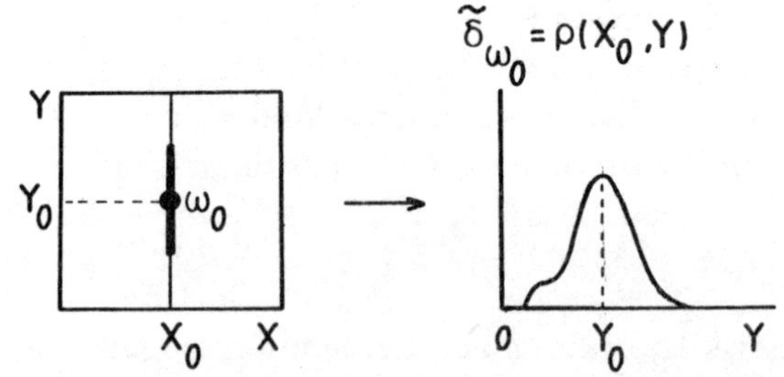

Fig. 5.8: Typische Gestalt einer Dichte $\tilde{\delta}_{\omega_0}$ auf einer kontrahierenden Faser.

In der üblichen Darstellung der Dynamik sind die grundlegenden »Einheiten« Punkte; jetzt werden dies die nichtlokalen Gebilde $\tilde{\delta}_{\omega_0}$, die im wesentlichen Abschnitten der kontrahierenden Fasern zugeordnet sind. Statt mit Einzeltrajektorien, die durch δ-Funktionen dargestellt werden, haben wir es jetzt mit *Trajektorienbündeln* zu tun, die durch $\tilde{\delta}$-Funktionen dargestellt werden.

Gibbs-Ensemble können als Superpositionen von Phasenraumpunkten aufgefaßt werden, da

$$\varrho(\omega) = \int_r \varrho(\omega_0)\delta(\omega-\omega_0)d\omega_0 \qquad (5.30)$$

gilt. Dieser Aufbau muß im Falle instabiler dynamischer Systeme verbessert werden, indem man von ϱ zu $\tilde{\varrho}$ übergeht. Wendet man auf beide Seiten von Gl. (5.30) den Operator Λ an, so sieht man, daß die Ensemble $\tilde{\varrho}$ Superpositionen von $\tilde{\delta}$-Funktionen sind:

$$\tilde{\varrho}(\omega) = \int_r \varrho(\omega_0)\tilde{\delta}(\omega-\omega_0)d\omega_0. \qquad (5.31)$$

Man kann diese Ensemble als *Boltzmann-Ensemble* bezeichnen, da ihre Zeitentwicklung gemäß einer Markov-Halbgruppe erfolgt und zu einer monotonen Zunahme der Entropie führt. Der Übergang von Boltzmann- zu Gibbs-Ensemblen entspricht dem Übergang von beliebiger endlicher zu unendlicher Präzision. *Das Gibbs-Ensemble bildet daher einen singulären Grenzfall des Boltzmann-Ensembles, der unphysikalisch ist.* Wir betonen noch einmal nachdrücklich, wie sehr sich dies von jener Auffassung unterscheidet, die Irreversibilität einer in der Beschreibung reversibler Prozesse eingeführten Näherung zuschreibt.

5.9 Kinetische Theorie

Wir haben dieses Kapitel soweit einer besonderen Klasse instabiler dynamischer Systeme gewidmet, den K-Flüssen, und insbesondere dem einfachen Beispiel der Bäcker-Transformation. Mit Hilfe der hier entwickelten Methoden kann eine Reihe realistischerer Situationen wie die der Brownschen Bewegung oder des Lorentz-Modells (siehe Abschnitt 5.1) behandelt werden.

Wir wollen diesen Abschnitt einer anderen Frage widmen:

Warum ist in großen Systemen wie Gasen oder Flüssigkeiten Irreversibilität so verbreitet? Was ist in solchen Systemen die Ursache für Instabilität? Diese Frage ist weit davon entfernt, trivial zu sein. Harte-Kugel-Modelle wie das Lorentz-Modell bilden keine Hamiltonschen Systeme, da die potentielle Energie zweier harter Kugeln entweder Null oder Unendlich ist und keine kontinuierliche Funktion des Abstands. Deshalb sind die Hamiltonschen Bewegungsgleichungen (2.5 b) nicht anwendbar. Im Gegensatz dazu haben wir in realen Mehrkörper-Systemen stetige Wechselwirkungen und daher eine Hamilton-Funktion, die kinetische und potentielle Energie enthält. Wie wir jetzt zeigen wollen, beginnen wir allmählich zu verstehen, warum große Systeme dieser Art sehr nahe an K-Flüsse herankommen können.

Schauen wir nach Kapitel 3 zurück. Dort haben wir im Abschnitt 3.8 die wichtige Rolle der Resonanzbedingung hervorgehoben. In den niedrigdimensionalen Systemen, die dort betrachtet wurden, sind die Frequenzen auf den meisten Tori inkommensurabel (nicht-resonante Tori); dies führt auf quasiperiodische Bewegungen um elliptische Fixpunkte herum. Allerdings gibt es auch eine dichte Verteilung hyperbolischer Punkte, die aus der Zerstörung resonanter Torusflächen hervorgehen. Wir wollen jetzt zeigen, daß sich diese Situation im Grenzfall großer Systeme wahrscheinlich ganz drastisch verändert, da die Resonanzbedingung dann voraussichtlich fast überall erfüllt wird.

Beginnen wir mit der Feststellung, daß die Dynamik solcher Systeme als eine Abfolge freier Flugbewegungen der Teilchen angesehen werden kann, die von Teilchenzusammenstößen unterbrochen werden. Dieses Wechselspiel wird am deutlichsten erkennbar in der Nähe des Grenzfalls völlig freier Teilchenbewegungen, wenn in einer formalen Störungslösung der Liouville-Gleichung nur die dominanten Terme beibehalten werden. Nimmt man außerdem noch an, daß die Anfangskorrelationen zwischen den Teilchen kurzreichweitig sind, so kommt man zu einer Gleichung, die als *kinetische Gleichung* bezeichnet wird und die Relaxation des System aufs Gleichgewicht zu beschreibt. Diese Gleichung enthält ein Gebilde, das in der modernen kinetischen Theorie eine ganz zentrale Stellung einnimmt, den *Stoßoperator*. In führender Ordnung der Störungstheorie enthält dieser Operator einen multiplikativen Beitrag der Form

$$\left[\frac{2\pi}{L}\right]^3 \sum_{\mathbf{l}} |V_{\mathbf{l}}|^2 \mathbf{l}^2 \delta(\mathbf{l} \cdot (\mathbf{p}_j - \mathbf{p}_k)), \tag{5.32}$$

in welchem $\mathbf{p}_j$ und $\mathbf{p}_k$ die Impulse der Teilchen j und k sind und δ die Deltafunktion darstellt. $V_{\mathbf{l}}$ ist die Fouriertransformierte des Wechselwirkungspotentials V der Teilchen j und k,

$$\begin{gathered} V(|\mathbf{x}_j - \mathbf{x}_k|) = \left[\frac{2\pi}{L}\right]^3 \sum_{\mathbf{l}} V_{\mathbf{l}} e^{i\mathbf{l} \cdot (\mathbf{x}_j - \mathbf{x}_k)} \\ \mathbf{l} = \frac{2\pi}{L} \mathbf{n}, \end{gathered} \tag{5.33}$$

n ist ein Vektor mit ganzzahligen Komponenten. Bei der Angabe dieser letzten Beziehung wurde angenommen, daß periodische Randbedingungen vorliegen und daß V nur vom Teilchenabstand $|\mathbf{x}_j - \mathbf{x}_k|$ abhängt. Der Faktor $(2\pi/L)^3$ vor der Summe (L^3 ist das Volumen des Systems) führt im Grenzfall großer Systeme ($L \to \infty$) zu einem glatten Übergang von der Fourier-Reihe zu einem Fourier-Integral.

Die Gültigkeit der kinetischen Theorie setzt voraus, daß der in (5.32) angegebene Ausdruck existiert und in einem ganzen Bereich des Phasenraums von Null verschieden ist. Wir wollen jetzt die Folgerungen analysieren, die sich aus dieser Eigenschaft für die Dynamik ergeben. Wegen der Anwesenheit der δ-Funktion erhält man in (5.32) nichtverschwindende Beiträge von allen **l**-Werten (mit $|\mathbf{l}| \neq 0$), für die

$$\mathbf{l} \cdot (\mathbf{p}_j - \mathbf{p}_k) = 0 \tag{5.34}$$

ist. Was bedeutet diese Beziehung? Nach der zweiten der Gleichungen (5.33) ist **l** bis auf einen multiplikativen Faktor ein Vektor mit ganzzahligen Komponenten. Außerdem sind $\mathbf{p}_j$ und $\mathbf{p}_k$ im Rahmen der benutzten Störungsmethode der freien Teilchenbewegung zugeordnet und hängen daher mit dem Inversen der Zeit zusammen, welche die Teilchen zum Durchlaufen der charakteristischen Länge L des Systems benötigen. Mit anderen Worten: $\mathbf{p}_j$ und $\mathbf{p}_k$ können als Analoga der Frequenzen in der Wirkungs-Winkel-Variablen Darstellung angesehen werden. Daraus folgt, daß (5.34) eine Struktur besitzt, die der in Kapitel 3 eingeführten Resonanzbedingung ähnelt. Wie wir in Abschnitt 3.8 gesehen haben, sind Resonanzen »gefährlich«, und zwar in dem Sinne, daß eine kleine Störung des integrablen »Referenzsystems« (hier: der freien Teilchenbewegung) voraussichtlich zu hyperbolischen Punkten und instabilen Bewegungen führt.

Solange **l** nur diskrete Werte annimmt, wird (5.34) nur für ganz bestimmte Vektoren **p** erfüllt, und der Stoßoperator verschwindet fast überall im Phasenraum. Im Grenzfall großer Systeme wird **l** jedoch eine kontinuierliche Variable (und (5.32)–(5.33) werden zu Fourier-Integralen). Infolgedessen steht zu erwarten, daß *beinahe überall* im Phasenraum Resonanzen auftreten und daß als Begleiterscheinung der Stoßoperator existiert und von Null verschieden ist. Wir fühlen uns deshalb zu der Schlußfolgerung versucht, daß Systeme, in denen der Stoßoperator nicht verschwindet, fast in jedem Phasenraumpunkt hyperbolisch sind, wie das bei der Bäcker-Transformation der Fall ist. Erneut sehen wir, wie Irreversibilität – ein inhärentes Element der kinetischen Theorie – auf Instabilität der zugrundeliegenden Dynamik zurückgeführt werden kann.

5.10 Schlußbemerkungen

Wir leben in einer pluralistischen Welt. Einfache dynamische Phänomene wie die periodische Bewegung der Erde um die Sonne erscheinen uns als zeitreversibel und deterministisch. Aber wir begegnen auch irreversiblen Prozessen wie chemischen Reaktionen und stochastischen Prozessen wie dem Wählen zwischen sich verzweigenden Zuständen.

Wie ist das möglich? Der klassische Standpunkt war der, daß Irreversibilität und makroskopisches Zufallsverhalten Artefakte sind, die auf der Komplexität des kollektiven Verhaltens im Grunde einfacher Objekte beruhen. Der Glaube an die Einfachheit des fundamentalen Niveaus war beinahe drei Jahrhunderte lang eine der Triebfedern klassischer Wissenschaft.

Heute müssen wir die Situation neu beurteilen. Das fundamentale Niveau ist nicht einfach, nicht einmal in der klassischen Physik, die über so lange Zeit hinweg das Bollwerk für Determinismus und Reversibilität gebildet hat. Der klassische Standpunkt hat sich aus der Beschäftigung mit Systemen entwickelt, in denen periodische Bewegung und elliptische Punkte eine wesentliche Rolle spielen. Im Gegensatz dazu erkennen wir heute, daß es eine Vielfalt von Systemen gibt, in denen hyperbolische Punkte die Hauptrolle spielen. In diesem Kapitel haben wir zwei Systemtypen vorgestellt – K-Flüsse und Systeme aus der modernen Kinetischen Theorie –, in denen fast alle Punkte des Phasenraums hyperbolisch sind. Für derartige Systeme verliert das Konzept von Trajektorien seine Beobachtungsgrundlage. Die Dynamik muß in diesem Fall in einen weitläufigeren Formalismus eingebettet werden, der Zufälligkeit und Irreversibilität mitenthält. Dieser Schritt, der von Gruppen auf Halbgruppen führt, hat nichts mit unserer »Ignoranz« zu tun; er geht auf die ureigentliche Struktur der dynamischen Systeme zurück.

In der Physik ist es häufig nützlich, zwischen Zuständen und Gesetzen zu unterscheiden. Zustände kann man nur über die Präparierung und Beobachtung des Systems in Erfahrung bringen; und die genaue Spezifizierung dieser Vorgänge bildet einen unverzichtbaren Bestandteil jeder objektiven Beschreibung des Systems, wie dies insbesondere von Bohr und Rosenfeld klar herausgestellt worden ist. Diese Präparierung und Beobachtung kann nur zu einem »Fenster endlicher Größe« führen. Der Mechanismus unserer Messung kann sich nicht von einer beliebigen anderen und von selbst auftretenden Wechselwirkung zwischen dynamischen Systemen unterscheiden. Er enthält daher auch das endliche Fenster, das mit deren begrenzter Sensitivität verbunden ist.

Die Berücksichtigung dieses endlichen Fensters führt zu einem neuen Verhältnis zwischen Zuständen und Gesetzen. In der klassischen Betrachtungsweise (die der Quantenmechanik eingeschlossen) sind die Zustände zeitsymmetrisch und pflanzen sich nach Gesetzen fort, die diese Zeitsymmetrie erhalten. Jetzt haben wir es mit Zuständen wie den in Abschnitt 5.8 eingeführten Boltzmann-Ensemblen zu tun, die eine gebrochene Zeitsymmetrie aufweisen und sich nach Gesetzen mit gebrochener Zeitsymmetrie fortpflanzen.

Kapitel 6

Komplexität und Kenntnistransfer

Zu verstehen, was um uns herum vor sich geht, bedeutet, daß wir Modelle entwickeln und diese mit Beobachtungen vergleichen. Diese Aussage mag für Physiker oder Chemiker wie eine Binsenweisheit klingen, geht aber weit über die Physik und die Chemie hinaus. Unser Gehirn mustert beständig die Umgebung, ordnet das Beobachtete nach schon vorhandenen Eindrücken und kommt schließlich zu vorläufigen Schlußfolgerungen. Bei diesem Vorgang spielt die extensive Verwendung von *Analogien* und *Vorbildern* eine entscheidende Rolle.

In diesem Kapitel wollen wir zeigen, daß physikalisch-chemische Systeme, die Übergangsphänomene, weitreichende Ordnung und Symmetriebrüche fern vom Gleichgewicht aufweisen, als Vorbilder für das Verständnis andersartiger komplexer Systeme dienen können, deren Bewegungsgesetze nicht annähernd so genau bekannt sind. Darüber hinaus kann in vielen dieser Systeme schon die Auswahl der richtigen Variablen einen Teil des zu lösenden Problems bilden.

In allen diskutierten Beispielen erfolgt die Analyse in zwei Schritten. Zuerst werden bestimmte Analogien zwischen den Beobachtungen und dem Verhalten physikalisch-chemischer »Referenz«-Systeme festgestellt. Damit wird der Modelltyp festgelegt, der das betrachtete System voraussichtlich am besten repräsentieren wird. Sodann versuchen wir, über die Phase simpler Analogieschlüsse hinauszugehen, *im Rahmen des benutzten Modells* die Besonderheiten des jeweiligen Problems zu berücksichtigen und diese mit in die Beschreibung einzubeziehen. Die Aussagen dieser Analyse werden schließlich mit der Erfahrung verglichen, und, wenn qualitative Übereinstimmung besteht, zu weiterführenden Vorhersagen herangezogen. Wir hoffen, daß sich als ein natürliches Ergebnis dieses Vorgehens Vorstellungen darüber entwickeln lassen, wie das Problem der Komplexität bewältigt werden kann.

6.1 Nichtlineare Dynamik unter Nichtgleichgewichtsbedingungen und die Modellierung von Komplexität

In diesem Buch wurde Komplexität bis jetzt immer mit der Fähigkeit in Verbindung gebracht, bei Veränderung der Umweltbedingungen zwischen verschiedenen Verhaltensweisen umschalten zu können. Die aus dieser Fähigkeit folgende Flexibilität und Adaptabilität führen ihrerseits zum Begriff der *Wahl* zwischen den verschiedenen angebotenen Möglichkeiten. Wie bereits betont, wird diese Wahl durch die Dynamik der Fluktuationen vermittelt, und sie erfordert die Mitwirkung von deren zwei antagonistischen Manifestationen: nämlich von kurzreichweitiger Zufälligkeit als innovativem Element, damit der Zustandsraum erkundet werden kann; und von Ordnung großer Reichweite, damit das System in makroskopischen Raumbereichen und über makroskopische Zeitintervalle ein kollektives Regime aufrechterhalten kann.

Notwendige Voraussetzung für all diese Erscheinungen ist eine nichtlineare Dynamik, die bei Vorliegen geeigneter Einschränkungen zur *Instabilität der Bewegung* und zu *Bifurkationen* führt. Deshalb besteht der erste Schritt bei der Modellierung komplexen Verhaltens darin, den nichtlinearen Charakter der zugrundeliegenden Dynamik festzustellen und einen Satz von Variablen zu identifizieren, der Instabilitäten und Bifurkationen darstellen kann. Hierbei bieten die in Kapitel 3 (siehe besonders Abschnitt 3.6) aufgeführten Ergebnisse der Theorie dynamischer Systeme eine große Hilfestellung. Dieser Theorie zufolge sind die Grundzüge des qualitativen Verhaltens oft schon in einfachen universellen Evolutionsgleichungen, den sogenannten *Normalformen* enthalten, die von einer beschränkten Menge kollektiver Variabler, den *Ordnungsparametern*, erfüllt werden. Potentiell kann deshalb ein Multivariablensystem der Art, wie es die meisten praktisch vorkommenden Systeme darstellen, in der Nähe des Bifurkationspunktes einer vereinfachten Beschreibung zugeführt werden. Wenn wir beispielsweise aus irgendwelchen Gründen wissen, daß das uns interessierende System einen Übergang zu zwei gleichzeitig stabilen stationären Zuständen ohne räumlichen Symmetriebruch vollführen kann, bietet sich als Beschreibung nullter Ordnung eine kubische Dynamik an (Gl. 3.14). Begegnen wir dagegen einem Übergang zu permanenten Schwingungen, so würde das

Gleichungssystem (3.16) für die Radial- und Phasenvariable einen vielversprechenden Ausgangspunkt darstellen. Schließlich würde das Vorliegen einer chaotischen Dynamik bedeuten, daß wir bei einer kontinuierlichen Beschreibung mindestens 3 Variablen benutzen müßten, während wir bei einer diskreten Beschreibung, wie sie z. B. eine Poincaré-Abbildung liefert, nach einer iterativen Dynamik ähnlich der von Fig. 3.27 und Gl. (3.31) suchen könnten.

Solche Betrachtungen, deren Nutzen man nicht unterschätzen sollte, müssen natürlich mit großer Umsicht angestellt werden, damit sie nicht verdecken, was ein wesentlicher Aspekt des Problems ist – und bleiben muß –, nämlich die Spezifik des betrachteten Systems. Der Modellbildner muß in jeder Phase der Analyse dazu in der Lage sein, die Ordnungsparameter mit den ursprünglichen Variablen in Beziehung zu setzen und die Normalform-Dynamik den Mechanismen der im System ablaufenden Prozesse zuzuordnen. Außerdem muß er bestimmten Einschränkungen, die in der ureigentlichen Natur des Problems liegen, Rechnung tragen können. In Systemen, die mit Hilfe physikalisch-chemischer Variablen beschrieben werden können, sind dies z. B. die Positivität der Entropieproduktion, der Temperatur oder der Konzentrationen. Ganz ähnlich bestehen solche Einschränkungen bei Populationsproblemen z. B. in der Forderung, daß die Individuenzahl einer Spezies niemals negativ werden darf. Und in geophysikalischen Problemen lesen sie diejenigen Modelle heraus, in denen die aus den Meßdaten folgenden Raum- und Zeitskalen auf angemessene Weise durch die gewählte Form der Ratenfunktionen und die benutzten Parameterwerte reproduziert werden.

Diese Punkte vor Augen, wenden wir uns jetzt einer Reihe von Beispielen zu, in welchen die Bildung von Modellen, bei denen nichtlineare dynamische Nichtgleichgewichtssysteme als Vorbilder dienten, erfolgreich war. Der Reihe nach betrachten wir im folgenden Materialwissenschaften, Biologie, Geophysik sowie das Sozialverhalten tierischer und menschlicher Populationen.

6.2 Materialwissenschaften

Ein Gebiet, auf dem die Entwicklungen der nichtlinearen Dynamik unter Nichtgleichgewichtsbedingungen zunehmend an Bedeutung gewinnen, ist die Materialforschung. Die Synthese neuer Materialien hat einen entscheidenden Anteil an neuen technologischen Entwicklungen. Daß sie in vielen Fällen durch Prozesse, die in großem Abstand vom thermodynamischen Gleichgewicht ablaufen, bestimmt wird, ist eine eindrucksvolle Erfahrung.

So hat sich z. B. herausgestellt, daß die während des Kristallwachstums und der Verfestigung von Legierungen in der fluiden Wirt-Phase stattfindenden Transportprozesse großen Einfluß auf die Struktur und Qualität der festen Phase haben. Wie in vielen Problemen mit Fluiden unter Nichtgleichgewichtsbedingungen spielt hierbei Konvektion eine dominierende Rolle, da sie die Temperatur und Zusammensetzung an der Grenze zwischen fluider und fester Phase beeinflußt. Die konvektive Bewegung des Fluids wird ihrerseits durch die Konkurrenz zwischen äußeren Bedingungen (getriebene Konvektion) und inneren Vorgängen (natürliche Konvektion) bestimmt. Letztere resultieren aus Konzentrations- oder Temperaturunterschieden (vgl. Abschnitt 1.3), können aber auch durch Oberflächenspannung (vgl. Abschnitt 1.5) induziert werden. Kristallwachstum und Verfestigung sind deshalb gekoppelte Prozesse, die Materie- und Wärmetransport, Flüssigkeitsströmungen, chemische Reaktionen und Phasenübergänge implizieren. Wie schon in Abschnitt 1.3 und im gesamten Kapitel 3 betont wurde, kann die Konvektion unter bestimmten Bedingungen irregulär werden. Dieses chaotische Verhalten bewirkt zufällige Variationen der Temperatur und der Konzentrationen, was zu Unregelmäßigkeiten in der Kristallstruktur führt.

Die Eigenschaften der Grenzfläche zwischen Flüssigkeit und Festkörper sind für diese Phänomene natürlich von primärer Bedeutung. Eine eindrucksvolle Auswirkung des Nichtgleichgewichts bedeutet in diesem Zusammenhang die Entdeckung, daß während des Kristallwachstums zwischen dem Festkörper und der Flüssigkeit eine homogene Phase existiert, deren Eigenschaften sich sowohl von denen der Schmelze als auch von denen des Kristalls unterscheiden. Untersuchungen der Lichtstreuung an dieser Schicht (deren Abmessungen wesentlich größer als die Gitterabstände sind) ergeben einen thermischen Diffusionskoeffizienten in der Größenordnung von $10^{-8}cm^2/s$ gegenüber dem typischen Wert von $10^{-3}cm^2/s$ für reines Wasser. Mit anderen Worten: Thermische Störungen werden viel unwirksamer gedämpft. Dies läßt darauf schließen, daß sich die ganze Schicht ähnlich wie in der Nähe eines Bifurkationspunktes unter kritischen Bedingungen befindet. Vermutlich wird dieser Übergang durch den beim Vorwärtsschreiten der Verfestigungsfront entstehenden Wärmestrom durch die Grenzfläche vermittelt, der in der Grenzschicht buchstäblich eine *Nichtgleichgewichtsphase der Materie* (auch Mesophase genannt) aufrechterhält.

Einer anderen Klasse von Nichtgleichgewichtsphänomenen begegnet man bei der Bestrahlung mit leistungsstarken Lasern oder Teilchenquellen, die es gestatten, innerhalb kürzester Zeit große Energiemengen in die Oberflächenschicht verschiedener Materialien einzubringen. Die dabei auftretenden Verschmelzungs- und Wiederverfestigungsphänomene sind durch hohe Werte der thermischen Gradienten (10^6 bis 10^8 °K/cm) und Grenzschichtgeschwindigkeiten (1 m/s) gekennzeichnet. Solche extremen Nichtgleichgewichtsbedingungen sind u. a. sehr vielversprechend für die Synthese von neuen elektronischen Materialien.

Die vielleicht eindrucksvollste Auswirkung von Nichtgleichgewicht auf dem Gebiet der Materialwissenschaften betrifft die Degradation von Materialien. Erscheinungen wie Plastizität, Deformation oder Ermüdung entstehen gewöhnlich durch Defekte, die durch Belastung erzeugt werden, sich nach und nach verstärken und wandern, um Vorformen von Brüchen zu bilden. Der Fortschritt auf diesem Gebiet erfordert einen Einblick in die Bildung von Defekten und Versetzungen sowie deren Wechselwirkung in Systemen, die äußeren Belastungen ausgesetzt sind. Die Modellierung der resultierenden nichtlinearen Dynamik sollte zu Instabilitäten führen, die hinsichtlich der Defektkonzentration räumliche Strukturen und Übergänge zwischen multiplen stationären Zuständen induzieren. Wir wollen nur kurz einige der Schwerpunkte skizzieren.

Als erstes identifizieren wir die relevanten Variablen und Parameter. Zusätzlich zur Deformation ε, die üblicherweise in den technischen Anwendungen benutzt wird, scheint auch die Temperatur T eine wichtige Rolle zu spielen. Tatsächlich kühlt sich eine Probe im Verlauf eines Dehnungstests ab, solange die Verformung im elastischen Bereich stattfindet. Der Betrag des Temperaturabfalls ist proportional zur Deformation (die der Einfachheit halber als homogen im Volumen verteilt angenommen wird) und hängt vom *Grüneisen-Parameter* γ ab. Diese Größe gibt an, in wieweit die intermolekularen Kräfte zu Abweichungen vom Verhalten des harmonischen Oszillators führen, und bildet daher ein Maß für die thermo-mechanische Kopplung. γ liegt bei gewöhnlichen Temperaturen für eine große Klasse von Materialien zwischen 1,5 und 2,5, erweist sich aber auch als stark belastungsabhängig und geht bei einer kritischen Stärke der äußeren Belastung praktisch gegen Null.

Auf der anderen Seite stehen dem eben genannten Temperaturabfall Erwärmungseffekte gegenüber, die mit der Zähigkeit des Materials zusammenhängen. Mit zunehmender Belastung werden die anfänglich statischen Versetzungen und andere Defekte immer beweglicher, und ihre Bewegung innerhalb der Probe führt zu einem wachsenden Wert der thermischen Energie. Dieser führt seinerseits zu einem Anwachsen der Defektpopulation, was den Vorgängen bei einer exothermen chemischen Reaktion (siehe auch Abschnitt 1.4) recht ähnlich ist. Damit haben wir einen destabilisierenden Mechanismus mit positiver Rückkopplung vor uns, welcher dem stabilisierenden Effekt der durch die Deformation hervorgerufenen Kühlung entgegenwirkt. An einem bestimmten kriti-

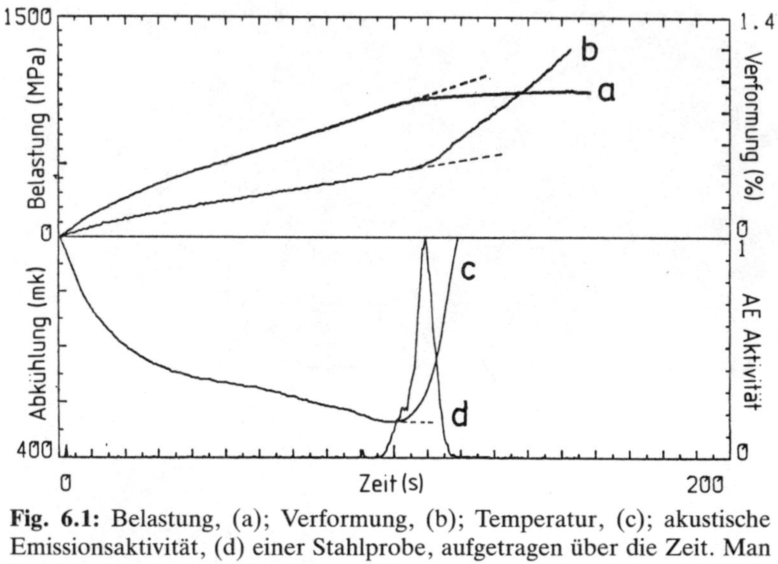

Fig. 6.1: Belastung, (a); Verformung, (b); Temperatur, (c); akustische Emissionsaktivität, (d) einer Stahlprobe, aufgetragen über die Zeit. Man beachte den abrupten Anstieg von Temperatur und akustischer Aktivität im kritischen Bereich.

schen Punkt halten sich die beiden Mechanismen gerade die Waage, und dieser kann als Grenze zwischen den Bereichen der elastischen und plastischen Deformation angesehen werden. Fig. 6.1 zeigt diese bemerkenswerte Koinzidenz. Es steht zu erwarten, daß der Schwellenwert σ_Θ der Belastung – des äußeren Zwangs also, der das System vom Gleichgewicht wegtreibt – an dieser kritischen Stelle den Abzweigungspunkt eines neuen Zustands definiert.

Zur quantitativen Beschreibung der oben genannten Phänomene ist die Ableitung eines Satzes von Evolutionsgleichungen für die Schlüsselvariablen ε und T erforderlich, in denen der Einfluß der Parameter σ und γ explizit verfolgt werden kann. Ohne ins

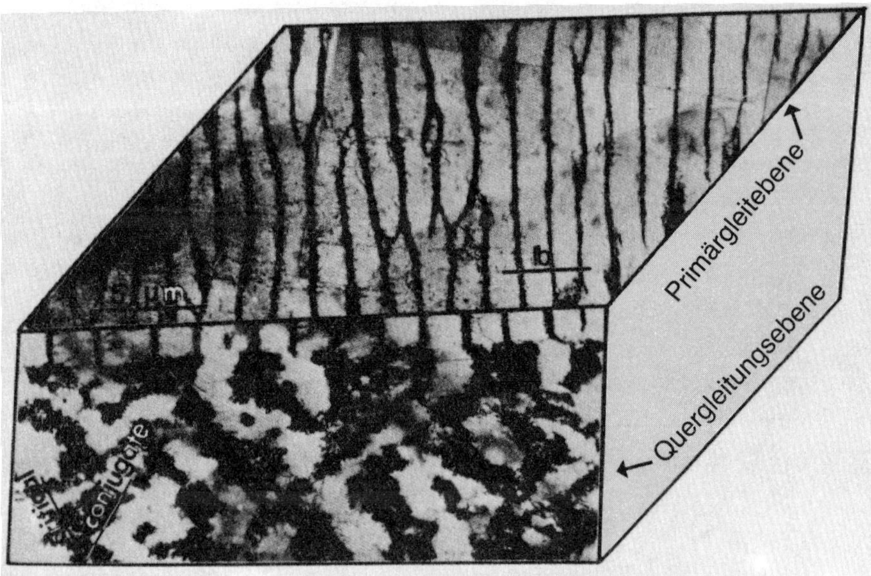

a

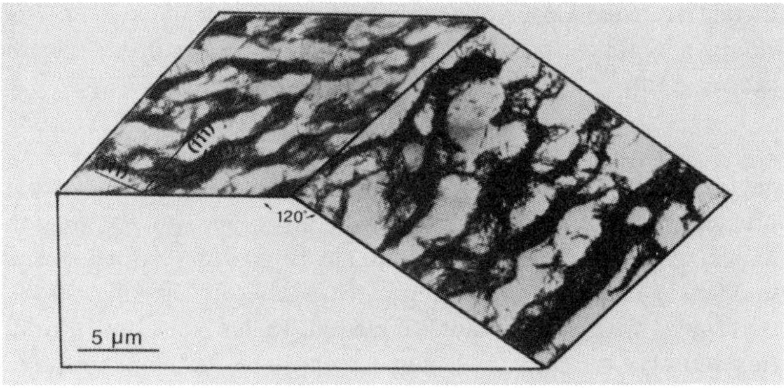

b

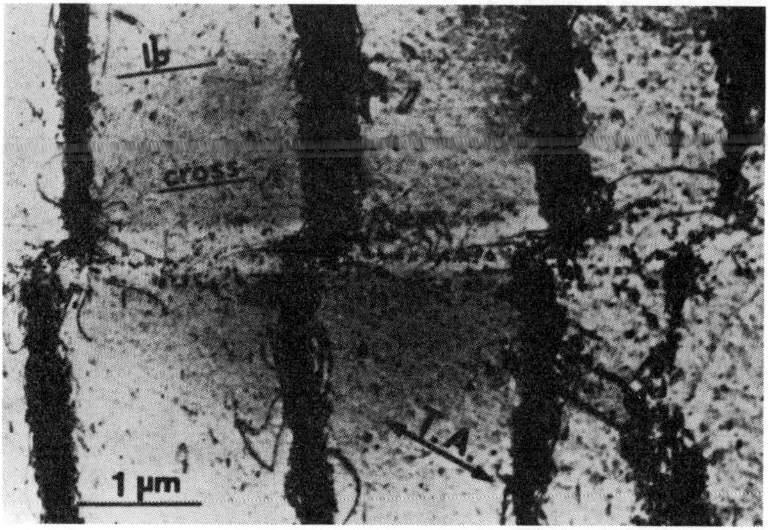

c

Fig. 6.2: Dreidimensionale Versetzungsstruktur in einem periodisch belasteten Kupfer-Einkristall (Aus: T. Tabata, H. Fujita, M. Hizaoka und K. Onishi, Philos. Mag. A *47*, 841 (1983)).

Detail zu gehen, wollen wir nur anmerken, daß diese zwei Gleichungen unter vernünftigen Voraussetzungen durch den nichtlinearen Term

$$-\frac{1}{2}\, C_V \left(\frac{\partial\gamma}{\partial\varepsilon}\right)\left(\frac{T-T_0}{T_0}\right)\, \varepsilon^2 \tag{6.1}$$

gekoppelt sind, wobei C_V die spezifische Wärme und T_0 eine Referenztemperatur sind. Wegen der oben angegebenen Belastungsabhängigkeit des Grüneisen-Parameters γ ist dieser Ausdruck positiv und führt zu einem Verstärkungsmechanismus für diejenigen Fluktuationen, die eine Instabilität einleiten. In der Nähe des Bifurkationspunktes σ_Θ kann man den Ergebnissen des Abschnitts 3.6 zufolge die Beschreibung weiter vereinfachen, indem man alle Variablen bis auf den Ordnungsparameter eliminiert. Der letztere ist eine geeignete Linearkombination von ε und $(T-T_0)$ und gehorcht einer Dynamik der Form von Gl. (3.14) oder der ersten Gl. (3.16):

$$\frac{dx}{dt} = (\sigma - \sigma_\Theta)x - bx^3. \tag{6.2}$$

Je nach den vorliegenden Bedingungen kann die Bifurkation entweder zu einem neuen stationären Zustand (wie in Gl. 3.14) oder zu Grenzzyklus-Oszillationen (wie in Gl. 3.16) führen.

Eine mehr mikroskopische Behandlung des obigen Problems erfordert die Bilanzierung verschiedener Elementarprozesse wie der Erzeugung, der Vernichtung, dem Blockieren oder der Diffusion von Versetzungen. Auf diese Weise kommt man zu Reaktions-Diffusions-Modellen, die jenen sehr ähnlich sind, die wir bei chemischen Instabilitäten studiert haben (vgl. Abschnitt 3.11). Unter einer anisotropen Zwangsbedingung führen solche Modelle zu einer ganzen Hierarchie symmetriebrechender Übergänge, die Versetzungsmuster hervorrufen, welche den experimentell beobachteten sehr ähnlich sind (vgl. Fig. 6.2).

Wir stellen abschließend fest, daß so wichtige, interessante und aktuelle Phänomene der Mechanik wie Plastizität und Nachgiebigkeit offenbar nicht auf rein mechanischer Basis studiert werden können. Sie sollten vielmehr als Bestandteil der allgemeinen Problematik nichtlinearer dynamischer Systeme unter Bedingungen fern vom Gleichgewicht aufgefaßt werden. Wir glauben, daß schon diese Erkenntnis für sich genommen einen wichtigen Durchbruch auf dem Gebiet der Materialwissenschaften darstellt.

Der Sprung von Werkstoffen unter Belastung zu lebenden Zellen mag als gewagtes Unterfangen erscheinen, aber der Leser sollte inzwischen bemerkt haben, daß ein derartiges Vorgehen das Wesen der Kunst des Modellbildens ausmacht. Wir haben gerade gesehen, daß Plastizität und Nachgiebigkeit als Schwellenwertphänomene angesehen werden können, die durch die konkurrierende Wechselwirkung zwischen Defektpopulation und Probenmaterial zustandekommen. Wenn ein Material nachgibt, müssen wir daraus schließen, daß es nicht dazu in der Lage war, die Aktivität der störenden Defekte unter Kontrolle zu halten, und daß deren Population infolgedessen ein katastrophales Niveau erreicht hat. In diesem Abschnitt wollen wir zeigen, daß bei biologischen Phänomenen von vitaler Bedeutung wie z. B. beim Wachstum von Tumoren ein ganz ähnlicher Wettstreit stattfindet. Hier verliert eine anfänglich kleine Gruppe von »Störenfrieden« wie z. B. bestimmte Zellen eines Gewebes aus molekularbiologischen Gründen ihre physiologische Funktion und wird bösartig. Durch schnelle Vermehrung versucht sie nach und nach den gesamten Organismus zu erobern; dieser bemüht sich jedoch, ihnen dadurch entgegenzuwirken, daß er spezialisierte »Killerzellen« in das »Schlachtfeld« entsendet. Der Ausgang des entstehenden Wettkampfes zwischen bösartigen Zellen und Killerzellen entscheidet darüber, ob die Störenfriede unterliegen oder die Oberhand gewinnen. Die Untersuchung dieses Wettstreits zeigt – und diese Tatsache ist unseres Erachtens von allergrößter Bedeutung – daß Sieg oder Niederlage als ein Schwellenwertphänomen aufgefaßt werden können.

Bevor wir diesen Wettstreit quantitativ beschreiben, befassen wir uns kurz mit der Natur der Killerzellen. Das Immunsystem, mit dessen Hilfe sich Wirbeltiere der Wirkung pathogener, in den Organismus eindringender Substanzen widersetzen, produziert im Knochenmark die noch undifferenzierten Immunstammzellen. Diese differenzieren sich anschließend in B- oder T-Lymphozyten und werden in den Organismus ausgesandt. Treffen nun die B-Zellen auf eine eingedrungene Substanz, ein sogenanntes *Antigen*, so differenzieren sie sich weiter in geeignete Zellen beträchtlicher Größe. Diese vermehren sich und sondern als *Antikörper* bezeichnete chemische Substanzen ab, die dazu fähig sind, das Antigen zu neutralisieren. Auf der anderen Seite regulieren die T-Zellen, nachdem sie sich im Thymus einer weiteren Differenzierung unterzogen haben, durch Verstärkung oder Hemmung die Wirkung der B-Zellen. Außerdem sind sie an den direkt durch Zellen vermittelten Immunantworten beteiligt, die sich insbesondere gegen Krebszellen und körperfremde Zellen, wie sie z. B. bei Transplantaten auftreten, richten. Andere Zellarten des Immunsystems, wie Makrophagen, besitzen eine ähnliche Funktion, die als cytotoxische Aktivität bezeichnet wird. In diesem Abschnitt wollen wir uns hauptsächlich mit dieser zellvermittelten Antwort befassen.

Sei X die Populationsdichte der sich vermehrenden Zielgruppe von (z. B. bösartigen) Zellen, und E_0 die der freien cytotoxischen Zellen. Gemäß den experimentellen Daten erkennen die Zellen E_0 die Zellen X, binden diese in Form eines Komplexes $E \equiv E_0X$ an sich und zerstören sie schließlich dadurch, daß der E-Komplex zerfällt (Lyse). Diese Abfolge von Schritten kann durch

$$\begin{aligned} &X \xrightarrow{\lambda} 2X && \text{(Vermehrung)} \\ &E_o + X \xrightarrow{k_1} E \xrightarrow{k_2} E_o + P && \text{(Bindung und Lyse)} \end{aligned} \qquad (6.3)$$

beschrieben werden. Wir nehmen an, daß der Zustand des Immunsystems auf der Zeitskala des E_0-X Wettstreits für alle praktischen Zwecke als stationär angesehen werden kann. Dies bedeutet, daß die Dichte der Gesamtpopulation freier und gebundener Immunzellen, $E_t = E_0 + E$, zeitlich konstant ist. Weiterhin vereinfachen wir die Beschreibung dahingehend, daß wir die Kinetik der zwei Schritte in der zweiten Gleichung (6.3) als nichtkooperativ (keine Rückkopplungen) auffassen, zumindest in dem Parameterbereich, für den wir uns interessieren. Wir betonen jedoch, daß diese Annahme ohne weiteres abgeschwächt werden kann, ohne daß sich die Ergebnisse dadurch qualitativ verändern würden.

Wir können damit die folgenden Bilanzgleichungen notieren:

$$\frac{dX}{dt} = \lambda\left(1 - \frac{X}{N}\right)X - k_1\, E_o\, X$$

$$\frac{dE_o}{dt} = -\, k_1\, E_oX + k_2\, E\,.$$

In der ersten trägt der Faktor $(1-X/N)$ der Tatsache Rechnung, daß innerhalb des Volumens, in welchem der Wettstreit stattfindet, für X eine Obergrenze N existiert. Da derVorgang der Lyse viel schneller als die anderen Prozesse vonstatten geht, kann die in Abschnitt 3.6 eingeführte Annahme der Quasistationarität gemacht werden. Wir setzen daher $dE_0/dt \simeq 0$, benutzen die Erhaltungsgleichung $E_t = E_0 + E$, können damit E_0 durch X ausdrükken und erhalten schließlich

$$\frac{dX}{dt} = \left(1 - \frac{X}{N}\right) \lambda X - \frac{k_1 E_t X}{1 + \frac{k_1}{k_2} X}. \tag{6.4}$$

Diese Gleichung kann in die dimensionslose Form

$$\frac{dx}{d\tau} = (1 - \Theta x)x - \frac{\beta x}{1 + x} \tag{6.5}$$

überführt werden, wo

$$\beta = \frac{k_1 E_t}{\lambda}, \quad \Theta = \frac{k_2}{k_1 N}, \quad \tau = \lambda t, \quad x = \frac{k_1 X}{k_2}. \tag{6.6}$$

Es ist offensichtlich, daß Gl. (6.5) stets den stationären Zustand X = 0 als Lösung besitzt. Die lineare Stabilitätsanalyse (vgl. Anhang I) zeigt, daß diese Lösung für $\beta < 1$ instabil und für $\beta > 1$ stabil ist, unabhängig davon, welchen Wert Θ annimmt. Die Existenz einer von Null verschiedenen stationären Lösung für x entspricht tumorösen Zuständen des Gewebes. Je nach dem Wert von Θ können zwei qualitativ verschiedene Situationen auftreten, die in Fig. 6.3 dargestellt sind. Für $\Theta > 1$ ist die Existenz eines tumorösen Gewebestatus auf den Wertebereich $\beta < 1$ eingeschränkt. Hier ist die

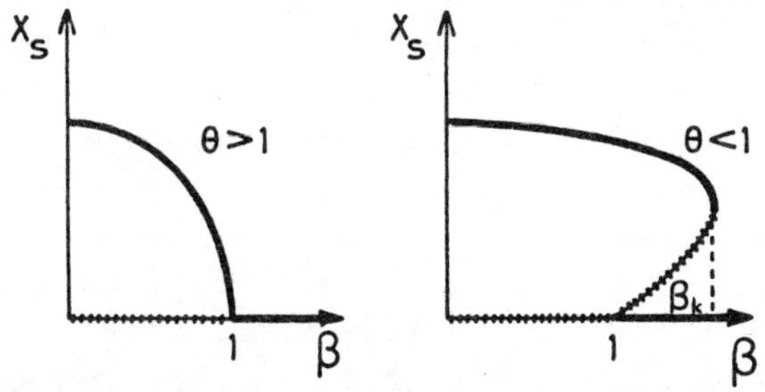

Fig. 6.3: Stationäre Konzentration von Tumorzellen als Funktion des die Aktivität des Immunsystems charakterisierenden Parameters β. Im rechten Bild ist die Möglichkeit zur Koexistenz eines normalen ($X_s = 0$) und eines von diesem durch eine endliche Schwelle getrennten bösartigen ($X_s > 0$)-Zustands zu erkennen.

Bedingung für eine erfolgreiche Abwehr einfach die, daß β im Verlauf der Immunantwort größer als eins werden muß. Für $\Theta < 1$ ist der Übergang zwischen tumorösen und nichttumorösen Situationen mit einem Bistabilitätsphänomen verknüpft, dessen Eigenschaften an die Nichtgleichgewichtsübergänge erinnern, deren Diskussion sich über dieses ganze Buch hin erstreckt hat. Im Bereich $1 < \beta < \beta_k = (1 + \Theta)^2/4\Theta$ sind gleichzeitig der Null-(Normal-) Zustand und ein tumoröser Zustand stabil. Es steht zu erwarten, daß einem Übergang zwischen diesen beiden Zuständen ein Keimbildungsprozeß vorausgehen muß. Geht man als Anfangsbedingung von einem tumorösen Gewebestatus aus und erhöht den Wert von β, so ist eine erfolgreiche Abwehr jetzt nur noch für $\beta > \beta_k$ garantiert.

Eine Abschätzung der Parameterwerte aus der Literatur führt zu dem Schluß, daß in der Realität beide Arten stationärer Zustände auftreten können.

Rufen wir uns aus der ersten Beziehung (6.6) in Erinnerung, daß der Parameter β im wesentlichen die Wirksamkeit des Immunsystems beschreibt, so stellen wir fest, daß für einen im Bereich $1 < \beta < \beta_k$, $\Theta < 1$ gegebenen Zustand des Immunsystems je nach der Vorgeschichte des Gesamtsystems sowohl normale als auch pathologische Situationen auftreten können.

Die in diesem Abschnitt benutzte dynamische Betrachtungsweise bildet sicherlich auch ein wichtiges Element für das Verständnis einer Vielzahl anderer biologischer Phänomene auf supermolekularem Niveau, wie z. B. der Aggregation von Blutzellen bei der Arteriosklerose.

6.4 Modellierung der Klimaentwicklung

Populationen wechselwirkender Entitäten stehen erneut im Zentrum unserer Aufmerksamkeit, wenn wir uns später in diesem Kapitel mit der Modellierung sozialen Verhaltens beschäftigen werden. Bevor wir dieses Problem angehen, wollen wir jedoch noch einige Ideen zur Modellierung klimatischer Variabilität vorstellen, ein Problem, das offensichtlich nicht nur wissenschaftliches, sondern auch ökonomisches und gesellschaftliches Interesse besitzt. Trotz dieser globalen Rolle bleibt die klimatische Variabilität im

Fig. 6.4: Schematische Ansicht der Nordhalbkugel auf dem Höhepunkt der letzten Vereisung (rechts) und unter den gegenwärtigen Bedingungen (links). (Aus »Ice-ages« von Imbrie und Imbrie, Enslow Publishers, Hillside, New Jersey 1979.)

wesentlichen ein Problem, das einer physikalisch-chemischen Beschreibung zugänglich sein sollte, ganz ähnlich wie die zuvor in diesem Kapitel diskutierten Probleme.

Die wichtigsten Tatsachen, die darauf schließen lassen, daß das Klimasystem durch eine ausgeprägte Variabilität charakterisiert ist, haben wir im Abschnitt 1.7 zusammengestellt. Fig. 6.4 zeigt den Schauplatz für das, was den Hauptzweck dieses Abschnittes bilden wird, nämlich die Modellierung dieses Phänomens.

Die rechte Hälfte zeigt die nördliche Hemisphäre am Höhepunkt der letzten großen Vereisung vor 18 000 Jahren. Man sieht, daß eine mehrere Kilometer dicke kontinentale Eisschicht große Teile von Nordamerika bis zur Mitte der Vereinigten Staaten bedeckt hat, außerdem große Teile von Nord- und Westeuropa bis hinab zur Breite von Paris und Berlin. Die linke Hälfte der Abbildung zeigt die gegenwärtige Situation. Wir sehen, daß das Kontinentaleis im wesentlichen auf Grönland beschränkt ist. Weiterhin ist bekannt, daß sich die heutige Situation praktisch schon vor 10 000 Jahren eingestellt hat, soweit es die Ausdehnung von Kontinentaleis betrifft. Mit anderen Worten werden wir zu der Schlußfolgerung gezwungen, daß das physikalische System Planet Erde in der nach geologischen Maßstäben kurzen Zeitspanne von ein paar

Tausend Jahren einen Übergang zwischen zwei außerordentlich verschiedenen Zuständen vollzogen hat, wobei sich die Unterschiede über Entfernungen von der Größenordnung der gesamten Erde erstrecken.

Diese Bemerkungen führen zu dem Schluß, daß jedes sinnvolle Modell für das klimatische System das Auftreten solcher großräumiger Übergänge erklären können sollte. Wir wollen uns jetzt die Bausteine ansehen, die uns zur Konstruktion eines adäquaten Modells mit den geforderten Eigenschaften zur Verfügung stehen.

Das System Erde-Atmosphäre-Kryosphäre ist ein physikalisches System und gehorcht deshalb den Grundgleichungen für die Erhaltung von Energie, Masse und Impuls. Die Energiebilanz beschreibt, wie die einfallende Sonnenstrahlung vom System weiterverarbeitet wird: welche Anteile absorbiert und wieder abgestrahlt werden, wie diese über die Längen- und Breitengrade und wie über die Kontinent- und Meeresoberflächen verteilt sind. Die wichtigsten Terme in der Massenbilanz betreffen das Gleichgewicht zwischen Kontinentaleis und Meereis sowie einigen wichtigen, wenn auch weniger häufigen Bestandteilen der Atmosphäre wie Kohlendioxid und Wasserdampf. Die Impulsbilanz regelt schließlich die atmosphärische Zirkulation, die letztlich die lokalen Temperaturen und die Niederschlagsverteilung bedingt. Das Problem besteht nun darin, daß all diese Bilanzgleichungen eng miteinander verkoppelt sind. Außerdem ist die genaue Form der phänomenologischen Gesetze, welche die verschiedenen Flüsse durch eine begrenzte Anzahl makroskopischer Variabler ausdrücken (vgl. Abschnitt 2.2), nur unzureichend bekannt. De facto ist eine der wenigen unbestrittenen Tatsachen die Existenz von Turbulenzen in der Atmosphäre und den Ozeanen. Wenn überhaupt auf irgendetwas, so läßt dies darauf schließen, daß das Klima die typische Unberechenbarkeit chaotischer Systeme aufweisen sollte!

Angesichts dieser Situation kann man zwei Haltungen einnehmen. Entweder man kommt zu dem Schluß, daß der volle Satz der Bilanzgleichungen auf einem Computer numerisch gelöst werden muß, wobei die einzelnen Flüsse mit Hilfe der verfügbaren Daten so gut wie möglich parametrisiert werden. Diese Tendenz hat zu den *Modellen der allgemeinen Zirkulation* geführt und die Entwicklung extrem schneller Computer angeregt, die derart gewaltige Datenmengen bewältigen können.

Oder aber man argumentiert, daß gerade wegen der enormen Komplexität des Klimasystems eine *qualitative* Analyse erforderlich ist, die darauf abzielt, Langzeittrends herauszufinden und die Schlüsselparameter zu identifizieren. Dem Leser dieses Buches sollte eigentlich diese Haltung als der natürliche Weg für den Umgang mit Komplexität erscheinen! Einen Großteil des Fortschritts in unserem Verständnis von Erscheinungen im Labormaßstab wie hydrodynamischen und chemischen Instabilitäten, die ja wesentlich einfacher und leichter beobachtet werden können als das globale Klima, verdanken wir schließlich der umfassenden Nutzung von Konzepten und Methoden der Theorie dynamischer Systeme. Im verbleibenden Teil dieses Abschnitts werden wir deshalb einige Beispiele dafür angeben, welche Art von Information und welche Einsichten die qualitative Analyse einfacher mathematischer Klimamodelle liefert. Dabei werden wir uns auf das Problem der Vereisung im Quartär und insbesondere auf die Mechanismen konzentrieren, mit deren Hilfe das Klimasystem die schwachen Schwankungen der einfallenden Sonnenenergie empfangen und verstärken kann. Wie wir im Abschnitt 1.7 gesehen haben, scheinen diese geringfügigen Schwankungen eine eindrucksvolle Korrelation zu den charakteristischen Zeitskalen der Vereisungen aufzuweisen.

Wir wollen das Problem sehr global betrachten und die Erde als ein »nulldimensionales« Objekt ansehen, das Sonnenlicht empfängt und infrarotes Licht in den Weltraum zurückstrahlt. Bei dieser Betrachtungsweise gibt es nur eine wichtige Zustandsgröße, die mittlere Temperatur T, deren zeitliche Entwicklung gemäß der Wärmebilanzgleichung

$$\frac{dT}{dt} = \frac{1}{C}\,[Q(1 - a\,(T)) - \varepsilon_B \sigma T^4] \qquad (6.7)$$

erfolgt. Hierin ist C die Wärmekapazität des Systems, Q die Solarkonstante und a die Albedo, die den Anteil der unmittelbar in den Weltraum zurückreflektierten Sonnenstrahlung angibt. Die Temperaturabhängigkeit dieser Größe trägt der Oberflächen-Albedo Rückkopplung Rechnung, die am Ende des Abschnitts 1.7 beschrieben worden ist und in etwa durch die Kurve (a) in Fig. 6.5 dargestellt werden kann.

Der letzte Term in Gl. (6.7) beschreibt die emittierte Wärme-

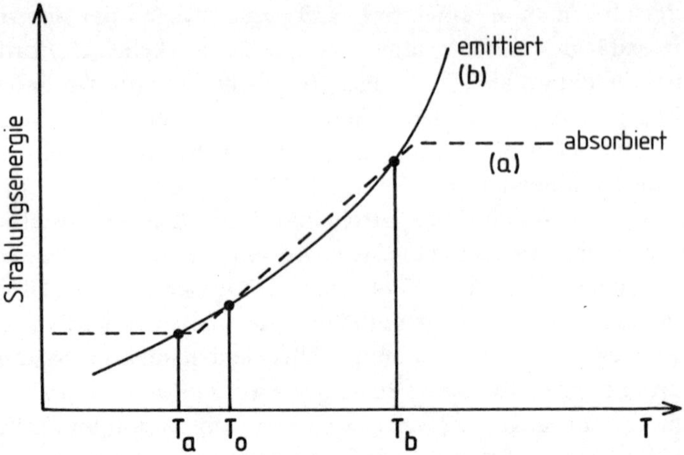

Fig. 6.5: Globale Energiebilanz des Planeten Erde. Unter geeigneter Parameterisierung der Albedofunktion a(T) beschreiben die Kurven (a) und (b) die Temperaturabhängigkeit des absorbierten Anteils der einfallenden Sonnenenergie bzw. die von der Erde in den Weltraum emittierte Infrarotstrahlung. Diese Zusammenhänge führen auf drei stationäre Regime, von denen zwei (T_a, T_b) stabil sind und einem Eiszeitklima bzw. einem Klima ähnlich dem heutigen entsprechen.

strahlung als Modifikation des bekannten Stefan-Boltzmann-Gesetzes für die Strahlung des schwarzen Körpers. σ ist die Stefan-Boltzmann-Konstante und ε_B ein Emissionsfaktor, der berücksichtigt, daß die Erde nicht ganz wie ein schwarzer Körper strahlt.

Die in Fig. 6.5 zusammengefaßten Ergebnisse der Untersuchung von Gl. (6.7) zeigen, daß das System bis zu drei stationäre Zustände zulassen kann. Zwei davon, die mit T_b und T_a bezeichnet sind, verhalten sich stabil und entsprechen dem gegenwärtigen Klima bzw. einem kalten Klima, das an eine globale Vereisung erinnert. Der dritte Zustand T_0 ist instabil und trennt die beiden stabilen Regime.

Wie wir im Abschnitt 4.5 gesehen haben, kann die Evolution eines Systems mit einer einzigen Zustandsvariablen stets durch die Bewegung eines »Teilchens« in einem Potential U repräsentiert werden. Im gegenwärtigen Fall ist dieses Potential durch

$$U(T) = -\frac{1}{C}\int dT[Q(1-a\ (T)) - \varepsilon_B \sigma T^4]$$

gegeben (vgl. Gl. (4.30)), und wir bezeichnen es als *Klimapotential*. Unter den in Fig. 6.5 gezeigten Umständen ist es bistabil in genau der Weise, wie dies in Fig. 4.7 b dargestellt ist.

Nun ist das Klimasystem wie jedes andere physikalische System beständig statistischen *Fluktuationen* ausgesetzt, jenen zufälligen Abweichungen vom deterministischen Verhalten, die ausführlich in Kapitel 4 diskutiert worden sind. Da wir zum Aufstellen einer Master-Gleichung für die zugrundeliegende Wahrscheinlichkeitsverteilung keine ausreichenden Informationen besitzen, fassen wir die Wirkung der Fluktuationen zu einer *zufälligen Kraft* F(t) zusammen, wie dies am Ende des Abschnitts 4.2 beschrieben wurde. Die Energiebilanzgleichung (6.7) wird damit zu einer stochastischen Differentialgleichung der Form

$$\frac{dT}{dt} = -\frac{\partial U(T)}{\partial T} + F(t). \tag{6.8}$$

Das wichtige neue Element, das durch diese erweiterte Beschreibung ins Spiel kommt, besteht darin, daß jetzt verschiedene Zustände durch Fluktuationen miteinander *verbunden* werden. Anders gesagt bedeutet dies, daß das System von irgendeinem Anfangszustand aus früher oder später jeden anderen Zustand erreicht. Dies gilt auch, wenn die beiden stabilen Zustände T_a und T_b als Anfangszustände genommen werden. Deren deterministische Stabilität geht dann in eine Art von *Metastabilität* über. Wie schon in Abschnitt 4.5 besprochen, wird die Zeitskala dieses Vorgangs von zwei Faktoren bestimmt: der *Potentialbarriere*

$$\Delta U_{a,b} = U(T_0) - U(T_{a,b})$$

und der üblicherweise durch die *Varianz* q^2 von F(t) gemessenen Stärke der Fluktuationen. Eine schon in Abschnitt 4.5, Gl. (4.31) angegebene Abschätzung der Größenordnung liefert:

Mittlere Übergangszeit vom Zustand T_a oder T_b aus über den Zustand T_0 hinweg ≡

$$\tau_{a,b} \sim \exp\left(\frac{\Delta U_{a,b}}{q^2}\right) \tag{6.9}$$

Es ist deutlich zu sehen, daß diese Zeit für jeden sinnvollen Wert der Potentialbarriere extrem groß wird, sofern nicht unverhältnismäßig große Fluktuationen auftreten. Übergangszeiten zwischen 10^4 und 10^5 Jahren erweisen sich als typisch, also gerade der Bereich für die charakteristischen Zeiten quartärer Vereisungen. Dennoch kann man nicht behaupten, daß Gl. (6.9) eine Erklärung der Glazialzyklen liefern würde, da der Übergang zwischen den Klimazuständen T_a und T_b ein Zufallsprozeß ohne wohldefinierte Periodizität bleibt. Dies ist der Punkt, wo dem Einfluß einer schwachen periodischen Einwirkung von außen eine entscheidende Rolle zufällt.

Wir wollen jetzt die obige Analyse wiederholen und dabei zur Solarkonstante Q einen kleinen Term der Form $Q\,\varepsilon \sin(\omega t)$ hinzufügen, dessen Periode $\Delta = 2\pi/\omega$ die Wirkung von Veränderungen der mittleren jährlichen Sonneneinstrahlung repräsentiert, wie sie durch eine der in Abschnitt 1.7 diskutierten Störungen der Erdumlaufbahn verursacht werden. Wie sich zeigt, hat dieser äußere Zwang praktisch keinen Effekt, wenn Δ viel kleiner als die Übergangszeit $\tau_{a,\,b}$ ist. Wird Δ jedoch mit $\tau_{a,b}$ vergleichbar, so wird die Reaktion des Systems ganz kolossal verstärkt. Im Endeffekt erniedrigt die Anwesenheit des äußeren Zwangs dann die Potentialbariere und erleichtert dadurch den Übergang zwischen Klimazuständen. Darüber hinaus wird dem System durch die Periodizität des Signals ein rhythmischer Übergang zwischen zwei Klimatypen über die dieserart erniedrigte Barriere hinweg aufgezwungen. Allmählich zeichnet sich also das Bild eines qualitativen Vereisungsmechanismus ab, bei dem sowohl interne Prozesse als auch äußere Faktoren eine wichtige Rolle spielen. Das hier diskutierte einfache Modell erlaubt es auch, diejenigen Parameter zu identifizieren, die aller Wahrscheinlichkeit nach den stärksten Einfluß auf das Systemverhalten besitzen.

Natürlich fordert der schematische Charakter unseres Modells dazu heraus, ausgefeiltere Beschreibungsweisen zu entwickeln, die zwar weiterhin einer analytischen Untersuchung zugänglich sind, aber zusätzliche Schlüsselvariablen mit einbeziehen. Eine besonders interessante Klasse derartiger Modelle besteht aus denjenigen, die die Wechselwirkung zwischen der mittleren Oberflächentemperatur und dem kontinentalen oder maritimen Eis beschreiben. Bei plausiblen Parameterwerten sagen sie zeitlich periodische Lösungen vom Typ eines Grenzzyklus voraus, deren Periode ebenfalls mit den charakteristischen Zeiten der Vereisung vergleichbar ist. Wenn man hier jedoch den Effekt der Fluktuationen in die Beschreibung mit einbezieht, findet man, daß nach einer hinreichend langen Zeitspanne jede Spur von Kohärenz im Schwingungsverhalten verschwindet. Schuld daran ist die schwache Phasenstabilität des Oszillators. Wiederum ermöglicht die Einkopplung eines periodischen äußeren Zwangs durch die resultierende Stabilisierung der Phase das Zustandekommen eines Regimes, indem sich das Klimasystem auf die Periode des äußeren Zwangs einschwingt und zu diesem feste Phasenverhältnisse einhält.

Weiteres Fortschreiten auf dem anregenden Gebiet der Klimadynamik sollte zum Ziel haben, die Lücke zwischen einfachen qualitativen Modellen und detaillierten numerischen Beschreibungen zu verkleinern. Eine erneute Untersuchung der Klimadaten im Lichte der Theorie dynamischer Systeme läßt ebenfalls neue Einblicke erwarten, aus denen eine neuartige Beschreibung der Komplexität unserer Umwelt im Großen hervorgehen sollte. Einige Versuche, die in diese Richtung gehen, sind im Anhang IV zusammengefaßt.

6.5 Wahrscheinlichkeitsverhalten und Anpassungsstrategien staatenbildender Insekten

Wir wenden uns jetzt einer anderen Facette der Komplexität zu und interessieren uns für Erscheinungen, bei denen sich komplexes Verhalten nicht mehr in den traditionellen Zustandsvariablen der Physik wie Temperatur oder in chemischen Konzentrationen äußert. Neue Elemente kommen ins Spiel und verlangen nach einer Sprache, in der Begriffe wie Strategie, Antizipation, Symbol und Ritualisierung die Schlüsselwörter sind. Weiterhin bleibt jedoch die Fähigkeit, Übergänge zwischen verschiedenen Verhaltensweisen vollziehen zu können, der wesentliche Fingerabdruck der Komplexität. Dies ermöglicht es, bei der Analyse die für nichtlineare dynamische Nichtgleichgewichtssysteme entwickelten Konzepte und Methoden anzuwenden. Wir beginnen unsere Betrachtung damit, daß wir einige Aspekte des Verhaltens gesellig lebender Insekten erörtern.

Das Auftreten gesellig lebender Insekten (Bienen, Ameisen, Termiten) hat in der biologischen Evolution einen enormen ökologischen Fortschritt dargestellt. Solche Insekten haben die meisten bekannten Nischen erobert, insbesondere in den Tropen, wo ihre Biomasse bis zu einer Tonne pro Hektar betragen kann.

Die übliche Ansicht über Insektenstaaten betrachtet Nestbau, Futtersuche und andere kollektive Aktivitäten als Prototypen einer deterministischen Welt, in der das Einzelinsekt ein kleiner, zuverlässiger Automat ist, der sich nach einem streng festgelegten genetischen Programm richtet. Heute tritt dieses Bild absoluter Starrheit allmählich zugunsten eines neuen Schemas zurück, bei dem Zufallselemente der Umwelt und eine gewisse Gestaltungsfähigkeit des Individualverhaltens eine wichtige Rolle zu spielen beginnen.

Was an einem Insektenstaat am meisten ins Auge sticht, ist das Vorhandensein zweier Skalen: einer auf dem Niveau des Individuums, die durch ein hochgradig probabilistisches Verhalten charakterisiert ist, und einer auf dem Niveau des Gesamtstaates, wo sich trotz der Ineffizienz und Unberechenbarkeit der Individuen kohärente und gattungsspezifische Muster im Maßstab einer ganzen Kolonie herausbilden. Wir wollen uns näher ansehen, wie die Verknüpfung dieser beiden Aspekte für die Gesamtorganisation der Gesellschaft sorgt. Als hauptsächliches Beispiel betrachten wir die Nahrungssuche bei Ameisen und vergleichen diese Aktivität in zwei verschiedenen Situationen: 1. In der Nähe des Nests befindet sich eine verläßliche Nahrungsquelle wie z. B. eine Kolonie kleinerer Insekten (sagen wir Blattläuse), deren Lebensdauer in der Größenordnung einiger Monate liegt, und 2. eine unerwartete Nahrungsquelle wie z. B. ein toter Vogel oder eine zweite Kolonie von Beutetieren steht ganz plötzlich zur Verfügung.

Im ersten Fall beobachtet man die Ausbildung stabiler Straßen vom Bau zur nahe gelegenen Kolonie, und jede von diesen hat ihre eigenen auf sie spezialisierten Benutzer (vgl. Fig. 6.6). Außerhalb dieser Hauptrouten sind nur wenige Ameisen zu finden. Offenbar ist es für die Gesellschaft unter den bestehenden Umständen von Vorteil, dauerhafte stabile Strukturen mit geringem Rauschpegel aufzubauen.

Im Gegensatz dazu kann eine dauerhafte Struktur in einer unberechenbaren Umwelt die Anpassungsfähigkeit der Ameisenkolonie in Frage stellen und diese in ein Regime bringen, das nicht mehr optimal ist. Eine mögliche Reaktion auf eine derartige Um-

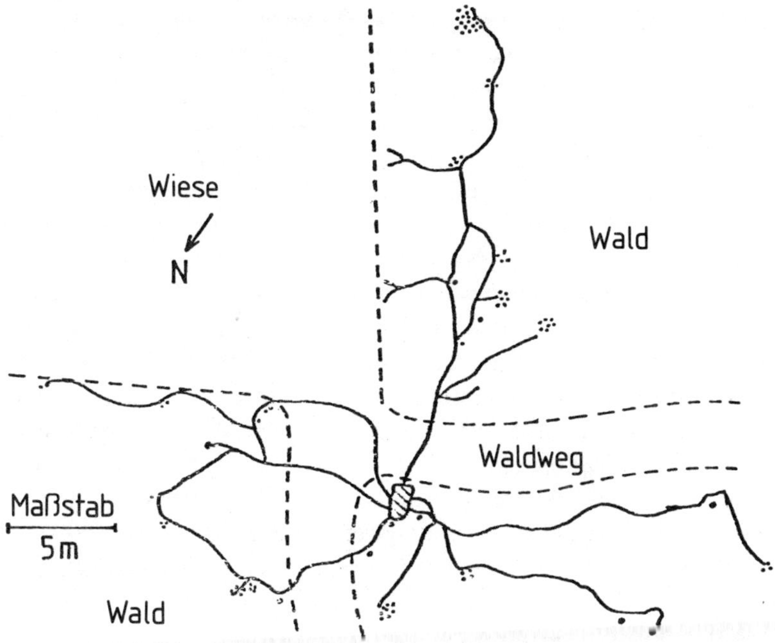

Fig. 6.6: Schematische Darstellung des Nests und des Spurennetzes in einem Ameisenstaat der Gattung *Lasius fuliginosus*.
: Ameisenspur; : Nest, , Bäume mit Blattläusen

welt besteht deshalb darin, an einer hohen Erkundungsaktivität festzuhalten und sich die Fähigkeit zu einer schnellen Entwicklung provisorischer Strukturen zu bewahren, um jede günstige Gelegenheit, die sich bietet, ausnutzen zu können. Mit anderen Worten, es scheint so, daß Unregelmäßigkeiten für die Organisation der Gesellschaft einen adaptiven Wert besitzen. Diese generelle Aussage wird ganz offensichtlich durch die experimentellen Daten untermauert, denen wir jetzt unsere Aufmerksamkeit zuwenden wollen.

Nach der Entdeckung einer neuen Nahrungsquelle müssen Ameisen mobilisiert werden, damit eine möglichst effektive Exploration erzielt wird. Die Mechanismen, mit deren Hilfe es Ameisenstaaten bewerkstelligen, eine große Zahl von Individuen um die Nahrungsquellen zu versammeln, bilden die Elemente der *Rekrutierung* zum Zwecke der Nahrungsbeschaffung. Diese wollen wir im Folgenden bei zwei Ameisengattungen näher untersuchen, bei *Tetramorium impurum* und bei *Tapinoma erraticum*. Bei der ersten Spezies gibt es eine Gruppenrekrutierung, d. h. der Rekruteur legt auf dem Rückweg von der Nahrungsquelle zum Nest eine Spur aus und führt dann eine kleine Zahl von Rekruten die Spur entlang zur Nahrungsquelle. Beide Arten können außerdem Massenrekrutierungen durchführen, bei denen die ausgelegte Spur zur Führung der Rekruten ausreicht und diese sich unabhängig vom Rekruteur auf den Weg machen.

Seien nun beide Spezies denselben experimentellen Bedingungen ausgesetzt. Speziell werde die Rekrutierung dadurch ausgelöst, daß den Ameisen nach 4 Hungertagen in 10 cm Abstand vom Nest 1 Mol Sucroselösung angeboten wird. Das Verhalten der Rekruteure und Rekruten wird auf Video aufgezeichnet. Die Präzision der Rekrutierung wird durch den Bruchteil rekrutierter Ameisen gemessen, die tatsächlich bei der Futterquelle ankommen, sowie durch den mittleren Bruchteil einer gegebenen Rekrutierungsspur, der von den alleine marschierenden Ameisen benutzt wird. Tabelle 6.1 faßt die Resultate zusammen. Offensichtlich bildet eine Rekrutierungsspur für *Tapinoma* ein viel wirkungsvolleres Stimulans als für *Tetramorium*. Außerdem ist die Massenrekrutierung bei *Tapinoma* viel präziser. Unter denselben experimentellen Bedingungen erreichen ganze 73 % der den Bau verlassenden Rekruten die Nahrungsquelle, indem sie der von einem einzigen Rekruteur ausgelegten Spur folgen. Mit anderen Worten, das Fehlerausmaß bei der Rekrutierung variiert von Art zu Art ganz beträchtlich. Wir zeigen nun, daß es je nach den gegebenen Umständen auch innerhalb ein und derselben Spezies variieren kann.

Zwei Behälter (5 × 20 × 30 cm) seien durch eine Brücke verbunden. Das Nest befinde sich im einen Behälter, zwei Nahrungsquellen im anderen. Die Rekrutierung zur Sucroselösung werde nach 8 Hungertagen in Gang gesetzt. Die Nahrungsquellen seien 11 cm von der Brücke und 14 cm voneinander entfernt. Sie werden gleichzeitig oder mit 1 Stunde relativer Verzögerung ausgesetzt, und der Verkehr von *Tetramorium*-Ameisen über die Brücke wird auf Video aufgezeichnet. Es zeigt sich, daß die Rekrutierung nur mit mäßiger Präzision erfolgt. Nur 20 bis 40 % der Rekruten beteiligen sich am Einbringen der Nahrung. Die meisten Ameisen verlieren die Rekrutierungsspur und erkunden das Fütterungsge-

Tabelle 6.1 Vergleich der Rekrutierungspräzision zweier Ameisenarten (die Zahlen in Klammern geben die wirkliche Anzahl beobachteter Ameisen an)

	Tetramorium impurum	Tapinoma erraticum
Länge (in %) der tatsächlich benutzten Spuren	17 (40)	67.7 (47)
Rekruten (in %) die an der Nahrungsquelle ankommen	alleine 8.9 (45) in Gruppen 60 (10) zusammen 18.2 (55)	73.6 (216) – 73.6 (216)

biet. Sie entdecken bald die zweite Nahrungsquelle, selbst wenn die Rekrutierung zur ersten schon voll in Gang war. Wenn die beiden Nahrungsquellen qualitativ gleichwertig sind, wird normalerweise zuerst eine von beiden solange maximal ausgewertet, bis sie zur Neige geht. Erst dann wird die zweite voll kolonisiert, und deren Ausbeutung wird so intensiviert, daß keine Unterbrechung in der Geschwindigkeit der Nahrungsbeschaffung festzustellen ist. Besitzt die zweite Nahrungsquelle eine höhere Glucosekonzentration als die erste, so verlagern die Ameisen ihre kollektiven Anstrengungen auf die lohnendere Quelle, ohne jedoch die erste völlig aufzugeben. Dieses Verhalten erinnert deutlich an die Bifurkation zweier gleichzeitig stabiler Zustände (vgl. Fig. 3.9), und an deren Deformation unter dem Einfluß von kleinen »Störungen« (vgl. Fig. 3.10). Außerdem ist klar zu erkennen, wie dem System durch Stochastizität ein Überwechseln zwischen diesen beiden Verhaltensweisen ermöglicht wird.

Wir stellen nun die folgende Frage. Ameisen, die irrtümlich die Spur verlieren, können neue Nahrungsquellen entdecken, nutzen dafür aber die bereits bekannten nicht aus; was ist nun die günstigste Abstimmung zwischen Fluktuationen, die Entdeckungen und Innovationen ermöglichen, und präzisem Determinismus, der zu einer sofortigen Ausbeute führt? Das folgende einfache Modell liefert einige Hinweise.

Wir beschreiben zuerst, wie die globale Rekrutierung vor sich geht, wenn nur eine einzige Nahrungsquelle vorhanden ist. X sei die Zahl der Arbeiter, die an der Ausbeutung der Nahrungsquelle beteiligt sind. Es ist vernünftig anzunehmen, daß der mittlere Strom J_+ von Ameisen, die an der Nahrungsquelle ankommen, proportional ist zur Anzahl der Begegnungen zwischen den X arbeitenden und den (N-X) im Bau verbliebenen Artgenossen. Dabei ist N die Gesamtzahl rekrutierbarer Ameisen. Somit gilt

$$J_+ = aX(N\text{-}X), \qquad (6.10\,a)$$

wo a die Rekrutierungsgeschwindigkeit pro Individuum angibt. Andererseits ist der Strom J_- von der Nahrungsquelle weg einfach gleich

$$J_- = -bX, \qquad (6.10\,b)$$

wo b das Inverse der mittleren Zeit ist, die am Ort der Nahrungsquelle und auf dem Rückweg zum Nest verbracht wird. Sobald die Nahrungsquelle erschöpft ist, bestimmt dieser letzte Term allein die Entwicklung von X. Solange es jedoch noch Nahrung gibt, ist die zeitliche Gesamtänderung von X durch

$$\frac{dX}{dt} = a\,X(N - X) - bX \quad \text{(Nahrungsquelle nicht erschöpft)} \qquad (6.11)$$

gegeben. Diese Beziehung ist als *logistische Gleichung* bekannt und wird auf breiter Basis für zahlreiche Probleme der Populationsdynamik benutzt. Der Grenzwert N wird als Aufnahmekapazität bezeichnet. Für $X < N$ ist J_+ positiv, und hierin kommt die positive Rückkopplung der Population auf sich selbst zum Ausdruck, wenngleich sie natürlich durch den Sättigungsfaktor $(N-X)$ verlangsamt wird.

Wir wollen nun annehmen, daß der Kolonie k identische, regelmäßig verteilte Nahrungsquellen mit gleichen Abständen vom Nest zur Verfügung stehen. Die Rekrutierung beginne (willkürlich) auf die mittlere Quelle zu, und wir setzen weiterhin voraus, daß die Ameisen gemäß einer Normalverteilung um die Nahrungsquelle herum verteilt sind, für die sie rekrutiert wurden. Stößt eine Ameise auf eine Nahrungsquelle, so wird angenommen, daß sie selbst mit der Rekrutierung auf diese zu beginnt.

Eine direkte Verallgemeinerung der Gln. (6.10) – (6.11) ergibt:

$$\frac{dX_i}{dt} = \sum_{j=1}^{k} a_{ji} X_j (N - X_1 - \ldots - X_k) - bX_i \tag{6.12 a}$$

(Nahrungsquelle i nicht erschöpft)

$$\frac{dX_i}{dt} = - b X_i \tag{6.12 b}$$

(Nahrungsquelle i erschöpft)

$$i = 1, \cdots, k.$$

Hierin gibt $X_1, .., X_k$ die Anzahl der zur Futterquelle 1,..., k rekrutierten Ameisen an. Der Koeffizient a_{ji}, $j \neq i$, ist die Rekrutierungsgeschwindigkeit für Ameisen, die zur Quelle j rekrutiert wurden und irrtümlich bei der Quelle i ankommen. Er kann durch

$$a_{ji} = \frac{1}{S} \int\limits_{|\mathbf{r}_i - \mathbf{r}| \leq d} d\mathbf{r} \exp\left(-\frac{(\mathbf{r}_j - \mathbf{r})^2}{2\sigma^2}\right) \tag{6.13}$$

abgeschätzt werden, wo S ein geeigneter Normierungsfaktor ist und 2d den Durchmesser der Futterquellen, σ die Varianz der Gaußschen Wahrscheinlichkeitsverteilung sowie $\mathbf{r}_i$ den Ort der Futterquelle i angibt. Je kleiner σ, desto präziser erfolgt die Rekrutierung.

Fig. 6.7 beschreibt die Ergebnisse einer numerischen Rechnung. Gezeigt wird für eine gegebene Anzahl von Nahrungsquellen die zur vollständigen Ausbeutung einer vorgegebenen Nahrungsmenge benötigte Zeit als Funktion des durch die Varianz σ der statistischen Verteilung ausgedrückten Fehlers. Wie erwartet ist die beste Rekrutierungsstrategie im Falle einer einzigen Nahrungsquelle diejenige, die fehlerfrei funktioniert. Wenn die Nahrung jedoch auf mehrere Quellen verteilt ist, gibt es eine für die Minimalisierung der Ausbeutungsdauer »optimale« Fehlerhaftigkeit. Diese legt den Pegel der Stochastizität fest, die dadurch von Vorteil sein kann, daß sie die Möglichkeiten für Entdeckungen erhöht und es der Gesellschaft hierdurch ermöglicht, ihre Aktivitäten auf die lohnendsten Ressourcen zu konzentrieren sowie die Kolonialisierung solcher Ressourcen voranzutreiben, die erst später voll ausgebeutet werden.

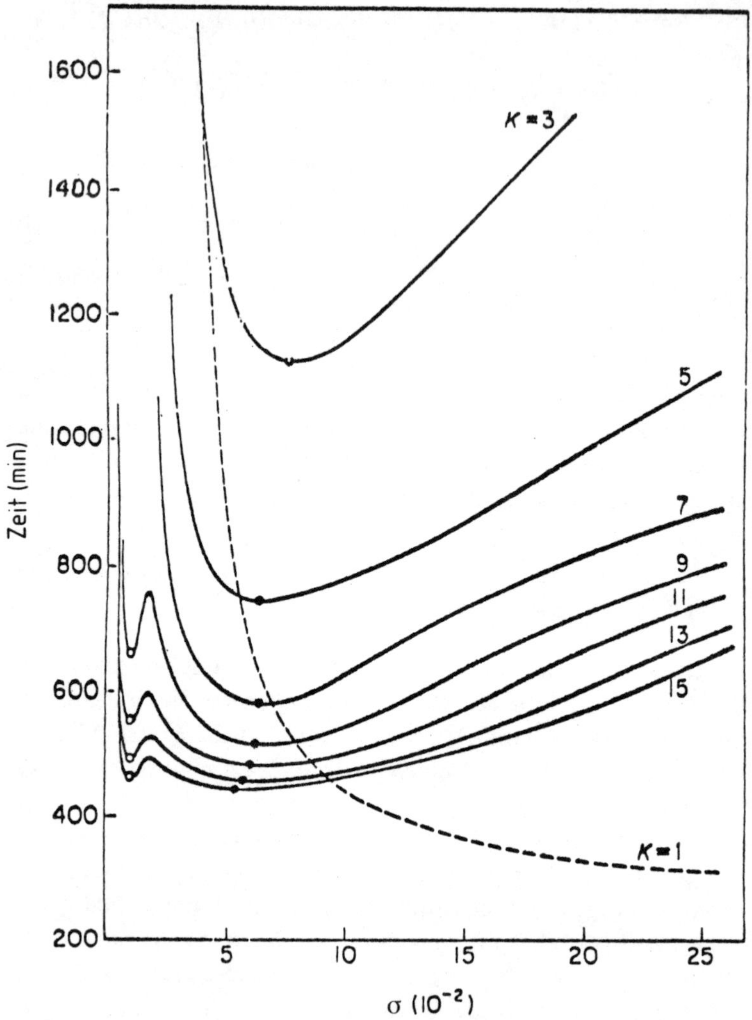

Fig. 6.7: Ausbeutungsdauer bei verschiedener Anzahl von Nahrungsquellen (K). Parameterwerte: N = 650, a = 10^{-3}, b = 16×10^{-3}, 2d = 1.4 cm.

In unserer bisherigen Diskussion waren die einzelnen Ameisen nur insoweit differenziert, als einige Aspekte ihres Verhaltens statistisch verteilt vorkamen. Innerhalb eines Insektenstaats gibt es jedoch das Phänomen der Arbeitsteilung. Ein Ameisenstaat ist eine weibliche Gesellschaft, in der die Rolle der kurzlebigen männlichen Artgenossen auf die Befruchtung beschränkt ist. Viele allgemeinverständliche Bücher beschreiben die Arbeitsteilung zwischen den Königinnen, die die Reproduktion sichern, und den Arbeiterinnen, welche die zum Funktionieren der Gesellschaft notwendigen Aufgaben erledigen.

Bei bestimmten Gattungen setzt sich die Gruppe der Arbeiterinnen aus vielen durch körperliche Merkmale unterschiedenen Kasten zusammen, und eine altersgemäße Arbeitsteilung ist etabliert. Überraschenderweise scheinen sogar innerhalb ein- und derselben Kaste und Altersstufe ausgeprägte Unterschiede in der Aktivität der Arbeiterinnen zu bestehen. Deren Bedeutung für die Gesellschaft ist jedoch noch nicht geklärt.

Wenn sich Ameisen unter ungünstigen Bedingungen vorfinden, verlagern sie ihren Bau. Der Umzug verläuft über die Stationen Erkundung, Entdeckung einer günstigen Stelle und Transport des alten Nestinventars. Es wurde ein Experiment durchgeführt, bei dem eine Ameisenkolonie innerhalb von 8 Monaten eine ganze Serie von Umzügen durchzuführen hatte. Dabei wurde die von jedem Koloniemitglied transportierte Anzahl von Lasten gemessen. Als ein sehr überraschendes Ergebnis stellte sich heraus, daß es im Grad der Aktivität eine gewisse Stabilität zu geben scheint: Ameisen, die bei einer ersten Beobachtung aktiv waren, neigten dazu, mehrere Monate lang aktiv zu bleiben, und entsprechend verhielt es sich mit den »faulen« Ameisen. Diese Unterschiede werden durch die Eigenheiten des jeweiligen Individuums nicht völlig festgelegt, vielmehr werden sie offensichtlich auch von seiner Umwelt und Lebensgeschichte beeinflußt. Tatsächlich werden faule Ameisen fleißig, wenn man beide Gruppen trennt. Wenn dann beide Gruppen wieder vereinigt werden, bewahrt die Kolonie für eine gewisse Zeit die Erinnerung an die »Störung«.

Offensichtlich besitzt ein Insektenstaat also eine bemerkenswerte Gestaltungsfähigkeit, die es ihm ermöglicht, bei minimaler Programmierung auf der genetischen Ebene eine Reihe komplexer Aufgaben zu bewältigen. Einmal mehr scheinen durch die Umweltbedingungen ausgelöste Übergänge zu anderen Verhaltensweisen die primären Mechanismen zu sein, welche die Grundlage für dieses außergewöhnliche Schauspiel bilden.

Unsere Alltagserfahrung lehrt, daß Anpassungsfähigkeit und Gestaltungsfähigkeit des Verhaltens als zwei Grundzüge nichtlinearer dynamischer Systeme, die unter Nichtgleichgewichtsbedingungen Übergänge vollziehen können, zu den augenfälligsten Merkmalen menschlicher Gesellschaften zählen. Deshalb ist es ganz natürlich, wenn man davon ausgeht, daß dynamische Modelle mit den Möglichkeiten für Evolution und Wandel zur Beschreibung sozialer Systeme am geeignetsten sind.

Ein dynamisches Modell einer menschlichen Gesellschaft beginnt mit der Feststellung, daß das System neben seiner inneren Struktur eine starke Kopplung an eine Umwelt aufweist, mit der es Masse, Energie und Information austauscht. Man denke zum Beispiel an eine Stadt, in der laufend Rohstoffe und landwirtschaftliche Produkte importiert und Fertiggüter exportiert werden, während Massenmedien und professionelle Kommunikationsmittel die verschiedenen Bevölkerungsgruppen über die aktuelle Situation und die unmittelbaren Tendenzen auf dem laufenden halten.

Die Entwicklung eines derartigen Systems besteht in einem Wechselspiel zwischen dem Verhalten seiner Akteure und den durch die Umwelt auferlegten Zwängen. Gerade hier findet das menschliche System zu seiner einmaligen Spezifik. Im Gegensatz zu den Molekülen, den »Akteuren« eines physikalisch-chemischen Systems, oder selbst zu den Ameisen oder den Mitgliedern anderer Tiergesellschaften, entwickeln Menschen wirklich individuelle *Vorhaben und Wünsche*. Einige davon entstammen Erwartungen darüber, wie die Zukunft vernünftigerweise wohl aussehen mag, und Vermutungen über die Wünsche der anderen Akteure. Die Diskrepanz zwischen gewünschtem und tatsächlichem Verhalten wirkt deshalb wie eine Zwangsbedingung neuen Typs, die zusammen mit der Umwelt die Dynamik gestaltet. Hier stellt sich die grundlegende Frage, ob die Gesamtevolution unter diesen Umständen zu einer Art von globalem Optimum führen kann, oder ob nicht vielmehr jedes menschliche System eine einzigartige Verwirklichung eines komplexen stochastischen Prozesses darstellt, dessen Regeln in keiner Weise vorher bestimmt werden können. Anders formuliert: Reichen frühere Erfahrungen aus, um die Zukunft vorhersagen zu können, oder liegt das Wesen des menschlichen Abenteuers vielmehr in einer hochgradigen Unberechenbarkeit der Zukunft, sei es auf dem individuellen Niveau des Lernens oder auf dem kollektiven des Geschichtemachens? Die in den vorangegangenen Kapiteln dargestellten Entwicklungen legen den Schluß nahe, daß die Beantwortung dieser Frage in Richtung der zweiten Alternative gehen sollte. Wir wollen sehen, ob die Bildung mathematischer Modelle eine Rechtfertigung für dieses intuitive Gefühl und zugleich eine schärfere Bestimmung der Art von Unberechenbarkeit des menschlichen Systems möglich macht.

Zunächst versuchen wir, den Gewinn abzuschätzen, der mit einer gegebenen Wahlmöglichkeit verbunden ist. Wir können annehmen, daß die Häufigkeit, mit der eine bestimmte Entscheidung i von K Alternativen pro Zeiteinheit gewünscht wird, proportional zu deren relativer Attraktivität ist. In dem Maße, wie eine gebotene Möglichkeit allmählich wahrgenommen wird, verändert sich jedoch im allgemeinen auch der Gewinn. Dies wird sich dann auf der Ebene der Population in der Verteilung der Präferenzen in dem Maße widerspiegeln, wie die Wahlmöglichkeiten mehr oder weniger attraktiv werden. Diese Rückkopplung ist in Fig. 6.8 für den Spezialfall zweier Wahlmöglichkeiten α und β dargestellt. Dabei bedeutet A_α die Attraktivität der Wahlmöglichkeit α und X_α die Anzahl der Leute, die zu einem gegebenen Zeitpunkt die Wahl α getroffen haben. Offensichtlich ist die relative Zahl von Individuen, die zur Möglichkeit β überwechseln möchten, proportional zur Zahl von denjenigen, die eine andere Wahl wie z. B. α getroffen haben, multipliziert mit der relativen Attraktivität $A_\beta/(A_\alpha + A_\beta)$ von β.

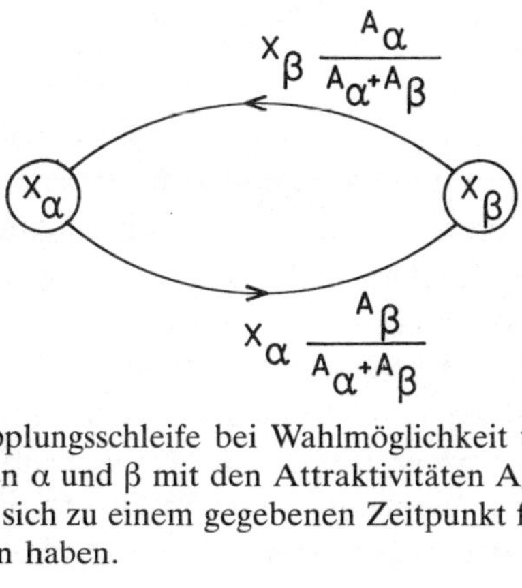

Fig. 6.8: Rückkopplungsschleife bei Wahlmöglichkeit unter zwei gleichzeitigen Angeboten α und β mit den Attraktivitäten A_α und A_β. X_α, X_β: Populationen, die sich zu einem gegebenen Zeitpunkt für das Angebot α bzw. β entschieden haben.

Analog ist die Zahl derer, die die Wahl β zugunsten von α aufgeben wollen, proportional zu X_β multipliziert mit der relativen Attraktivität $A_\alpha/(A_\alpha + A_\beta)$ von α. Hieraus folgt ein Satz von Bilanzgleichungen für X_α und X_β, die den ökologischen Gleichungen (6.11) – (6.12) aus dem vorigen Abschnitt sehr ähnlich sehen:

$$\frac{dX_\alpha}{dt} = aX_\alpha \left(\frac{X_\beta A_\alpha}{A_\alpha + A_\beta} - \frac{X_\alpha A_\beta}{A_\alpha + A_\beta} \right)$$

oder wegen $X_\beta = N - X_\alpha$, wo N die Gesamtbevölkerung angibt,

$$\frac{dX_\alpha}{dt} = aX_\alpha \left(\frac{NA_\alpha}{A_\alpha + A_\beta} - X_\alpha \right), \qquad (6.14)$$

und eine entsprechende Gleichung gilt für X_β. Vergleichen wir dies mit Gl. (6.11), so sehen wir, daß die Existenz verschiedener Optionen die Aufnahmekapazität des Systems beeinflußt und durch die Abhängigkeit der Attraktivitäten von den X zu einer Funktion des augenblicklichen Zustands macht.

Die obige Diskussion kann leicht auf eine beliebige Zahl K von Auswahlmöglichkeiten und auf die realistischere Situation ausgedehnt werden, daß die Attraktivität eines Angebots i von der speziellen Bevölkerungsgruppe j abhängt, die dieses Angebot ins Auge faßt. So gelangen wir zu dem folgenden Satz von Gleichungen:

$$\frac{dX_i}{dt} = CX_i \left(1 - \frac{X_i}{\sum_{j=1}^{K} \frac{N_j A_{ij}}{\sum_l A_{lj}}} \right) \quad (i = 1, \ldots, K) \qquad (6.15)$$

Dabei ist außerdem angenommen, daß die Gesamtbevölkerung inhomogen ist und in unterscheidbare Gruppen N_j zerfällt, von denen jede ihren eigenen Standpunkt über die relative Attraktivität der verschiedenen Wahlmöglichkeiten einnimmt.

Das Verhalten des durch die Gl. (6.15) beschriebenen dynamischen Systems hängt in kritischer Weise von der speziellen Art und Weise ab, wie die Attraktivitäten A_{ij} und die N_j mit den Populationsvariablen X_i des momentanen Zustands verknüpft sind. Dies hängt wiederum von dem speziellen System ab, das gerade betrachtet wird. Im folgenden diskutierten wir dieses Problem in Verbindung mit der Evolution von Stadt-Strukturen.

Man betrachte die Entwicklung eines Stadtzentrums, in dem sich gewisse Gebiete auf besondere ökonomische Aktivitäten spezialisieren und in dem die Trennung von Wohngebieten Nachbarschaften hervorbringt, die sich in ihren Lebensbedingungen und in der Verfügbarkeit von Arbeitsplätzen und Dienstleistungen unterscheiden. Es gebe in der Bevölkerung zwei Hauptgruppen, deren Mitglieder daran zu erkennen sind, ob sie in blauen oder weißen Kitteln arbeiten. Beruflich können sie der (lokalen oder Export-) Industrie, sogenannten tertiären Funktionen (grundlegende oder spezialisierte Dienstleistungen) oder dem Finanzwesen zugeordnet sein. Die den Zustand bestimmenden Hauptvariablen sind nun die Anzahl X_i^k von Einwohnern der Gruppe $k(k = 1{,}2)$ am Ort i und die entsprechenden Tätigkeiten J_i^k. Die den Individuen angebotenen verschiedenen »Optionen« sind an Orten i lokalisiert, die man sich als Plätze auf einem Gitter vorstellt, das den verfügbaren Raum repräsentiert. Die Wechselwirkungsmechanismen zwischen den verschiedenen Variablen sind schematisch in Fig. 6.9 zusammengefaßt.

Um die modifizierte Form der Gleichungen (6.15) für die X_i^k angeben zu können, muß man die Größen N_i und A_{ij} durch J_i^k und X_i^k ausdrücken. Es ist sinnvoll anzunehmen, daß die Bevölkerungsgruppe N_i im wesentlichen durch die Zahl der Arbeitsplätze der Art k am Ort i bestimmt wird. Was die Attraktivitäten A_{ij} angeht, so sind dies komplizierte Funktionen von X_i^k, J_i^k und vom Abstand zwischen den Punkten i und j. Ihre explizite Form braucht hier nicht näher spezifiziert zu werden, aber es sei erwähnt, daß hierbei Betrachtungen über die Kosten und die Dauer des Wegs zur Arbeit, über Bodenpreise, die Art der Nachbarschaft usw. eingehen.

Ähnliche Gleichungen lassen sich für andere Kategorien von »Akteuren« angeben. Sie beschreiben z. B. die Notwendigkeit dafür, daß industrielle Beschäftigung an einem Ort mit guten Verbindungen zur Außenwelt und vorzugsweise dort angesiedelt werden sollte, wo sie an bereits vorhandene Industrien angrenzt.

Das soeben beschriebene Modell betrachtet die Evolution als einen autonomen Prozeß, dessen Verlauf zu jedem Zeitpunkt durch die Mechanismen der Wechselwirkung zwischen den verschiedenen Akteuren bestimmt wird. Die Zwänge der Umwelt wirken sich durch die Parameter aus, und die Anfangsbedingungen

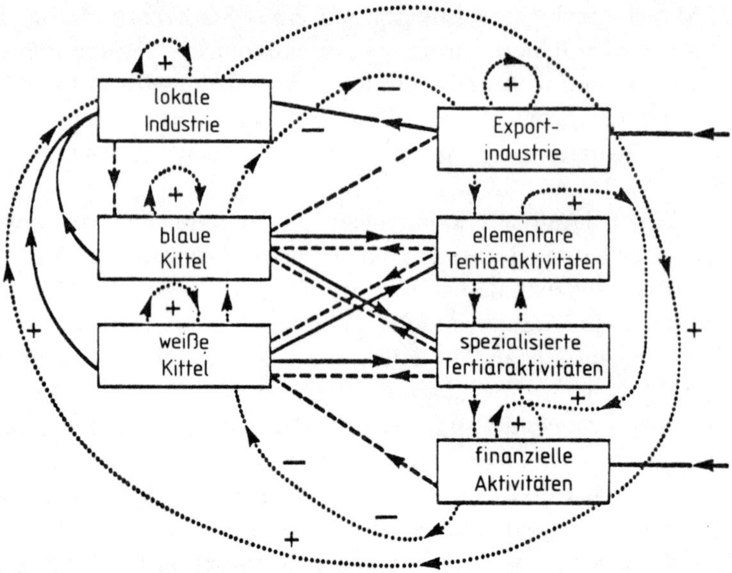

——— Nachfrage nach Gütern und Diensleistungen

- - - - Nachfrage nach Arbeit

······ Kooperative Effekte (Ausnutzung von Aggregationsvorteilen, gemeinsame Infrastruktur, Bildung usw.)

Fig. 6.9: Schematische Darstellung der Wechselwirkungen und Informationsflüsse in einem vereinfachten Modell einer Stadt.

können so angepaßt werden, daß sie den Einfluß von Zufälligkeiten, systematischen äußeren Einwirkungen oder von »Planung« ausdrücken. Ein alternatives Szenario, das der Wirklichkeit etwas näher kommt, besteht darin, daß man das System eine Zeitlang seiner autonomen Dynamik überläßt, seinen Zustand dann durch Starten einer neuen Aktivität oder einer »Innovation« ganz drastisch verändert, das System erneut sich selbst überläßt, bis eine weitere Innovation stattfindet, und so weiter. Da die Gleichungen hochgradig nichtlinear sind, steht zu erwarten, daß es ebenfalls verschiedene Lösungszweige gibt, die eine komplizierte Reihe von Bifurkationsphänomenen aufweisen. Unterschiedliche Anfangsbedingungen plazieren das System in Einzugsbereiche verschiedener Lösungszweige und schalten auf diese Weise unterschiedliche Evolutionen, unterschiedliche »Geschichtsverläufe« ein. Der

Eintritt eines ganz bestimmten Geschichtsablaufes aus der Vielfalt aller möglichen Abläufe spiegelt nicht unbedingt das Wirken eines »globalen Planers« wider, der irgendeine Gesamtfunktion optimieren möchte, sondern einfach die Tatsache, daß diese spezielle Struktur eine stabile und lebensfähige Verhaltensweise darstellt. Wir haben jetzt genügend Elemente zur Hand, um die zu Anfang dieses Abschnitts gestellte Frage beantworten zu können.

Numerisches Lösen der Gleichungen unseres Modells bestätigt eindeutig die Existenz einer großen Zahl von Lösungen und von verwickelten Bifurkationsphänomenen. Ausgehend von einem Gebiet, in dem die Variablen anfangs zufällig verteilt sind, beobachtet man allmählich das Auftreten einer organisierten Struktur mit ihren eigenen Verwaltungs- und Geschäftszentren, ihren Industriezonen, Einkaufszentren und Wohngebieten unterschiedlicher Qualität. Solange nicht irgendwelche massiven Störungen auftreten, bleibt die Struktur auf unbestimmte Zeit stabil. Diese spontane Symmetriebrechung ist der in den Abschnitten 1.3 und 1.4 behandelten Bildung räumlicher Strukturen in der Hydrodynamik und der chemischen Kinetik sehr ähnlich.

Eine sehr interessante Konsequenz unseres Modells besteht in folgendem. Wenn zu einer bestimmten Zeit eine neue Aktivität begonnen wird, nimmt diese zunächst zu und stabilisiert sich anschließend. Wird der Ort für sie gut gewählt, dann kann sie sogar ähnliche Versuche um den Erfolg bringen, die später in ihrer Nähe stattfinden. Falls dieselbe Aktivität jedoch zu einem anderen Zeitpunkt gestartet wird, braucht sie nicht erfolgreich zu sein: Sie kann auf Null zurückgehen und damit einen totalen Verlust darstellen. Dies illustriert die Gefahren einer kurzfristigen und engspurigen Planung, die auf der direkten Extrapolation von früher gemachten Erfahrungen beruht. Solche unbeweglichen Methoden bedrohen die Gesellschaft mit Erstarrung oder, auf lange Sicht, mit dem Zusammenbruch. Die Hauptbotschaft des hier befürworteten dynamischen Modells besteht vielmehr darin, daß die Adaptionsfähigkeit von Gesellschaften den wichtigsten Ausgangspunkt dafür bildet, langfristig überleben, sich selbst erneuern und Originäres hervorbringen zu können.

Anhang I

Lineare Stabilitätsanalyse

I. 1 Grundgleichungen

In den Abschnitten 2.6 und 2.7 dieses Buches wurden die Begriffe Stabilität und Bifurkation eingeführt, während in Kapitel 3 einige allgemeine Eigenschaften der Verzweigung von Lösungen und deren Stabilität diskutiert wurden. Im vorliegenden Anhang, der sich an den mathematisch anspruchsvolleren Leser wendet, wird der Formalismus zur Berechnung der Stabilität von Lösungen dynamischer Systeme skizziert. Dieser Formalismus wird in Anhang II ergänzt durch einen Abriß der Berechnung von Lösungen, die jenseits der Stabilitätsgrenze abzweigen.

Wie wir wiederholt betont haben, drückt sich Stabilität in der Reaktion des Systems auf Störungen unterschiedlichster Art aus. Deshalb stellen wir uns einen bestimmten »Referenzzustand« $X_{s1},\cdots,X_{si},\cdots$ vor (wo $\{X_i\}$ die Menge der Zustandsvariablen bedeutet), der durch innere Fluktuationen oder äußere Störungen beständig auf die Probe gestellt wird. Liegt ein völlig unbeeinflußtes System vor, auf das keine äußeren Kräfte wirken und das einer völlig homogenen und zeitunabhängigen Umwelt ausgesetzt ist, so stellt $\{X_{si}\}$ natürlich die zeitunabhängige und räumlich homogene Lösung dar, deren Existenz unter solchen Umständen zu erwarten ist und die das Fehlen von Selbstorganisation und komplexem Verhalten innerhalb des Systems zum Ausdruck bringt. Allgemeiner können wir $\{X_{si}\}$ so wählen, daß es die Lösung mit der höchsten unter den gegebenen äußeren Einschränkungen möglichen Symmetrie ist. In der Sprechweise von Abschnitt 2.7 liegt $\{X_{si}\}$ auf dem *thermodynamischen Zweig*, der stetigen Fortsetzung des gleichgewichtsnahen Verhaltens in Gebiete, die weiter vom Gleichgewicht entfernt sind. Somit können Selbstorganisation und das Auftreten von komplexem Verhalten als Übergang von $\{X_{si}\}$ zu einem neuen Typ von Lösungen aufgefaßt werden.

Wir wollen jetzt einen geeigneten Formalismus zur Untersuchung der Stabilität des Referenzzustandes entwickeln. Die Schwierigkeiten der Stabilitätsthorie liegen zum großen Teil in einer hohen Anzahl von Problemvariablen und in der Tatsache, daß diese Variablen in vielen Fällen Funktionen der räumlichen Koordinaten sein können. Aus diesem Grunde führen wir eine verkürzte Schreibweise ein, bei der die gesamte Variablenmenge durch einen Spaltenvektor **X** mit den Komponenten $X_1, \cdots, X_i, \cdots$ dargestellt wird. Bei Unabhängigkeit vom Ort ist die Gesamtzahl n der Variablen (z. B. der chemischen Konzentrationen) normalerweise endlich. **X** ist dann im üblichen, aus der Algebra bekannten Vektorraum definiert. Hängen einige der Variablen jedoch von der räumlichen Koordinate **r** ab, so hat **X** den obigen Vektorcharakter und liegt außerdem noch in einem Funktionenraum wie z. B. dem aus elementaren Kursen der Quantenmechanik bekannten Raum der quadratintegrierbaren Funktionen.

Mit Hilfe dieser Schreibweise können wir die Änderungsgeschwindigkeit von **X** in folgender Form darstellen (vgl. Gl. (2.12) oder (3.11)):

$$\frac{\partial \mathbf{X}}{\partial t} = \mathbf{F}(\mathbf{X},\lambda). \tag{I.1}$$

Dabei ist **F** ein *Operator*, der auf den Raum wirkt, in dem **X** definiert ist. Infolge der Rückkopplungen auf das System ist **F** im allgemeinen nichtlinear. λ bezeichnet eine Menge von Kontrollparametern, die die Entwicklung des Systems beeinflussen wie z. B. Geschwindigkeitskonstanten, Diffusionskoeffizienten usw.

Der oben eingeführte Referenzzustand $\mathbf{X}_s$ ist selbst eine spezielle Lösung der Gl. (I.1), d. h.

$$\frac{\partial \mathbf{X}_s}{\partial t} = \mathbf{F}(\mathbf{X}_s,\lambda). \tag{I.2}$$

Die Rolle von Störungen für die Stabilität drücken wir dadurch aus, daß wir

$$\mathbf{X} = \mathbf{X}_s + \mathbf{x} \tag{I.3}$$

setzen, worin **x** die Störung darstellt, und (I.1) in eine Gleichung für **x** umformen:

$$\frac{\partial \mathbf{x}}{\partial t} = \mathbf{F}(\mathbf{X}_s + \mathbf{x},\lambda) - \mathbf{F}(\mathbf{X}_s,\lambda). \tag{I.4}$$

Ein paar Beispiele werden dem Leser dabei helfen, sich klar zu machen, in welcher Weise **x** und der Operator **F** aufzufassen sind. Den einfachsten Fall bildet sicher ein Problem mit einer einzigen, ortsunabhängigen Variablen, wie das durch Gl. (2.15) beschriebene Modell für den Fall eines gut durchgerührten Mediums. In diesem Fall reduziert sich **F** auf einen Skalar

$$F = \text{Reaktionsgeschwindigkeit} = -k_2X^3 + k_1aX^2 - k_3X + k_4b.$$

Die rechte Seite von (I.4) wird

$$F(X_s + x,\lambda) - F(X_s,\lambda) =$$

$$- k_2(X_s + x)^3 + k_1a(X_s + x)^2 - k_3(X_s + x) + k_4b$$

$$- [k_2X_s^3 + k_1aX_s^2 - k_3X_s + k_4b]$$

oder, nach der Entwicklung des kubischen und des quadratischen Binoms:

$$\frac{\partial x}{\partial t} = (-3k_2X_s^2 + 2k_1aX_s - k_3)x + (-3k_2X_s + k_1a)x^2 - k_2x^3. \qquad (I.5)$$

Betrachten wir dagegen das *Brüsselator-Modell* für den Fall eines gut durchgerührten Mediums, Gl. (3.18), so erhalten wir die folgende zweikomponentige Vektordarstellung der Zustandsvariablen und Geschwindigkeitsfunktionen:

$$\mathbf{X} = \begin{pmatrix} X \\ Y \end{pmatrix}, \mathbf{X}_S = \begin{pmatrix} A \\ B/A \end{pmatrix}, \mathbf{F} = \begin{pmatrix} A - BX + X^2Y - X \\ BX - X^2Y \end{pmatrix}.$$

Einfache algebraische Unformungen führen unmittelbar auf die folgende explizite Form der Gleichungen (I.4):

$$\frac{\partial}{\partial t}\begin{pmatrix} x \\ y \end{pmatrix} = \begin{pmatrix} (B-1)x + A^2y + \frac{B}{A}x^2 + 2Axy + x^2y \\ -Bx - A^2y - \frac{B}{A}x^2 - 2Axy - x^2y \end{pmatrix}. \qquad (I.6a)$$

Finden die Reaktionen in einem undurchgerührten Medium statt, so enthält **F** infolge des Massetransports durch Diffusion oder

Konvektion einen zusätzlichen Beitrag. Bei der speziellen Klasse von Reaktions-Diffusions-Systemen, deren Eigenschaften wir ausführlich in Kapitel 1.4 behandelt haben, muß nur die Diffusion berücksichtigt werden. Wie wir in Kapitel 2.2 betont haben, wird dieser Prozeß häufig ganz ausgezeichnet durch das Ficksche Gesetz, Gl. (2.7b) beschrieben. Der entsprechende Operator **F** ist dann z. B. für den Brüsselator gleich

$$\mathbf{F}_{\text{Dif}}\,(\mathbf{X}) = \begin{pmatrix} D_1 \nabla^2 X \\ D_2 \nabla^2 Y \end{pmatrix} \ .$$

Aufgrund der linearen Abhängigkeit von x und y führt das auf

$$\frac{\partial}{\partial t} \begin{pmatrix} x \\ y \end{pmatrix}_{\text{Dif}} = \begin{pmatrix} D_1 \nabla^2 x \\ D_2 \nabla^2 y \end{pmatrix} . \qquad (1.6\,b)$$

Man beachte, daß $\mathbf{F}_{\text{Dif}}$ sowohl im Raum der zweidimensionalen Vektoren als auch im Raum der von der Koordinate **r** abhängigen Funktionen wirkt.

Kehren wir nun zu unserem allgemeinen Formalismus, d. h. Gl. (I.4) zurück. Die eben behandelten expliziten Beispiele legen es nahe, die rechte Seite in eine Reihe um den Referenzzustand zu entwickeln. Ist **F** ein Polynom in **X**, so ist diese Entwicklung immer möglich und führt auf eine endliche Anzahl von Termen. In komplizierteren Situationen kann **F** jedoch noch auf andere Weise von **X** abhängen. Um das Problem in einem solchen Fall behandeln zu können, nehmen wir an, daß (i) **F** trotzdem nach Potenzen von **x** entwickelt werden kann und (ii) diese Entwicklung nach endlich vielen Termen abgebrochen werden darf. Die letzte Annahme schränkt uns auf das Studium *infinitesimaler Stabilität* ein, also auf die Reaktion des Systems gegenüber kleinen Störungen, für die $|\mathbf{x}|/|\mathbf{X}_s| \ll 1$ gilt. Dies ist immer noch sehr nützlich, denn das infinitesimale Stabilitätsverhalten liefert notwendige Bedingungen für Instabilität: Ist $\mathbf{X}_s$ nämlich instabil gegenüber kleinen **x**, so gilt dies auch für beliebige **x**.

Formal kann die soeben beschriebene Entwicklung in der Form

$$\mathbf{F}(\mathbf{X}_s + \mathbf{x},\, \lambda) = \mathbf{F}(\mathbf{X}_s) + \left(\frac{\delta \mathbf{F}}{\delta \mathbf{X}}\right)_{\mathbf{X}_s} \cdot \mathbf{x} + \frac{1}{2}\left(\frac{\delta^2 \mathbf{F}}{\delta \mathbf{X} \delta \mathbf{X}}\right)_{\mathbf{X}_s} \cdot \mathbf{x}\mathbf{x} + \frac{1}{6}\left(\frac{\delta^3 \mathbf{F}}{\delta \mathbf{X} \delta \mathbf{X} \delta \mathbf{X}}\right)_{\mathbf{X}_s} \cdot \mathbf{x}\mathbf{x}\mathbf{x} + \ldots \qquad (I.7)$$

dargestellt werden.

Die Größen $\left(\frac{\delta \mathbf{F}}{\delta \mathbf{X}}\right)_{\mathbf{X}_s}$ usw. sind Verallgemeinerungen von Ableitungen und werden in der mathematischen Literatur als Fréchet-Ableitungen bezeichnet. Beispielsweise finden wir durch Vergleich mit den Gln. (I.6 a) – (I.6 b) als erste Fréchet-Ableitung für das Brüsselator-Modell

$$\left(\frac{\delta \mathbf{F}}{\delta \mathbf{X}}\right)_{\mathbf{X}_s} = \begin{pmatrix} B - 1 + D_1\nabla^2 & A^2 \\ -B & -A^2 + D_2\nabla^2 \end{pmatrix} \tag{I.8}$$

und erkennen, daß $(\delta \mathbf{F}/\delta \mathbf{X})_{\mathbf{X}_s}$ im Raum der zweikomponentigen Vektoren als Matrix und im Raum der ortsabhängigen Funktionen als Differentialoperator wirkt.

I.2 Das »Prinzip« der linearen Stabilität

Die Gln. (I.4) mit (I.7) definieren zusammen ein hochgradig nichtlineares Problem, das in der Regel genauso schwer zu behandeln ist, wie das Ausgangsproblem, Gl. (I.1). Allerdings kann an dieser Stelle ein sehr wichtiges Resultat der Analysis herangezogen werden, um weiter voranzukommen. In diesem Theorem, das auch als Prinzip der linearen Stabilität bezeichnet wird, werden die Stabilitätseigenschaften der beiden folgenden Probleme miteinander verglichen:

- des voll nichtlinearen Ausgangsproblems und
- des linearisierten Problems, in dem alle Terme höherer Ordnung weggelassen sind.

Mit Hilfe der Abkürzungen

$$\begin{aligned} \mathbf{L}\,(\lambda) &= (\delta \mathbf{F}/\delta \mathbf{X})_{\mathbf{X}_s} \\ \mathbf{h}(\mathbf{x},\lambda) &= \frac{1}{2}\left(\frac{\delta^2 \mathbf{F}}{\delta \mathbf{X}\delta \mathbf{X}}\right)_{\mathbf{X}_s} \cdot \mathbf{x}\mathbf{x} + \ldots \end{aligned} \tag{I.9}$$

für die linearen bzw. die nichtlinearen Beiträge können wir diese beiden Probleme in Form der folgenden Gleichungssysteme formulieren:

$$\frac{\partial \mathbf{x}}{\partial t} = \mathbf{L}\,(\lambda) \cdot \mathbf{x} + \mathbf{h}(\mathbf{x},\lambda) \quad \text{(nichtlineares Problem)} \tag{I.10}$$

und

$$\frac{\partial \mathbf{x}}{\partial t} = \mathbf{L}(\lambda) \cdot \mathbf{x} \quad \text{(lineares Hilfsproblem).} \tag{I.11}$$

Man beachte, daß beide Systeme homogen sind und von der trivialen Funktion $\mathbf{x} = 0$ identisch erfüllt werden.

Das Theorem über die lineare Stabilität macht folgende Aussage:

(i) Wenn die triviale Lösung $\mathbf{x} = 0$ des linearisierten Problems (I.11) asymptotisch stabil ist, dann ist $\mathbf{x} = 0$ (oder, was gleichbedeutend ist, $\mathbf{X} = \mathbf{X}_s$) auch eine asymptotisch stabile Lösung des nichtlinearen Problems, Gln. (I.11) oder (I.1).

(ii) Wenn die triviale Lösung $\mathbf{x} = 0$ des linearisierten Problems (I.11) instabil ist, dann ist $\mathbf{x} = 0$ (oder, was gleichbedeutend ist, $\mathbf{X} = \mathbf{X}_s$) auch eine instabile Lösung des nichtlinearen Problems, Gln. (I.11) oder (I.1).

Wir wollen den Beweis an dieser Stelle nicht nachvollziehen, aber der Leser wird vermutlich aufgrund der im letzten Teil von Abschnitt (I.1) gemachten Bemerkungen schon ein intuitives Gefühl für die Plausibilität der Aussagen dieses Theorems entwickelt haben. Als wichtigsten Punkt wollen wir festhalten, daß die Frage der Stabilität, einer der fundamentalen Eigenschaften dynamischer Systeme, aufgrund dieses Theorems auf ein lineares Problem zurückgeführt werden kann – und dieses ist ein konventionelles Problem der Analysis, das viel einfacher zu behandeln ist.

I.3 Die charakteristische Gleichung

Um hier weiter voranzukommen, ist es lehrreich, wenn wir uns auf die spezielle Klasse der *autonomen Systeme* mit zeitunabhängigen Zwangsbedingungen konzentrieren und annehmen, daß der Referenzzustand $\mathbf{X}_s$ eine stationäre Lösung ist. Der lineare Stabilitätsoperator $\mathbf{L}(\lambda)$ wird dann zeitunabhängig. Unter diesen Bedingungen kann leicht nachgeprüft werden, daß die Gln. (I.11) Lösungen der Form

$$\mathbf{x} = \mathbf{u}e^{\omega t} \tag{I.12}$$

besitzen. Mit anderen Worten, die Abhängigkeit der Lösungen von der Zeit ist vollständig in der Exponentialfunktion enthalten (man beachte, daß ω im allgemeinen eine komplexe Zahl ist), während der Vektor $\mathbf{u}$ den Vektorcharakter von $\mathbf{x}$ im Raum der Zustandsvariablen sowie seine Abhängigkeit von der räumlichen Koordinate $\mathbf{r}$ berücksichtigt.

Setzen wir (I.12) in (I.11) ein und erinnern uns daran, daß $\mathbf{L}(\lambda)$ zeitunabhängig ist, so finden wir, daß sich die Exponentialfunktion $e^{\omega t}$ auf beiden Seiten weghebt und die Gleichung

$$\mathbf{L}\,(\lambda)\cdot\mathbf{u} = \omega\mathbf{u} \qquad \text{(I.13)}$$

übrig bleibt, die nun unter geeigneten Randbedingungen gelöst werden muß. Das definiert ein *Eigenwertproblem* – ein klassisches Problem der Analysis. Derartige Probleme treten häufig in der Quantenmechanik oder bei Problemen des Wärme- und Massetransports auf. Bemerkenswert ist, daß das Stabilitätsproblem unabhängig von den Eigenschaften der Eigenvektoren $\mathbf{u}$ gelöst ist, sobald die Eigenwerte ω bestimmt sind. In der Tat, erinnern wir uns daran, daß sich $\mathbf{x}$ aufgrund von (I.12) zeitlich wie

$$\mathbf{x} \sim e^{\omega t} = e^{(\mathrm{Re}\,\omega)t}\cdot e^{i(\mathrm{Im}\,\omega)t}$$

verhält, wo Re ω und Im ω der Real- bzw. Imaginärteil der komplexen Zahl ω sind. Daraus folgt, daß $\mathbf{x}$ für Re $\omega < 0$ eine exponentiell abfallende Funktion ist (mit oder ohne periodische Modulation, je nachdem, ob Im ω von Null verschieden oder gleich Null ist). Somit wird im Limes $t \to \infty$ der Referenzzustand $\mathbf{x} = 0$ erreicht, mit anderen Worten, $\mathbf{x} = 0$ ist asymptotisch stabil. Gilt andererseits Re $\omega > 0$, so wachsen die Störungen exponentiell an, und der Referenzzustand $\mathbf{x} = 0$ ist instabil.

Diese beiden Regime, für die das Prinzip der linearen Stabilität gilt, sind voneinander getrennt durch die Grenze der sogenannten *marginalen Stabilität*, Re $\omega = 0$, das für den Referenzzustand die Grenze zur Instabilität markiert.

Wir können jetzt auch besser die Bedeutung des Konzepts des Kontrollparameters λ verstehen. Eine Veränderung von λ ruft nämlich eine Änderung von $\mathbf{L}$ und damit des Eigenwertes ω hervor. Die Existenz von Übergängen zwischen zwei verschiedenen Regimen kommt dann darin zum Ausdruck, daß sich mindestens einer der Eigenwerte ω als Funktion von λ so verändert, wie dies in Fig. I.1 dargestellt ist (vgl. auch Fig. 3.16). Derjenige Wert λ_k von λ, bei dem Re ω sein Vorzeichen wechselt, wird als *kritischer Wert*

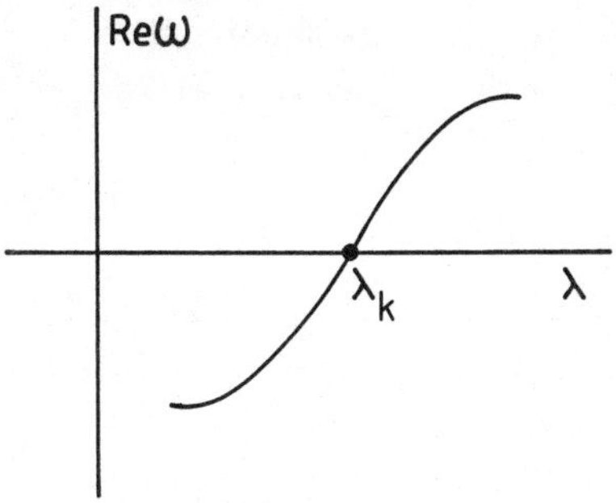

Fig. I.1.: Abhängigkeit des Realteils des Stabilitätsexponenten ω vom Kontrollparameter λ. Der Wert $\lambda = \lambda_k$ markiert den Übergang von asymptotischer Stabilität ($\lambda < \lambda_k$) zu Instabilität ($\lambda > \lambda_k$).

bezeichnet. Das Auftreten von Instabilitäten ist auf das Gebiet $\lambda > \lambda_k$ beschränkt.

Die genaue Abhängigkeit des Eigenwerts ω vom Kontrollparameter λ wird durch das betrachtete Problem bestimmt. Eine sehr wichtige Systemklasse, die uns in diesem Buch häufig begegnet ist, bilden Systeme, für die der Operator **F** in zwei Teile zerlegt werden kann. Einer von diesen beschreibt die Geschwindigkeit **v** (**x**, λ) eines lokalen Prozesses wie z. B. einer chemischen Reaktion, und der andere den Massetransport durch Diffusion. Ein spezielles Beispiel für diese *Reaktions-Diffusions*-Systeme liefert der Brüsselator, Gln. (I.6 a) – (I.6 b).

Allgemeiner schreiben wir für ein mehrkomponentiges Reaktions-Diffusions-System

$$\mathbf{F} = \mathbf{v}(\mathbf{X},\lambda) + \mathbf{D} \cdot \nabla^2 \mathbf{X}. \tag{I.14}$$

Der zugehörige linearisierte Operator **L** ist

$$\mathbf{L} = (\partial \mathbf{v}/\partial \mathbf{X})_{\mathbf{X}_s} + \mathbf{D} \cdot \nabla^2. \tag{I.15}$$

In vielen Fällen sind die Geschwindigkeitsfunktionen **v** unabhängig vom Ort. Als Folge davon wird dann die gesamte Ortsabhängigkeit der Lösungen der linearisierten Gleichungen (vgl. (I.11))

$$\frac{\partial \mathbf{x}}{\partial t} = \left(\frac{\partial \mathbf{v}}{\partial \mathbf{X}}\right)_{\mathbf{X}_s} \cdot \mathbf{x} + \mathbf{D} \cdot \nabla^2 \mathbf{x} \tag{I.16}$$

durch die Eigenschaften des Laplace-Operators ∇^2 bestimmt. Unabhängig von allen in der Geschwindigkeitsfunktion **v** enthaltenen Komplikationen der Kinetik besteht die klassische Methode zur

Bestimmung der möglichen Formen dieser Ortsabhängigkeit in der Lösung des Eigenwertproblems für den Laplace-Operator:

$$\nabla^2 \varphi_m(\mathbf{r}) = - k_m{}^2 \varphi_m. \tag{I.17}$$

Die Eigenfunktionen und Eigenwerte (φ_m, $-k_m^2$) hängen natürlich von der Geometrie, der Dimensionalität und den Randbedingungen ab. Wird Gl. (I.17) beispielsweise auf einer Strecke der Länge L unter Randbedingungen gelöst, die das Verschwinden von φ_m bei $r = 0$ und $r = L$ verlangen, so überzeugt man sich leicht davon, daß

$$k_m = \frac{m\pi}{L}$$
$$\varphi_m(r) = \sin \frac{m\pi r}{L} \tag{I.18}$$

gilt, wo m eine beliebige, von Null verschiedene ganze Zahl ist. Wird Gl. (I.10) dagegen auf einer zweidimensionalen Kreisfläche gelöst, so sind die φ_m Produkte von Bessel-Funktionen und trigonometrischen Funktionen.

Wie auch immer die genaue Form von φ_m aussieht, die Lösung der linearen Gleichung (I.11) ist (vgl. Gl. (I.12)):

$$\mathbf{x} = \mathbf{c}\varphi_m(r)e^{\omega_m t}, \tag{I.19}$$

wo **c** dem Unterschied zwischen den verschiedenen Zustandsvariablen Rechnung trägt und der Eigenwert ω des linearisierten Operators **L** mit dem gleichen Index m versehen ist wie die zugehörige Eigenfunktion φ_m des Laplace-Operators.

Setzen wir den Ausdruck (I.19) in Gl. (I.16) ein, so erkennen wir, daß die Anwendung der Operatoren $\partial/\partial t$ und ∇^2 auf **x** wieder **x**, multipliziert mit ω_m bzw. $-k_m^2$, ergibt. Infolgedessen fallen φ_m und $e^{\omega_m t}$, die als gemeinsame Faktoren aller Komponenten des Vektors **x** auftreten, heraus. Das Problem reduziert sich damit auf

$$\omega_m \, \mathbf{c} = \left(\frac{\partial \mathbf{v}}{\partial \mathbf{X}}\right)_{\mathbf{X}_s} \cdot \mathbf{c} - \mathbf{D} \cdot k_m^2 \, \mathbf{c}$$

bzw., falls **D** Diagonalgestalt hat, auf

$$(\omega_m + D_i k_m^2)c_i = \sum_j \left(\frac{\partial v_i}{\partial X_j}\right)_{\mathbf{X}_s} \cdot c_j .$$

Das ist ein System homogener algebraischer Gleichungen für $\{c_i\}$. Es besitzt nichttriviale Lösungen, sofern die Determinante der Koeffizientenmatrix der c_i verschwindet. Dies führt auf die Lösbarkeitsbedingung bzw. die *charakteristische Gleichung*

$$\det \left| \left(\frac{\partial v_i}{\partial X_j} \right)_{\mathbf{X}_s} - \delta_{ij}^{Kr}(D_i k_m^2 + \omega_m) \right| = 0, \tag{I.20}$$

wo δ_{ij}^{Kr} das Kronecker-Symbol ist ($\delta_{ij}^{Kr} = 0$ für $i \neq j$ und $\delta_{ij}^{Kr} = 1$ für $i = j$). Diese Gleichung bestimmt die Eigenwerte ω_m als Funktion der Eigenwerte k_m^2 des Laplace-Operators, der Diffusionskoeffizienten D_i und der anderen in $(\partial v_i/\partial X_j)_{\mathbf{X}_s}$ enthaltenen Parameter.

I.4 Beispiele

Wir wollen in diesem Abschnitt die Art der aus Gl. (I.20) erhältlichen Information anhand einiger repräsentativer Beispiele veranschaulichen.

(i) Eine Variable

Ein gutes Beispiel bildet das Modell von Gl. (2.15), dessen Ratengleichung durch (I.5) gegeben ist. Unter Einbeziehung der Diffusion besteht der linearisierte Operator aus der Summe eines Skalars und des Laplace-Operators:

$$L = (-\ 3k_2X_s^2 + 2k_1aX_s - k_3) + D\nabla^2.$$

Infolgedessen reduziert sich die charakteristische Gleichung auf

$$\omega_m = -\ 3k_2X_s^2 + 2k_1aX_s - k_3 - Dk_m^2$$

bzw. allgemeiner für ein beliebiges Einvariablen-System auf

$$\omega_m = \left(\frac{\partial v}{\partial X} \right)_{\mathbf{X}_s} - Dk_m^2. \tag{I.21}$$

Daraus folgt, daß ω_m reell ist, und daher entwickeln sich die Abweichungen vom Referenzzustand monoton mit der Zeit. Außerdem ist der Beitrag der Diffusion negativ oder Null, mit anderen Worten, die Diffusion kann ein derartiges System nicht destabilisieren. Die erste von X_s ausgehende Instabilität kann daher nur durch die Kinetik verursacht werden. Dies deutet darauf hin, daß eine neue Lösung jenseits der Stabilitätsgrenze, falls sie existiert, keinerlei intrinsische Ortsabhängigkeit aufweisen wird.

(ii) Zwei Variablen

Ein typisches Beispiel hierfür gibt das Modell des Brüsselators ab. Die explizite Form des zugehörigen linearisierten Operators **L** ist durch Gl. (I.8) gegeben. Die entsprechende charakteristische Gleichung wird durch das Verschwinden der 2 × 2 Determinante

$$\begin{vmatrix} B-1-(D_1k_m^2+\omega_m) & A^2 \\ -B & -A^2-(D_2k_m^2+\omega_m) \end{vmatrix} = 0$$

bestimmt und lautet explizit

$$\omega_m^2 - \omega_m\,[B - A^2 - 1 - (D_1 + D_2)\,k_m^2] + A^2 + [-(B-1)\,D_2k_m^2 + A^2D_1k_m^2] + D_1D_2k_m^4 = 0. \quad \text{(I.22)}$$

Die charakteristische Gleichung eines Zweivariablensytems ist allgemeiner zweiten Grades in ω_m und kann daher komplex konjugierte Lösungen besitzen. Setzen wir $\omega_m = \mathrm{Re}\,\omega_m + i\,\mathrm{Im}\,\omega_m$, dann finden wir aus (I.20), daß $\mathrm{Re}\,\omega_m$ bei endlichem $\mathrm{Im}\,\omega_m$ verschwindet, wenn die folgende Bedingung für marginale Stabilität erfüllt ist:

$$\left(\frac{\partial v_1}{\partial X_1}\right)_{\mathbf{X}_s} + \left(\frac{\partial v_2}{\partial X_2}\right)_{\mathbf{X}_s} = (D_1 + D_2)\,k_m^2. \quad \text{(I.23 a)}$$

Für den Brüsselator ergibt dies

$$B_m = A^2 + 1 + (D_1 + D_2)\,k_m^2$$

und liefert eine Beziehung zwischen einem Parameter, hier B, und den Eigenwerten k_m^2 des Laplace-Operators. Im allgemeinen Fall eines Zweivariablen-Systems kann ein in $\partial v_i/\partial X_j)_{\mathbf{X}_s}$ enthaltener Kontrollparameter λ immer so gewählt werden, daß Gl. (I.23 a) durch die Kurve (a) in Fig. I.2 (siehe auch Fig. 3.29) dargestellt wird. Der zugehörige Imaginärteil kann aus (I.20) berechnet werden, indem (I.23 a) dort eingesetzt wird. Für den Brüsselator ergibt dies

$$\Omega_m^2 = (\mathrm{Im}\,\omega_m)^2 = A^2 + [A^2D_1 - (B-1)D_2]\,k_m^2 + D_1D_2k_m^4.$$

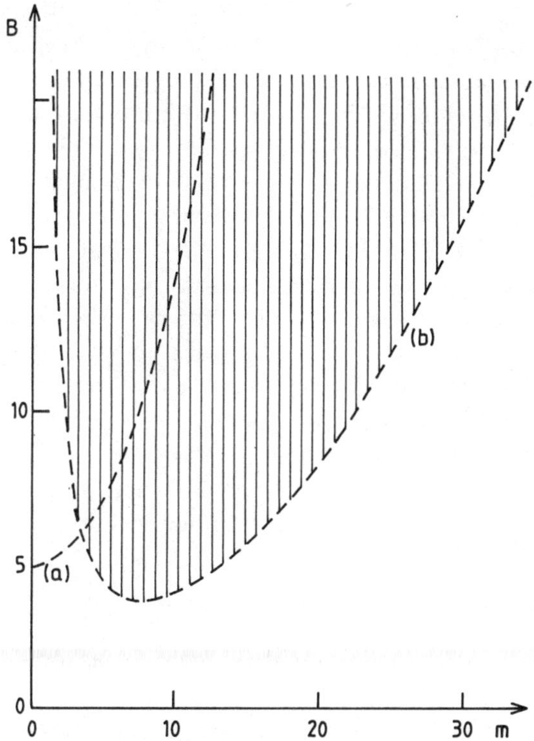

Fig. I.2.: Stabilitätsdiagramm des Brüsselators für den Fall eines eindimensionalen Mediums. Der Bifurkationsparameter B ist über der Wellenzahl m aufgetragen. (a) und (b) sind die Grenzkurven marginaler Stabilität für zwei Instabilitätstypen und entsprechen komplexkonjugierten bzw. reellen Eigenwerten. Werte der Parameter: $A = 2$, $L = 1$, $D_1 = 0.0016$, $D_2 = 0.008$. m und k_m hängen miteinander zusammen über $k_m = m\pi/L$.

Falls jenseits der Kurve für marginale Stabilität neue Lösungen der nichtlinearen Gleichungen existieren sollten, erwarten wir daher, daß sie periodisches Verhalten mit einer intrinsischen Frequenz aufweisen werden, die im wesentlichen durch Ω_m gegeben ist. Andererseits wird ihre Ortsabhängigkeit noch immer trivial sein, denn die erste instabile Mode, die angeregt wird, entspricht wieder dem Wert $k_m = 0$.

Die Situation ändert sich ganz wesentlich, wenn Gl. (I.20) reelle Lösungen ω_m zuläßt. Dann lautet die Bedingung für marginale Stabilität einfach $\omega_m = 0$ oder

$$\det \left| \left(\frac{\partial v_i}{\partial X_j} \right)_{\mathbf{X}_s} - \delta_{ij}^{Kr} D_i k_m^2 \right| = 0 \,. \qquad \text{(I.23 b)}$$

Dies ist eine Gleichung vierten Grades in k_m. Tragen wir einen Kontrollparameter λ (der in $(\partial v_i/\partial X_j)_{X_s}$ enthalten ist) über k_m auf, so können wir daher wie in Kurve (b) von Fig. I.2 dargestellt (vgl. auch Fig. 3.29) bei einem bestimmten, von Null verschiedenen Wert k_{m_k} ein Extremum erwarten. Die als erste angeregte instabile Mode hängt deshalb vom Ort ab. Wichtig ist dabei, daß k_{m_k} aufgrund von Gl. (I.23 b) völlig durch die Systemparameter festgelegt wird, unabhängig von den räumlichen Abmessungen, der Geometrie und sogar der Dimensionalität. Außerdem bestimmt k_{m_k} nach Gl. (I.19) und (I.17) die räumliche Wellenlänge der auf X_s einwirkenden Störung. Wir erwarten, daß diese Störung für $\lambda \geqslant \lambda_k$ die wesentlichen Eigenschaften des Systems im instabilen Bereich bestimmt. Mithin haben wir einen Mechanismus für die Entstehung einer *systemspezifischen Wellenlänge* in einem bis dahin räumlich homogenen System. Wir sprechen in dieser Situation von *räumlicher Symmetriebrechung*.

I.5 Systeme mit chaotischer Dynamik

Wenn die Dynamik chaotisch wird, ist ein stationärer Zustand auf dem thermodynamischen Zweig kein geeigneter Referenzzustand mehr. Wie schon in Abschnitt 3.8 erwähnt wurde, ist es trotzdem noch möglich, die Instabilität der Bewegung und das daraus resultierende Zufallsverhalten mit Hilfe der *Ljapunov-Exponenten* zu charakterisieren. Wir betrachten zu diesem Zweck zwei Phasenraumtrajektorien, die durch zwei benachbarte Punkte X_{0i} bzw. $X_{0i} + \Delta x_{0i}$ $(i = 1,\ldots,N)$ hindurchgehen (s. Fig. I.3). In der unmittelbaren Nachbarschaft des Punktes X_{0i} wird die Zeitentwicklung ihrer Distanz $\Delta x_i \equiv \Delta x_i\,(\mathbf{X}_0,t)$ im wesentlichen durch den Tangentialvektor der durch X_{0i} laufenden Trajektorie bestimmt. Sie kann daher durch Linearisierung der Gleichungen für die Variablen X_i um deren Momentanwerte $X_i(t)$ ermittelt werden. Analog zu Abschnitt 3.6 (vgl. Gl. (3.25)) erhalten wir

$$\frac{d\Delta x_i}{dt} = \sum_j L_{ij}\,(\{X_m\,(t)\})\Delta x_j \quad (i=1,\ldots,N)\,. \tag{I.24}$$

Für zwei anfänglich nahe beieinander gelegene Trajektorien führen wir nun die folgende mittlere exponentielle Divergenzrate ein:

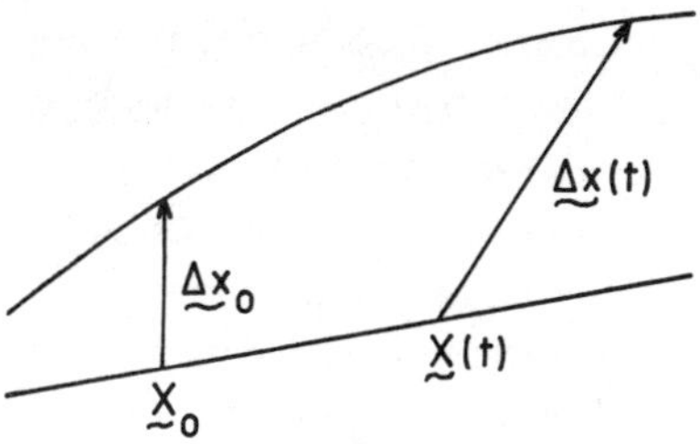

Fig. I.3.: Definition der charakteristischen Ljapunov-Exponenten. Zwei anfänglich benachbarte Trajektorien divergieren exponentiell in der Zeit.

$$\lambda_L (\mathbf{X}_0, \Delta \mathbf{x}_0) = \lim_{\substack{t \to \infty \\ |\Delta \mathbf{x}_0| \to 0}} \frac{1}{t} \ln \frac{|\Delta \mathbf{x} (\mathbf{X}_0, t|}{|\Delta \mathbf{x}_0|}. \tag{I.26}$$

Dabei bezeichnet $\Delta \mathbf{x}$ den Phasenraumvektor mit den Komponenten $\{\Delta x_i\}$ und $|\Delta \mathbf{x}|$ dessen Norm. Es läßt sich zeigen, daß λ_L existiert und endlich ist. Da es im Phasenraum N unabhängige Richtungen gibt, nimmt λ_L im übrigen N (eventuell zusammenfallende) Werte an. Dies sind die sogenannten Ljapunov-Exponenten, die gewöhnlich der Größe nach geordnet werden:

$$\lambda_1 \geqslant \lambda_2 \geqslant \cdots \geqslant \lambda_N.$$

Es läßt sich zeigen, daß sie nicht von der Definition der benutzten Norm abhängen. Man beachte, daß für jeden Fluß, der durch ein autonomes System erzeugt wird, mindestens ein Ljapunov-Exponent verschwinden muß: In Flußrichtung wächst $|\Delta \mathbf{x}(t)|$ im Mittel nämlich höchstens linear mit t, und dies führt in Gl. (I.26) für große t auf $\lambda_L \sim \frac{1}{t} \ln t \sim 0$. Andererseits drückt sich das exponentielle Auseinanderlaufen der Trajektorien im Falle eines chaotischen Flusses darin aus, daß mindestens ein Ljapunov-Exponent positiv ist, denn es gilt $|\Delta \mathbf{x}(t)|/|\Delta \mathbf{x}_0| \sim \exp \lambda_\alpha t$ und somit $\frac{1}{t} \ln |\Delta \mathbf{x}(t)|/|\Delta \mathbf{x}_0| \sim \frac{1}{t} \lambda_\alpha \cdot t \sim \lambda_\alpha > 0$.

Das Konzept der Ljapunov-Exponenten kann auch benutzt werden, um die mittlere Expansions- (oder Kontraktions-)geschwindigkeit $\lambda^{(p)}$ eines Phasenraumvolumens $\Delta V = \Delta x_{01} \cdots \Delta x_{0p}$, $p \leqslant N$, zu beschreiben. Für p = N ergibt sich

$$\lambda^{(N)} = \sum_{i=1}^{N} \lambda_i (X_0). \tag{I.27}$$

In einem konservativen System bleibt das Phasenraumvolumen erhalten (vgl. Abschnitt 3.2), und folglich gilt $\lambda^{(N)} = 0$. Andererseits

seits führt die Anwesenheit von Attraktoren in einem dissipativen System zu einer globalen Abnahme des Phasenraumvolumens, und daher gilt $\lambda^{(N)} < 0$. Das Auftreten chaotischer Bewegungen in konservativen oder dissipativen Systemen hat also zwangsläufig zur Folge, daß sich der Phasenraum in bestimmten Richtungen ausdehnt und in anderen Richtungen zusammenzieht. Der Schluß liegt nahe, daß bei einer chaotischen Bewegung längs der expandierenden Richtungen beständig Vielfältigkeit und neue Auswahlmöglichkeiten zum Vorschein kommen, während längs der kontrahierenden Richtungen Vorhersehbarkeit herrscht. Mit anderen Worten, chaotische Attraktoren (sie sind zusätzlich zu oben genannten Eigenschaften asymptotisch stabil) sind potentielle Erzeuger und Prozessoren von Information. Dieser Aspekt wird ausführlicher in Abschnitt 4.8 diskutiert.

Anhang II

Bifurkationsanalysis

II.1 Allgemeine Eigenschaften

Die Bedeutung der linearen Stabilitätsanalyse besteht in dem Nachweis, daß eine qualitative Änderung des Systemverhaltens nur jenseits des kritischen Wertes λ_k des Kontrollparameters auftreten kann. Allerdings ist die Existenz neuer, physikalisch sinnvoller Lösungen jenseits der Stabilitätsgrenze nicht bewiesen, bevor nicht auch die vollständigen nichtlinearen Gleichungen analysiert worden sind. In diesem Anhang skizzieren wir einige grundlegende Schritte einer solchen Analyse.

Den Ausgangspunkt bilden die Gln. (I.10),

$$\frac{\partial \mathbf{x}}{\partial t} = \mathbf{L}\ (\lambda) \cdot \mathbf{x} + \mathbf{h}(\mathbf{x},\lambda), \tag{II.1}$$

wo **h** für den nichtlinearen Anteil der rechten Seite von (I.4) steht. Bevor wir die Konstruktion der abzweigenden Lösungen beschreiben, erweist es sich als zweckmäßig, auf einige allgemeine, Existenz und Stabilität betreffende Eigenschaften einzugehen.

In den Abschnitten 3.4 und 3.5 dieses Buches haben wir eine Reihe von Beispielen angegeben (vgl. Gl. (3.10), (3.12) und (3.16)), die zeigen, daß in bestimmten Fällen tatsächlich die Existenz neuer Lösungszweige nachgewiesen werden kann, die bei den die Stabilitätsgrenze des Referenzzustandes markierenden Parameterwerten beginnen. Daraus sollte man allerdings nicht den Schluß ziehen, daß dies immer so sein muß.

Um uns davon zu überzeugen, daß kompliziertere Situationen auftreten können, betrachten wir das nichtlineare System

$$\begin{aligned} \frac{dX_1}{dt} &= X_1 + X_2^3 - \lambda X_1, \\ \frac{dX_2}{dt} &= X_2 - X_1^3 - \lambda X_2. \end{aligned} \tag{II.2}$$

Der Referenzzustand ist $X_{s1} = X_{s2} = 0$, und das in seiner Umgebung linearisierte Problem hat die Form (vgl. Gl. (I.20))

$$\omega X_1 = (1 - \lambda)X_1$$

$$\omega X_2 = (1 - \lambda)X_2.$$

Dieses lineare System homogener algebraischer Gleichungen besitzt nur dann eine nichttriviale Lösung, wenn $\omega = 1 - \lambda$ ist. Bei $\lambda = 1$ liegt ein Zustand marginaler Stabilität vor. Tatsächlich ist $1 - \lambda$ in dem betrachteten Modell eine Doppelwurzel der charakteristischen Gleichung, da die beiden Gleichungen der linearen Näherung entkoppelt sind. Wir wollen nun die Frage untersuchen, ob bei dem »kritischen« Parameterwert $\lambda = 1$, also dort, wo die Lösung der charakteristischen Gleichung ω gleich Null wird, neue stationäre Lösungen abzweigen. Zu diesem Zweck multiplizieren wir die erste Gleichung mit X_2, die zweite mit X_1 und subtrahieren die entstehenden Gleichungen voneinander. Auf diese Weise erhalten wir die Gleichung

$$X_1^4 + X_2^4 = 0,$$

die außer der trivialen Lösung offensichtlich keine reellen (und damit physikalisch sinnvollen) Lösungen besitzt. Mit anderen Worten, obwohl das linearisierte Problem alle in Anhang I erläuterten Anforderungen erfüllt, existieren keine bifurkierenden stationären Lösungszweige.

Sehen wir uns den Unterschied zwischen den in den Abschnitten 3.5 und 3.6 betrachteten Modellen und dem Modell (II.2) genauer an, so erkennen wir, daß bei den ersteren die Wurzel der charakteristischen Gleichung zumindest am Punkt der marginalen Stabilität einfach ist, während es sich beim letzteren stets um eine Doppelwurzel handelt. Das ist kein zufälliger Zusammenhang, sondern vielmehr eine Illustration des folgenden allgemeinen Theorems:

Besitzt ein Eigenwert der um einen Zweig $\mathbf{X}_s$ linearisierten Gleichungen für $\lambda \simeq \lambda_k$ ungerade Multiplizität (d. h., ist ω eine Mehrfachwurzel der charakteristischen Gleichung mit ungerader Multiplizität) und verschwindet er bei $\lambda = \lambda_k$, dann existiert mindestens ein von $(\mathbf{X}_s, \lambda_k)$ ausgehender neuer Lösungszweig.

Dieser erstreckt sich entweder bis ins Unendliche oder er stößt auf einen anderen Bifurkationspunkt.

Erheblich weitergehende Aussagen können für den Fall eines einfachen Eigenwertes abgeleitet werden, wenn Re ω nicht nur bei λ_k verschwindet, sondern dort als Funktion von λ die λ-Achse schneidet. Diese *Transversalitätsbedingung*

$$\frac{d}{d\lambda} \operatorname{Re} \omega(\lambda) |_{\lambda = \lambda_k} \neq 0 \qquad \text{(II.3)}$$

wird durch Fig. I.1 illustriert. In diesem Fall kann das folgende Resultat bewiesen werden:

Verliert ein für $\lambda < \lambda_k$ asymptotisch stabiler Zweig $(\mathbf{X}_s, \lambda)$ durch einen einfachen Eigenwert bei $\lambda = \lambda_k$ seine Stabilität, und ist an diesem kritischen Wert die Transversalitätsbedingung erfüllt, dann sind

(i) überkritische Bifurkationszweige stabil und unterkritische Bifurkationszweige instabil;

(ii) die von einem stationären Zustand abzweigenden Lösungen stationär, falls Im ω $(\lambda_k) = 0$, und zeitlich periodisch, falls Im ω $(\lambda_k) \neq 0$.

Fig. II.1 faßt die verschiedenen Möglichkeiten zusammen. Wir werden sie hier nicht weiter kommentieren, da sie in Kapitel 3 und Anhang I alle ausführlich durch Beispiele belegt worden sind.

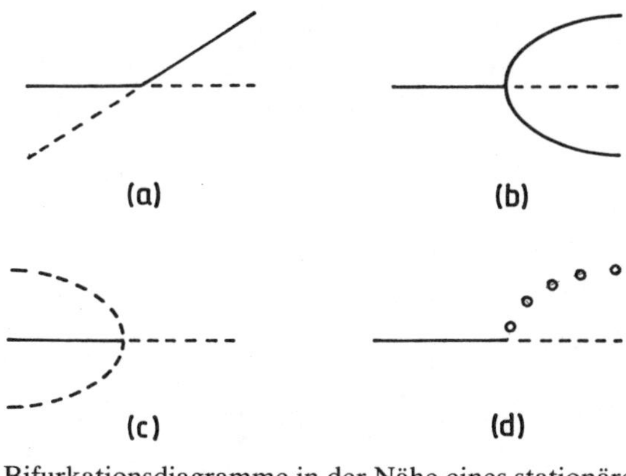

Fig. II.1.: Bifurkationsdiagramme in der Nähe eines stationären Zustands für den Fall, daß der lineare Stabilitätsoperator einen einfachen Eigenwert besitzt. (a): transkritische Bifurkation stationärer Lösungen (Gl. II.12); (b), (c): überkritische und unterkritische symmetrische Bifurkation stationärer Lösungen (Gl. II.13); (d): superkritische Hopf-Bifurkation.

Wir nehmen jetzt an, daß die Voraussetzungen für die Gültigkeit der oben angeführten allgemeinen Theoreme erfüllt sind, und skizzieren das Verfahren zur Konstruktion der expliziten Form der Bifurkationszweige. Um die technischen Details zu vereinfachen, beschränken wir uns auf die Bifurkation stationärer Lösungen bei einem einfachen Eigenwert (Im ω (λ_k) = 0), die als Folge der ersten Instabilität des Referenzzustandes auftritt. Das zu lösende Problem lautet in diesem Fall (vgl. Gl. (II.1))

$$\mathbf{L}\,(\lambda)\mathbf{x} + \mathbf{h}\,(\mathbf{x}, \lambda) = 0. \tag{II.4}$$

Wir haben wiederholt betont, welche Schwierigkeiten bei der Lösung nichtlinearer Probleme auftreten. Aus diesem Grunde geben wir die Vorstellung auf, exakte Resultate globalen Charakters ableiten zu wollen, und beschränken unsere Aufmerksamkeit auf das *lokale Verhalten* der Lösungen in der Umgebung des Bifurkationspunktes λ_k. Weiterhin nehmen wir an, daß die neuen Lösungen bei λ_k in stetiger Weise abzweigen, und schließen damit vertikale Abzweigungen oder Sprünge aus.

Diese Annahmen gestatten es uns, $\mathbf{x}$ in der Umgebung von λ_k nach einem kleinen Parameter in eine Potenzreihe zu entwickeln. Dieser Parameter muß sicher mit $\lambda - \lambda_k$ zusammenhängen, da die Norm $|\mathbf{x}|$ der Lösung bei $\lambda = \lambda_k$ gegen Null geht. Allerdings gibt es keinen Grund dafür, daß dieser kleine Parameter etwa $\lambda - \lambda_k$ selbst wäre, denn es wird durch nichts garantiert, daß die Lösungen in $\lambda - \lambda_k$ analytisch sind. So sind uns in Kapitel 3 bereits mehrere Beispiele einer offenkundig nichtanalytischen Abhängigkeit begegnet (vgl. z. B. Gl. (3.11 b)).

Damit das System die Abhängigkeit der Lösungen von $\lambda - \lambda_k$ selbst festlegen kann, führen wir einen kleinen Hilfsparameter ε ein, nach dem wir sowohl $\mathbf{x}$ als auch $\lambda - \lambda_k$ entwickeln:

$$\begin{aligned} \mathbf{x} &= \varepsilon \mathbf{x}_1 + \varepsilon^2 \mathbf{x}_2 + \cdots \\ \lambda - \lambda_k &= \varepsilon \gamma_1 + \varepsilon^2 \gamma_2 + \cdots \end{aligned} \tag{II.4}$$

Nach Einsetzen in Gl. (II.1) erhalten wir in erster Ordnung von ε

$$\mathbf{L}\,(\lambda_k)\,\mathbf{x}_1 = 0. \tag{II.5}$$

Dieses homogene Problem ist in Anhang I in Zusammenhang mit der linearen Stabilitätsanalyse ausführlich diskutiert worden. Seine Lösung hat die Form (siehe Gl. (I.12) mit $\omega = 0$, dem Wert marginaler Stabilität bei $\lambda = \lambda_k$):

$$\mathbf{x}_1 = c\mathbf{u}. \tag{II.6}$$

Die Amplitude c der Lösung, die infolge der Homogenität der Gln. (II.5) in diesem Stadium unbestimmt bleibt, haben wir für spätere Zwecke abgespalten. Von jetzt an ist daher davon auszugehen, daß **u** durch das linearisierte Problem vollständig festgelegt wird. So haben wir beispielsweise für das Brüsselator-Modell nach (I.8)

$$(B_k - 1)u_1 + A^2 u_2 - D_1 k_k^2 u_1 = 0$$

$$- B_k u_1 - A^2 u_2 - D_2 k_k^2 u_2 = 0,$$

woraus der Vektor **u** auf einfache Weise zu

$$\mathbf{u} = \begin{pmatrix} 1 \\ - B_k/(A^2 + D_2 k_k^2) \end{pmatrix}$$

berechnet werden kann.

Wir gehen jetzt zu höheren Ordnungen der Störungsrechnung über, die es uns unter anderem ermöglichen sollten, die Amplitude c des dominanten Anteils der Lösung, $\varepsilon\mathbf{x}_1$, zu bestimmen. In der Ordnung ε^2 erhalten wir aus den Gln. (II.4) drei Arten von Beiträgen. Erstens kann der Operator $\mathbf{L}\,(\lambda_k)$ auf den Term zweiter Ordnung $\mathbf{x}_2$ der Entwicklung von **x** wirken. Zweitens können wir den Operator $\mathbf{L}\,(\lambda)$ bei einem Wert λ nahe λ_k auswerten und auf $\mathbf{x}_1$ einwirken lassen. Diese Verschiebung wird formal durch das erste Glied der Taylor-Entwicklung von $\mathbf{L}\,(\lambda)$ um λ_k ausgedrückt und liefert den Beitrag $\gamma_1\,\mathbf{L}_{\lambda}(\lambda_k) \cdot \mathbf{x}_1$, wobei die Ableitung durch einen unteren Index gekennzeichnet ist. Wird z. B. im Brüsselator-Modell B als Bifurkationsparameter benutzt, so folgt aus den Gl. (I.8)

$$\mathbf{L}_{\lambda}\,(\lambda_k) \cdot \mathbf{x}_1 \Big|_{\text{Brüsselator}} = \begin{pmatrix} x_1 \\ -x_1 \end{pmatrix}.$$

Schließlich haben wir in der Ordnung ε^2 einen Beitrag, der vom quadratischen Anteil in **h** stammt und wiederum formal als zweiter

Term einer Taylor-Entwicklung um Null dargestellt wird. Für das Modell des Brüsselators ist dies einfach der quadratische Anteil in Gl. (I.6 a)

$$\begin{pmatrix} (B/A)x^2 + 2Axy \\ (-B/A)x^2 - 2Axy \end{pmatrix} .$$

Werden Ableitungen wieder durch untere Indizes gekennzeichnet, so erhalten wir schließlich als vollständige Gleichung der Ordnung ε^2

$$\mathbf{L}\,(\lambda_k) \cdot \mathbf{x}_2 = -\gamma_1\, \mathbf{L}_\lambda\,(\lambda_k) \cdot \mathbf{x}_1 - \frac{1}{2}\, \mathbf{h}_{xx}\,(\lambda_k) \cdot \mathbf{x}_1\mathbf{x}_1\,. \qquad \text{(II.7)}$$

Fahren wir in genau derselben Art und Weise fort, so finden wir in höheren Ordnungen

$$\begin{aligned} \mathbf{L}\,(\lambda_k) \cdot \mathbf{x}_3 = & -\gamma_1\, \mathbf{L}_\lambda(\lambda_k) \cdot \mathbf{x}_2 - \gamma_2\, \mathbf{L}_\lambda(\lambda_k) \cdot \mathbf{x}_1 \\ & - \frac{\gamma_1}{2}\, \mathbf{h}_{xx\lambda}(\lambda_k) \cdot \mathbf{x}_1\mathbf{x}_1 - \frac{\gamma_1^2}{2}\, \mathbf{L}_{\lambda\lambda}(\lambda_k) \cdot \mathbf{x}_1 \qquad \text{(II.8)} \\ & - \frac{1}{6}\, \mathbf{h}_{xxx}(\lambda_k) \cdot \mathbf{x}_1\mathbf{x}_1\mathbf{x}_1 - \mathbf{h}_{xx}(\lambda_k) \cdot \mathbf{x}_1\mathbf{x}_2\,. \end{aligned}$$

II.3 Die Bifurkationsgleichungen

Wir haben gesehen, daß das ursprüngliche nichtlineare Problem (Gln. (II.4)) dank der Störungsentwicklung durch eine unendliche Folge *linearer* Probleme ersetzt werden konnte. Das erste von diesen, (Gl. II.5), ist sowohl linear als auch homogen, und seine Lösung ist bis auf einen multiplikativen Faktor bereits durch Gl. (II.6) gegeben. Die verbleibenden Probleme sind inhomogen, da ihre rechten Seiten von den Lösungen der Gleichungen niedrigerer Ordnung abhängen. Erinnern wir uns daran, daß $\mathbf{L}\,(\lambda_k)$ die Struktur einer Matrix im Raum der Vektoren $\langle \mathbf{x}_i \rangle$ besitzt, so sind wir versucht, ihre Lösungen in der Form

$$\mathbf{x}_i \underset{\text{formal}}{\simeq} \mathbf{L}^{-1}\,(\lambda_k) \cdot \mathbf{q}_i \qquad i \geqslant 2 \qquad \text{(II.9)}$$

anzusetzen, wo $\mathbf{q}_i$ die rechten Seiten der Gln. (II.7), (II.8) usw. bezeichnet. Der Operator $\mathbf{L}\,(\lambda_k)$ ist jedoch *nicht* invertierbar, denn nach Gl. (II.5) existieren nichttriviale Lösungen, auf die seine Anwendung Null ergibt. Einer ähnlichen Situation begegnet man in der Algebra, wenn in einem System linearer inhomogener Gleichungen die Koeffizientendeterminante der Unbekannten verschwindet. Intuitiv würden wir erwarten, daß die Anwendung des inversen Operators gemäß Gl. (II.9) in solchen Fällen divergente Ergebnisse liefert, es sei denn, es gelänge, die dem »Nullraum« von **L** (λ_k) (dem Raum der Funktionen, die Gl. (II.5) erfüllen) zugehörigen Anteile von q_i zu eliminieren. Ein wichtiges Resultat der Analysis, die sogenannte *Fredholm-Alternative*, gibt an, wie dies erreicht werden kann. Diese erhebt kurz gesagt die Forderung, daß die rechte Seite $\mathbf{q}_i$ *orthogonal* zu den Vektoren $\mathbf{u}^+$ sein muß, die der Gleichung

$$\mathbf{L}^+ (\lambda_k) \cdot \mathbf{u}^+ = 0 \qquad \text{(II.10)}$$

genügen. Dabei ist $\mathbf{L}^+$ der zu **L** adjungierte Operator. Im Falle von Reaktions-Diffusions-Systemen ist $\mathbf{L}^+$ einfach die zu **L** transponierte Matrix, denn der Laplace-Operator ∇^2 ist für symmetrische Randbedingungen selbstadjungiert. Für das Brüsselator-Modell gilt z. B.

$$\mathbf{L}^+(\lambda_k) = \begin{pmatrix} B_k - 1 + D_1\nabla^2 & -B_k \\ A^2 & -A^2 + D_2\nabla^2 \end{pmatrix}.$$

Und was ist hier unter Orthogonalität zu verstehen? Wir haben den Doppelcharakter des Zustandsvektors **x** bereits hervorgehoben und wissen, daß **x** sowohl ein Vektor in einem gewöhnlichen, endlichdimensionalen Raum als auch als eine Funktion in einem unendlichdimensionalen Raum ist. In einem gewöhnlichen, endlichdimensionalen Raum besteht die Orthogonalität zweier Vektoren im Verschwinden ihres Skalarprodukts, das wir durch einen Punkt kennzeichnen: $\mathbf{u}^+ \cdot \mathbf{q}_i$. In einem Funktionenraum ist das Skalarprodukt etwas Subtileres und soll an dieser Stelle nicht im Detail erläutert werden. Wir wollen uns mit der Feststellung begnügen, daß es sich bei vielen Problemen der Quantenmechanik und anderer Gebiete der Physik auf ein räumliches Integral eines Produkts von Funktionen (oder eines Skalarprodukts von Vektoren) reduziert. Wird dieses verallgemeinerte Produkt durch spitze Klammern $\langle\, ,\rangle$ gekennzeichnet, so können wir die Fredholm-Alternative schließlich in der Form

$$\langle \mathbf{u}^+, \mathbf{q}_i \rangle = 0 \qquad i \geqslant 2 \qquad \text{(II.11)}$$

darstellen. Der entscheidende Punkt ist nun, daß der Vektor $\mathbf{u}^+$ genau wie $\mathbf{u}$ vollständig bestimmt ist. Weiterhin hängt $\mathbf{q}_i$ außer vom Ort nur noch von der unbestimmten Amplitude c ab. Gl. (II.11), in der natürlich eine Integration über den Raum auszuführen ist, reduziert sich daher auf eine algebraische Gleichung für die Amplitude c des dominanten Beitrags $\mathbf{x}_1$ in der Bifurkationslösung. Wird die volle Amplitude $z = \varepsilon\, c$ von $\varepsilon \mathbf{x}_1$ eingeführt, so erhält man aus (II.11) durch algebraische Umformungen unmittelbar die folgenden *Bifurkationsgleichungen*:

$$-(\lambda - \lambda_k)Q_1 z + Q_2 z^2 = 0 \qquad \text{für } Q_2 \neq 0 \qquad \text{(II.12)}$$

$$-(\lambda - \lambda_k)Q_1 z + Q_3 z^3 = 0 \qquad \text{für } Q_2 = 0, Q_3 \neq 0, \qquad \text{(II.13)}$$

wo die Koeffizienten Q_i direkt aus der zu (II.12) – (II.13) führenden Rechnung entnommen werden können.

Erinnern wir uns daran, daß wir von einem Problem mit einer großen Zahl von Variablen, die außerdem noch in komplizierter Weise von den Ortskoordinaten abhängen können, ausgegangen sind. Dennoch war es möglich, die Dynamik in der Umgebung des Bifurkationspunktes auf sehr einfache *Normalformen* ähnlich den in Abschnitt 3.5 diskutierten zurückzuführen, die als einzige Unbekannte lediglich den Ordnungsparameter z enthalten. Dies bestätigt die im zweiten Teil von Abschnitt 3.6 entwickelten Argumente.

Kompliziertere Bifurkationsgleichungen treten auf, wenn zeitlich periodische Lösungen oder Bifurkationen in der Nähe mehrfacher Eigenwerte betrachtet werden. Für eine kompakte Behandlung dieser Thematik verweisen wir den Leser auf das Buch von Guckenheimer und Holmes.

Anhang III

Störung resonanter Bewegungen in nichtintegrablen konservativen Systemen

III.1 Die Twist-Abbildung

In Abschnitt 3.3 dieses Buches haben wir gesehen, daß die Bewegung eines integrablen konservativen Systems mit N Freiheitsgraden auf einer N-dimensionalen Torusfläche verläuft, die in den 2N-dimensionalen Phasenraum eingebettet ist (vgl. Fig. 3.7b für $N = 2$). Wir würden gerne intuitiv verstehen, welchen Einfluß nichtintegrable Störungen auf diese Art von Bewegung ausüben, und insbesondere würden wir gerne die im Abschnitt 3.8b vorweggenommenen qualitativen Veränderungen in Resonanznähe einsehen können. Der besseren Anschaulichkeit halber beschränken wir uns in diesem Anhang auf den Fall zweier Freiheitsgrade, betonen jedoch, daß die wesentlichen Argumente auch für allgemeinere Systeme gültig bleiben.

Die beiden Winkel θ und φ mögen den »Längengrad« bzw. den »Breitengrad« auf dem Torus bezeichnen (Fig. III.1), ω_1 und ω_2 seien die Winkelgeschwindigkeiten der Bewegung in diesen beiden Richtungen. In Wirkungs- und Winkelvariablen lauten die Bewegungsgleichungen einfach

$$I = I_0 = \text{const}$$
$$\varphi = \omega_1(I)t + \varphi_0, \qquad \theta = \omega_2(I)t + \theta_0. \qquad \text{(III.1)}$$

Wir haben lediglich eine Wirkungsvariable I angegeben, da sich die zweite aufgrund des Energieerhaltungssatzes vollständig durch

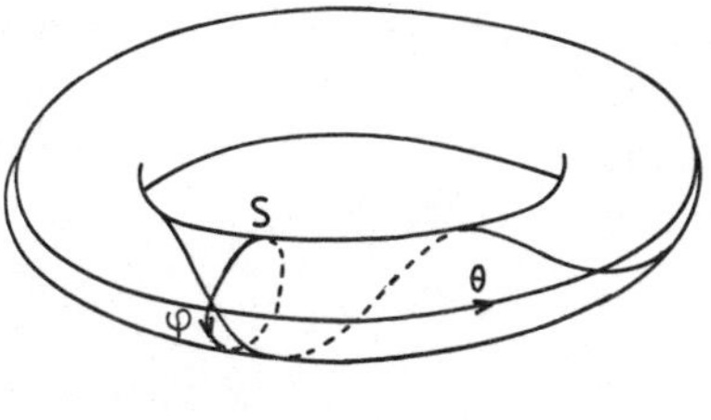

Fig. III.1.: Poincaré-Schnitt S zur Untersuchung resonanter Bewegungen auf einem Torus.

I und die Gesamtenergie ausdrücken läßt. Außerdem lassen wir zu, daß die Winkelgeschwindigkeiten von der Wirkungsvariablen abhängen.

Es ist hilfreich, sich die Bewegung auf einem längs einer Meridional-Ebene verlaufenden Poincaré-Schnitts zu veranschaulichen (siehe auch Fig. 3.22). Die repräsentativen Trajektorien durchstoßen diese Fläche immer dann, wenn sie einen vollen Umlauf in θ-Richtung gemacht haben, d. h. für $\theta - \theta_0 = 2\pi n$ ($n = 1, 2, \cdot \cdot$). Die Durchstöße finden daher zu den Zeiten $t_n = 2\pi n/\omega_2$ statt. Setzen wir diesen Wert von t in die Gleichung für φ ein, so erhalten wir aus den Gln. (III.1)

$$\varphi_n - \varphi_0 = 2\pi \frac{\omega_1}{\omega_2} n$$

oder, indem wir eine für eine Rekursionsformel geeignete Notation einführen,

$$\begin{aligned} I_{n+1} &= I_n \\ \varphi_{n+1} &= \varphi_n + 2\pi\alpha(I_{n+1}). \end{aligned} \qquad \text{(III.2)}$$

Dabei wurde die Rotationszahl

$$\alpha = \frac{\omega_1}{\omega_2} \qquad \text{(III.3)}$$

aus Gründen der Zweckmäßigkeit nicht als Funktion von I_n, sondern von I_{n+1} ausgedrückt.

Offensichtlich transformiert die durch die Gln. (III.2) definierte Abbildung Kreise in Kreise. Allerdings ändert sich die Rotationszahl im allgemeinen von einem Kreis zu anderen, da sie von der Wirkungsvariablen abhängt, deren Wert die verschiedenen Kreise »durchnumeriert«. Anders gesagt, ab einem zur Zeit $t = 0$ gegebenen Wert φ_0 von φ sind die repräsentativen Punkte auf den verschiedenen Kreisen zu einem späteren Durchstoßzeitpunkt $t = t_1$ gegeneinander phasenverschoben (siehe z. B. Fig. III.2). Aus diesem Grunde bezeichnen wir die Abbildung (III.2) als *Twist-Abbildung* (Twist = Verdrehung*.) Wie in Abschnitt 3.8 im Zusammenhang mit Fig. 3.22 erläutert wurde, schneidet jede periodische Trajektorie (α = rational = r/s, wo r und s ganze Zahlen sind) auf dem Torus die Poincaré-Fläche in festen Punkten, deren Anzahl gleich der Zahl s von Umläufen in θ-Richtung ist.

---

* Anmerkung der Übersetzer

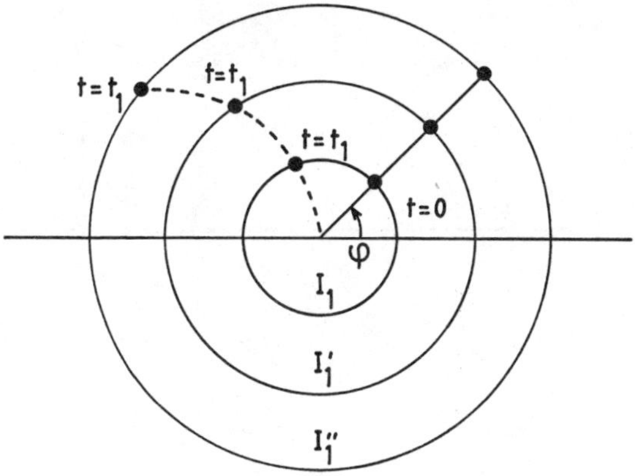

Fig. III.2.: Die Twist-Abbildung. Die Bildpunkte von drei Ausgangspunkten, die zur Zeit t = 0 auf dem gleichen Radius liegen, sind zur Zeit $t = t_1$ gegeneinander phasenverschoben.

Wir betrachten jetzt eine Störung des zugrundeliegenden Hamiltonschen Systems. Diese findet ihr Gegenstück in einer gestörten Twist-Abbildung der Form

$$\begin{aligned} I_{n+1} &= I_n + \varepsilon f\,(I_{n+1},\varphi_n) \\ \varphi_{n+1} &= \varphi_n + 2\pi\alpha(I_{n+1}) + \varepsilon g\,(I_{n+1},\varphi_n) \qquad (\varepsilon \ll 1). \end{aligned} \tag{III.4}$$

Es läßt sich zeigen, daß diese Abbildung als Folge des Liouvilleschen Satzes (siehe Abschnitt 3.2) die Fläche im Phasenraum erhalten muß.

III.2 Wirkung der Störung im Falle rationaler Rotationszahlen

Die obige Diskussion zeigt, daß *jeder* Punkt des Kreises I = const bzw. α (I) = r/s = const im Falle der ungestörten Twist-Abbildung, Gln. (III.2), ein Fixpunkt der Periode s ist. Er bildet nämlich den erneuten Schnittpunkt der Poincaré-Fläche mit einer bestimmten periodischen Trajektorie, nachdem diese s Umläufe in longitudinaler Richtung vollendet hat. Das wichtigste Ergebnis über den Einfluß der Störung auf diese Situation geht auf Poincaré und Birkhoff zurück. Es besagt, daß von diesem Kontinuum von Fixpunkten nach der Störung 2 k · s Fixpunkte (k ganzzahlig) üb-

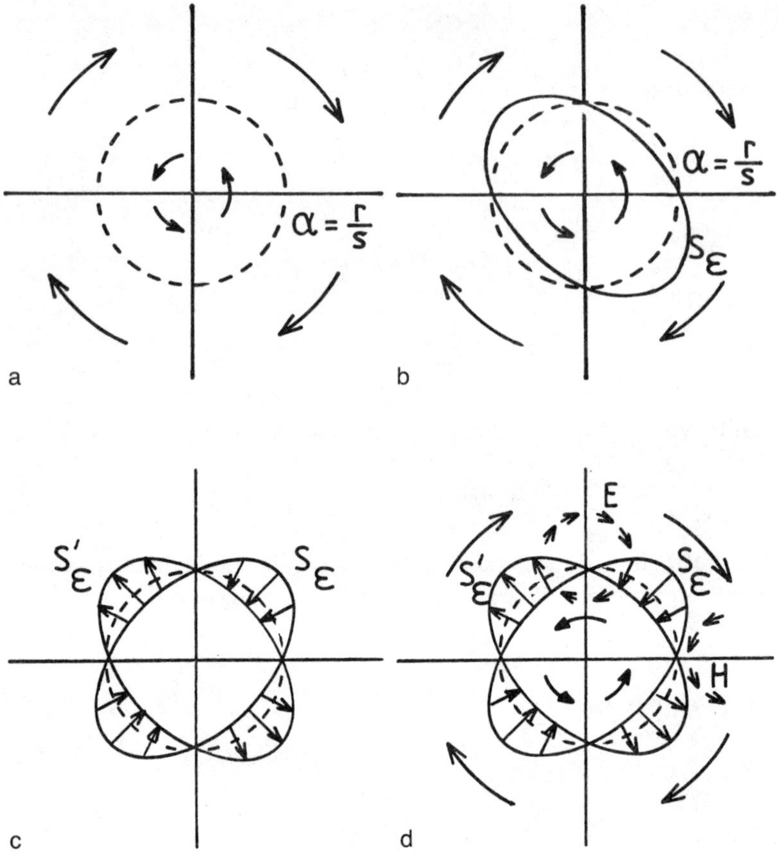

Fig. III.3.: Illustration des Satzes von Poincaré-Birkhoff, der besagt, daß einige Fixpunkte auf der Poincaré-Fläche S erhalten bleiben, wenn eine resonante Bewegung geringfügig gestört wird. (a): Die Pfeile beiderseits der gestrichelten Kurve geben die Richtung der Phasenverschiebung an, die zwei quasiperiodische Trajektorien bei aufeinanderfolgenden Iterationen der Abbildung erfahren; (b): Kurve S_ε, die auf dem Poincaré-Schnitt von den Schnittpunkten derjenigen Trajektorien des gestörten Systems erzeugt wird, deren Winkelkoordinate φ nach s Iterationen zum Ausgangswert zurückkommt. Dabei ist s die Zahl der Umläufe in Richtung des Winkels θ. (c): nach s Iterationen der gestörten Abbildung erhaltenes Bild von S_ε (Kurve S'_ε). Man beachte die Anwesenheit einer geraden Anzahl von Fixpunkten; (d): Stabilität der Fixpunkte der gestörten Twist-Abbildung. E: elliptischer Punkt, H: hyperbolischer Punkt.

rigbleiben, von denen eine Hälfte hyperbolisch und die andere Hälfte elliptisch ist. Wir wollen den Beweis anhand der Figuren III.3 a–d skizzieren.

Aus Gründen der Eindeutigkeit nehmen wir an, daß α nach innen hin zunimmt. Unter diesen Umständen besitzt das integrable System zwangsläufig zwei quasiperiodische Trajektorien, eine außerhalb und eine innerhalb des resonanten Torus, die nach s Umläufen im Vergleich zur Lage ihrer Anfangsschnittpunkte im bzw. entgegen dem Uhrzeigersinn versetzt auf die Poincaré-Fläche abgebildet werden (siehe Fig. 3 a).

Da die quasiperiodische Bewegung sich gegenüber kleinen Störungen robust verhält, existieren auch im gestörten System noch zwei Trajektorien, die nach s Iterationen der Twist-Abbildung die obengenannten Eigenschaften besitzen. Zwischen den durch diese Trajektorien definierten invarianten Kurven auf der Poincaré-Fläche muß sich folglich eine – in Fig. III.3 b mit S_ε bezeichnete und um den Ursprung laufende – Kurve befinden, die den geometrischen Ort der Schnittpunkte all derjenigen Trajektorien bildet, für welche die Winkelkoordinate φ nach s Iterationen zum Ausgangswert zurückkehrt. (Man beachte, daß S_ε keine Systemtrajektorie ist.) Dabei bleiben immer noch Verschiebungen in *radialer* Richtung möglich und infolgedessen ist die Kurve S_ε nach s Iterationen in der Regel verschoben. Wir bezeichnen das auf diese Art erzeugte Abbild von S_ε, das ebenfalls den Ursprung einschließt, mit S_ε' (siehe Fig. III.3 c)

Wie schon früher festgestellt wurde, ist die betrachtete Poincaré-Abbildung aufgrund ihres konservativen Charakters flächenerhaltend. Daraus folgt, daß die Kurven S_ε' und S_ε gleich große Flächen einschließen. Dies ist jedoch nur möglich, wenn die Anzahl ihrer Schnittpunkte geradzahlig ist. Nach Konstruktion kehrt jeder dieser Schnittpunkte nach s Iterationen zu seiner Ausgangslage zurück und ist daher ein Fixpunkt der Periode s. Außerdem ist jede seiner s Iterierten natürlich ebenfalls ein Fixpunkt. Auf diese Weise haben wir die Existenz von Fixpunkten nachgewiesen, die zwischen zwei ineinandergeschachtelten invarianten Kurven eingeschlossen sind und deren Anzahl geradzahlig und ein Vielfaches der Umlaufzahl s ist. Unter Vorwegnahme des unmittelbar im Anschluß bewiesenen Ergebnisses, daß sich elliptische mit hyperbolischen Fixpunkten abwechseln, und unter Benutzung der offensichtlichen Tatsache, daß ein elliptischer Fixpunkt nicht auf einen hyperbolischen Fixpunkt abgebildet werden kann und umgekehrt, kommen wir so schließlich zu dem Ergebnis 2 ks für die Anzahl von Fixpunkten, welche die Störung überstehen. Die durchgeführten Überlegungen lassen allerdings keine Schlüsse auf die Größe der ganzen Zahl k zu.

Wir kommen jetzt zur Diskussion der Stabilität dieser Fixpunkte. Dazu betrachten wir die Umgebung des Punktes E in Fig. III.3 d. Eine Abweichung vom Fixpunkt, sagen wir nach unten, führt im wesentlichen zunächst zu einer Rotation im Uhrzeigersinn, die durch die radiale Änderung der Rotationszahl α hervorgerufen wird, sodann zu einer Bewegung nach innen (in Richtung der Pfeile), anschließend zu einer Rotation entgegen dem Uhrzeigersinn, und schließlich zu einer Bewegung nach außen. Das Gesamtergebnis ist eine Rotation um den Punkt E, der sich folglich als elliptischer (stabiler) Fixpunkt erweist. Andererseits führt eine Abweichung vom Fixpunkt H in Fig. III.3 d dazu, daß sich der repräsentative Punkt immer weiter von H entfernt, d. h. H erweist sich als hyperbolischer (instabiler) Fixpunkt. Mit dieser alternierenden Abfolge von Fixpunkten unterschiedlicher Stabilität können die wesentlichen Merkmale des in Fig. 3.23 dieses Buches gezeigten Phasenporträts qualitativ erklärt werden.

III.3 Homokline Punkte

Was passiert, wenn in der Poincaré-Abbildung ein instabiler Fixpunkt hyperbolischen Typs (ein Sattelpunkt) auftritt? Analog zu dem, was wir in den Abschnitten 3.3 bis 3.5 gefunden haben, existieren in der Umgebung jedes Punktes dieser Art zwei besondere Kurven, die Separatrizes, die sich genau in diesem Punkt treffen (die Kurven S und I in Fig. III.4). Diese Situation ist solange mit der Eindeutigkeit der Lösungen des zugrundeliegenden dynamischen Systems verträglich (siehe Abschnitt 3.1), wie eine beliebige Anfangsbedingung auf S oder I nicht dazu führt, daß der Fixpunkt H schon nach endlicher Zeit erreicht wird. Betrachten wir eine Anfangsbedingung A_0 auf der gegen den Fixpunkt konvergierenden Separatrix S, so führt ihre Abbildung nach der ersten Iteration zu einem näher bei H gelegenen Zustand A_1 auf S, die

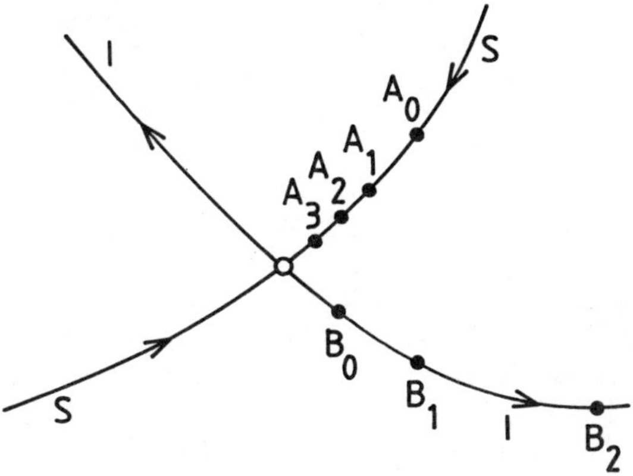

Fig. III.4.: Aufeinanderfolgende Iterierte der Punkte A_0 und B_0, die auf der stabilen bzw. instabilen Separatrix eines hyperbolischen Fixpunktes liegen.

Folge $A_0, A_1, \cdots, A_n$ konvergiert demnach jedoch erst für $n \rightarrow \infty$ gegen H. Ähnlich ergeben sich aus einer Anfangsbedingung B_0 auf der von H wegführenden Separatrix I für positive Zeiten Zustände $B_1, B_2, \cdots$, die sich immer weiter von H entfernen, während für negative Zeiten ähnlich wie bei den A_n eine Folge entsteht, die für $n \rightarrow \infty$ gegen H konvergiert. Wir werfen nun die Frage auf, was mit den Separatrizes in großer Entfernung von H geschieht, vor allem dann, wenn, wie wir früher in diesem Anhang gesehen haben, neben H noch viele weitere hyperbolische Fixpunkte vorhanden sind.

In Fig. III.5 sind drei Möglichkeiten dargestellt: Bei der ersten verbinden die Separatrizes zwei der koexistierenden Fixpunkte derart, daß die stabile Separatrix des einen Fixpunktes zur instabilen Separatrix des anderen wird, und umgekehrt. Derartige *heterokline Kurven* treten bereits in integrablen Hamiltonschen Systemen wie dem Pendel (siehe Fig. 3.8) auf. Im zweiten Fall fallen die

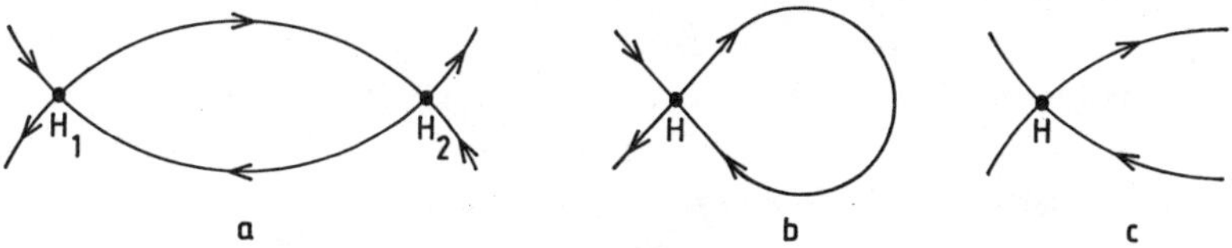

Fig. III.5.: Mögliche Separatrix-Konfigurationen hyperbolischer Fixpunkte. (a): Heterokline Kurven; (b): Homokline Kurve (Separatrixschleife); (c): Die Separatrizes erstrecken sich bis ins Unendliche.

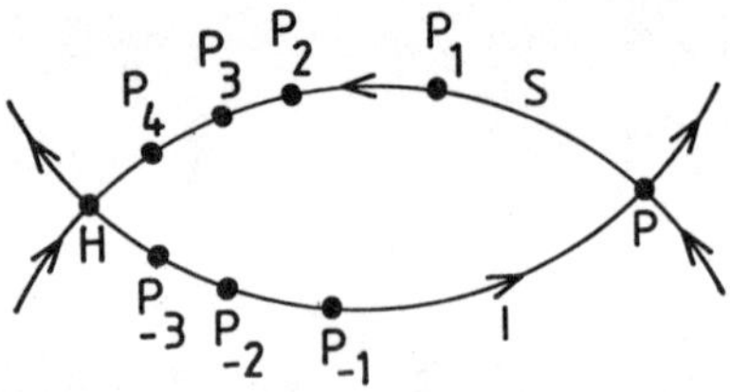

Fig. III.6.: Homokliner Punkt P auf einem Poincaré-Schnitt: eine stabile und eine instabile Separatrix schneiden sich transversal in P. P_1, $P_2, \cdots$ sind aufeinanderfolgende Iterierte von P für positive Zeiten und liegen auf der stabilen Mannigfaltigkeit S, während die Rückwärts-Iterierten P_{-1}, $P_{-2}, \cdots$ von P auf der instabilen Mannigfaltigkeit I liegen.

Kurven S und I zusammen, und wir haben eine *homokline Kurve*. Auf diese Möglichkeit haben wir bereits in Abschnitt 3.10 hingewiesen (siehe Fig. 3.29). Eine dritte Möglichkeit, die in Fig. III.5c dargestellt ist, besteht einfach darin, daß die instabile Separatrix ins Unendliche führt und die stabile aus dem Unendlichen kommt.

Der Leser wird erkennen, daß die beiden ersten Situationen eher die Ausnahme bilden, während die dritte physikalisch unrealistisch ist, da sie das explosive Verhalten einer Systemvariablen bedeuten würde (sofern keine anderen anziehenden Fixpunkte vorhanden sind). Fig. III.6 zeigt eine viel natürlichere Möglichkeit, die von Poincaré entdeckt worden ist: Die beiden (stabilen bzw. instabilen) Separatrizes des Fixpunktes H schneiden sich in einem Punkt P, für den Poincaré die Bezeichnung *homokliner Punkt* geprägt hat. Wir betonen noch einmal, daß eine derartige Überschneidung nicht im Widerspruch zur Eindeutigkeit der Lösungen des zugrundeliegenden kontinuierlichen dynamischen Systems steht, obwohl P kein Fixpunkt der Abbildung ist: Die invarianten Mengen I und S der Abbildung sind nämlich *keine* Phasenraumtrajektorien dieses Systems.

Nun verbirgt sich hinter Fig. III.6 ein sehr reichhaltiges Verhalten von unglaublicher Komplexität. Da P zur stabilen Separatrix S gehört, liegen seine Iterierten $P_1, P_2, \cdots, P_n$ für positive Zeiten alle auf S und konvergieren für $n \rightarrow \infty$ gegen den Fixpunkt H. Andererseits liegt P auch auf der instabilen Separatrix I und wird deshalb bei der durch die aufeinanderfolgenden Iterationen der Poincaré-Abbildung hervorgerufenen Systementwicklung zum Bildpunkt gewisser Punkte auf dieser. Anders gesehen kann man sich diese Punkte auch als Iterierte P_{-1}, P_{-2}, $\cdots$, P_{-n} von P für negative Zeiten vorstellen, die für $n \to \infty$ gegen den Fixpunkt H konvergieren. Da P aber später in P_1, $P_2, \cdots$ übergeht, werden die Punkte P_{-1}, $P_{-2}, \cdots\cdot$ früher oder später ebenfalls auf P_1, $P_2, \cdots$ abgebildet. Wir gelangen somit zu der bemerkenswerten Schlußfolgerung, daß die Kurve I durch die Punkte P_1, $P_2, \cdots$ der Kurve S hindurchgeht. Mit anderen Worten sind auch $P_1, \cdots$, $P_n, \cdots$ homokline Punkte, und dasselbe gilt natürlich für $P_{-1}, \cdots$, $P_{-n}, \cdots\cdot$: Ausgehend von einem einzigen homoklinen Punkt P haben wir also zweimal unendlich viele solcher Punkte gefunden!

Es verbleibt uns, zu überprüfen, wie sich die Kurven I und S dieser Situation anpassen. Offensichtlich müssen sie sich ständig krümmen und winden, und zwar in der Nähe der hyperbolischen Fixpunkte mit zunehmender Häufigkeit. Man kann sich davon überzeugen, daß diese in Fig. III.7 dargestellten Oszillationen mit immer größeren Exkursionen vom Fixpunkt weg verbunden sind, die sich mit Rückversetzungen in dessen Nachbarschaft abwech-

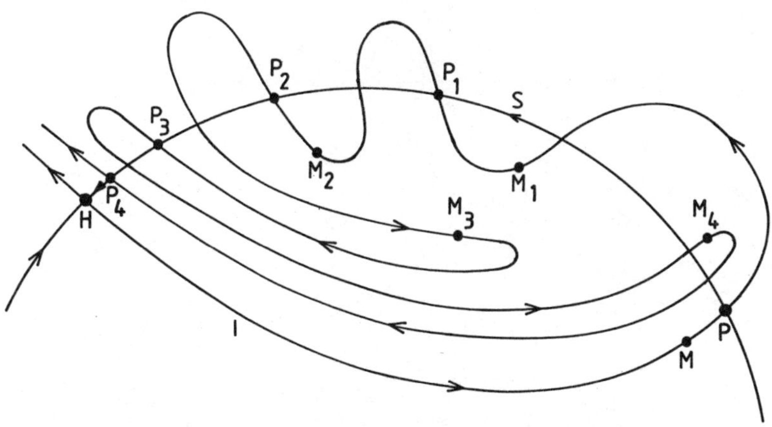

Fig. III.7.: Einfluß eines homoklinen Punktes auf die Erzeugung einer komplizierten Bewegung in der Nachbarschaft einer Separatrix. Die stabile und die instabile Mannigfaltigkeit des hyperbolischen Punktes schneiden sich unendlich oft. In konservativen Systemen folgt aus der Flächenerhaltung, daß die Separatrizes außerdem in der Nähe von H stark oszillieren. Nach hinreichend vielen Iterationen wird ein Punkt M, der sich ursprünglich auf der einen Seite der stabilen Separatrix befand, auf der anderen Seite auftauchen (Punkt M_4 in der Abbildung). Eine der Voraussetzungen für das Auftreten stochastischen Verhaltens ist also erfüllt.

seln. Dies liefert eine qualitative Erklärung für die am Ende von Abschnitt 3.9 aufgestellte Behauptung, daß die Existenz homokliner Punkte zu einer der in Abschnitt 3.8 diskutierten Hufeisenabbildung ähnlichen Dynamik führt. Dies deutet seinerseits auf die Möglichkeit von instabilen Bewegungen chaotischen Typs hin, in Übereinstimmung mit den Ergebnissen, die das numerische Lösen der vollständigen nichtlinearen Gleichungen für die Evolution von nichtintegrablen konservativen oder dissipativen dynamischen Systemen liefert.

Anhang IV

Rekonstruktion der Dynamik komplexer Systeme aus Zeitreihen. Anwendung auf Klimaschwankungen

IV.1 Einführende Bemerkungen

Experimentell wird das Verhalten komplexer Systeme untersucht, indem man eine für »zuständig« gehaltene Variable über eine bestimmte Zeitspanne hinweg beobachtet. Ein Beispiel einer derartigen *Zeitreihe* liefert Fig. 1.17, in der die aus Messungen des $^{18}O/^{16}O$ Isotopenverhältnisses in Sedimenten des Tiefseebodens abgeleiteten Veränderungen des globalen Eisvolumens über der Zeit aufgetragen sind. Ein anderes Beispiel bildet das Elektroenzephalogramm (EEG), die summarische Wiedergabe elementarer selbsterregter Neuronenaktivitäten relativ niedriger Frequenz (in der Größenordnung von 0.5 bis 40 Hz), die von kleinen Hirnrindenabschnitten nahe der Kopfhaut ausgehen.

Auf den ersten Blick scheint eine Zeitreihe einer einzigen Variablen nur einen recht begrenzten Informationsgehalt zu besitzen. Insbesondere könnte man einwenden, daß sie auf eine »eindimensionale« Perspektive des Systems beschränkt ist, während dieses in Wirklichkeit eine große Zahl voneinander abhängiger Variablen enthält. In diesem Anhang zeigen wir, daß eine Zeitreihe viel reichhaltigere Informationen enthält: Sie trägt den Stempel aller übrigen Variablen, die an der Dynamik beteiligt sind, und gestattet es, unabhängig von jedem Modell einige Schlüsseleigenschaften des zugrundeliegenden Systems zu identifizieren.

Sei $X_0(t)$ die aus den Meßdaten abgeleitete Zeitreihe. In Wirklichkeit muß man natürlich davon ausgehen, daß weitere Variablen $\{X_k(t)\}$, $k = 1, \cdots, n-1$ mit an der Dynamik beteiligt sind. Da wir uns jedoch auf kein spezielles Modell verlassen wollen, versuchen wir, diese Dynamik ausschließlich aus der Kenntnis von $X_0(t)$ zu rekonstruieren. Zu diesem Zweck betrachten wir den durch die Variablen $\{X_k\}$, $k = 0, \cdots, n-1$ aufgespannten Phasenraum. Wie wir in Kapitel 3 gesehen haben, entspricht der momentane

Systemzustand einem Punkt P dieses Raums, während eine zeitliche Aufeinanderfolge solcher Zustände eine Kurve, die Phasenraumtrajektorie, definiert. Im Laufe der Zeit erreicht das System ein permanentes Regime, vorausgesetzt, die Dynamik des Systems läßt sich auf einen Satz dissipativer deterministischer Gesetze zurückführen. Dies spiegelt sich in der Konvergenz ganzer Familien von Phasenraumtrajektorien gegen eine Untermenge des Phasenraumes wider. Wir haben diese invariante Untermenge wiederholt als *Attraktor* bezeichnet. Unser Hauptziel ist es hier, eine Antwort auf die folgenden Fragen zu finden:

(i) Ist es möglich, einen Attraktor für eine gegebene Zeitreihe zu identifizieren? Mit anderen Worten, können die Hauptmerkmale des durch diese Zeitreihe untersuchten Systems als Zeichen einer deterministischen (möglicherweise sehr komplexen) Dynamik gedeutet werden, oder enthalten sie vielmehr ein irreduzibles stochastisches Element?

(ii) Angenommen, ein Attraktor existiert, welche Dimensionalität d besitzt er dann? Von der in Kapitel 3 durchgeführten Untersuchung wissen wir, daß uns die Dimensionalität wertvolle Information über die Systemdynamik vermittelt. Ist beispielsweise $d = 1$, so haben wir es mit selbsterregten *periodischen* Schwingungen zu tun; gilt $d = 2$, so handelt es sich um *quasiperiodische* Schwingungen mit zwei inkommensurablen Frequenzen; und ist d nicht-ganzzahlig und größer als 2 (Fall eines fraktalen Attraktors, siehe Abschnitt 3.10), so legt das System voraussichtlich ein chaotisches Schwingungsverhalten an den Tag, das eine äußerst empfindliche Abhängigkeit von den Anfangsbedingungen und eine intrinsische Unberechenbarkeit aufweist.

(iii) Welches ist die kleinste Anzahl n von Dimensionen des Phasenraums, in den der obige Attraktor eingebettet werden kann? Diese bestimmt die Minimalzahl von Variablen, die zur Beschreibung der zugrundeliegenden Dynamik in Betracht gezogen werden muß. Man beachte, daß d zwangsläufig kleiner ist als n.

Unser erster Schritt besteht in der Bestimmung eines geeigneten Satzes von Variablen, die den Phasenraum aufspannen. Eine sehr zweckdienliche Methode besteht darin, daß man die ursprüngliche Zeitreihe $X_0(t)$ auf mehrere Zeitreihen erweitert, indem man sie der Reihe nach um immer größere ganzzahlige Vielfache einer festen Zeitdifferenz τ verschiebt. (Üblicherweise nimmt man $\tau = m\Delta t$, wobei m eine ganze Zahl und Δt das Intervall zwischen aufeinanderfolgenden Meßpunkten ist). Beschränken wir uns außerdem noch auf N äquidistante Punkte aus der Menge der Meßdaten, so gelangen wir zur folgenden Menge diskretisierter Variabler:

$$
\begin{aligned}
X_0 &: X_0(t_1), \cdots\cdots, X_0(t_N) \\
X_1 &: X_0(t_1 + \tau), \cdots, X_0(t_N + \tau) \qquad \text{(IV.1)} \\
X_{n-1} &: X_0(t_1 + (n-1)\tau), \cdots, X_0(t_N + (n-1)\tau).
\end{aligned}
$$

Für einen geeigneten Wert von τ erwarten wir, daß diese Variablen linear unabhängig sind, und das ist alles, was zur korrekten Definition eines Phasenraumes benötigt wird. Gleichwohl können alle

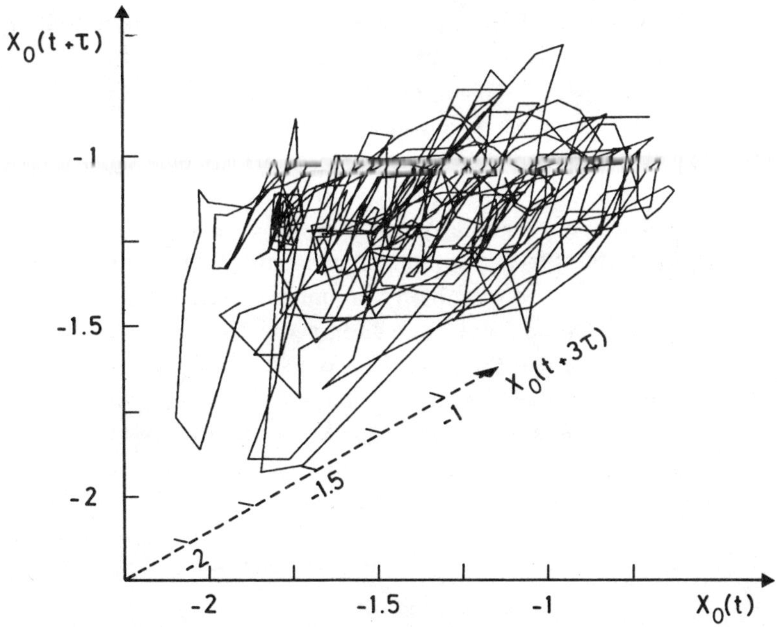

Fig. IV.1.: Phasenporträt der Klimaentwicklung während der letzten 1 000 000 Jahre, eingebettet in einen dreidimensionalen Raum. Dem Ergebnis liegen etwa 500 äquidistante Werte der in Fig. 1.17 aufgetragenen Variablen zugrunde. Diese wurden aus Meßdaten des Sauerstoffisotopengehalts abgeleitet, die aus dem Tiefsee-Bohrkern V28–238 von Shackleton und Opdyke stammen. Dabei wurde eine Interpolation benutzt, die von der Datenbank der Universität Leuven zur Verfügung gestellt wurde. Die für die Abbildung benutzte Zeitdifferenz beträgt τ = 2000 Jahre.

diese Variablen aus der einen, zu $X_0(t)$ gehörigen Zeitreihe abgeleitet werden. Wir erkennen somit, daß wir im Prinzip über genügend Information verfügen, um über den eindimensionalen Raum der ursprünglichen Zeitreihe hinauszugehen und die Systemdynamik in einen multidimensionalen Phasenraum zu entfalten. Schon diese Information gestattet es uns, das Phasenporträt des Systems, oder genauer, seine Projektion auf einen niedrigdimensionalen Unterraum des vollen Phasenraums darzustellen. Fig. IV.1 zeigt ein dreidimensionales Phasenporträt der Klimaentwicklung während der letzten eine Million Jahre, das aus den Daten von Fig. 1.17 gewonnen wurde. Diese Perspektive bringt die Komplexität der zugrundeliegenden Bewegung deutlich zum Ausdruck. Allerdings sind die Meßdaten zu grob, um aus dieser Abbildung alleine irgendwelche Schlußfolgerungen ziehen zu können. Unsere nächste Aufgabe besteht darin, die Komplexität der Dynamik mit Hilfe der Theorie dynamischer Systeme genauer zu charakterisieren.

IV.2 Theoretischer Hintergrund für die Datenanalyse

Wir führen zuerst eine Vektorschreibweise ein: $\mathbf{X}_i$ steht dann für einen Punkt des Phasenraums mit den Koordinaten $\{X_0(t_i),\cdots, X_0(t_i + (n-1)\tau)\}$. Nun wählen wir unter diesen Punkten einen »Bezugspunkt« $\mathbf{X}_i$ aus und berechnen seine Abstände $|\mathbf{X}_i - \mathbf{X}_j|$ von den $N-1$ übrigen Punkten. Dies macht es möglich, alle diejenigen Datenpunkte zu zählen, die sich innerhalb einer vorgegebenen Entfernung r vom Punkt $\mathbf{X}_j$ im Phasenraum befinden. Man wiederholt diesen Prozeß nun für alle Werte von i und gelangt damit zu der Größe

$$C(r) = \frac{1}{N^2} \sum_{\substack{i,j=1 \\ i \neq j}}^{N} \theta(r - |\mathbf{X}_i - \mathbf{X}_j|) \qquad \text{(IV.2)}$$

in der θ die Heaviside-Funktion bezeichnet, d. h. $\theta(x) = 0$ für $x < 0$ und $\theta(x) = 1$ für $x > 0$. Ein von Null verschiedener Wert von C(r) gibt an, in welchem Maße die Anwesenheit eines Datenpunktes $\mathbf{X}_i$ die Position der anderen Punkte beeinflußt. C(r) kann daher als die integrale *Korrelationsfunktion* des Attraktors bezeichnet werden.

Angenommen, wir geben uns jetzt eine feste kleine Größe ε vor und benutzen diese als Maßstab, um die Struktur des Attraktors zu vermessen. Bildet dieser eine Linie, so ist die Anzahl von Meßpunkten, die sich innerhalb des Abstandes r von einem gegebenen Punkt befinden, offensichtlich proportional zu r/ε, und bildet er eine Fläche, so ist diese Anzahl proportional zu $(r/\varepsilon)^2$. Handelt es sich bei dem Attraktor allgemeiner um eine d-dimensionale Mannigfaltigkeit (vgl. Abschnitt 3.7), so besteht Proportionalität zu $(r/\varepsilon)^d$. Wir erwarten deshalb, daß sich C(r) für relativ kleine r wie

$$C(r) = r^d \qquad \text{(IV.3)}$$

verhält. Anders ausgedrückt, die Dimensionalität d des Attraktors ist innerhalb eines gewissen Bereichs von r-Werten durch die Steigung der Kurve gegeben, die man erhält, wenn man lnC(r) über lnr aufträgt:

$$\ln C(r) = d\,|\ln r|\,. \qquad \text{(IV.4)}$$

Diese Ergebnisse führen auf die folgende Vorgehensweise:

(i) Ausgehend von einer gegebenen Zeitreihe berechnet man zunächst mit Hilfe von Gl. (IV.2) der Reihe nach für zunehmende Werte n der Dimensionalität des Phasenraums die Korrelationsfunktion.

(ii) Sodann ermittelt man nach Gl. (IV.4) die Steigung d in der Nähe des Ursprungs und schaut, wie sich ihr Wert mit wachsendem n verändert.

(iii) Erreicht d in Abhängigkeit von n schon oberhalb eines relativ kleinen n-Wertes eine Sättigung, so muß das durch die Zeitreihe repräsentierte System einen Attraktor besitzen. Der Sättigungswert d wird als Dimensionalität des durch die Zeitreihe repräsentierten Attraktors angesehen. Der Wert n, oberhalb dessen Sättigung beobachtet wird, gibt die Minimalzahl von Variablen an, die zur Modellierung des durch den Attraktor repräsentierten Verhaltens benötigt werden.

IV.3 Der Klimaattraktor

Das soeben beschriebene Verfahren wurde zur Analyse der zu Abb. 1.17 gehörenden Klimadaten benutzt. In Fig. IV.2 ist für

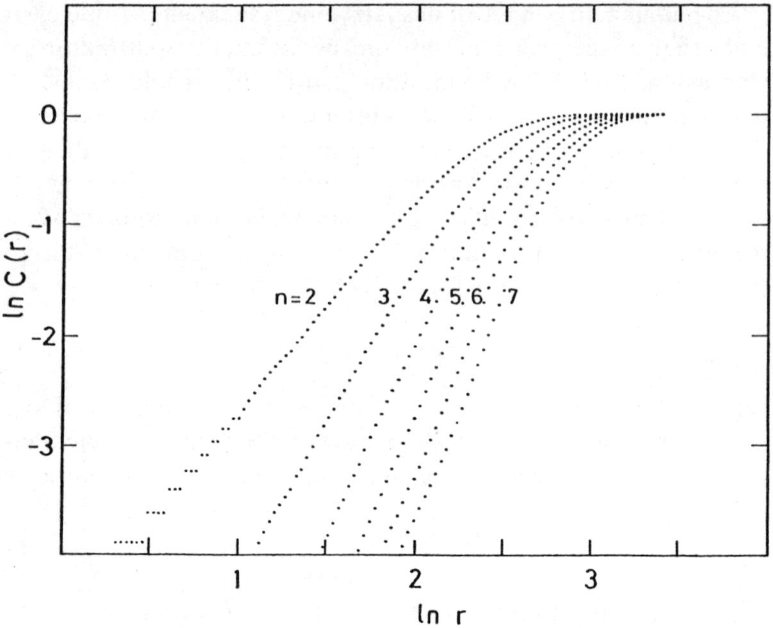

Fig. IV.2.: Abstandsabhängigkeit der Korrelationsfunktion des Klimaattraktors. Man beachte die Existenz eines ausgedehnten Bereichs mit linearem Verhalten, aus dem die Dimension des Attraktors abgeleitet werden kann. Hier ist $\tau = 8000$ Jahre.

n = 2 bis n = 7 InC(r) gegen lnr aufgetragen. Wir sehen, daß tatsächlich ein ausgedehnter Bereich existiert, in dem in Übereinstimmung mit Gl. (IV.4) ein linearer Zusammenhang besteht. Fig. IV.3 (Kreise) zeigt, daß die Steigung bei n = 4 einen Sättigungswert erreicht, der ungefähr $d \simeq 3.1$ beträgt. Zusätzlich ist noch angegeben (Kreuze), wie sich d mit n verändert, wenn das untersuchte Signal Gaußschem weißem Rauschen entspricht. In diesem Fall tritt keine Sättigungstendenz auf, und es ist d gleich n. Damit ist ein deutlicher Unterschied zwischen der Klimadynamik und statistischem Rauschen nachgewiesen, und es ist gezeigt, daß die Klimaentwicklung in den letzten 1 000 000 Jahren als Auswirkung einer deterministischen Dynamik angesehen werden kann, die einen niedrigdimensionalen Attraktor besitzt. Der Umstand, daß der Attraktor eine fraktale Dimensionalität aufweist, gibt uns eine einfache Möglichkeit an die Hand, die intrinsische Variabilität und Unvorhersagbarkeit des klimatischen Systems zu verstehen, weil

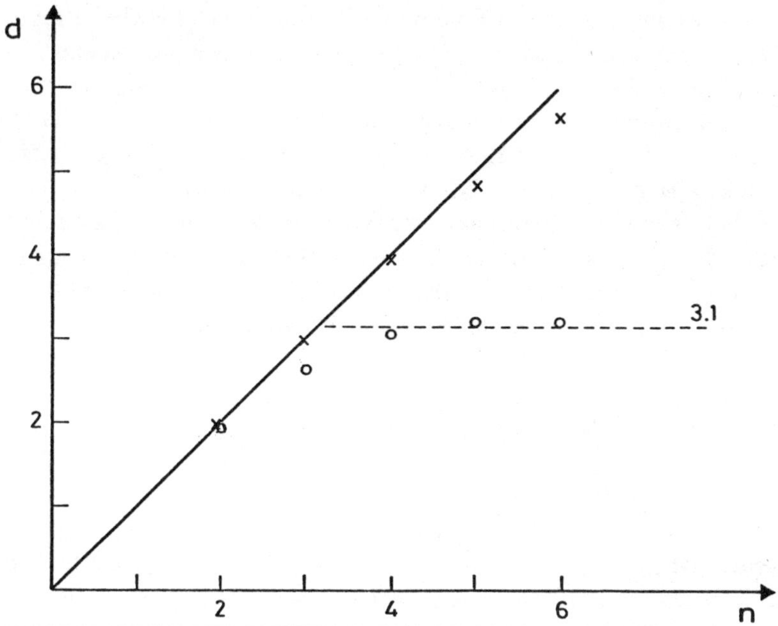

Fig. IV.3.: Abhängigkeit der Dimensionalität d von der Anzahl der Phasenraumvariablen n im Falle des Klimaattraktors (0) und im Falle eines weißen Rauschsignals (x) (τ = 8000 Jahre). Man beachte die Sättigung bei einem Plateauwert von ~ 3.1 im ersten Fall und das d ~ n Verhalten im zweiten.

diese beiden Eigenschaften ja zu den wichtigsten Merkmalen einer chaotischen Dynamik gehören. Es ist bemerkenswert, daß sich diese Dynamik auf einen endlichen Satz von im hier betrachteten Fall vier Schlüsselvariablen zurückführen läßt, obwohl deren spezifische Natur auf dieser Stufe nicht identifizert werden kann.

Es ist instruktiv, diese Schlußfolgerung, die uns in gewisser Weise von den Meßdaten aufgedrängt wird, den Ergebnissen gegenüberzustellen, die sich aus den in Abschnitt 6.4 kurz skizzierten Modellen ableiten lassen. Zwei Hauptgesichtspunkte treten hervor. Erstens ermöglicht die Instabilität der Bewegung auf dem chaotischen Attraktor die Verstärkung schwacher äußerer Signale wie z. B. der durch Veränderungen in der Erdumlaufbahn hervorgerufenen geringfügigen Schwankungen der Sonneneinstrahlung. In der Tat war die Möglichkeit einer derartigen Verstärkung eine der Schlußfolgerungen, zu denen wir in Abschnitt 6.4 gekommen sind, wenngleich dieses Phänomen dort auf stochastische Effekte zurückgeführt wurde, die laufend Übergänge zwischen koexistenten Zuständen induzieren.

Der zweite Gesichtspunkt betrifft den Ursprung der stochastischen Kraft, die in der Energiebilanzgleichung hinzugefügt werden mußte (siehe Gl. (6.8)). Wie wir in Abschnitt 4.7 und 4.8 gesehen haben, kann ein chaotischer Attraktor eine Vielzahl stochastischer Prozesse hervorrufen. Wir können deshalb die Fluktuationen in der Klimadynamik als eine der Auswirkungen der chaotischen Eigenschaften des zugrundeliegenden Attraktors auffassen.

IV.4 Schlußbemerkung und Ausblick

Das obige Verfahren wurde auch auf EEG-Daten aus verschiedenen Schlafphasen angewendet. Wiederum erscheint die Existenz eines Attraktors für dieses System als gesichert, zumindest für die Phase des Tiefschlafs. In Abhängigkeit von der untersuchten Person liegt die Dimensionalität des Attraktors zwischen 4 und 4.3. Im Hinblick auf die Bemerkungen in den Abschnitten 4.7 und 4.8 ist es verlockend, dieses Ergebnis direkt mit der Fähigkeit des Gehirns in Verbindung zu bringen, Information erzeugen und verarbeiten zu können. Es wäre wichtig, unter denselben Gesichtspunkten auch noch andere natürlich auftretende komplexe Systeme zu analysieren, so z. B. ökonomische Aktivitäten.

Eine Reihe weiterer Größen von großer qualitativer und quantitativer Bedeutung wie z. B. Zeit-Korrelationsfunktionen und Ljapunov-Exponenten können ebenfalls schon allein aus den Daten einer Zeitreihe bestimmt werden. Wir wollen diese Aspekte hier nicht mehr im Detail diskutieren, sondern verweisen den Leser auf die Originalarbeiten.

Literaturempfehlungen

ALLGEMEINES

Physikalische Aspekte

Die physikalischen Ideen, welche der Thermodynamik irreversibler Prozesse, der Selbstorganisation und dem Problem der Komplexität zugrundeliegen, findet man dargestellt in:

Babloyantz, A., *Molecules, Dynamics and Life*. Wiley, New York 1986.

Careri, G., *Order and Disorder in Matter*. Benjamin Cummings, Menlo Park (Calif.) 1984.

Ebeling, W., R. Feistel, *Physik der Selbstorganisation und Evolution*. Akademie-Verlag, Berlin 1982.

Glansdorff, P., I. Prigogine, *Thermodynamics of Structure, Stability and Fluctuations*. Wiley, London 1971.

Haken, H., *Synergetics*. Springer, Berlin 1977. Dt. Ausgabe: *Synergetik. Eine Einführung. Nichtgleichgewichts-Phasenübergänge und Selbstorganisation in Physik, Chemie und Biologie*. Übers. a. d. Engl. von A. Wunderlin, 2. Aufl., Springer, Berlin 1983.

Nicolis, J. S., *Dynamics of Hierarchical Systems*. Springer, Berlin 1986.

Nicolis, G., I. Prigogine, *Self-Organization in Non-Equilibrium Systems*. Wiley, New York 1977.

Peacocke, A., *The Physical Chemistry of Biological Organization*. Clarendon, Oxford 1983.

Prigogine, I., *Introduction to Thermodynamics of Irreversible Processes*. Wiley, New York 1961.

Prigogine, I., *From Being to Becoming*. Freeman, San Francisco 1980. Dt. Ausgabe: *Vom Sein zum Werden*. Aus d. Engl. v. F. Griese, 4. Aufl., Piper, München 1985.

Thompson, J. M. T., *Instabilities and Catastrophes in Science and Engineering*. Wiley, Chichester 1982.

Mathematische Aspekte

Einführungen in die Geometrie fraktaler Objekte, die Theorie nichtlinearer dynamischer Systeme und die chaotische Dynamik findet man in:

Arnold, V., *Chapitres supplémentaires de la théorie des équations différentielles ordinaires*. Mir, Moscow 1980.

Bergé, P., Y. Pomeau, C. Vidal, *L'ordre dans le chaos*. Herman, Paris 1984.

Guckenheimer, J., Ph. Holmes, *Nonlinear Oscillations, Dynamical Systems and Bifurcations of Vector Fields*. Springer, Berlin 1983.

Lichtenberg, A., M. Lieberman, *Regular and Stochastic Motion*. Springer, Berlin 1983.

Mandelbrot, B., *Fractals: Form, Chance, Dimension*. Freeman, San Fransisco 1977. Dt. Ausgabe: *Die fraktale Geometrie der Natur*. Birkhäuser, Basel 1986.

Sattinger, D., *Topics in Stability and Bifurcation Theory*. Springer, Berlin 1973

Schuster, H., *Deterministic Chaos*. Physik-Verlag, Weinheim 1985.

KAPITEL 1

Thermische Konvektion

Chandrasekhar, S., *Hydrodynamic and Hydromagnetic Stability*. Oxford University Press, Oxford 1961.

Velarde, M., C. Normant, *Scientific American*, July issue, p. 78, 1980. Deutsche Übersetzung in: *Spektrum der Wissenschaft*, September 1980, S. 118.

Koschmieder, E. L., in *Order and Fluctuations in Equilibrium and Non-Equilibrium Statistical Mechanics*. G. Nicolis, G. Dewel, J. W. Turner (eds.), Wiley, New York 1981.

Selbstorganisationsphänomene in der Chemie, in Trennflächen, den Material-Wissenschaften und der Geologie

Field, R., M. Burger (eds.), *Oscillations and Travelling Waves in Chemical Systems*. Wiley, New York 1985.

Müller, S., Th. Plesser, B. Hess, *Naturwissenschaften, 73*, 165, 1986.

Nicolis, G., F. Baras (eds.), *Chemical Instabilities*. D. Reidel, Dordrecht 1984.

Nicolis, G., J. Portnow, *Chem. Rev., 73*, 365, 1973.

Pacault, A., C. Vidal (eds.), *Synergetics – Far from Equilibrium*. Springer, Berlin 1979.

Vidal, C., A. Pacault (eds.), *Nonlinear Phenomena in Chemical Dynamics*. Springer, Berlin 1981.

Vidal, C., A. Pacault (eds.), *Non-Equilibrium Dynamics in Chemical Systems*. Springer, Berlin 1984.
Winfree, A., *Science, 175*, 634, 1972.
Zhabotinski, A., *Biofizika, 9*, 306, 1964.

Quantenoptik

Abraham, E., S. Smith, *Rep. Progr. Phys., 45,* 815, 1982.
Bonifacio, R., L. Lugiato, *Opt. Commun., 19*, 172, 1976.
Gibbs, H., S. McCall, T. Venkatesan, *Phys. Rev. Lett., 36*, 113, 1976.
Haken, H., *Synergetics*. Springer, Berlin 1977. Dt. Ausgabe: Synergetik. Eine Einführung; Übers. a. d. Engl. von A. Wunderlin, 2. Aufl., Springer, Berlin 1983.

Regelung von Entwicklungsprozessen

Goldbeter, A., L. Segel, *Proc. Nat. Acad. Sci. U.S.A., 74*, 1543, 1977.
Kauffman, S., R. Shymko, E. Trabert, *Science, 199*, 259, 1978.
Sussman, M., *Growth and Development*. Prentice-Hall, New Jersey 1964. Dt. Ausgabe: *Molekularbiologie und Entwicklung*. Aus d. Amer. v. U. Ponta, Parey, Hamburg/Berlin 1978.
Turning, A., *Phil. Trans. R. Soc., B 237*, 37, 1952.
Walpert, L., *Scientific American, 239*, 124, 1978.

Klimatische Veränderlichkeit

Berger, A., (ed.), *Climatic Variations and Variability: Facts and Theories*. Reidel, Dordrecht 1981.
Lamb, H., *Climate: Present, Past and Future*. Methuen and Co, London 1977.
Schneider, S., *The Genesis Strategy*. Plenum, New York 1976.

Phasenübergänge, Kosmologie und Symmetriebrechung

Georgi, H., *Pour la Science, 44*, 68, 1981.
Guth, A., P. Steinhardt, *L'univers inflatoire*. Pour la Science *81*, 86, 1984.
Landau, L., E. Lifshitz, *Statistical Physics*. 3rd edn, Pergamon, Oxford 1980.
Ma, S., *Modern Theory of Critical Phenomena*. Benjamin, Reading (Mass.) 1976.
Stanley, H., *Introduction to Phase Transitions and Critical Phenomena*. Clarendon, Oxford 1971.
Weinberg, S., *Relativity and Cosmology*. Wiley, New York 1972.

KAPITEL 2

Newtonscher und Hamiltonscher Formalismus der klassischen Mechanik

Goldstein, H., *Classical Mechanics*. Addison-Wesley, Reading (Mass.) 1959. Dt. Ausgabe: *Klassische Mechanik*. Aus d. Engl. von G. Gliemann, 8. Aufl., Aula, Graz/Wiesbaden 1985.

Thermodynamische Beschreibung dissipativer Systeme

De Groot, S., P. Mazur, *Non-Equilibrium Thermodynamics*. North-Holland, Amsterdam 1962. Dt. Ausgabe: *Grundlagen der Thermodynamik Irreversibler Prozesse*. Aus dem Englischen von H. Staude und W. Staude, B. I. Hochschultaschenbücher, Bibliographisches Institut, Mannheim/Zürich 1969.

Katchalsky, A., P. Curran, *Non-Equilibrium Thermodynamics in Biophysics*. Harvard U. P., Cambridge (Mass.) 1965).

Onsager, L., *Phys. Rev., 37*, 405, 1931; *38*, 2265, 1931.

Prigogine, I., *Introduction to Thermodynamics of Irreversible Processes*. Wiley, New York 1961.

Einfache Modelle nichtlinearer Systeme

Prigogine, I., R. Lefever, *J. Chem. Phys., 48*, 1695, 1968.

Schlögl, F., *Z. Phys., 253*, 147, 1972.

Volterra, V., *Leçons sur la théorie mathématique de la lutte pour la vie*. Gauthier-Villars, Paris 1936.

Grunddefinitionen von Stabilität und Bifurkation

Andronov, A., A. Vit, C. Khaikin, *Theory of Oscillators*. Pergamon, Oxford 1966.

Poisson-Verteilung

Feller, W., *An Introduction to Probability Theory and Its Applications*. Wiley, New York 1959.

KAPITEL 3

Phasenraum-Beschreibung, Liouville-Gleichung

Gibbs, J. W., *Elementary Principles in Statistical Mechanics*. Dover, New York 1960.

Prigogine, I., *Non-Equilibrium Statistical Mechanics*. Wiley, New York 1962.

Stabile und instabile Bewegungen in konservativen Systemen

Arnold, V., *Méthodes mathématiques de la mécanique classique*. Mir, Moscow 1976.

Arnold, V., A. Avez, *Ergodic Problems of Classical Mechanics*: Benjamin, New York 1968.

Birkhoff, G., *Dynamical Systems*. AMS Publ., Providence 1927.

Kolmogorov, A., *Dokl. Akad. Nauk SSSR, 98*, 527, 1954.

Lichtenberg, A., M. Lieberman, *Regular and Stochastic Motion*. Springer, Berlin 1983.

Moser, J., *Stable and Random Motions in Dynamic Systems*. Princeton Univ. Press, Princeton 1973.

Poincaré, H., *Les méthodes nouvelles de la mécanique céleste*. Gauthier-Villars, Paris 1899.

Instabilitäten und Bifurkationen in dissipativen Systemen

Andronov, A., A. Vit, C. Khaikin, *Theory of Oscillators*. Pergamon, Oxford 1966.

Arnold, V., *Chapitres supplémentaires de la theorie des équations différentielles ordinaires*. Mir, Moscow (1980).

Guckenheimer, J., Ph. Holmes, *Nonlinear Oscillations, Dynamical Systems, and Bifurcations of Vector Fields*. Springer, Berlin 1983.

Haken, H., *Synergetics*. Springer, Berlin 1977. Dt. Ausgabe: *Synergetik. Eine Einführung*. Übers. a. d. Engl. von A. Wunderlin, 2. Aufl., Springer, Berlin 1983.

Helleman, R., O. Rössler (eds.), *Bifurcation Theory and Applications in Scientific Disciplines*. Ann. N. Y. Acad. Sci. *316*, 1979.

Iooss, G., D. Joseph, *Elementary Stability and Bifurcation Theory*, Springer, Berlin 1981.

Nicolis, G., I. Prigogine, *Self-Organization in Non-Equilibrium Systems*. Wiley, New York 1977.

Sattinger, D., *Topics in Stability and Bifurcation Theory*. Springer, Berlin 1973.

Thom, R., *Stabilité structurelle et morphogénèse*. Benjamin, Reading 1972.
Wasow, W., *Asymptotic Expansions for Ordinary Differential Equations*. Wiley-Interscience, New York 1965.

Chaotische Dynamik, Fraktale

Arneodo, A., P. Coullet, C. Tresser, *Commun. Math. Phys. 79*, 573, 1981; *J. Stat. Phys., 27*, 171 1982.
Bergé, P., Y. Pomeau, C. Vidal, *L'ordre dans le chaos*. Herman, Paris 1984.
Collet, P., J. P. Eckmann, *Iterated Maps on the Interval as Dynamic System*. Birkhäuser, Basel 1980.
Feigenbaum, M., *J. Stat. Phys., 19*, 25, 1978.
Ford, J., *Physics today*, April issue, p. 40, 1983.
Gaspard, P., G. Nicolis, *J. Stat. Phys., 31*, 499, 1983.
Gumowski, I., C. Mira, *Recurrences and Discrete Dynamic Systems*. Springer, Berlin 1980.
Lorenz, E., *J. Atmos. Sci., 20*, 130, 1963.
Mandelbrot, B., *Fractals: Form, Chance, Dimension*. Freeman, San Francisco 1977. Dt. Ausgabe: *Die fraktale Geometrie der Natur*. Birkhäuser, Basel 1986.
Pomeau, Y., P. Manneville, *Comm. Math. Phys., 74*, 189, 1980.
Roux, J. C., R. Simoyi, H. Swinney, *Physica, 8 D*, 257, 1983.
Rössler, O., *Ann. N. Y. Acad. Sci., 316*, 376, 1979.
Ruelle, D., F. Takens, *Comm. Math. Phys., 20*, 167, 1971.
Schuster, H., *Deterministic Chaos*. Physik-Verlag, Weinheim 1985.
Sil'nikov, L., *Sov. Math. Dokl., 6*, 163, 1965; *Math. USSR Sbor., 10*, 91, 1970.
Smale, S., *Bull. Ann. Math. Soc., 73*, 747, 1967.
Sparrow, C., *The Lorenz Equations*. Springer, Berlin 1982.

Strukturbildung und Asymmetrie

Auchmuty, J. F. G., G. Nicolis, *Bull. Math. Biol., 37*, 323, 1975.
Caillois, R., *La dissymétrie*. Gallimard, Paris 1973.
Gardner, M., *The Ambidextrous Universe*. Charles Scribner's Sons, New York 1979. Dt. Ausgabe: *Unsere gespiegelte Welt*. Aus d. Amerik. v. W. Petri/C. Karrenbauer, Ullstein, Berlin 1982.
Kondepudi, D., G. Nelson, *Nature, 314*, 438, 1985.
Kuramoto, Y., *Chemical Oscillations, Waves, and Turbulence*. Springer, Berlin 1984.
Luria, S., *Thirty-Six Lectures in Biology*. MIT Press, Cambridge (Mass.) 1975.

Nicolis, G., J. F. G. Auchmuty, *Proc. Nat. Acad. Sci. (USA), 71*, 2748, 1974.
Nicolis, G., I. Prigogine, *Proc. Nat. Acad. Sci. (USA), 78*, 659, 1981.
Turning, A., *Phil. Trans. R. Soc., B237*, 37, 1952.

KAPITEL 4

Wahrscheinlichkeitstheorie und stochastische Prozesse

Feller, W., *An Introduction to Probability Theory and Its Applications*. Vol. I, Wiley, New York 1951.

Fluktuationen in der Nähe des thermodynamischen Gleichgewichts

Landau, L., E. Lifshitz, *Statistical Physics*. 3rd edition, Pergamon, Oxford 1980.

Interne Fluktuationen und externes Rauschen in Physik, Chemie und Biologie

Gardiner, C., *Handbook of Stochastic Methods*. Springer, Berlin 1983.
Haken, H., *Synergetics*. Springer, Berlin 1977. Dt. Ausgabe: *Synergetik. Eine Einführung*. Übers. a. d. Engl. von A. Wunderlin, 2. Aufl., Springer, Berlin 1983.
Horsthemke, W., R. Lefever, *Noise-Induced Transitions*. Springer, Berlin 1984.
Nicolis, G., I. Prigogine, *Self-Oganization in Non-Equilibrium Systems*. Wiley, New York 1977.
Van Kampen, N., *Stochastic Processes in Physics and Chemistry*. North Holland, Amsterdam 1981.

Entropie und Irreversibilität bei Markov-Prozessen. Halbgruppen

Feller, W., *An Introduction to Probability Theory and Its Applications*. Vol. II, Wiley, New York 1966.
Schlögl, F., in *Cooperative Effects*. H. Haken, ed., North-Holland, Amsterdam 1974.
Schnakenberg, J., *Rev. Mod. Phys., 48*, 571, 1976.

Räumliche Korrelationen und kritisches Verhalten von Fluktuationen

Gardiner, G., K. McNeil, D. Walls, I. Matheson, *J. Stat. Phys., 14*, 307, 1976.
Lemarchand, H., G. Nicolis, *J. Stat. Phys., 37*, 609, 1984.
Ma, S., *Modern Theory of Critical Phenomena*. Benjamin, Reading (Mass.) 1976.
Malek-Mansour, M., C. Van den Broeck, G. Nicolis, J. W. Turner, *Ann. Phys., 131*, 283, 1981.
Mareschal, M., E. Kestemont, *Phys. Rev., A 30*, 1158, 1984.
Nicolis, G., M. Malek-Mansour, *Phys. Rev., A 29*, 2845, 1984.
Nicolis, G., J. W. Turner, *Physica, 89 A*, 326, 1977.
Spohn, H., *J. Phys., A 16*, 4275, 1983.
Tremblay, A. M., M. Arai, E. Siggia, *Phys. Rev., A 23*, 1451, 1981.
Walgraef, D., G. Dewel, P. Brockmans, *Adv. Chem. Phys., 49*, 311, 1982.

Zeitabhängiges Verhalten der Fluktuationen. Keimbildung

Borgis, D., M. Moreau, *J. Stat. Phys., 37*, 631, 1984.
Frankowicz, M., E. Gudowska-Nowak, *Physica, 116 A*, 331, 1982.
Hanusse, P., Doctorat ès Sciences, University of Bordeaux I, 1976.
Nicolis, G., I. Prigogine, *Proc. Nat. Acad. Sci. (USA), 68*, 2102, 1971.
Suzuki, M., *Adv. Chem. Phys., 46*, 195, 1981.
Van Kampen, N., *J. Stat. Phys., 17*, 71, 1977.

Auswirkungen inhomogener Fluktuationen, die durch unvollständige Mischung entstehen

Kumpinsky, E., I. Epstein, *J. Chem. Phys., 82*, 53, 1985.
Puhl, A., G. Nicolis, *Chem. Engin. Sci., 41*, 3111, 1986.
Roux, J. C., P. De Kepper, J. Boissonade, *Phys. Lett., 97 A*, 168, 1983.
Zwietering, Th., *Chem. Engin. Sci., 39*, 1765, 1984.

Transiente Bimodalität

Baras, F., G. Nicolis, M. Malek-Mansour, J. W. Turner, *J. Stat. Phys., 32*, 1, 1983.
Broggi, G., L. Lugiato, *Phil. Trans. Roy. Soc., A 313*, 425, 1984.
Frankowicz, M., G. Nicolis, *J. Stat. Phys., 33*, 595, 1983.
Lange, W., F. Mitschke, R. Deserno, J. Mlynek, *Phys. Rev., A 32*, 1271, 1985.
Nicolis, G., F. Baras, M. Malek-Mansour, in *Non-Equilibrium Dynamics of Chemical Systems*. C. Vidal, A. Pacault (eds.), Springer, Berlin 1984.

Sensitivität und Selektion

Kondepudi, D., I. Prigogine, *Physica, 107A*, 1, 1981.
Matkowsky, B., E. Reiss, *SIAM J. Appl. Math., 33*, 230, 1977.
Nicolis, G., I. Prigogine, *Proc. Nat. Acad. Sci. (USA), 78*, 659, 1981.

Molekulare Chiralität und schwache Wechselwirkungen

Kondepudi, D., G. Nelson, *Nature, 314*, 438, 1985.
Mason, S., *Nature, 311*, 19, 1984.

Information und Komplexität

Chaitin, G., *Scientific American, May issue*, 47, 1975.
Eigen, M., P. Schuster, *The Hypercycle*. Springer, Berlin 1979.
Khinchin, A., *Mathematical Foundations of Information Theory*. Dover, New York 1957. Nicolis, G., G. Rao, S. Rao, in *Proc. Int. Conf. on »Structure, Coherence and Chaos in Dynamical Systems«*. Manchester Univ. Press 1987.
Nicolis, J. S., *Dynamics of Hierarchical Systems*. Springer, Berlin 1986.
Shaw, R., *Z. Naturf., 36a*, 80, 1981.
Schrödinger, E., *What is life?*. Cambridge Univ. Press, London 1945. Dt. Ausgabe: *Was ist Leben?* Piper, München 1987.

KAPITEL 5

Harte-Kugel-Modelle

Bunimovitch, L., Y. Sinai, *Commun. Math. Phys. 78*, 247, 1980; *79*, 479, 1981.
Sinai, Y., in N. S. Krylov, *Works on the Foundations of Statistical Physics*. Princeton Univ. Press, Princeton, New Jersey 1979.

Die Bäcker-Transformation und Bernoulli-Verschiebung

Arnold, V., A. Avez, *Ergodic Problems of Classical Mechanics*. Benjamin, New York 1968.
Lebowitz, J., O. Penrose, *Physics today*, February issue, 23, 1973.

Ornstein, D., in *Dynamical Systems, Theory and Applications*. J. Moser (ed.), Springer, Berlin 1975.
Penrose, O., *Foundations of Statistical Mechanics*. Pergamon, Oxford 1970; *Rep. Prog. Phys., 42*, 1937, 1979.

Traditionelle Vergröberung

Ehrenfest, P. and T., *The Conceptual Foundations of the Statistical Approach in Mechanics*. Cornell Univ. Press, Ithaca, New York 1959. Dt. Fassung: *Begriffliche Grundlagen der statistischen Auffassung in der Mechanik*. In: *Enzyklopädie d. Math. Wiss., Bd. IV*, Art. 32, 1912.
Gibbs, J. W., *Elementary Priciples in Statistical Mechanics*. Dover, New York 1960.

Der Zeitoperator und die Λ-Transformation

Elskens, Y., I. Prigogine, *Proc, Nat. Acad. Sci. (USA), 83*, 5756, 1986.
Martinez, S., E. Tirapegui, *J. Stat. Phys., 37*, 173, 1984; *Phys. Lett., 110 A*, 81, 1985.
Misra, B., *Proc. Nat. Acad. Sci. (USA), 75*, 1627, 1978.
Misra, B., I. Prigogine, M. Courbage, *Physica, A 98*, 1, 1979.

Kinetische Theorie. Stoßoperator

Balescu, R., *Equilibrium and Non-Equilibrium Statistical Mechanics*. Wiley, New York 1975.
Prigogine, I., *Non-Equilibrium Statistical Mechanics*. Wiley, New York 1961.
Résibois, P., M. De Leener, *Kinetic Theory of Dense Fluids*. Wiley, New York 1977.

Erkenntnistheoretische Aspekte

Born, M., *Natural Philosophy of Cause and Chance*. Clarendon, Oxford 1949.
Prigogine, I., I. Stengers, *La Nouvelle Alliance*. Gallimard, Paris 1979. Dt. Ausgabe: *Dialog mit der Natur*. Übers. von F. Griese, 5. erw. Aufl., Piper, München 1986.
Rosenfeld, L., *Selected papers*. R. Cohen, J. Stachel (eds.), Reidel. Dordrecht 1979.
Sinai, Y., *L'aléatoire du non-aléatoire*. Priroda n°3, 72, 1981; Französische Übersetzung in Ann. Fond. L. de Broglie, *10*, n°4, 29, 1985.

KAPITEL 6

Materialwissenschaften

Balakrishnan, V., C. Bottani (eds.), *Mechanical Properties and Behavior of Solids-Plastic Instabilities*. World Scient. Publ., Singapore 1986.

Bass, M., (ed.), *Laser Materials Processing*. North Holland, Amsterdam 1983.

Bilgram, J., P. Böni in *Chemical Instabilities*. G. Nicolis and F. Baras (eds.), Reidel, Dordrecht 1984.

Bottani, C., G. Caglioti, *Physica Scripta, T1*, 65, 1982.

Langer, J., *Rev. Mod. Phys., 52*, 1, 1980.

Picraux, S., W. Choyke (eds.), *Metastable Materials Formation by Ion Implatation*. North Holland, Amsterdam 1982.

Walgraef, D., E. Aifantis, *J. Appl. Phys., 58*, 688, 1985.

Zelldynamik

Les défenses du corps humain. Special issue, La Recherche, May 1986.

Garay, R., R. Lefever, *J. Theor. Biol.*, 73, 417, 1978.

Hiernaux, J., R. Lefever, G. Uyttenhove, T. Boon, in *Paradoxes in Immunology*. G. Hoffman, J. Levy, G. Nepom (eds.), CRC Press, Boca Raton, Florida 1986.

Modellierung klimatischer Variabilität

Benzi, R., G. Parisi, A. Sutera, A. Vulpiani, *Tellus, 34*, 10, 1982,

Berger, A., (ed.), *Climatic Variations and Variability: Facts and Theories*. Reidel, Dordrecht 1981.

Berger, A., et al. (eds.), *Milankovitch and Climate*. Reidel, Dordrecht 1984.

Budyko, M., *Climate and Life*. Academic, New York 1974.

Gates, W., in *Climatic Variations and Variability: Facts and Theories*. A. Berger (ed.), Reidel, Dordrecht 1981.

Ghil, M., et al. (eds.), *Turbulence and Predictability in Geophysical Fluid Dynamics and Climate Dynamics*. North Holland, Amsterdam 1985.

Haltiner, G., *Numerical Weather Prediction*. Wiley, New York 1971.

Imbrie, J., K. Imbrie, *Ice Ages*. Enslow Publ., Hillside (N. J.) 1979. Dt. Ausgabe: *Die Eiszeiten*. Econ, Düsseldorf, 1981.

Källen, E., C. Crafoord, M. Ghil, *J. Atmos. Sci., 36*, 2292, 1979.

Lorenz, E., *Tellus, 16*, 1, 1964.

Nicolis, C., *Tellus, 34*, 1, 1982.

Nicolis, C., *Tellus, 36 A*, 1, 1984; *36 A*, 217 1984.

Nicolis, C., G. Niclis (eds.), *Irreversible Phenomena and Dynamical Systems Analysis in Geosciences*. Reidel, Dordrecht 1986.
Saltzman, B., *Adv. Geophys., 20*, 184, 1978; *25*, 173, 1983.
Schneider, S., R. Dickinson, *Rev. Geophys. Space Phys., 12*, 447, 1974.

Soziale Phänomene

Allen, P., *Environment and Planning, B 9*, 95, 1982.
Allen, P., G. Engelen, M. Sanglier, in *The Praxis and Management of Complexity*. Un. Nations Univ. Press, Tokyo 1986.
Allen, P., J. McGlade, *Can. J. Fish Aqu. Sci., 43*, 1187, 1986.
Deneubourg, J. L., J. Pasteels, J. C. Verhaege, *J. Theor. Biol., 105*, 259, 1983.
Grassé, P., *Insectes sociaux, 6*, 127, 1959.
May, R., *Model Ecosystems*. Princeton Univ. Press, Princeton 1973.
Montroll, E., W. Badger, *Quantitative Aspects of Social Phenomena*. Gordon and Breach, London 1974.
Prigogine, I., R. Herman, *Kinetic Theory of Vehicular Traffic*. Elsevier, New York 1971.
Prigogine, I., P. Allen, R. Herman, in *Goals for a Global Community*. E. Laszlo and J. Bierman (eds.), Pergamon Press, New York 1977.

ANHANG

Lineare Stabilitätsanalyse und Bifurkationsanalyse

Guckenheimer, J., Ph. Holmes, *Nonlinear Oscillations, Dynamical Systems, and Bifurcations of Vector Fields*. Springer, Berlin 1983.

Iooss, G., D. Joseph, *Elementary Stability and Bifurcation Theory*. Springer, Berlin 1981.

Nicolis, G., I. Prigogine, *Self-Organization in Non-Equilibrium Systems*. Wiley, New York 1977.

Nicolis, G., in *Nonlinear Problems in Physics and Biology*. R. Enns et al. (eds.), Plenum, New York 1981.

Sattinger, D., *Topics in Stability and Bifurcation Theory*. Springer, Berlin 1973.

Ljapunov-Exponenten

Collet, P., J. P., Eckmann,, *Iterated Maps on the Interval as Dynamical Systems*. Birkhäuser, Basel 1980.

Lichtenberg, A., M. Lieberman, *Regular and Stochastic Motion*. Springer, Berlin 1983.

Oseledec, V., *Trans. Moscow Math. Soc., 19*, 197, 1968.

Ruelle, D., *Ann. New York Acad. Sci., 316*, 408, 1979.

Störung resonanter Bewegungen

Birkhoff, G., *Mem. Pont. Acad. Sci. Novi Lyncaei, 1*, 85, 1935.

Chirikov, B., *Phys. Rep., 52*, 463, 1979.

Moser, J., *Stable and Random Motions on Dynamic Systems*. Princeton Univ. Presse, Princeton 1973.

Homokline Punkte

Ekeland, I., *Le calcul, l'imprévu*. Seuil, Paris 1984. Dt. Ausgabe: *Das Vorhersehbare und das Unvorhersehbare*. Aus d. Franz. von H. Fliessbach. Harnack, München 1985.

Newhouse, S., *Topology, 13*, 9, 1974; *Publ. Math. IHES, 50*, 101, 1979.

Newhouse, S., in *Dynamical Systems*. J. Guckenheimer, J. Moser, S. Newhouse (eds.), Birkhäuser, Basel 1980.

Nitecki, Z., *Differentiable Dynamics*. M.I.T. Press, Cambridge (Mass.) 1971.

Poincaré, H., *Les méthodes nouvelles de la mécanique céleste*. Gauthier-Villars, Paris 1899.
Smale, S., *Bull. Am. Math. Soc., 73*, 747, 1967.

Rekonstruktion der Dynamik aus Zeitreihen-Daten

Grundlagen

Grassberger, P., I. Procaccia, *Phys. Rev. Lett., 50*, 346, 1983.
Packard, N., J. Crutchfield, J. Farmer, R. Shaw, *Phys. Rev. Lett., 45*, 712, 1980.
Takens, F., in *Lecture Notes in Math., Vol. 898*, Springer, Berlin 1981.
Wolf, A., J. Swift, H. Swinney, H. Vastano, *Physica, D16*, 285, 1985.

Anwendungen in der Hydrodynamik und Chemie

Brandstäter, A., J. Swift, H. Swinney, A. Wolf, J. Farmer, E. Jen, J. Crutchfield, *Phys. Rev. Lett., 51*, 1442, 1983.
Malraison, B., P. Atten, P. Bergé, M. Dubois, *J. Phys. Lett., 44*, 897, 1983.
Swinney, H., J. C. Roux, in *Non-Equilibrium Dynamics in Chemical Systems*. C. Vidal, A. Pacault (eds.), Springer, Berlin 1984.

Anwendungen bei der Analyse natürlich auftretender Zeitreihen

Babloyantz, A., M. Salazar, C. Nicolis, *Phys. Lett., 111 A*, 152, 1985.
Babloyantz, A., A. Destexhe, *Proc, Nat. Acad. Sci. (USA), 83*, 3513, 1986.
Berger, A., P. Pestiaux, *Techn. Rep., n°28*, Inst. Astron. and Geophys., Univ of Louvain, Belgium 1982.
Dvorak, I., J. Siska, *Phys. Lett., 118 A*, 63, 1986.
Essex, C., T. Lookman, M. Nerenberg, *Nature 326*, 64, 1987.
Fraedrich, K., *J. Atmos. Sci., 43*, 419, 1986.
Mayer-Kress, G., (ed.), *Dimensions and Entropies in Chaotic Systems*. Springer, Berlin 1986.
Nicolis, C., G. Nicolis, *Nature, 311*, 1984.
Nicolis, C., G. Nicolis, *Proc. Nat. Acad. Sci. (USA), 83*, 536, 1986.
Rapp, P., I. Zimmerman, A. Albano, G. Deguzman, N. Greenbaum, *Phys. Lett., 110 A*, 335, 1985.
Saltzman, B., in *Irreversible Phenomena and Dynamical Systems Analysis in Geosciences*, C. Nicolis, G. Nicolis (eds.), Reidel, Dordrecht 1986.
Shackleton, N., N. Opdyke, *Quat. Res., 3*, 39, 1973.

Namenregister

Sachregister

Henning Genz

Symmetrie – Bauplan der Natur

1987. 465 Seiten mit 132 schwarzweißen und
6 farbigen Abbildungen. Geb.

Henning Genz, Professor für theoretische Physik in Karlsruhe, zeigt in diesem Buch an vielen Beispielen, von Schneekristallen bis zu den Elementarteilchen, daß Symmetrie nichts weniger als der Bauplan der Natur, das alles tragende Grundprinzip ist. Auch die Naturgesetze, so weist Genz nach, unterliegen den Regeln der Symmetrie. Die Symmetrie nämlich legt fest, welche Teilchen es geben kann und welche Wechselwirkungen sie untereinander haben. Die Suche nach den Grundgleichungen, dem Bauplan der Natur, ist daher vor allem die Suche nach Symmetrie in der Natur. Durch Symmetrie können wir vorhersagen, wie Naturgesetze beschaffen sein müssen, ohne die Gesetze selber zu kennen. Die Gesetze der Symmetrie bestimmen, daß Größen wie Energie und elektrische Ladung sich im Laufe der Zeit nicht ändern oder daß – beispielsweise – Quarks und Gluonen für immer aneinander gebunden sind. Aber auch – scheinbar – leichtere Themen der Symmetrie werden behandelt: Wenn wir vor dem Spiegel stehen, warum ist dann Rechts und Links vertauscht, nicht aber Oben und Unten? Der Autor untersucht die vielen verschiedenen Arten von Symmetrie – Spiegelsymmetrie, Dehnungssymmetrie, Farbsymmetrie – und zeigt ihre physikalische Bedeutung auf.

So können wir durch die Symmetrien der Naturgesetze und ihre Brechung verstehen, wie sich aus dem symmetrischen Zustand der Welt unmittelbar nach dem Urknall der heutige Zustand mit seinen auffälligen Asymmetrien entwickeln konnte.